高等学校实验课系列教材

普通物理实验

（第一册）

主　编　吴世春
副主编　余　沛　赵　艳　吴晓波
主　审　韩　忠

重庆大学出版社

内容提要

本书根据2008年教育部《理工科类大学物理实验课程教学基本要求》和高校物理类专业物理实验教学需求,结合重庆大学物理实验教学经验及特色,同时采集国内众多高校的教改经验编写而成。本套教材共分三册,第一册是力热学为主的实验,第二册是电磁学为主的实验,第三册是光学为主的实验,每册的实验内容并不完全按照力、热、声、电、光严格分类,部分实验按教学需求有所交叉。

本书为此套教材的第一册,其内容分三部分:第一部分为本书的第一、二章,内容为物理实验课程的性质及教学方法,测量的不确定度及实验数据的处理方法。第二部分为基本物理实验,使学生掌握基本的物理量的测量、基本的实验仪器的使用以及基本的实验数据处理方法。第三部分为探究性和综合性实验,目的是培养学生独立思考、理论联系实际和解决具体问题的能力。

本教材可以作为高校物理类专业普通物理实验教材使用,也可以作为大专院校教师或学生的物理实验教学参考书使用。

图书在版编目(CIP)数据

普通物理实验. 第1册 / 吴世春主编. —重庆 : 重庆大学出版社, 2015.8(2023.3 重印)
高等学校实验课系列教材
ISBN 978-7-5624-9166-8

Ⅰ. ①普… Ⅱ. ①吴… Ⅲ. ①物理学—实验—高等学校—教材 Ⅳ. ①O4-33

中国版本图书馆 CIP 数据核字(2015)第153703号

普通物理实验
第一册

主　编　吴世春
副主编　余　沛　赵　艳　吴晓波
主　审　韩　忠

策划编辑　杨粮菊
责任编辑:文　鹏　　版式设计:杨粮菊
责任校对:关德强　　责任印制:张　策

*

重庆大学出版社出版发行
出版人:饶帮华
社址:重庆市沙坪坝区大学城西路21号
邮编:401331
电话:(023) 88617190　88617185(中小学)
传真:(023) 88617186　88617166
网址:http://www.cqup.com.cn
邮箱:fxk@cqup.com.cn (营销中心)
全国新华书店经销
POD:重庆俊蒲印务有限公司

*

开本:787mm×1092mm　1/16　印张:18　字数:449千
2015年10月第1版　2023年3月第3次印刷
ISBN 978-7-5624-9166-8　定价:49.80元

前言

本教材是参照教育部2008年《理工科类大学物理实验课程教学基本要求》，根据高校物理类专业普通物理实验教学需求，结合重庆大学物理学院多年普通物理实验教学经验，同时吸收国内众多高校的教改经验编写而成。本教材可以作为高校物理类专业普通物理实验教学使用，也可以作为其他专业师生的物理实验教学参考书使用。

本教材共三册，按教学使用顺序分为一、二、三册。第一册是以力学、热学为主的实验，第二册是以电磁学为主的实验，第三册是以光学为主的实验，实验内容不完全按照力、热、声、电、光分类，部分实验按教学需求有所交叉。

本教材第一册的内容分为三部分：第1部分为本书的第1和第2章，内容为物理实验课程的性质、目的、教学方法，测量的不确定度及实验数据的处理方法。第2部分为基础物理实验，包含力学、热学、声学等基础实验，通过这些基础实验，使学生得到规范化的训练，学习和掌握基本的物理实验能力。第3部分为探究性和综合性实验，目的是培养学生分析问题、解决问题的综合能力。

本教材在内容的选择上具有以下几个特点：

①本教材的使用对象是一、二年级的学生，主要目的是对学生进行物理实验的基本知识、基本方法、基本技能的训练，所以，编写中力求便于学生自学，内容起点低、终点高、选择性大，以适应不同的教学要求。

②基础理论部分，对测量不确定度和数据处理进行了较为系统的介绍，对不确定度采用了简化的处理方法，使学生在较短的学时内学到实用性强的知识。

③内容结构上分基础实验、探究性实验和综合性实验几个层次。基础实验中有基本要求和选做要求，以适应差异化需求的学生。同样的实验，介绍了多种方法，让学生进行比较。在探究性和综合性实验中，着重于培养学生的综合能力，使学生有更大的空间进行学习和实验。

④为适应不同的教学需要，本教材在实验内容及要求上，可以满足60学时的教学需要，教学时可以根据具体情况选择不同的实验及不同的要求。

本教材的内容凝聚了本校物理实验中心和其他院校部分教师的教学成果，也包含部分教学仪器生产厂家提供的教学资料，有关参考资料在附录里已经列出，在此编者谨向他们致以衷心的感谢！

重庆大学物理学院韩忠教授在百忙之中，花费了大量时间对教材进行了审核，编者在此表示衷心的感谢！

本教材的编撰和出版得到了重庆市重大教学改革项目——通识教育背景下基于能力培养的探究式实验教学模式的研究与实践（项目号：1201033）的大力资助，编者谨向项目组表示衷心的感谢！

实验教材需要经过实践和不断改进，才能日臻完善，对本教材中存在的缺点和错误，敬请读者批评指正。编者邮箱：cquwsc@163.com。

编　者

2015年2月

目录

第 3 部分　探究性综合性实验

第 1 部分
理论基础

第 1 章
绪　论

1.1　物理实验课程的性质及目的

科学实验是科学理论的源泉，也是科学研究的主要手段。物理实验是科学实验中范围广、内容多、影响大的实验，是科学实验中的重要领域。

物理实验是用实验的方法和手段研究客观物质世界中最普遍、最基本的运动形式及规律的科学，是推动自然科学和工程技术发展的原动力。

物理实验（包括力学、热学、电学、磁学、声学、光学、计算机及近代物理实验等）是理科及工科专业学生进行科学实验基础训练的一门必修课程，是理工科学生进入大学后受到系统的实验方法、实验技术及实验技能训练的开端，是对学生进行科学素质培训的重要方法。在培养学生严谨的治学态度、活跃的创新意识、理论联系实际和适应科技发展的综合能力等方面，这门课程的作用是无可替代的。

物理实验的方法是根据实验的目的,利用特定的仪器或装置,在人为控制下重演或模拟所研究的物理现象,对其进行观察和测量,在大量实验和测量结果中找出物理现象的变化规律。物理实验在物理学的创立和发展中占有主导的地位,从本质上说,物理学就是一门实验科学。

在近代科学发展中,物理学与其他学科相互渗透,发展了许多新的学科,开创了许多新的研究领域。物理实验在这种多学科相互渗透的过程中,起到了桥梁的作用。

随着科学技术的迅猛发展,国家对未来科技人才的要求也越来越高,国家的实力也更多地体现在人才的培养与竞争上,为此我们在加大对物理实验教学硬件环境改造的同时,也加大了对物理实验课程教学改革的力度,期望使学生既具备扎实的基础理论知识,还具备从事现代科学实验的基本素质和较强的科学研究能力。

物理实验是一门独立开设的课程,是学生进入大学后最先进行的实践性教学课程之一,本课程的目的是:

(1)学习物理实验的基本知识、基本方法和基本技能

即“三基训练”,使学生获得一定的独立的实验能力,具体包括:

①阅读理解能力:能够阅读和理解物理实验教材和参考资料,掌握物理实验的原理、内容和步骤。

②动手操作能力:借助教材和仪器使用说明,掌握常用仪器的使用方法,按要求将仪器和器材组成实验装置并能正确地对实验装置进行操作,演示物理现象。

③分析判断能力:利用所学的物理知识,能对实验中的物理现象进行观察、判断,能对采集的实验数据进行处理、分析,归纳得出结论。

④书写表达能力:掌握记录、处理数据的方法,撰写成规范的物理实验报告,并能进行演讲、交流。

⑤初步的实验设计能力:能从实验目的出发,拟订实验的原理和步骤,合理选择仪器,设计制作部分实验装置组成新的实验系统。

(2)培养和提高学生的科学实验素质

①培养学生实事求是,理论联系实际的科学作风。

②培养学生严谨认真、不怕困难、勇于探索的科学精神。

③培养学生遵守操作规程,爱护实验器材和实验场所的良好习惯。

④培养良好的团队协作精神。

1.2 物理实验课程的教学

物理实验是一种科学实验,对于一般科学实验而言,可以按以下的程序来进行:

①确定研究课题(主要是确定研究目的和要求);

②制订计划和方案;

③选择与准备实验仪器及特定的实验装置;

④进行实验观察和测量,采集实验数据;

⑤分析与处理实验数据,得出结论;

⑥撰写实验报告或论文。

大学里的物理实验是为初学者设计的一种基本训练，其重点是放在上述程序中的后面三个步骤中，仅在课程的后期安排有探究性及综合性实验，学生可以在制订实验方案、选择仪器和实验装置的准备和组合上得到更多的训练。

1.2.1　基础物理实验教学方法

基础物理实验的教学分为三个环节：课前预习；课内实验（观察与记录）；完成实验报告（数据处理与分析）。

（1）课前预习（完成预习报告）

物理实验课是在教师指导下，学生自己进行实验的学习过程。学生必须自觉、主动地学习，才可能掌握相应的实验方法、实验技能和技巧。为此，实验前必须预习，这是同理论课程最大的不同点。实验课程的后续环节能否顺利进行，实验课能否达到预期目的，能否做好预习是一个关键。

预习时，主要阅读实验教材，并可参考其他的实验教材以及理论物理的教材，也可以在网上查阅相关视频资料，快速熟悉实验过程及内容。预习要求理解实验的目的、原理和内容，了解实验中应观察的现象和记录的数据，对照仪器使用说明书，初步掌握仪器的使用方法和注意事项，在此基础上写出预习报告，其内容包括：

①实验名称，实验目的。

②实验原理：在阅读理解实验教材后，用自己的语言简要地叙述实验的基本原理及基本的公式，叙述清楚公式中各量的意义，并画出基本的原理图。

③设计好实验仪器的记录表格：对要进行测量读数的仪器设计一个表格，记录其名称、量程、最小量（最小分度值）、估计误差、仪器误差和零位误差，具体数据在实验读数之前填入。

④设计好实验数据的记录表格：对待测的物理量，设计一个表格，记录其名称（代号）、单位、测量次数、测量值等，以便于实验时记录用。

⑤实验步骤及注意事项：这部分可以放在实验之后再写入报告中，但预习时，必须了解实验的关键步骤和重要的注意事项，防止仪器和装置的损坏以及造成安全事故。对于教材中未提出实验步骤的实验，必须自己先提出一个实验步骤和注意事项，以保证实验的正常进行。

学生必须在完成以上步骤后，方可进入第二教学环节。

（2）课内实验（观察与记录）

做实验时，学生应带上预习报告，经老师检查后，才可以进入实验室参加实验。实验的过程和注意点如下：

①进入实验室后，首先应了解实验室的规章制度，严格遵守。

②对实验涉及的仪器、实验装置，核对其是否完整、齐全。

③阅读学习仪器的操作使用说明，掌握其正确的使用方法和读数方法，不要盲目地使用仪器。

④实验进程应是一个耐心细致的过程，实验前应完备一切准备工作，实验中不要急于求成。

⑤不要单纯追求顺利测出好数据，要培养对实验现象仔细观察和对所测数据随时进行分析的习惯。对实验中遇到的问题要积极思索、判断，尽可能自行排除。

⑥实验数据要如实记录，记录应整齐，最好全部用列表法记录数据，以便于核对和计算。实验测得的数据需要经实验指导老师签字认可，实验才算完成。

⑦实验结束后,断开电源,必须整理仪器及装置使其恢复原状,经实验室管理人员检验后,方可结束实验。

(3)完成实验报告(数据处理和分析)

实验报告是培养学生以书面形式表达自己的实验内容,包括实验目的、实验仪器、实验原理、实验测量的数据以及实验数据的处理和分析,为以后撰写论文打下基础。完整的实验报告除了预习报告中的内容以外,还应补充以下内容:

①实验步骤和注意事项:在完成实验后,对实验有了更深的认识,在此基础上将其主要步骤和注意事项写入实验报告中。

②完整、整齐的实验数据记录表:在实验原始数据记录表的基础上,整理出整洁的数据记录表。可以对含有系统误差(例如有零位误差)的数据先行处理后再填入表格中。

③数据处理:要求写出数据计算处理的主要过程,并根据要求计算误差或者计算不确定度。数据处理重在学习处理的方法及处理的程序,因此,数据处理的过程要清楚地叙述出来。对有作图要求的应在坐标纸上按要求作出图线。

④结果与分析:写出最后得出的测量结果,表明其绝对或相对不确定度。对结果进行分析,得出结论。

⑤问题讨论:对实验中的现象、实验仪器或自己感兴趣的问题进行分析,提出建议或写出自己的体会。

实验报告应按时完成,完成后及时交给指导老师,老师批阅后及时返回给学生,学生应该注意在报告中出现的错误,可以在报告上进行更改,以加深对实验内容的理解。

1.2.2 探究性综合性物理实验教学方法

本课程的教学对象是大学一、二年级的学生,是否开设探究性或综合性实验,要根据各个学校的实际情况来确定,实验的具体要求也必须与学校情况相适应,这需要实验指导教师根据实际情况来决定。根据我校开设的探究性和综合性实验的实施情况,这里介绍一种由两个平行小组竞争型的探究性实验的教学要点,供实验指导教师参考。

(1)教学要点

①每个探究性或综合性实验都是一个微型的科研项目,只给出项目名称及简单的实验或研究要求,学生以自主学习为主,从项目的要求出发,经历资料查询、实验方案设计、实验装置改造或制作、实验数据测量、实验结果分析、完成实验或研究报告的全过程,然后再进行实验或研究报告的辩论、实验结果评价等过程。实验的目的是培养学生独立学习和综合实验能力。

②分组:每个实验项目由A、B两个平行的小组同时进行,背靠背展开竞争,完成实验后,两小组需要进行辩论,每个学生都要就自己独立完成的实验或研究内容,参加辩论,进行提问和回答问题。学生的分组及实验项目的分配都随机抽签产生。

③时间及进度:完成实验或研究所需要的课时,由实验指导教师根据实验项目的难度和教学要求确定,一般为4~6周的时间,需要计划实验的大体进度并按时进行检查,以保证实验能按时完成。

④对学生的要求:每个学生一方面要了解实验项目的全部过程、内容和方法,另一方面必须独立承担项目中的一部分工作,并准备回答自己负责部分的答辩问题。学生必须参加实验方案设计、实验装置制作、实验数据测量、数据处理、研究报告书写等全部过程。

⑤对教师的要求:实验指导教师不能代替学生完成任何实验内容,教师负责对学生在实

验项目研究中提出的问题进行建议、引导，协助学生解决问题，引导学生进行竞争，并维护竞争的公平性，保障学生完成实验项目。

(2)实验或研究报告的主要内容

表 1.1

序　号	内　容
1	实验项目任务书及本小组同学分工
2	对收集资料的综述
3	设计方案叙述，对关键技术进行详细叙述
4	实验装置制作情况
5	实验装置操作、数据测量情况
6	数据处理及分析比较的情况
7	研究结论
8	简短总结及感想

(3)实验项目的答辩及考核

表 1.2

序　号	内　容
1	由教师与教辅人员主持
2	抽签确定项目组和小组答辩顺序
3	第 1、2 小组分别介绍各自的实验情况
4	第 1 小组向 2 小组提问，第 2 小组答辩
5	第 2 小组向 1 小组提问，第 1 小组答辩
6	各组的每一位同学都要参加提问和回答问题
7	其他学生以小组为单位给答辩者打分，教师与教辅人员也参加打分
8	答辩完毕，即统计、公布分数，排出名次

探究性及综合性实验的实施过程中，需要强调的是，所有过程中都要以学生为主体去完成工作，教师只是辅助学生的学习实验，让学生经历独立思考、独立工作、协同与配合工作、理论与实践分析、文字撰写与语言讲述等方面的学习和锻炼。

第2章 测量的不确定度和数据处理

2.1 测量与误差

2.1.1 测量与测量仪器

测量是获取物理量的主要手段，从广义上说，测量是人们从物理现象或研究对象上提取数字特征的过程。物理量定量化之后，人们就可以借助数学、计算机等技术进行更深入、更准确的研究。通常所说的测量，是从计量的角度来说的，在此范畴内，测量就是将待测物理量与同类标准物理量进行比较的过程，其比值则被称为测量值。

标准物理量是人们当作参照基准而共同规定的物理量的值。例如，国际计量大会提出并建议世界各国采用国际单位制（SI 制），规定了长度米标准、质量克标准、时间秒标准等。我国法定的计量单位中，广泛采用了国际标准制的规定。以标准物理量为基础，人们按各种大小不同的比例制成了不同测量范围的测量仪器，以方便人们的实际测量工作。

有关国际制单位和我国法定单位及其换算，请参见本书最后的附表 1 和附表 2。

测量可以分为两类：

①直接测量：从测量仪器上能直接读出测量值的测量，称为直接测量。例如：从秒表上可直接测量出时间，从天平上可以直接测量出质量。

②间接测量：由几个直接测量值，经过一定的函数关系计算，获得测量值的过程，称为间接测量。例如：测量圆柱的体积，先测量其直径 D，高度 H，再按函数关系式 $V=\pi D^2H/4$ 计算获得圆柱的体积 V。

物理实验中，大部分的物理量是用间接测量的方法获得的。随着测量仪器的研究发展，一些原来不能直接测量的物理量，也有了能直接测量的仪器了。例如：平面面积仪能直接测出平面面积，电功率表能直接测量出电器功率。

一个物理量的测量值不同于数学中的一个数值，它应包含有数值和单位两部分。我们在学习了不确定度理论之后，会知道测量值还应含有表示其准确程度的部分，即不确定度部分，这样才能构成一个完整的测量值。

为了提高测量的可靠性，常对同一物理量进行重复多次的测量。在同等条件下，即测量者、测量方法、测量仪器、测量的环境等均相同，对同一物理量进行重复多次测量，称为等精度测量，否则为非等精度测量。只要条件具备，我们都使用等精度测量的方法进行多次测量，这样获得的测量值更可靠。等精度测量和非等精度测量，其数据的处理方法是有差异的。

测量时，均需要借助一定的测量仪器，按照仪器读数的特点，测量仪器被分为两类：

①模拟式仪器：根据一定的比例，用长度或弧长来表示物理量的大小，这类测量仪器被称为模拟式仪器。例如，游标卡尺以长度大小表示长度物理量的大小，指针式电压表以弧长表示电压的大小。

②数字式仪器：直接以数字大小表示出被测物理量大小的仪器，称为数字式仪器。例如电子天平直接以数字大小显示出质量大小，数字式电压表直接以数字显示出电压大小。数字式仪器使用方便，显示直观，随着科学技术的发展，不少模拟式仪器都被数字式仪器所代替。

测量仪器有一些基本的参数，分别介绍如下：

①量程：在保证测量精度的条件下，测量仪器所能测量物理量的范围称为该仪器的量程。仪器的量程一般标注在仪器上或其包装盒上。

②最小分度值：测量仪器能准确测出的最小物理量，称为仪器的最小分度值，也常称为仪器的最小量。仪器的最小分度值代表了仪器的测量精度，最小分度值越小，测量值的数字位数就越多。

③零位误差：测量仪器不能复位到零位置时所显示的初始读数，称为零位误差。这个读数会造成所有的测量值偏大或偏小，故许多仪器设置有专门的调零旋钮，以消除其造成的测量误差。

2.1.2 误差及其分类

任何物理量，都有一个客观存在的真实值，这个值被称为物理量的真值。测量的目的就是力求得到物理量的真值，但在实际测量中，由于测量仪器的精度有限，测量的条件和方法不完善，测量者的能力有限，使测量结果与真值不可能完全相同，测量结果与真值总存在一定的差值，这种差值称为该测量值的测量误差，简称误差。设物理量测量值为 N，真值为 $N_{真}$，误差为 ε，则

$$\varepsilon = N - N_{真} \tag{2.1}$$

由于在实际测量中，真值是不可能获得的，只能得出最接近于真值的估计值，因此，上式仅有理论上的意义。实际测量中，我们能得出的最接近真值的值为算术平均值 $\overline{N}$，则我们可以求出测量值 N 与算术平均值 $\overline{N}$ 之间的差值 ε'，即

$$\varepsilon' = N - \overline{N} \tag{2.2}$$

式中 ε'被称为偏差，由于实际计算中，均用 ε'代替误差 ε，所以物理实验中所说的误差常常就是指偏差 ε'。

测量值与算术平均值的误差 ε'也称为测量结果的绝对误差，它反映出测量值与算术平均值的绝对差异，但不能反映出测量结果的精确程度。例如：测量长度 100 mm 和 10 mm，若它们的绝对误差都是 0.1 mm，单从绝对误差来看，二者相同，但前者误差占测量值的比例为 0.1%，后者为 1%，显然前者的测量精确度要高一些。可见，测量结果的精确度不仅与绝对误差大小有关，还与被测量本身的大小有关，为此，引入相对误差的概念进行评价。相对误差用

绝对误差与被测量的算术平均值之比来表示,常用符号 E 表示,即有

$$E=\frac{\varepsilon'}{\overline{N}}=\frac{|N-\overline{N}|}{\overline{N}} \tag{2.3}$$

相对误差常用百分数表示,称为百分误差,简称百分差。用公式表示为

$$E=\frac{\varepsilon'}{\overline{N}}\times 100\%=\frac{|N-\overline{N}|}{\overline{N}}\times 100\% \tag{2.4}$$

在将测量值与标准值比较时,也常用相对误差来评价。若测量值为 N,标准值为 $N_{标}$,则相对误差

$$E=\frac{|N-N_{标}|}{N_{标}}\times 100\% \tag{2.5}$$

误差存在于一切测量中,并贯穿于测量过程的始终。测量所使用的方法和理论越复杂、所用仪器越多、所用步骤越多、测量经历的时间越长,引起误差的因素就越多。因此,测量时应根据误差要求来制订或选择合理的方案和仪器,要避免盲目追求测量精度的高指标或盲目使用高精度仪器,这样做既不经济又无必要,以最低的代价来取得满足要求的结果才是我们应当追求的。

根据误差的特征和产生的原因,误差可以分为两类:

(1)系统误差

在等精度测量条件下(测量者、测量方法、测量仪器、测量环境等均相同),对同一物理量进行重复多次的测量,其误差的大小和符号保持不变,或者误差按照一定规律变化的,此种误差称为系统误差。系统误差的特征是它的大小和符号是可以确定不变的。

1)系统误差的产生原因

①仪器原因:由仪器本身的缺陷或不完美所引起。所有的仪器都是有误差的,例如仪器刻度不准,天平的砝码偏重或偏轻,仪器的指针不能回到零位等。

②理论或方法原因:测量所依据的原理或方法不完善,含有近似处理的条件,或者实际测量时达不到测量原理或方法所要求的条件。例如用分析天平称量物体质量时,未考虑空气浮力的作用,用单摆测量重力加速度时,理论上要求摆为一个质点,这在实际上是达不到的。

③环境原因:由于环境条件变化所引起的误差。例如,测量环境的温度、气压、电磁波、空气的振动等条件的变化,可以造成系统误差。

④测量者原因:测量者的个人习惯或缺乏经验,也可以造成系统误差。例如按动秒表时,有人习惯提前,有人习惯上滞后,用光学望远镜瞄准时,有人习惯性偏向等。

2)发现系统误差的方法

由系统误差产生的原因可知,系统误差有可能是定值的,也有可能是按一定规律变化的,在某一时刻来说它都是可以确定的,但系统误差不能依靠多次重复测量的方法来发现它,要发现系统误差,就必须仔细地分析测量理论和方法的每一步,校准每一件仪器,分析每一个对实验结果的影响因素等。在实际测量中,我们可以采用下面的方法来找出系统误差。

①对比的方法。

前面所述的产生系统误差的四个原因,可以逐个改变,进行对比测量,以寻找系统误差。例如,改变实验方法,测量固体材料的杨氏模量时可以使用不同的方法进行对比。实验仪器及实验时环境条件等都可以进行改变和对比,从而找出系统误差。

②理论分析方法。

a. 分析测量所依据的理论公式是否含有没有考虑到的误差，测量所要求的条件与实际情况有无差异，能否忽略误差。如“单摆”实验中作了摆角 $\theta \approx 0$ 的近似，把摆球看作质点，忽略摆线质量、空气浮力与阻力等。

b. 分析仪器是否达到了所要求的使用条件，例如环境温度是否在仪器使用范围内。

③数据分析方法。

对于等精度多次测量，发现测量数据不服从统计分布规律时，可将测量数据依次排列，如偏差大小有规则地偏向一个方向变化，则测量中存在线性系统误差；如偏差符号作有规律交替变化，则测量中存在周期性系统误差。

3）系统误差的处理

通常有两种处理系统误差的方法。

①消除法：改变测量方法或仪器的使用方法，使测量值中的系统误差互相抵消。例如用分光计测量角度时，双游标对称读数法可以消除偏心误差；天平称量时，交换砝码与重物位置，可消除天平不等臂造成的误差。许多仪器设置有零位调节旋钮，使用仪器前先进行读数调零，其目的就是消除零位误差。采用逐差法处理数据时可以自动减掉仪器零位误差。

②修正法：若系统误差的大小和符号都能确定时，设其系统误差值为 ΔN，则由仪器直接读出的测量值 N' 可以修正为 N，即

$$N = N' - \Delta N \tag{2.6}$$

系统误差通常是对单次测量值造成误差，故按上式处理时，N' 应该为直接测量值。系统误差 ΔN 有正负之分，当系统误差造成测量值 N' 变大时，ΔN 为正；反之，ΔN 为负。

当系统误差的大小和符号未定时，应设法估计其误差的极限值，但发现和估计系统误差的大小是一个复杂的问题，没有规律可以遵循，往往依赖于测量者的经验和感觉，需要根据实际情况采用不同措施来估计误差的极限值。

（2）随机误差

在等精度测量条件下（测量者、测量方法、测量仪器、测量环境等均相同），对同一物理量进行重复多次的测量，其误差的大小和符号均无规律，这种误差称为随机误差。随机误差的特征是测量前无法判断它的大小和符号。

1）随机误差的产生原因

①测量者感官能力的不同：例如用螺旋测微器测量时，最小刻度以下的一位数是按 1/10 的比例估计读出的，受眼睛分辨能力的限制，不可能估计得每次都相同。光学实验中，受眼睛视差的影响，对同一个数值读出的数据也会有差异。

②测量环境的不稳定性：测量环境条件，如温度、气压、电磁波、空气的振动、仪器的稳定性等条件是无法做到绝对稳定的，它们的波动可以造成随机误差。

③物理量的波动性：所有的物理量都是有微小起伏波动的，当测量仪器精度足够高时，就可以观察到这种波动，这种波动也会造成随机误差。

2）随机误差的特性

从随机误差的定义和产生的原因来看，随机误差是实验过程中各种随机或不确定因素的微小变化引起的，它的特点是在任意一次测量之前，我们无法事先知道它的大小和符号。对于单次测量或测量次数很少时，随机误差的大小和方向是难以确定的，但当测量次数增加时，我们就

会发现随机误差的分布服从统计分布的规律。关于这部分知识,可以参阅有关统计学及概率论的书籍。大量实验结果的统计分析表明,随机误差服从正态分布规律,简要介绍如下:

设在等精度的条件下对物理量 N_i 测量 k 次,获得的测量值为 $N_1,N_2,\cdots,N_k$。若以测量值的误差 ε 为横坐标,以测量值出现的概率 $f(\varepsilon)$ 为纵坐标作图,则可以得到如图 2.1 所示的曲线。当测量次数 $k\to\infty$ 时,这条曲线就完全对称,称为正态分布曲线。正态分布曲线可以反映出随机误差所具有的 4 个特性:

①单峰性:绝对值较小的误差出现的概率比绝对值大的出现的概率大,概率曲线在测量值误差为零处出现一个峰值。

②对称性:概率曲线以误差为零的直线为对称轴,说明绝对值相等的正、负误差出现的概率相等,其前提条件是测量次数无限多。

③抵偿性:误差的算术平均值随测量次数增加而互相抵消趋于零。

④有界性:绝对值很大的误差出现的概率趋于零,在一定概率内可以认为随机误差的绝对值是有界限的,我们常以一定的概率之和来划分界限。

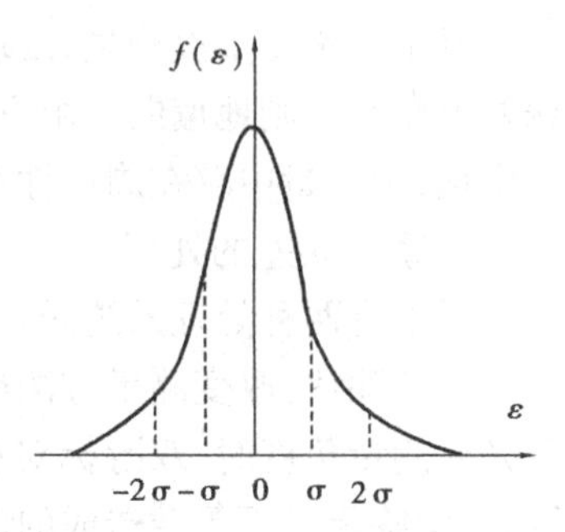

图 2.1 正态分布曲线

设测量值为 $N_1,N_2,\cdots,N_k$,N 是真值,$\varepsilon_1,\varepsilon_2,\cdots,\varepsilon_k$ 是各次测量的误差,即

$$\varepsilon_1=N_1-N,\varepsilon_2=N_2-N,\cdots,\varepsilon_k=N_k-N \tag{2.7}$$

将上面各式左右分别相加并除以 k,得到

$$\frac{1}{k}(\varepsilon_1+\varepsilon_2+\cdots+\varepsilon_k)=\frac{1}{k}(N_1+N_2+\cdots N_k)-N \tag{2.8}$$

对上式取 $k\to\infty$ 时的极限,则有

$$\lim_{k\to\infty}\frac{1}{k}\sum_{i=1}^{k}\varepsilon_i=\lim_{k\to\infty}\frac{1}{k}\sum_{i=1}^{k}(N_i-N)=0 \tag{2.9}$$

由上式可得出如下结论:

①增加测量次数,可以减小随机误差,但测量次数不可能无限多,因此,随机误差不可能完全消除。

②公式(2.9)中的右边项是算术平均值的误差,随着测量次数 k 的增加而减小,算术平均值则趋近于真值,因此,算术平均值是最接近真值的值。

测量次数增多对提高平均值的可靠性是有利的,但并不是越多越好。测量次数增多,势必增加测量时间,被测量和测量条件都难以保持稳定的状态,还要增加测量成本,所以,实际测量次数不必过多,一般在科学研究中取 10 ~30 次,在普通物理实验中常取 5 ~10 次。

3)随机误差的计算

①测量列的算术平均值。

在等精度条件下,按测量顺序所获得的一组测量值 $N_1,N_2,\cdots,N_k$,称为测量列。由式(2.9)可知算术平均值最接近真值,因此,我们就把测量列的算术平均值作为测量值的最佳结果,即

$$\overline{N}=\frac{1}{k}\sum_{i=1}^{k}N_i \tag{2.10}$$

②测量列的标准偏差。

在实际测量条件下，对物理量的测量不可能是无限次的，测量值的真值是不可能得到的。因此，测量值的误差只能用偏差代替，由统计学理论可以知道，当测量次数足够大时(一般大于30次)，测量列的标准偏差(参见附录1)可以按贝塞尔公式计算，即

$$\sigma_N = \sqrt{\frac{1}{k-1}\sum_{i=1}^{k}(N_i - \overline{N})^2} \tag{2.11}$$

上式中 σ_N 称为测量列的标准偏差，它是一个统计特征值，表明了在一定条件下等精度测量列随机误差的概率分布情况，也表示了测量列数据离散的程度。σ_N 越大，说明数据离散度越大。按照统计学理论可以得到 σ_N 的统计意义如下：

测量列中任一测量值的偏差落在区间 $(-\sigma_N, +\sigma_N)$ 的概率为68.3%；落在区间 $(-2\sigma_N, +2\sigma_N)$ 的概率为95.4%；落在区间 $(-3\sigma_N, +3\sigma_N)$ 的概率为99.7%；落在区间 $(-\infty, +\infty)$ 的概率为100%。在误差理论中，这些区间与其对应的概率被称为置信区间与置信概率。

③判断异常数据的 3σ 原则。

测量列的标准偏差 σ_N 常用于判断测量列中的异常数据。所谓异常数据，是指其误差大得不正常的数据。按照上述置信区间与概率，测量值偏差的绝对值大于 $3\sigma_N$ 的概率仅为0.3%。对于有限次测量，这种可能性是极微小的，于是可以认为此时的测量是失误，该测量值不可信，应予剔除，这就是判断测量列中是否有异常数据的 3σ 原则。

实际使用 3σ 原则时，应计算出区间 $[\overline{N}-3\sigma_N, \overline{N}+3\sigma_N]$，检查测量列的数据是否在此区间内，不在此区间内的数据则可以认为是异常数据，可以将其剔除。

④算术平均值的标准偏差。

算术平均值的偏差为各测量值偏差的平均值，因各测量值的偏差相加时有所抵消，故算术平均值的标准偏差比测量列标准偏差要小。根据理论分析(参见附录2)，可得算术平均值的标准偏差 $\sigma_{\overline{N}}$ 与测量列的标准偏差 σ_N 有如下关系：

$$\sigma_{\overline{N}} = \frac{\sigma_N}{\sqrt{k}} = \sqrt{\frac{\sum_{i=1}^{k}(N_i - \overline{N})^2}{k(k-1)}} \tag{2.12}$$

$\sigma_{\overline{N}}$ 表示该测量列的算术平均值的离散程度。理论分析表明，算术平均值的标准偏差 $\sigma_{\overline{N}}$ 的置信概率与测量列标准偏差的置信概率相似，即算术平均值的偏差落在 $(-\sigma_{\overline{N}}, +\sigma_{\overline{N}})$ 区间的概率为68.3%，落在 $(-2\sigma_{\overline{N}}, +2\sigma_{\overline{N}})$ 区间的概率是95.5%，落在 $(-3\sigma_{\overline{N}}, +3\sigma_{\overline{N}})$ 区间的概率是99.7%。

应该注意到，上述的区间与概率同样适用于判断测量值，即待测物理量在区间 $[\overline{N}-\sigma_{\overline{N}}, \overline{N}+\sigma_{\overline{N}}]$ 里的概率为68.3%；在区间 $[\overline{N}-2\sigma_{\overline{N}}, \overline{N}+2\sigma_{\overline{N}}]$ 里的概率为95.4%；在区间 $[\overline{N}-3\sigma_{\overline{N}}, \overline{N}+3\sigma_{\overline{N}}]$ 里的概率为99.7%，偏差与测量值的置信区间和置信概率是对应相同的。

2.1.3　精密度、准确度和精确度

系统误差和随机误差产生的原因和表现的形式是不相同的，为此，引入了精密度、准确度和精确度三个概念，对它们进行定性描述。

①精密度：反映重复多次测量获得的测量值彼此离散的程度。离散度小，则精密度高；离散度大，则精密度低。显然，这是用来评价随机误差大小的定性指标。

②准确度:反映测量值与真值的符合程度,准确度高则测量值的平均值偏离真值较少,符合程度好;反之,则符合程度差,测量值的平均值偏离真值较大,所以,这是一个用来评价系统误差大小的定性指标。

③精确度:综合反映测量结果的离散度和与真值符合程度的指标。精确度高,就表示测量值的精密度和准确度都好,即测量值的系统误差和随机误差都小。

以打靶时弹着点的情况来说明以上三个概念的意义,如图 2.2 所示。

图(a)表示精密度好而准确度不够好,即随机误差小而系统误差较大。

图(b)表示准确度好而精密度不够好,即系统误差小但随机误差大。

图(c)表示精确度好,即准确度和精密度均好。

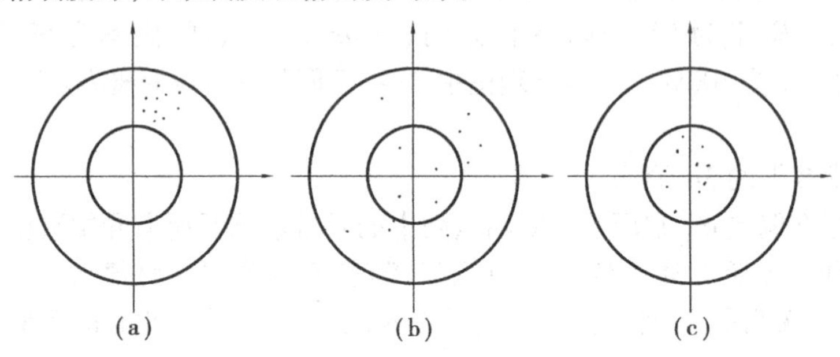

图 2.2 打靶弹着点

2.1.4 仪器误差与估计误差

在大学物理实验教学中,系统误差主要涉及仪器误差和估计误差,下面对这两种误差进一步介绍。

(1)仪器误差

仪器误差是指在满足仪器规定的使用条件,正确使用仪器时,仪器的示值与被测量真值之间可能产生的最大误差的绝对值。

导致仪器产生仪器误差的因素是多方面的,制造精度的不足是主要的原因,也是无法避免的原因。仪器误差的分布形式也有不同的表现,仪器使用中产生误差既有系统误差也有随机误差。对精度不高的仪器而言,主要是系统误差。为了简化计,我们将大学物理实验中的仪器误差直接作为不确定度中的 B 类不确定度进行处理。

通常,生产厂家在仪器的使用说明书上注明仪器误差,注明的方式有几种形式:

1)直接给出仪器误差

如量程 0 ~ 150 mm,一级精度,50 分度的游标卡尺,说明书上给出仪器误差为 0.02 mm。

2)标出仪器的精度等级

用户自己计算仪器误差,如某电压表,它的精度等级定义为:

$$\text{精度等级} = \frac{|\text{最大绝对误差}|}{\text{量程}} \times 100 \tag{2.13}$$

于是,可得到

$$|\text{最大绝对误差}| = \Delta_{\text{仪}} = \text{量程} \times \text{精度等级}/100 \tag{2.14}$$

式中最大绝对误差的绝对值就是仪器误差,用 $\Delta_{\text{仪}}$ 表示。

例如,一只电压表量程为 200 V,精度等级为 0.1 级,则其仪器误差为:200 × 0.1/100 =

0.2 V。

我国工业标准规定，一般工业用仪器的准确度等级有7级：0.1，0.2，0.5，1.0，1.5，2.5，5.0。一级标准仪器的准确度等级是：0.005，0.02，0.05。二级标准仪器的准确度等级是：0.1，0.2，0.35，0.5。

3）数字式仪器

数字式仪器的仪器误差也是由仪器生产厂家给出的，给出的形式也有上面所述的两种。大学物理实验教学中，作为粗略的估计，数字仪器也可用其显示的最小读数单位作为仪器误差。

对于未知仪器误差的仪器或者使用年头很久的仪器，可以根据测量精度要求，取其最小分度值的一半或就以最小分度值作为仪器误差，以满足教学需要。

为了方便读者，考虑到大学物理实验教学的需要，现将常用物理实验仪器的仪器误差列于表2.1供大家参考。

（2）估计误差

使用模拟式仪器测量时，为了提高测量精度，常按照一定的比例关系将测量仪器的最小分度值再进行估计读数，估计读数时所能达到的最小值称为仪器的估计误差或读数误差。例如，米尺的最小分度值为1 mm，常用的估计比例为1/2、1/5和1/10，即将最小分度值再分为2份、5份或10份，则其估计误差分别为0.5 mm、0.2 mm和0.1 mm。估计读数的比例由测量者根据测量仪器的刻度大小以及测量的精度要求自己确定。

对于数字式测量仪器，为了统一数据处理方法也认为有估计误差，常取其最小分度值作为估计误差。

估计误差常用符号$\Delta_{估}$表示。估计误差是一种非统计性误差，并且与仪器误差是相互独立的，故简化处理时也归于B类不确定度中。

表2.1　常用物理实验仪器的仪器误差

仪器名称	仪器误差$\Delta_{仪}$	说　明
毫米尺	0.5 mm	最小分度值的1/2
游标卡尺	0.05 mm（20分度） 0.02 mm（50分度）	量程在300 mm以内
螺旋测微计	0.004 mm	量程25 mm，一级精度，国标所规定
读数显微镜	0.004 mm	量程50 mm
测微目镜	0.004 mm	量程25 mm
水银温度计	0.5 ℃（或1 ℃）	最小分度值的1/2（或最小分度值）
计时仪器	1 s，0.1 s，0.01 s	最小分度值
物理天平	0.05 g（感量0.1 g） 0.01 g（感量0.02 g）	天平标尺最小分度值的1/2
分光计	1′	最小分度值

续表

仪器名称	仪器误差 $\Delta_{仪}$	说明
电位差计	$K \cdot \% \left(V + \frac{U_0}{10}\right)$	K:仪器精度级别 V:测量值 U_0:基准数值
电阻箱	$K \cdot \% \cdot R$	K:仪器精度级别 R:测量值
指针式电表	$K \cdot \% \cdot N_m$	K:仪器精度级别 N_m:电表的量程
数字仪表	$K \cdot \% \cdot N_x + \xi\% N_m$ 或$K \cdot \% N_x + n$	K:仪器精度级别,ξ:误差绝对项系数, N_x:测量值,N_m:量程,n:仪器固定项误差

2.2 测量结果的不确定度及完整表达式

在物理量的测量中,可能会同时含有系统误差和随机误差。如何更准确地表达测量结果,人们的表达方式一直在发展中。1992 年国际计量大会上,由国际标准化组织(ISO)起草制定了具有国际指导性的《测量不确定度表示指南》(简称 GUM),1993 年以 7 个国际组织的名义联合发布了这个指南。这些组织包括国际标准化组织(ISO)、国际电工委员会(IEC)、国际计量局(BIPM)、国际法制计量组织(OIML)、国际理论物理与应用物理联合会(IUPAP)、国际理论化学与应用化学联合会(IUPAC)等。我国计量标准部门随后明确要求国内采用不确定度(uncertainty)来表示测量结果,并在 JJF 1001—1998《通用计量术语及定义》中定义测量不确定度为:表征合理的赋予被测量之值的分散性,与测量结果相联系的参数。在测量结果的完整表示中,应该包括测量不确定度。测量不确定度用标准偏差表示时称为标准不确定度,如用说明了置信水准的区间半宽度的表示方法则称为扩展不确定度。

不确定度的意义可以理解为是表达测量结果的一种方法,以指明物理量所存在的区间及物理量存在于这个区间的概率的方法来表达测量结果,这就是不确定度的意义所在。这也是迄今为止,国际上公认的表达测量结果的最佳方法。

不确定度的计算方法,可以查阅一些专业书籍,由于其涉及较多的专业知识,大学里物理实验课程的教学时间有限,故本书根据我国高校物理实验教学的实际情况,简化地讲述了测量不确定度的基本原理与具体计算方法,对于一些常用的计算来说,基本够用了。

2.2.1 直接测量值的不确定度计算

测量误差分为系统误差和随机误差,如上节所述,测量中已定系统误差可以采用减去法对测量结果进行修正。因此,测量结果的不确定度就只受到其余未定系统误差和随机误差的影响,需要将这些影响因素再进行综合计算。

根据不确定度的性质和计算方法,将不确定度分为 A、B 两类。A 类不确定度的定义是:

能够用统计方法进行计算的不确定度分量，常用 u_A 表示。B 类不确定度则是不能用统计方法进行计算的不确定度分量，常用 u_B 表示。

(1)直接测量值的 A 类不确定度分量的计算

当直接测量值的测量次数较大时(通常大于 30 次)，测量值的算术平均值 $\overline{N}$ 的 A 类不确定度与其测量列算术平均值的标准偏差相等。实际上，A 类不确定度分量就是由随机误差造成的不确定度分量，即可以按公式(2.12)来计算，即

$$\sigma_A = \sigma_{\overline{N}} = \sqrt{\frac{1}{k(k-1)}\sum_{i=1}^{k}(N_i - \overline{N})^2} \tag{2.15}$$

式中　σ_A——测量列 N_i 的算术平均值的 A 类不确定度分量；

$\overline{N}$——测量列 N_i 的算术平均值；

k——测量次数。

A 类不确定度分量的计算还可以采用最大偏差法、极差法、最小二乘法等方法计算，本书仅采用贝塞尔法。

大学物理实验中的实际测量次数通常只有 5 ~ 10 次，达不到 30 次的要求，此时概率密度分布曲线(正态分布曲线)变得比较平坦，成为 t 分布曲线(也称学生分布曲线)，其图形如图 2.3 所示。在这种测量次数少，又要求保持同样的置信概率时，则采用修正的方法，即将 σ_A 乘上一个大于 1 的修正因子 t_p，使置信区间扩大。这样一来，A 类不确定度就表示为

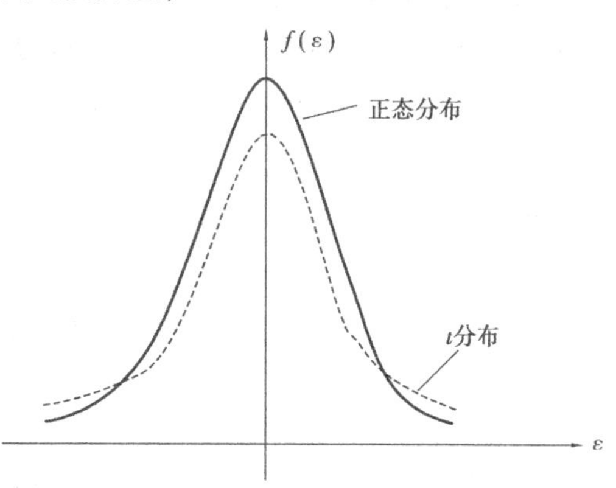

图 2.3　正态分布与 t 分布的比较

$$u_A = t_p\sigma_A = t_p\sqrt{\frac{\sum_{i=1}^{k}(N_i - \overline{N})^2}{k(k-1)}} \tag{2.16}$$

上式中的修正因子 t_p 与测量次数 k 及置信概率有关系。表 2.2 给出了不同置信概率和不同测量次数时的 t_p 因子，更详细的 t_p 因子请查附录 3。

表 2.2　修正因子 t_p 与测量次数 k 及置信概率 P 的关系

P \ t_p \ k	3	4	5	6	7	8	9	10
0.683	1.31	1.20	1.14	1.11	1.09	1.08	1.07	1.06
0.95	4.30	3.18	2.78	2.57	2.45	2.37	2.31	2.26
0.997	19.21	9.21	6.62	5.51	4.90	4.53	4.28	4.09

在大学物理实验教学中，为了简化和统一，我们约定置信概率 P 取 95%。实际的设计计算中，应该取刚能满足使用需要的置信概率，这才是最经济合理的。

(2)直接测量值的 B 类不确定度分量的计算

B 类不确定度分量是用不同于统计方法获得的不确定度分量，它考虑的是不服从统计分

布规律的这一部分误差。评定B类不确定度分量往往是很困难的,因为需要实验者确定误差的分布规律、参照标准、估算误差限等,考虑的因素比较复杂,也需要实验者的实践经验。

考虑到本书的读者大多数是大学一、二年级的本科生,因此本书对B类不确定度分量的计算仅作简化处理。在此,约定大学物理实验中的B类不确定度仅涉及仪器的仪器误差(最大允差)$\Delta_{仪}$ 和测量时实验者选用的估计误差 $\Delta_{估}$。由于 $\Delta_{仪}$ 和 $\Delta_{估}$ 是相互独立的,都不遵从统计规律,因此,B类不确定度分量可以按方和根的形式合成,即

$$u_B = \sqrt{\Delta_{仪}^2 + \Delta_{估}^2} \tag{2.17}$$

(3)直接测量值的不确定度的计算

在求出各个彼此互相独立的A类和B类不确定度之后,再按"方和根"的方法合成为测量值的不确定度(也称为合成不确定度或总不确定度),合成的不确定度表示测量过程中所有不确定度因素对测量结果的影响,其公式为

$$u_{\bar{N}} = \sqrt{u_A^2 + u_B^2} \tag{2.18}$$

单次测量时,作为一种简化,有:

$$u_{\bar{N}} = u_B = \sqrt{u_{仪}^2 + u_{估}^2} \tag{2.19}$$

应当指出上式并不能说明单次测量的总不确定度比多次测量小,只能说这种估算更为粗略,其置信概率会更低。

(4)测量值的完整表达式

使用不确定度来表达测量结果,称为物理量的完整表达或规范表达,即

$$N = (\bar{N} \pm u_{\bar{N}})\text{单位} \quad (P = 0.95) \tag{2.20}$$

不确定度 $u_{\bar{N}}$ 也被称为绝对不确定度,还可以用相对不确定度来表示,即

$$E_{\bar{N}} = \frac{u_{\bar{N}}}{\bar{N}} \times 100\% \tag{2.21}$$

测量结果的完整表达也可以写为:

$$N = (1 \pm E_{\bar{N}})\bar{N}\text{单位} \qquad (P = 0.95) \tag{2.22}$$

式(2.20)和式(2.22)都表示了同样的含义,即测量值的真值在区间$[\bar{N} - u_{\bar{N}}, \bar{N} + u_{\bar{N}}]$里的概率为95%。

测量结果的完整表达式包括4个要素:测量值的算术平均值、不确定度、单位和置信概率,书写时此4要素一个不能少。

2.2.2 间接测量值的不确定度计算

设间接测量值 N 与各直接测量值的函数关系为

$$N = f(x, y, z) \tag{2.23}$$

(1)间接测量值的算术平均值

间接测量值由一个或几个直接测量值经过函数关系计算得出。若 $\bar{x}, \bar{y}, \bar{z}$ 代表各直接测量值的算术平均值,于是间接测量值的算术平均值为

$$\bar{N} = f(\bar{x}, \bar{y}, \bar{z}) \tag{2.24}$$

(2)间接测量值的不确定度

设 $u_{\bar{x}}, u_{\bar{y}}, u_{\bar{z}}$ 分别为 x, y, z 相互独立的直接测量值的不确定度,由数学全微分的方法可以

推出间接测量值的总不确定度为

$$u_{\bar{N}} = \sqrt{\left(\frac{\partial f}{\partial x}u_{\bar{x}}\right)^2 + \left(\frac{\partial f}{\partial y}u_{\bar{y}}\right)^2 + \left(\frac{\partial f}{\partial z}u_{\bar{z}}\right)^2} \tag{2.25}$$

式中偏导数$\frac{\partial f}{\partial x}$,$\frac{\partial f}{\partial y}$,$\frac{\partial f}{\partial z}$的大小反映了各直接测量值不确定度对间接测量值不确定度的影响,常被称为不确定度的传递系数。

间接测量值的相对不确定度可以直接表示为

$$E_{\bar{N}} = \frac{u_{\bar{N}}}{\bar{N}} = \sqrt{\left(\frac{\partial \ln f}{\partial x}u_{\bar{x}}\right)^2 + \left(\frac{\partial \ln f}{\partial y}u_{\bar{y}}\right)^2 + \left(\frac{\partial \ln f}{\partial z}u_{\bar{z}}\right)^2} \tag{2.26}$$

式中 $\ln f$ 表示对函数 f 取自然对数。

式(2.25)、式(2.26)仅仅是原理性的表达式,当落实到一个具体的间接测量值的函数关系式时,需要将各个偏导数的具体函数关系式推导出来,再代入数据进行计算。

绝对不确定度 $u_{\bar{N}}$ 与相对不确定度 $E_{\bar{N}}$ 是可以相互换算的,那么计算时应该选择先计算绝对不确定度 $u_{\bar{N}}$,还是先计算相对不确定度 $E_{\bar{N}}$? 我们应该选择最简单的方法,即根据函数关系 $N=f(x,y,z)$ 的三个偏导数的表达式谁更简单,就先计算那一个不确定度。不同的选择可能会导致计算过程的难易程度相差非常大,这一点需要特别注意。为了方便读者,将常用函数的不确定度公式列于表2.3中。

(3)间接测量值的完整表达

$$N = (\bar{N} \pm u_{\bar{N}})\ \text{单位} \qquad (P=0.95) \tag{2.27}$$

或

$$N = (1 \pm E_{\bar{N}})\bar{N}\,\text{单位} \qquad (P=0.95)$$

注意:间接测量值的置信概率是由各个直接测量值中的最低置信概率决定的,所以计算中,将各个直接测量值的置信概率及间接测量值的置信概率都取为一致,才是最经济合理的方法。

2.2.3　不确定度的分解

由直接测量值的不确定度来计算间接测量值的不确定度,是不确定度应用中的第一类问题,常称为不确定度的合成问题或者不确定度的传递问题。反过来,由间接测量值的不确定度来确定各直接测量值的不确定度,则是不确定度的另一类型的应用问题,称为不确定度的分解问题。

不确定度的分解问题,是已经确定了间接测量值的不确定度,然后将它合理地分解为各直接测量值的不确定度,根据各直接测量值的不确定度来设计各个物理量的测量方法,选择合适的测量仪器,再进行各直接测量值的测量。只有每个直接测量值的不确定度都达到了要求,才能满足间接测量值的不确定度的要求,这种情况在工程项目或科学实验中往往更多。

例如,测量一种圆柱体固体材料的密度,要求其不确定度小于0.3%,而密度的计算中含有圆柱体的直径、长度和质量三个直接测量值,如何将0.3%的不确定度分配到这三个直接测量值上才合理呢? 这三个直接测量值的不确定度各占多大的比例呢? 这就是不确定度的分解要解决的问题。

表2.3 常用函数不确定度公式

间接测量值的函数关系	不确定度公式	说　明
$N = x \pm y$	$u_{\bar{N}} = \sqrt{u_{\bar{x}}^2 + u_{\bar{y}}^2}$	宜直接求 $u_{\bar{N}}$
$N = x \cdot y$	$E_{\bar{N}} = \frac{u_{\bar{N}}}{\bar{N}} = \sqrt{\left(\frac{u_{\bar{x}}}{\bar{x}}\right)^2 + \left(\frac{u_{\bar{y}}}{\bar{y}}\right)^2}$	宜先求相对不确定度 $E_{\bar{N}}$
$N = \frac{x}{y}$	$E_{\bar{N}} = \frac{u_{\bar{N}}}{\bar{N}} = \sqrt{\left(\frac{u_{\bar{x}}}{\bar{x}}\right)^2 + \left(\frac{u_{\bar{y}}}{\bar{y}}\right)^2}$	宜先求相对不确定度 $E_{\bar{N}}$
$N = \frac{x^a \cdot y^b}{z^c}$	$E_{\bar{N}} = \frac{u_{\bar{N}}}{\bar{N}} = \sqrt{\left(\frac{au_{\bar{x}}}{\bar{x}}\right)^2 + \left(\frac{bu_{\bar{y}}}{\bar{y}}\right)^2 + \left(\frac{cu_{\bar{z}}}{\bar{z}}\right)^2}$	宜先求相对不确定度 $E_{\bar{N}}$
$N = ax$	$u_{\bar{N}} = au_{\bar{x}}$	直接求 $u_{\bar{N}}$
$N = \sqrt[n]{x}$	$E_{\bar{N}} = \frac{1}{n}\frac{u_{\bar{x}}}{\bar{x}}$	宜先求相对不确定度 $E_{\bar{N}}$
$N = \sin x$	$u_{\bar{N}} = u_{\bar{x}} \cdot \cos \bar{x}$	宜直接求 $u_{\bar{N}}$

不确定度的分解通常有两种方法,一种是不确定度均分的方法。不确定度均分就是将间接测量值的总不确定度均匀地分配到各直接测量值的不确定度中去,这是一种简单、粗略的做法,用在精度要求不高的一般场合。例如上面测量圆柱体密度的例子,总不确定度0.3%,有三个直接测量值要测量,则按不确定度均分原理,各个直接测量值的不确定度就各占总不确定度的1/3,各为0.1%。

不确定度更合理的分配方法,是按各直接测量值不确定度所占比例的分配方法,它对我们的测量有更准确的指导性意义,但使用时需要多次试算每一项直接测量值的不确定度在总不确定度中的比例,即所占的权重,试算过程要复杂一些,方法如下:

将式(2.25)变化后为

$$u_{\bar{N}}^2 = \left(\frac{\partial f}{\partial x}u_{\bar{x}}\right)^2 + \left(\frac{\partial f}{\partial y}u_{\bar{y}}\right)^2 + \left(\frac{\partial f}{\partial z}u_{\bar{z}}\right)^2 \tag{2.28}$$

将实际数据及估计的数据代入式(2.28)中,我们就可以试算出每一项直接测量值对间接测量值总不确定度的影响,并且可以试算出每一项所占的百分比分别为:

$$\frac{\left(\frac{\partial f}{\partial x}u_{\bar{x}}\right)^2}{u_{\bar{N}}^2} \times 100\%;\quad \frac{\left(\frac{\partial f}{\partial y}u_{\bar{y}}\right)^2}{u_{\bar{N}}^2} \times 100\%;\quad \frac{\left(\frac{\partial f}{\partial z}u_{\bar{z}}\right)^2}{u_{\bar{N}}^2} \times 100\% \tag{2.29}$$

如果试算的结果不满足要求,则应该重新估计未知的数据,再代入公式计算,直到试算结果满足要求为止。

从相对不确定度计算公式(2.26)也可以推导出计算各项直接测量值不确定度所占比例的公式,如式(2.30)所示。实际上,相对不确定度公式中各项值的平方就是各项所占百分比的平方。

$$E_{\bar{N}}^2=\left(\frac{\partial \ln f}{\partial x}u_{\bar{x}}\right)^2+\left(\frac{\partial \ln f}{\partial y}u_{\bar{y}}\right)^2+\left(\frac{\partial \ln f}{\partial z}u_{\bar{z}}\right)^2 \tag{2.30}$$

2.3　有效数字及其运算

2.3.1　有效数字

直接测量时，为了提高测量精度，都要对测量仪器最小分度值以下的数进行估读。估读出来的一位数字，不是准确的，称为可疑数字。注意估读时最多把最小分度值分成10份估读，故估读出来的数字只有一位。比最小分度值大整数倍的数值是可以直接读出的数字，称为准确数字（或可靠数字）。我们把从仪器上直接读得的若干位准确数字和一位估计得到的可疑数字构成的数字，称为测量值的有效数字，这是有效数字的原始定义。

在间接测量中，直接测量值总是含有一定的误差，在用这些测量值进行计算时，不可能将其中的误差消除掉，只会使误差变大，变得更复杂。计算得出的数字结果中，可疑数字的位数可能不止一位，而是有许多位，这种数字也是有效数字，这是有效数字的扩展定义。总之，由准确数字与可疑数字构成的数字就是有效数字。

有效数字的位数称为有效位数。直接测量值的有效位数是由测量仪器的精度及估计读数方式决定的。有效位数的多少，反映了测量的精确度，不能随意地增加或减少有效数字的位数，这是记录测量值时必须遵守的有效数字书写规则。

例如，测量的物体长度大约为22 mm，分别用钢直尺、游标尺、千分尺测量，仪器的最小分度、读数误差、测量数值和有效数字位数见表2.4。

表2.4　数据记录

仪器	最小分度/mm	读数误差/mm	测量数值/mm	有效数字位数
钢直尺	1	0.1	22.6	3
游标尺	0.02	0.02	22.58	4
千分尺	0.01	0.001	22.575	5

通过此表，可以看出同样一个物理量，测量仪器的精度不同，则测量值的有效位数就不同。

注意有效数字的位数有几种情况容易混淆：

①数字22.2300有6位有效数字。

②数字0.0023只有2位有效数字。

③数字2.23×10^5只有3位有效数字。

使用数字式仪器进行测量时，不需要进行估计读数，但为了统一数据处理的方法，沿用了可疑数字的概念，显示的末位数字就认为是可疑数字，其读数误差就是仪器的最小分度值。

实验数据常用科学记数法记录，即把数据写成小数乘以10的n次幂的形式，n可以是正整数、负整数。注意科学记数书写时，小数点的前面（左边）只保留一位有效数字，例如，地球直径为6371 km,用科学计数法表示就是6.371×10^3 km。科学记数法能方便地表达数据有效数字的位数,而且在单位改变时,只是乘幂次数改变,其他不变,在表示很大和很小的数字时也特别方便,容易记忆。

一个物理量在更换单位时,其有效数字的位数是不能变化的,否则即意味着测量的精度是不相同的。

2.3.2 有效数字的运算

有效数字的运算有四条基本的公理:准确数字与准确数字进行四则运算时,其结果仍为准确数字;准确数字与可疑数字进行四则运算时,其结果为可疑数字;可疑数字与可疑数字进行四则运算时,其结果为可疑数字;运算中的进位数字约定其为准确数字。

按照上面四条基本公理进行实际计算时,仍然比较麻烦,下面讨论简化的有效数字的运算规则。为了把可疑数字、准确数字加以区别,我们在可疑数字下加一横线。参加运算的原始数据则视为是测量得到的数据,只有最后一位是可疑数字。

(1)加减运算

例: $1.\underline{2}+3.45\underline{6}=4.\underline{656}=4.\underline{6}$

例: $32.\underline{5}-3.14\underline{5}=29.\underline{355}=29.\underline{4}$

仔细观察运算过程及结果,注意以下几点:

①运算结果中如果数量级高的数字已经是可疑数字,则比其数量级低的数字就都是可疑数字了。参加运算的数字在运算前是准确数字,但运算后可能变成可疑数字。例如,例1结果中的数字5应该视为可疑数字。

②运算结果中可疑数字所在的数量级,不会比参加运算的数字的可疑数字所在的数量级低。由此可以看出,运算后得到的结果,其精度不可能比运算前的数字精度高。

③结果中出现了多位可疑数字,这些可疑数字是没有必要全部保留的,通常只保留1~2位可疑数字,可以根据具体需要自己确定。

④结果中多余的可疑数字的取舍,采用更平均一些的"4舍6入5凑偶"的方法处理,即尾数为4及4以下时舍去,尾数为6及6以上时进1。当尾数为5时,若前一位数是偶数则舍去5;若前一位数是奇数,则向其进1。

⑤加减运算的关键是判断结果中可疑数字数量级最高的一位在什么位置,由上面的例子可归纳出规则:加减运算结果的可疑数字位置,与参加运算的数字中可疑数字位置数量级最高的可疑数字同位,即与可疑数字最靠左的数位置相同,可简称为"向左看齐"。

(2)乘除运算

例: $23\underline{5}\times1\underline{2}=2\,\underline{820}=2.8\times10^3$

例: $345\underline{6}\div2\underline{4}=1\,\underline{44}=1.4\times10^2$

乘除法的运算规则可归纳为:乘除的结果,其有效数字的位数与参加运算的数字中有效位数最少的数相同,可以简单记忆为"向少数看齐"。

应该说明,按上面简化的加减、乘除有效数字的计算方法进行计算时,前者可以得到准确的结果,而后者在首位有进位时,有效数字有可能少一位,但通常影响不大,仍然可以使用这种简化方法计算。

(3)四则混合计算

四则混合运算时,要按部就班,一步一步地运用上面的两种有效数字运算规则进行判断。

(4)函数运算

在进行函数运算时,不能沿用四则运算的有效数字运算规则,需要按照微分的方法来确定可疑数字位置。举例如下:

例:　$\ln 47.23 = 3.855\ 029\ 284$

该函数的微分 $d\ln x = \frac{dx}{x}$,本例中 $x = 47.23$,将 dx 取 x 的最小读数单位0.01,则 $d\ln x = \frac{dx}{x} = \frac{0.01}{47.23} = 0.000\ 21$,此结果中出现第1位有效数字的位置在小数点后第4位,这就是结果中第1位可疑数字的位置,故结果应为 $\ln 47.23 = 3.855\ 0$。

(5)常见函数的有效数字位数的估计

①乘方或开方运算结果的有效数字位数与其底数的有效数字位数相同。例如:$\sqrt{4.256} = 2.063$。

②三角函数运算结果的有效位数与角度的有效位数相同。例如 $\sin 45°33' = 0.713\ 9$。

③对数函数运算的结果,其小数点之后数字的位数与对数真数的有效位数相同。例如:$\ln 101.23 = 4.61740$。

函数运算的结果中可疑数字的位置,还可以使用不确定度来判断,先计算出间接测量结果的不确定度,因为不确定度数字全部是可疑数字,故不确定度数字第一位数所在的数量级位置就是间接测量结果数字中数量级最高的可疑数字的位置。

对于计算中用到的常数,可以认为有无限多位有效数字,它们不影响运算结果的位数。对于无理数 π、$\sqrt{2}$等,运算中要截取成有效数字时,应比测量值中有效数字位数最少者多取1位或2位,它们也不影响有效数字的运算结果。

2.3.3　有效数字尾数舍入规则

①计算得到的绝对不确定度数值,其数值全部是可疑数字,不需要保留很多位,通常保留1或2位。为了保证置信概率,绝对不确定度数值多余的尾数采用只入不舍的方法处理,即在保留的最后一位可疑数字之后,如果有大于1以上的数字则都要进位。

例如,计算得到的绝对不确定度为0.011 2 mm,如果要求保留1位可疑数字则结果应为0.02 mm,如果要求保留2位可疑数字则结果应为0.012 mm。

②相对不确定度通常采用2位有效数字(百分数)表示,多余的尾数也采用只入不舍的方法处理。

例如,如果计算得到的相对不确定度为10.1%,结果应写为11%。计算得到的相对不确定度为5%,结果则应写为5.0%。

③测量结果的完整表达式中,算术平均值的尾数要与不确定度的尾数对齐,即最后一位数保持在同一个数量级上,算术平均值多余的尾数采用"四舍六入五凑偶"的方法处理。即当末位数为5时,若它的前面是奇数则进1,凑成偶数。若它的前面是偶数则舍去5,前面的数不变。

例如,计算出的算术平均值为1 234.555,不确定度为0.12,则完整表达式中数字部分应写为(1 234.56 ±0.12)。

④科学记数的书写:测量结果完整表达式使用科学记数表达时,算术平均值与不确定度都需要使用科学记数,而且它们的数量级部分的乘幂指数要统一,并提到括号外面书写。

例如,算术平均值为 1 234.555,不确定度为 0.12;如果用科学记数书写,则完整表达式中数字部分应写为$(1.234\ 56 \pm 0.000\ 12) \times 10^3$,不能写成$(1.234\ 56 \times 10^3 \pm 1.2 \times 10^{-1})$。

2.3.4 不确定度的计算实例

例 2.1 用螺旋测微仪测长度得数据见表 2.5。已知仪器误差 $\Delta_{仪} = 0.004$ mm,判断测量值中是否有异常数据,并求长度值及其不确定度,完整表达结果(置信概率取 95%)。

表 2.5

测量次数	1	2	3	4	5	6
长度 L/mm	15.302	15.304	15.310	15.305	15.303	15.299

解:

1)长度算术平均值

$$\bar{L} = \frac{\sum_{i=1}^{6} L_i}{6} = 15.3038 \text{ mm}$$

2)测量列的标准误差

$$\sigma_L = \sqrt{\frac{\sum_{i=1}^{6}(L_i - \bar{L})^2}{(6-1)}} = 0.00366 \text{ mm} \approx 0.0037 \text{ mm}$$

3)按 3σ 原则计算数据区间

$$[\bar{L} - 3\sigma_L, \bar{L} + 3\sigma_L] = [15.293, 15.315]$$

经检查测量列的数据都在此区间内,无异常数据。

4)L 的 A 类不确定度

根据 $P = 95\%$ 及测量次数 $k = 6$ 次,查出 $t_p = 2.57$。

$$u_A = t_p \sqrt{\frac{\sum_{i=1}^{6}(L_i - \bar{L})^2}{6(6-1)}} = 2.57 \times 0.0015 \text{ mm} = 0.000385 \text{ mm} \approx 0.0039 \text{ mm}$$

5)L 的 B 类不确定度

$$u_B = \sqrt{\Delta_{仪}^2 + \Delta_{估}^2} = \sqrt{0.004^2 + 0.001^2} \text{ mm} = 0.00412 \text{ mm} \approx 0.0042 \text{ mm}$$

6)L 的总不确定度

$$u_{\bar{L}} = \sqrt{u_A^2 + u_B^2} = \sqrt{0.0039^2 + 0.0042^2} \text{ mm} = 0.00573 \text{ mm} \approx 0.0058 \text{ mm}$$

7)测量结果

$$L = \bar{L} \pm u_{\bar{L}} = (15.3038 \pm 0.0058) \text{ mm} \qquad (P = 95\%)$$

通常计算中,我们都统一不确定度保留的位数,即不管是直接量还是间接量,都保留同样的 1 位数或 2 位数,这是最合理的方法。此题中,所有的不确定度结果都保留了 2 位有效数字。注意,此题中不确定度小数后第 3 位数的取舍按照只入不舍处理,这是实际计算中学生不容易搞清楚的地方。另外,实际计算中,汉字的说明部分是可以不书写的,但每步的计算公式及数据计算必须书写出来,以表达清楚每步的结果是如何得出的。

例2.2　已知一个圆柱体的直径 $d=(8.04\pm0.01)$ cm($P=0.95$),高度 $h=(15.20\pm0.02)$ cm($P=0.95$),质量 $m=(830.18\pm0.05)\times10^{-3}$ kg($P=0.95$),试求出该圆柱体的密度 ρ,并完整表达测量结果,要求所有绝对不确定度都保留一位可疑数字。

解:

1)圆柱体密度的算术平均值

$$\bar{\rho}=\frac{4\,\bar{m}}{\pi(\bar{d})^2\,\bar{h}}=\frac{4\times830.18\times10^{-3}}{3.14\times0.0804^2\times0.1520}=1076.33367\ (\text{kg/m}^3)$$

2)密度的不确定度

$$E_{\bar{\rho}}=\sqrt{\left(\frac{\partial\ln\rho}{\partial m}u_{\bar{m}}\right)^2+\left(\frac{\partial\ln\rho}{\partial d}u_{\bar{d}}\right)^2+\left(\frac{\partial\ln\rho}{\partial h}u_{\bar{h}}\right)^2}$$

$$=\sqrt{\left(\frac{1}{\bar{m}}u_{\bar{m}}\right)^2+\left(\frac{2}{\bar{d}}u_{\bar{d}}\right)^2+\left(\frac{1}{\bar{h}}u_{\bar{h}}\right)^2}$$

$$=\sqrt{\left(\frac{0.05}{830.18}\right)^2+\left(\frac{2\times0.01}{8.04}\right)^2+\left(\frac{0.02}{15.20}\right)^2}=0.00281\approx0.0029$$

$$u_{\bar{\rho}}=E_{\bar{\rho}}\times\bar{\rho}=0.0029\times1\,076.33367=3.1\approx4(\text{ kg/m}^3)$$

3)密度的完整表达式

$$\rho=\bar{\rho}\pm u_{\bar{\rho}}=(1076\pm4)(\text{kg/m}^3)\qquad(P=95\%)$$

或表示为

$$\rho=\bar{\rho}\pm u_{\bar{\rho}}=(1.076\pm0.004)\times10^3(\text{kg/m}^3)\qquad(P=95\%)$$

注意:此题中相对不确定度仍按书写规定保留2位有效数字。

例2.3　一圆柱体,用50分度游标卡尺测量其直径和高度各5次,数据见表2.6。求其体积的测量结果,要求完整表达。(置信概率取为95%)

表2.6

测量次数	1	2	3	4	5
d/mm	50.42	50.34	50.40	50.46	50.44
h/mm	65.20	65.22	65.32	65.28	65.12

解:

1)计算直径的算术平均值

$$\bar{d}=\frac{\sum_{i=1}^{5}d_i}{5}=50.412\ \text{mm}$$

2)直径的A类不确定度

根据 $P=95\%$ 及测量次数查出 $t_p=2.78$。

$$u_{\text{A}}=t_p\sigma_{\bar{d}}=t_p\sqrt{\frac{\sum_{i=1}^{5}(d_i-\bar{d})^2}{5(5-1)}}=2.78\times0.021=0.059\ \text{mm}$$

3)直径的 B 类不确定度

$$u_B=\sqrt{\Delta_{仪}^2+\Delta_{估}^2}=\sqrt{0.02^2+0.02^2}=0.029\ \text{mm}$$

4)直径的总不确定度

$$u_{\bar{d}}=\sqrt{u_A^2+u_B^2}=\sqrt{0.059^2+0.029^2}=0.066\ \text{mm}$$

5)直径的测量结果

$$d=\bar{d}\pm u_{\bar{d}}=(50.412\pm0.066)\text{mm}\quad(P=95\%)$$

6)计算高度的算术平均值

$$\bar{h}=\frac{\sum_{i=1}^{5}h_i}{5}=65.228\ \text{mm}$$

7)高度的 A 类不确定度

$$u_A=t_p\sigma_{\bar{h}}=t_p\sqrt{\frac{\sum_{i=1}^{5}(h_i-\bar{h})^2}{5(5-1)}}=2.78\times0.035=0.098(\text{mm})$$

8)高度的 B 类不确定度

$$u_B=\sqrt{\Delta_{仪}^2+\Delta_{估}^2}=\sqrt{0.02^2+0.02^2}=0.029\ \text{mm}$$

9)高度的总不确定度

$$u_h=\sqrt{u_A^2+u_B^2}=\sqrt{0.098^2+0.029^2}=0.11\ \text{mm}$$

10)高度的测量结果

$$h=\bar{h}\pm u_{\bar{h}}=(65.23\pm0.11)\text{mm}\quad(P=95\%)$$

11)计算体积的算术平均值

$$\bar{V}=\frac{\pi}{4}\bar{d}^2\,\bar{h}=\frac{3.14}{4}\times50.412^2\times65.23=130132.2355\ \text{mm}^2$$

12)计算体积的不确定度

$$\begin{aligned}u_{\bar{V}}&=\sqrt{\left(\frac{\partial V}{\partial d}u_{\bar{d}}\right)^2+\left(\frac{\partial V}{\partial h}u_{\bar{h}}\right)^2}\\&=\sqrt{\left(\frac{\pi}{2}\bar{d}\,\bar{h}u_{\bar{d}}\right)^2+\left(\frac{\pi}{4}\bar{d}^2u_{\bar{h}}\right)^2}\\&=\sqrt{\left(\frac{3.14\times50.412\times65.23\times0.066}{2}\right)^2+\left(\frac{3.14\times50.412^2\times0.11}{4}\right)^2}\\&=405\approx4.1\times10^2\ \text{mm}^3\end{aligned}$$

13)体积的完整表达式

$$V=\bar{V}\pm u_{\bar{V}}=(1.3013\pm0.0041)\times10^5\ \text{mm}^3\qquad(P=95\%)$$

例 2.4 已知一圆柱体,粗略地知道其直径 $D\approx25$ mm,高 $h\approx40$ mm,要测量其体积。若要求该圆柱体体积 V 的相对不确定度不大于 0.5%,求 D、h 的允许不确定度,并设计一个测量该圆柱体体积的实验方案。

解:

圆柱体体积 $V=\pi D^2\cdot h/4$,其相对不确定度的表达式应满足

$$\frac{U_V}{V}=\sqrt{\left(2\frac{U_D}{D}\right)^2+\left(\frac{U_h}{h}\right)^2}\leqslant 0.5\%$$

如果根据不确定度均分原理,则应当有

$$\frac{2U_D}{D}=\frac{U_h}{h}$$

即

$$\sqrt{2\left(2\frac{U_D}{D}\right)^2}\leqslant 0.5\%$$

或

$$\sqrt{2\left(\frac{U_h}{h}\right)^2}\leqslant 0.5\%$$

也就是

$$\frac{U_D}{D}\leqslant\frac{1}{2\sqrt{2}}\times 0.5\%$$

$$\frac{U_h}{h}\leqslant\frac{1}{\sqrt{2}}\times 0.5\%$$

得

$$U_D\leqslant 0.045\ \text{mm}$$

$$U_h\leqslant 0.15\ \text{mm}$$

推出直接测量值的不确定度后,要进一步根据测量方法来选定测量仪器。

量程为0～25 mm的一级精度螺旋测微计的仪器误差为0.004 mm,估计误差为0.001 mm,单次测量时不确定度约为0.005 mm,因此选用一级精度的螺旋测微计能够满足测量直径D的不确定度要求。若考虑游标卡尺测直径,0～150 mm量程一级精度50分度游标卡尺的仪器误差为0.02 mm,估计误差也为0.02 mm,单次测量时不确定度约为0.028 mm,因此也是可以的。如果用20分度游标卡尺,其仪器误差和估计误差都为0.05 mm,单次测量时不确定度约为0.071 mm,因此不可以用,故选择50分度游标卡尺最合适。

对于圆柱体高度的测量,如果采用毫米尺,其仪器误差为0.5 mm则太大了,因此不能选用毫米尺测高度。再看游标卡尺20分度游标卡尺的不确定度不超过0.1 mm,因此圆柱体的高度测量宜采用20分度游标卡尺。

如果要按照各直接测量值不确定度的权重来分析,则需要进一步假设测量方案,通过多次试算的方法来分清D、h所占不确定度的比例,再确定测量的方法与使用的仪器,读者可以对此例题进行进一步的分析。

2.4　数据处理的基本方法

实验得到的一系列数据,往往是零乱并含有误差的。要从这一系列数据中得到较为可靠的结果,并且分析出一定的规律,就要靠正确的数据处理方法。数据处理也就是对数据加以分析和归纳,得出实验的结果。大学物理实验中常用的方法有四种:

2.4.1 列表法

列表法常用于记录原始数据和进行大量相同的计算时,其特点是简单明确。用于记录原始数据时可以反映出物理量的某种关系,例如递增或递减的关系。多次测量时常用列表法记录。记录原始数据时应遵循以下几点:

①表中的物理量应标出代号和单位,表格应有名称。

②物理量的排列应与测量顺序一致,便于检查。单位和数值的数量级写在代号的标题栏内,不要重复记在每个数值上。

③记录数据必须正确地使用测量值的有效数字。

大量同类型的计算时,可以采用列表法,将变量和计算结果以表格方式表达出来,可以使计算显得简洁、清楚,但注意计算公式应该写在表格的附近,以表明数据计算的方法。

2.4.2 作图法

作图法是用直线或曲线反映出物理量间的相互关系,其特点是形象、直观,并且可以由图线求出相关量的经验公式,还可以对其趋势加以延伸推测出未测点的值,其缺点是不如数值计算法精确。

(1)作图步骤

1)选择用纸

作图用纸一定要用坐标纸,常用的是直角坐标纸,另外还有对数坐标纸、极坐标纸等。图纸的大小要根据测量数据的范围确定,原则上应使坐标纸的最小格对应于有效数字中最后一位准确数字。

2)坐标的定标

①以坐标横轴代表直接量,纵轴代表间接量,标出坐标的代号(或名称)、单位;

②选择合适的比例标出坐标轴上便于读数的点。选择比例的大小时,应使绘出的图线尽可能大,充满坐标纸,用于数据处理的图应不小于 A4 图幅的一半大小。坐标轴上采用均匀的标注整数点。标注时其有效位数应与记录的数据一致。从图线上读点时,读出的数值其有效位数即从标注点来判断,应与测量值的有效位数相同。坐标的原点不一定和变量的零点对应。

3)描点

用规定的符号将实验点在坐标图上描绘出来,常用的符号有“+”“⊙”等。符号的大小反映测量值的最大绝对误差。不同的图线,要以不同的符号加以区分,并加以注明。注意一般不能使用独立的圆点“·”来描点。

4)描线

如果是描绘校正曲线,则将相邻两点连成直线,整个曲线呈折线形。如果不是校正曲线,则以描点均匀分布于曲线两侧的原则来描绘,个别偏离较远的点应当舍去。如果图线需要延伸到测量范围以外,则按估计的趋势画虚线表示。

5)写出图名和注释

在图的下方写出图线名称、作图人姓名、作图时间等。在图线空白处可以写出由图线求出的关系式或某些参量,如斜率等。完整的图线如图 2.4 所示。

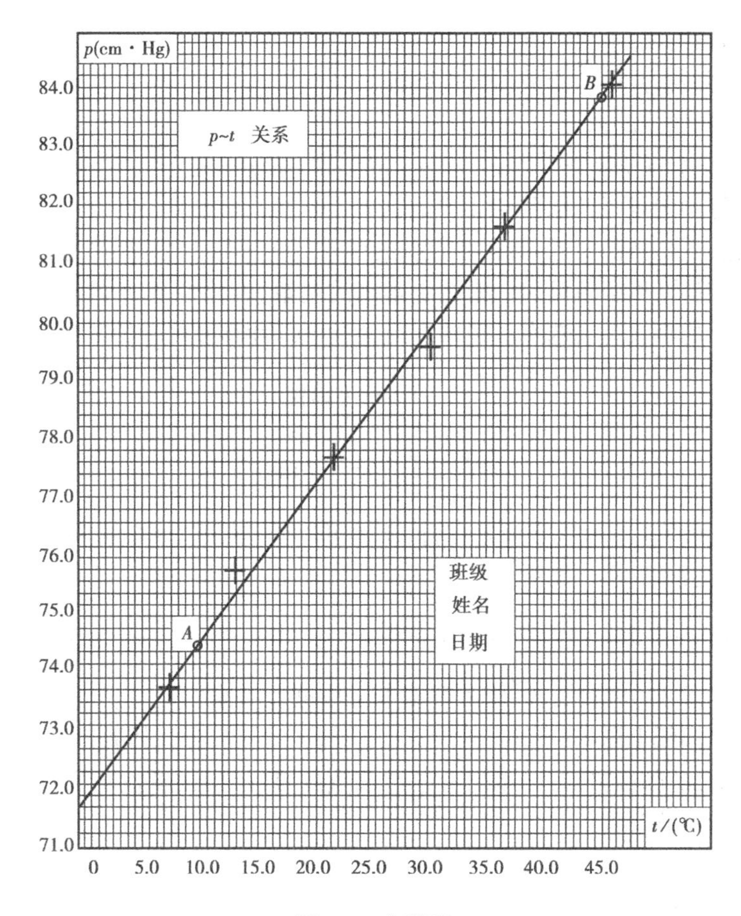

图2.4 作图法

(2)图解法

利用已作出的图线,求解待测量或变量间的经验公式的方法,称为图解法。图解法常用两种方法:

1)求未测量点的值

利用有限的实验数据作出图线后,可以方便地从图线上求出任意横坐标和纵坐标的对应值,还可以沿图线的趋势方向把图线外延,求出那些实际上难以测量点的值。

2)求经验公式

与图线相对应的方程式一般称为经验公式。作图时,由于直线是能够精确画出的图线,所以常通过坐标代换将非直线的图线改变成直线。

求解经验公式的步骤是:

①根据解析几何知识,判断图线的类型。大学物理实验常见的图线如下:

直线 $y = ax + b$

抛物线 $y = ax^2$

双曲线 $xy = a$

指数函数 $y = Ae^{-Bx}$

②由图线类型判断公式可能的特点;

③作变量代换,利用倒数、对数等将图线变换成直线;

④利用作出的图线,求出经验公式中的常数;

⑤确定经验公式,并用实验数据加以验证。

下面对直线和曲线的情形举例说明。

例 2.5 设直线的经验公式为 $y = ax + b$ 的形式,试求解之。

解:在已作好的图线上选取两点 $A(x_1, y_1)$,$B(x_2, y_2)$,注意两点的坐标值一定要按有效数字读数,A、B 两点不要靠得太近,通常在数据的两端,但不要超出原始数据。两点的坐标要尽量反映出直线的趋势,坐标值可以选择便于读出的整数,但注意 A、B 两点不可以使用原始测量点,只能在作出的直线上去选点。用两点的坐标可以计算方程中的常数为:

斜率
$$a = \frac{y_2 - y_1}{x_2 - x_1}\ (\text{单位}) \tag{2.31}$$

截距
$$b = \frac{x_2 y_1 - x_1 y_2}{x_2 - x_1}\ (\text{单位}) \tag{2.32}$$

注意:a、b 的计算按有效数字规则进行,于是可以得出经验公式,再将原始实验数据代入,可以验证 a、b 值是否正确。

例 2.6 单摆的摆长 L 与摆动周期 T 的关系式为 $L = \frac{g}{4\pi^2}T^2$,其中 g 为重力加速度。实验测出一系列的 (T_i, L_i) 对应数据,试用图解法求当地重力加速度 g。

解:如果在坐标纸上画出 (T_i, L_i) 的所有点,再作出图线,可大体判断出它是一条抛物线。再以 T_i^2 作横坐标,L_i 作纵坐标,可得出一条过原点的直线,由图解法算出其斜率为 k,截距为零,于是可得下述经验公式:

$$L = kT^2$$

然后再由 $k = \frac{g}{4\pi^2}$,就可以计算出当地的重力加速度 g。

例 2.7 某两个物理量 x、y 的关系为 $y = Ae^{-Bx}$,其中 A、B 为未知常数,试以图解法求之。

解:对函数关系取对数,得 $\ln y = -Bx \ln e + \ln A$。

在对数坐标纸上以 x 为横坐标,$\ln y$ 为纵坐标作图,可以得到一条直线。直线的斜率 $k = -B \ln e = -0.434\ 3B$,直线在 $\ln y$ 轴上截距为 $b = \ln A$,由此可以求解出常数 A 和 B,最后可得出 x、y 关系的经验公式。

其他的非线性函数,可以按类似的变量代换处理后,再用作图法求出斜率和截距,从而求出方程中的参量,得到经验公式。

2.4.3 逐差法

逐差法常用于处理直接量和间接量间为等差数列关系时的数据。逐差法计算简便,充分利用了已测到的数据,具有将数据取平均的效果,可以消除零位误差和减小随机误差,有扩大测量范围的效果。

逐差法计算数据是将测量的数据按次序分成前后两组(两组数据个数相同),依次对应相减,例如前一组的第一个与第二组的第一个数相减,再利用各相减项的差值求出被测量的平均值。

例:对竖直悬挂的弹簧逐个增加砝码,测量弹簧的弹性伸长量,数据见表 2.7。

表 2.7　弹簧伸长数据及逐差计算

<table>
<tr><td rowspan="2">序号</td><td rowspan="2">砝码质量 m/g</td><td>弹簧伸长</td><td>逐差计算
ΔL_i/cm</td></tr>
<tr><td>x_i/cm</td><td>$x_4 - x_0 = 0.100$</td></tr>
<tr><td>0</td><td>0</td><td>0.195</td><td>$x_5 - x_1 = 0.100$</td></tr>
<tr><td>1</td><td>500</td><td>0.220</td><td>$x_6 - x_2 = 0.100$</td></tr>
<tr><td>2</td><td>1 000</td><td>0.245</td><td>$x_7 - x_3 = 0.095$</td></tr>
<tr><td>3</td><td>1 500</td><td>0.280</td><td rowspan="5">$\Delta L = \frac{\Delta L_0 + \Delta L_1 + \Delta L_2 + \Delta L_3}{4}$
$= 0.098\ 75$ cm</td></tr>
<tr><td>4</td><td>2 000</td><td>0.295</td></tr>
<tr><td>5</td><td>2 500</td><td>0.320</td></tr>
<tr><td>6</td><td>3 000</td><td>0.345</td></tr>
<tr><td>7</td><td>3 500</td><td>0.375</td></tr>
</table>

由上例可以看出，数据共有 8 个，用间隔 4 项 $x_{i+3} - x_i$ 逐差，全部数据都用到了，且求出的 ΔL 相当于弹簧加上 2 000 g 砝码时的测量值。若采用相邻项逐差 $x_{i+1} - x_i$，则逐差所利用的数据仅为首尾两个，中间的数据实际未用到，故误差较大。所以，在用逐差法处理数据时，测量数据一般为偶数个，然后采用隔 $\frac{n}{2}$ 项逐差。逐差法得到的结果，比作图法精确，但不及最小二乘法。

2.4.4　最小二乘法

用图线表示物理量间的关系，比较直观，但比较粗糙，精确度较低。用函数式表达物理量间的关系则更准确和方便，但如何从一组测量值中找出其函数关系式呢？最小二乘法就是从一组等精度测量值中确定最佳函数关系式的方法，用它确定的曲线能最好地拟合于测量值。最小二乘法是一种应用很多的数据处理方法，是从事科学研究的人员应该掌握的重要方法。由于最小二乘法拟合曲线以误差理论为依据，且计算较烦琐，因此，这里只简单介绍用最小二乘法进行直线拟合。凡是可以通过变量代换转化为线性关系的函数关系，均可在转换后进行线性拟合（或称线性回归）。

最小二乘法拟合曲线的原理是：若能找到最佳的拟合曲线，那么这拟合曲线和各测量值之偏差的平方和应为最小，这也是最小二乘法名称的来历。

现设两物理量为线性关系，函数式为

$$y = ax + b \tag{2.33}$$

由实验等精度地测得一组数据 (x_i, y_i)，$i = 1, 2, \cdots, k$。因为测量总是有误差的，x_i 和 y_i 中都含有误差，但相对来说 x_i 的误差远比 y_i 误差小。为了讨论简便起见，认为 x_i 的误差为零，只有 y_i 有误差。对于一组 (x_i, y_i)，$i = 1, 2, \cdots, k$ 数据，$y = ax + b$ 是最佳拟合方程，那么每一个数据 y_i 与按 $y = ax + b$ 计算的 y 值的偏差为

$$\varepsilon_i = y_i - (ax_i + b) \tag{2.34}$$

根据最小二乘法原理,偏差的平方和为最小,即有

$$\sum \varepsilon_i^2 = \sum [y_i - (ax_i + b)]^2 \tag{2.35}$$

在此式中,(x_i, y_i) 是已知的测量值,而 a 和 b 是变量。如果在使 $\sum \varepsilon_i^2$ 为最小的条件下确定出 a 和 b,则拟合方程就求得了。根据求极值的条件,令 $\sum \varepsilon_i^2$ 对 a 和 b 的一阶偏导数为零,即

$$\frac{\partial \sum \varepsilon_i^2}{\partial a} = 0 \qquad \frac{\partial \sum \varepsilon_i^2}{\partial b} = 0$$

因为 $\varepsilon_i = y_i - ax_i - b$,可以得到

$$\left.\begin{aligned} \frac{\partial \sum \varepsilon_i^2}{\partial a} &= -2\sum x_i(y_i - ax_i - b) = 0 \\ \frac{\partial \sum \varepsilon_i^2}{\partial b} &= -2\sum (y_i - ax_i - b) = 0 \end{aligned}\right\}$$

化简为

$$\left.\begin{aligned} \sum x_i y_i &= b\sum x_i + a\sum x_i^2 \\ \sum y_i &= kb + a\sum x_i \end{aligned}\right\} \tag{2.36}$$

解出

$$\left.\begin{aligned} a &= \frac{\bar{x}\cdot\bar{y} - \overline{xy}}{(\bar{x})^2 - \overline{x^2}} \\ b &= \bar{y} - a\bar{x} \end{aligned}\right\} \tag{2.37}$$

式中

$$\bar{x} = \frac{1}{k}\sum_{i=1}^{k} x_i \qquad \bar{y} = \frac{1}{k}\sum_{i=1}^{k} y_i$$

$$\overline{x^2} = \frac{1}{k}\sum_{i=1}^{k} x_i^2 \qquad \overline{xy} = \frac{1}{k}\sum_{i=1}^{k} x_i y_i$$

要验证求出的极值为最小,还应当验证其二阶偏导数大于零,这里不再证明。实际上,由公式(2.37)求出的 a 和 b 对应的 $\sum \varepsilon_i^2$ 就是最小值。

由上面求出的 a 和 b 都是有误差的,其标准误差为

$$\sigma_a = \frac{\sigma_y}{\sqrt{k[\overline{x^2} - (\bar{x})^2]}} \tag{2.38}$$

$$\sigma_b = \frac{\sqrt{\overline{x^2}}\cdot\sigma_y}{\sqrt{k[\overline{x^2} - (\bar{x})^2]}} \tag{2.39}$$

式中,σ_y 是测量值 y_i 的标准误差,为

$$\sigma_y = \sqrt{\frac{\sum_{i=1}^{k}(y_i - ax_i - b)^2}{k-2}} \tag{2.40}$$

注意分母为 $k-2$。确定参数 a 和 b 后,还要检验拟合的好坏,为此引入一个称为相关系数 γ 的量来评定:

$$\gamma = \frac{\overline{x\cdot y} - \bar{x}\cdot\bar{y}}{\sqrt{(\overline{x^2} - \bar{x}^2)(\overline{y^2} - \bar{y}^2)}} \tag{2.41}$$

可以证明,相关系数γ之值在± 1之间。γ值越接近1,说明测量数据越紧靠所求的直线;相反,如果γ值偏离1越大,说明x和y之间的线性越差。$\gamma=0$则表示x与y完全不相关,说明用线性函数拟合不妥,需用其他函数进行拟合。$\gamma>0$时拟合的直线斜率为正,称为正相关;$\gamma<0$时拟合直线的斜率为负,称为负相关。如图2.5所示。

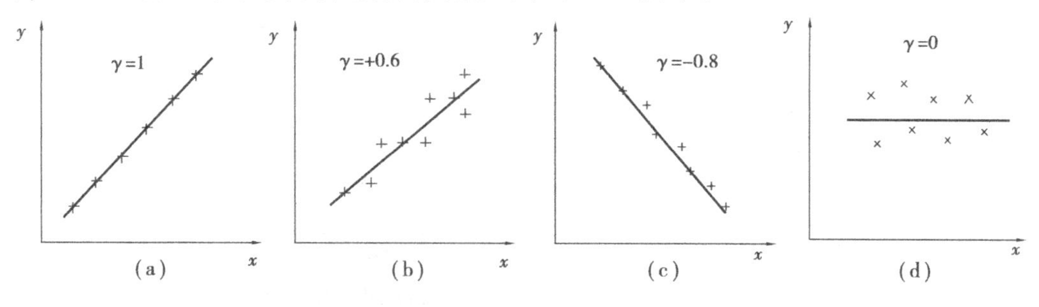

图2.5 相关系数

按照上面所讲的公式来计算,是相当烦琐的。学生学习时,应要求学会用函数计算器或Excel等数学软件的线性拟合功能来处理数据,不需要按原始公式来计算。

注意:用最小二乘法处理数据之前,应该使用3σ原则判断数据组里是否有异常数据,也可以使用作图法排除异常数据。如果没有排除数据组里的异常数据,则采用最小二乘法处理数据时会带来很大的误差,使计算结果偏离准确值很远。

练习题

1. 判断下列原因可能会引起何种类型的误差?

(1)水银温度计毛细管直径整段长度上偏大。

(2)用物理天平称量时,用手拿砝码,使砝码沾上汗水。

(3)千分尺测量头被磨损了一点。

(4)数字电压表测量电压时,最低位数字显示略有变化。

(5)游标尺游标有一些松动。

2. 指出下列各数据的有效数字位数并把它们取成三位有效数字。

(1)$L=0.087\ 556$ cm　　(2)$T=1.23600$ s

(3)$E=2.725\ 432\times 10^{23}$ kg

3. 用科学记数法正确表达下列式子。

(1)$A=(17000\pm 100)$ km　$(P=95\%)$

(2)$B=(0.98765\pm 0.001\ 12)$ kg　$(P=95\%)$

4. 使用千分尺测量的数据见下表:

次数 i	1	2	3	4	5	6	7	8
x_i/mm	20.236	20.233	20.230	20.228	20.237	20.236	20.239	20.240

试判断其中是否有异常值,计算其平均值和不确定度,并完整表达测量结果。置信概率

取 95% ,仪器误差 0.004 mm。

5. 推导下列函数的不确定度传递公式:

(1) $N = x\dfrac{y^5}{z^3}$　　(2) $P = \dfrac{\pi}{2}(x^2 + y^2)$

(3) $R = \dfrac{x - y}{(x - z)^2}$　　(4) $M = \dfrac{\pi \sin x}{\cos y + \sin z}$

6. 根据有效数字规则计算(详细写出计算过程):

(1) $\dfrac{48.2 + 5.03}{15.80 - 7.8}$　　(2) $\dfrac{25^2 + 567.0}{25.0}$

(3) $\dfrac{200.00 \times (17.20 - 14.2)}{(108 - 8.0)(2.00 + 0.004)}$　　(4) $\dfrac{300.0 \times (6.9 + 3.512)}{(88.00 - 77.0) \times 200.00} + 24.035$

7. 均匀材料圆形板的测量数据见下表,求圆形板的面积密度及其不确定度,完整表达测量结果,并计算质量、直径的不确定度在面积密度总不确定度中各占的比例。质量测量仪器为数字式电子秤,仪器误差 0.002 kg。直径用游标尺测量,其仪器误差 0.02 mm。

	1	2	3	4	5	6
质量 m/kg	1.656	1.657	1.655	1.656	1.657	—
直径 D/mm	100.24	100.22	100.26	100.20	100.22	100.24

8. 测量一金属丝的线膨胀系数,得到数据见下表:

t/ ℃	30.0	40.0	50.0	60.0	70.0	80.0	90.0	100.0	110.0	120.0
L/cm	60.124	60.162	60.206	60.242	60.284	60.320	60.366	60.402	60.441	60.482

(1)用作图法求该金属丝的线膨胀系数 α 和它在 0 ℃时的长度 L_0。

(2)用最小二乘法求该金属丝的线膨胀系数 α 和它在 0 ℃时的长度 L_0。

设线膨胀公式为 $L = L_0(1 + \alpha t)$

第2部分 基础实验

实验1　长度的测量

长度是三个基本力学量之一。长度测量的精确度,是科学技术发展水平的重要标志。毫米级的测量,用于手工工具和简单机械;微米级的测量,用于光学仪器和集成电路;纳米级的测量,用于分子及原子尺度的测量。由于物质的无限可分性,长度测量的发展也是无止境的。长度测量是实验中最基本的测量,可以说是一切测量的基础。

在实验中使用模拟式仪器进行的直接测量,基本上都可化为长度或弧长来读数,如测温度是看水银柱在毛细管中的长度,各种指针式仪表其刻度是弧长等。因此,长度测量的读数规则和基本方法在实验中具有普遍意义。

长度测量的方法是将被测长度与标准长度进行比较。长度测量使用的仪器和量具较多,最基本的器具有米尺、游标尺、螺旋测微计。不同的仪器、量具除其测量范围(即量程)不同外,它们的精密度也不同,亦即最小分度值(最小量)不同。分度值越小,仪器越精密,仪器的测量误差也越小。当精密度要求高于 10^{-3} mm 时,可采用更精密的仪器,如迈克尔逊干涉仪、光学比长仪等。目前,生产和测量中使用的长度测量仪器及性能见本实验后的“知识拓展”。

【实验目的】

1. 了解游标尺的结构及规格,掌握游标原理,学会正确使用的方法。
2. 了解并掌握螺旋测微计的原理及结构,学会正确使用的方法。
3. 学习读取、记录和处理数据的基本方法。

【实验仪器】

游标尺、螺旋测微计、空心圆柱、小圆柱。

【实验原理】

1.米尺

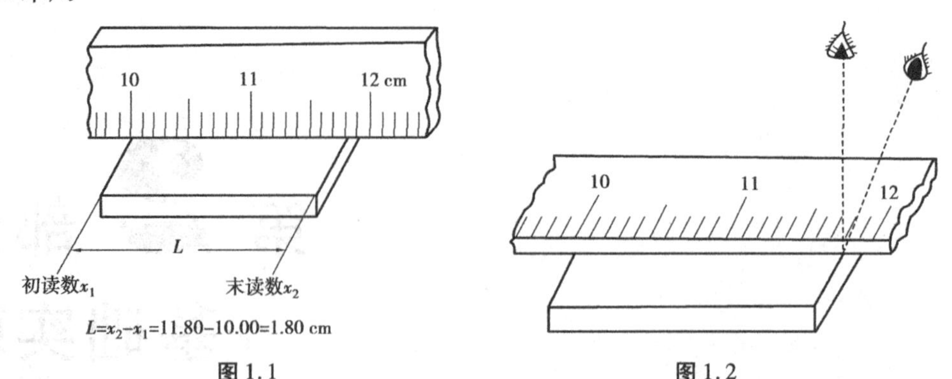

图 1.1　　　　图 1.2

常用的米尺量程大多为 0 ~ 100 cm,分度值为 1 mm。测量长度时常可估计到 1 分度的 1/10 (0.1 mm)。紧贴、对准和正视是测量的要领和关键。测量时,必须使待测物体与米尺刻度面紧贴,如图 1.1 所示,并使物体的一端准确对准选作起点(一般不选用"0"刻线)的某一刻线,根据待测物体另一端在米尺刻度上的位置正视读出数值,物体两端读数之差即为待测物体的长度值,$L = x_2 - x_1 = 11.80 - 10.00 = 1.80$ cm。

上述测量方法,可避免由于米尺端边磨损引入的误差。由于米尺具有一定的厚度,观测者视线方向不同会引入测量误差(即视差),如图 1.2 所示,这是一种不正确的测量方法。

2.游标尺

米尺的分度值 1 mm 不够小,常不能满足测量需要。为提高测量精度,可在主尺(即米尺)旁附带一根可沿主尺移动的副尺(称为游标)而构成游标尺,如图 1.3 所示。它主要由主尺 D、游标 B、内量爪 A'和 B'、外量爪 A 和 B、深度尺 C(即尾尺)构成。根据游标上的分度数(即分格数)不同,游标尺大致可分为 10 分度、20 分度、50 分度 3 种规格。

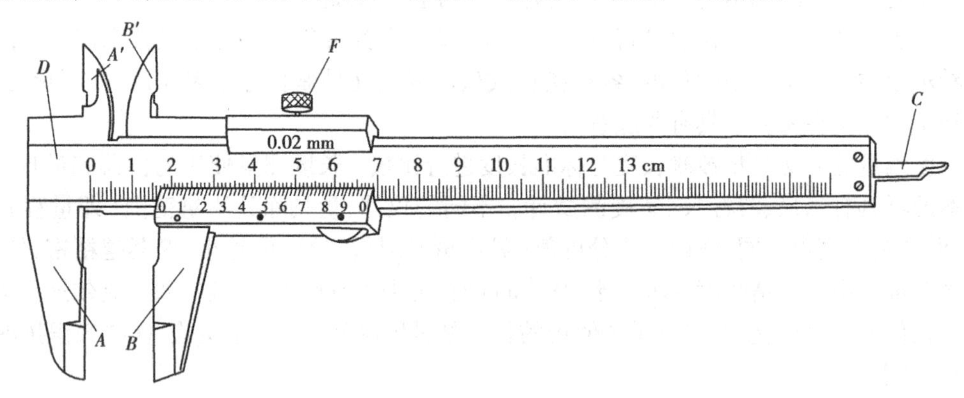

图 1.3　游标尺

1)游标尺的原理

①游标分度原理。

为了适应不同精度要求,各种游标有不同分度值。若游标上有 P 个分格,每一个分格长为 x;主尺上每一分格长为 y,游标上一格对应的最接近的主尺格数(即模数)为 n(模数大,游标刻线间距较大,易分辨,但尺寸也大)。刻线时,总是使游标上 P 格总长与主尺上$(nP-1)$总长相等,即 $Px=(nP-1)y$,则游标每分格长为

$$x=(nP-1)y/P=\left(n-\frac{1}{P}\right)y$$

而游标尺的最小量为

$$\delta=ny-x=ny-\left(n-\frac{1}{P}\right)y$$

即
$$\delta=\frac{y}{P} \tag{1.1}$$

由此可见，只要知道主尺上每一分度长 y 和游标上的分格数 P 就可确定该游标尺的最小量，这个方法适应于所有游标尺。对于10分度、20分度、50分度的游标尺，可以算出其最小量分别为0.1 mm、0.05 mm、0.02 mm。

②游标读数原理及方法。

未测量前，游标尺量爪的固定钳口与活动钳口合拢，深度尺末端与主尺末端对齐，此时游标与主尺上的零刻线互相准确对齐；测量时，由于量爪二钳口间夹入被测物，游标上的零刻线在主尺上移动了一段距离 L，显然，游标零刻线与主尺零刻线间的距离 L 就是被测物的长度。L 的读数由主尺上可直接读出的毫米整数部分 L_1 和利用游标读出的不足毫米部分 L_2 两部分组成，即 $L=L_1+L_2$。

当游标的零刻线恰好与主尺某条刻线对齐时，游标上毫米以下部分读数 $L_2=0$；当游标上第 k 条刻线与主尺某条线对齐时，读数 $L_2=k\delta$，若此时游标零刻线前对应的主尺毫米整数为 c，则物体总长为

$$L=L_1+L_2=cy+k\delta$$

以上的公式是游标尺的原理，按此方法读数并不方便，实际使用时按下面介绍的方法读数非常方便。

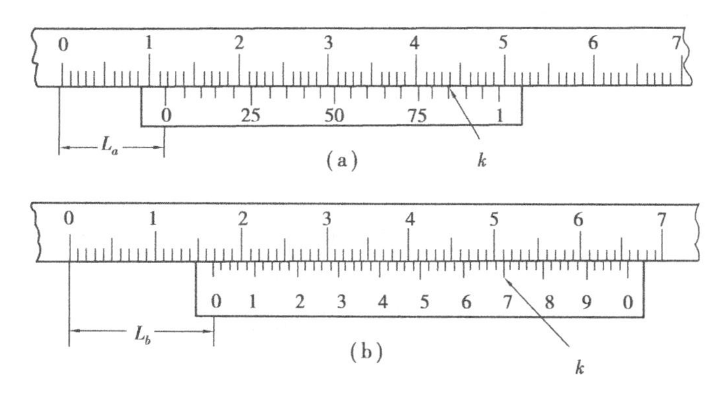

图1.4　游标尺的读数

如图1.4(a)所示为20分度游标尺，游标上每一格代表0.05 mm，则：

$$L_a=11+0.75+0.05\times2=11.85\ \text{mm}$$

如图1.4(b)所示为50分度游标尺，游标上每一格代表0.02 mm，则：

$$L_b=16+0.70+0.02\times0=16.70\ \text{mm}$$

图1.4中游标上刻的数字，如25、50、75或1、2、3…9，分别表示为0.25 mm，0.50 mm…或0.10，0.20，…等，两个数字之间的每1小格则分别代表0.05 mm和0.02 mm，故实际测量时，先读游标上的数字，再读数字之后对齐主尺刻线的格数，将格数与每格代表的长度相乘，再与

前面读出的数字相加,即得到了小于毫米的长度值。

使用游标尺可以提高读数的准确度 10 ~ 50 倍,游标尺的估读误差不大于 $\delta/2$。20 分度以上的游标尺,其最小分度值在毫米的百分位上,若按 $\delta/2$ 估计读数,其读数误差仍在毫米的百分位上,与游标尺的最小分度值同位,所以其估读误差就取为 δ。

2)注意事项

①使用前先将量爪二钳口合在一起,检查主尺与游标二零刻线是否对齐,若不能对齐,应进行调整或记录零位读数 L_0 以便于进行修正。

②注意保护卡口:使用时右手四指握住主尺,拇指推游标,左手拿被测物。推动游标时不要用力过猛,夹物松紧适当,绝不能在卡口内移动被夹紧的物件。

3. 螺旋测微计(千分尺)

1)螺旋测微计结构

螺旋测微计又叫千分尺,它是比游标尺更精密的长度测量仪器,常用于测量较小的长度,如金属丝直径、薄板厚度等。

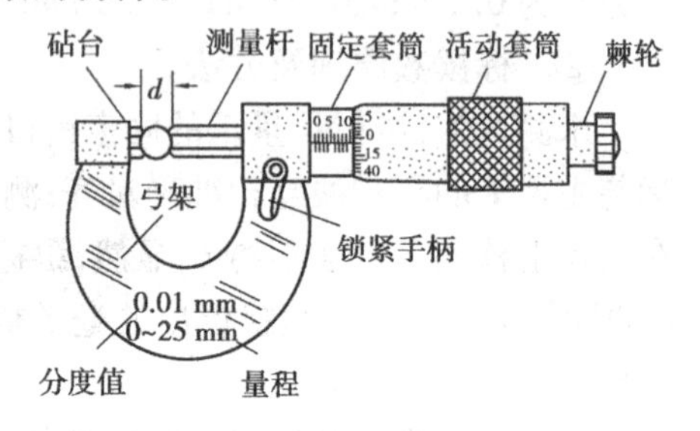

图 1.5　螺旋测微计

螺旋测微计的外形如图 1.5 所示,刻有主尺的固定套筒通过弓架与测量砧台连为一体。副尺刻在活动套筒的圆周上,活动套筒内连有精密螺杆和测量杆,通过内部精密螺杆套在主尺固定套筒之外。转动副尺活动套筒,套筒将沿主尺刻度移动,并带动测量杆移动。在主尺上有一条直线作为准线,准线上方(或下方)有毫米分度,下方(或上方)刻出半毫米的分度线,因而主尺最小分度值是 0.5 mm,副尺套筒周边刻有 50 个均匀分度,旋转副尺套筒一周,测量杆将推进一个螺距(0.5 mm)。故副尺套筒每转动周边上一个分度,测量杆将进或退 0.5/50 mm,即螺旋测微计的最小分度值为 0.01 mm,对最小分度可进行 1/10 估计读数,读出 0.001 mm 位的读数。

螺旋测微计分零级、一级和二级三种精度级别,通常实验室使用的为一级,其仪器误差在 0 ~ 100 mm 范围内为 0.004 mm,单次测量的误差可取此值。

2)螺旋测微计读数方法

①旋进活动套筒,使测量砧和测量杆的两测量面轻轻吻合,此时副尺套筒的边缘应与主尺的"0"刻线重合,且圆周上的"0"刻线也应与准线重合(对准)。若不重合,其读数值称为零位读数,这将给测量造成系统误差。因此,在测量前必须记下零位读数,以便测量结束后,对测量结果进行修正,即从测量结果中减去零位读数得出最后结果。在确定零位读数时必须注意它的正、负,如图 1.6(a)所示,读得 +0.026 mm,如图 1.6(b)所示,读得 -0.013 mm。

②测量时转动活动套筒,进退测量杆,将待测物夹在两测量面间,并使两测量面与待测物轻轻接触。若副尺套筒的边缘在如图 1.6(c)所示的位置,则读得 5.482 mm,若副尺套筒的边缘在如图 1.6(d)所示的位置,则读得 5.982 mm。

3)使用注意事项

①在螺杆和测量砧接触或压紧工件时,必须使用尾部的"棘轮",当发出"哒、哒"声时就不要再旋螺杆,绝不允许直接用活动套筒旋紧。

②进行测量前应先读出零位读数 L_0。

③使用完毕应使螺杆与测量砧保留一微小间距。

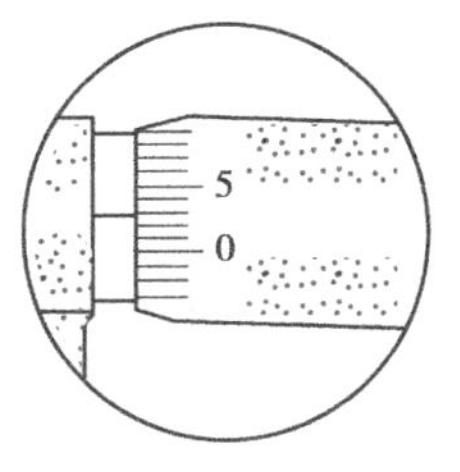

(a) 零位读数+0.027 mm

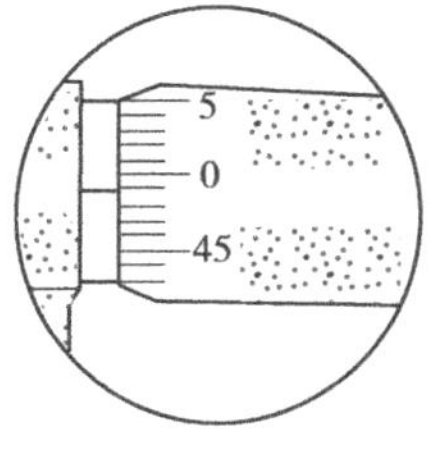

(b) 零位读数-0.014 mm

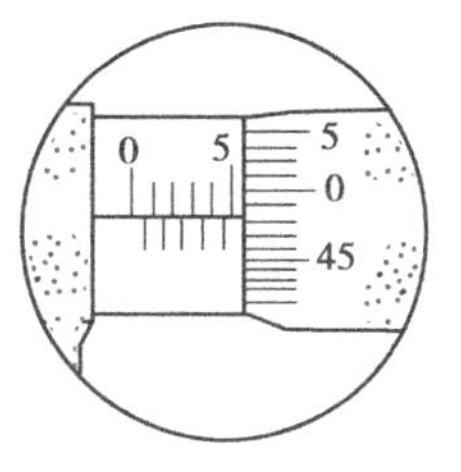

(c) 5.483 mm

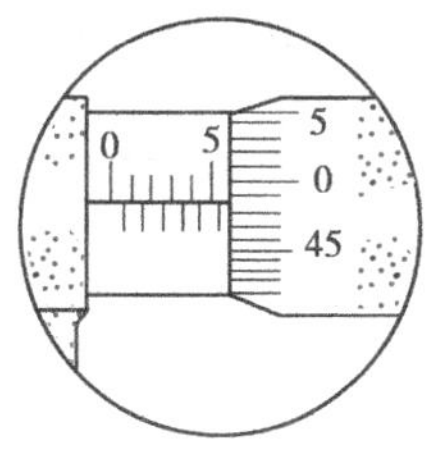

(d) 5.987 mm

图 1.6　螺旋测微计的读数

常用游标尺和螺旋测微计的仪器误差分别见表 1.1 和表 1.2。

表 1.1　游标尺的仪器误差（mm）

仪器误差 / 分度值 / 量程	0.02	0.05	0.1
0～300	0.02	0.05	0.1
300～500	0.04	0.05	0.1
500～700	0.05	0.075	0.1

表 1.2　一级螺旋测微计仪器误差（mm）

量　程	仪器误差
0～100	0.004
100～150	0.005
150～200	0.006

【实验内容】

1. 确定所用仪器的量程、最小量、估读误差和零位读数，填在记录表格内。

2. 用游标尺测量空心圆柱不同部位的外径 D、内径 d 和高 H 各 5 次。

3. 用千分尺测小圆柱不同部位的外径 ϕ 和高 h 各 6 次。

4. 计算小圆柱外径 ϕ 和高 h 的平均值、标准误差，判断是否有应剔除数据，计算 ϕ 和 h 的总不确定度，完整表达 ϕ 和 h 的结果。

5. 计算空心圆柱的外径 D、内径 d、高 H，计算空心圆柱的体积 V 及 V 的总不确定度，完整表达 V 的结果。

表 1.3　记录表格

仪　器	量　程	最小量	估读误差	仪器误差	零位误差
游标尺					
螺旋测微计					

（1）用游标尺测量空心圆柱

表 1.4　记录表格

次　数	外径 D_i/mm	内径 d_i/mm	高 H_i/mm
1			
2			
3			
4			
5			

(2)用螺旋测微计测量小圆柱

表 1.5　记录表格

次　数	直径 ϕ_i/mm	高 h_i/mm
1		
2		
3		
4		
5		
6		

注:各物理量应使用不同的代号,或者使用上标、下标区分。

【思考题】

1. 千分尺的零位误差应该怎么处理?

2. 游标尺的零位误差如何读取?

【知识拓展】

长度测量仪器

表 1.6　长度测量仪器

名　称	主要技术性能
钢直尺	量程　0 ~ 300 mm　　仪器误差　±0.1 mm 300 ~ 500 mm　　±0.15 mm 500 ~ 1 000 mm　　±0.2 mm
游标尺	量程　0 ~ 125,0 ~ 200,0 ~ 300,0 ~ 500 mm 等 游标分度值　0.1,0.05,0.02 mm 仪器误差　0 ~ 300 mm　　与分度值相同 300 ~ 500 mm　　相应为 0.1,0.05,0.04 mm
螺旋测微计 (千分尺)	量程　0 ~ 25,0 ~ 50,0 ~ 75,0 ~ 100 mm 仪器误差　　1 级　±0.004 mm　　0 级　±0.002 mm
测量显微镜	最小量　0.01 mm 仪器误差　$\pm\left(5 \pm \frac{L}{15}\right)\mu m$ (JLC 型)　　L—被测长度,mm
阿贝比长仪	量程　0 ~ 200 mm 仪器误差　$0.9 + \frac{L}{300 - 4H}\ \mu m$　L—被测长度,mm;H—离工作台面高度,mm

续表

名　称	主要技术性能
电感式测微仪	量程　±5，±12.5，±25，±50，±125 μm 分度值　0.2,0.5,1,2,5 μm 仪器误差　不大于 ±0.5 格
电容式测微仪	量程　0~1,0~2,0~3,0~4 mm 分度值　0.1，1，2 μm 仪器误差　0.05，0.1，0.5 μm
长度光栅	量程　0~2 m　　分辨率　0.1,1 μm
单频激光干涉仪	量程　0~20 m　　分辨率　0.01 μm,不确定度可达 10^{-7}m
双频激光干涉仪	量程　0~60 mm　　分辨率　0.01 μm　不确定度可达 5×10^{-7}m
量　块	分为:00,0,1,2 等级别 00 级,小于 10 mm 的,工作面上长度偏差不超过 ±0.06 μm
扫描隧道显微镜	范围　1×1,2×2,5×5,10×10 μm^2 分辨率　0.01 nm

注:由于测微技术发展迅速,不可能将最新的仪器统计完全,表中的介绍仅供参考。

实验2　密度的测定

【实验目的】

1. 学会正确使用物理天平测物体质量。
2. 学会用静力称衡法测固体的密度。
3. 学会用比重瓶法测液体的密度。

【实验仪器】

物理天平、比重瓶、烧杯、小毛巾、待测的不规则物体(石块与石蜡块)、酒精、蒸馏水。

【实验原理】

天平是称衡质量的仪器,它是一种等臂杠杆。按测量精确度分等级,不同精确度的天平配有不同等级的砝码,各种等级的天平和砝码的允许误差都有规定。实验室常用的天平有一般精密度的物理天平和精确度高的分析天平两种。物理天平和分析天平的构造与使用规则见本实验后的“知识拓展”。

密度是物质的重要属性之一,它是某种物质单位体积的质量。若质量为 m,体积为 V,则密度 ρ 为

$$\rho=\frac{m}{V} \tag{2.1}$$

物体的质量可由天平测量。体积有不同的方法测量,对于形状规则的固体可通过测量各线度进行计算,对于形状不规则的固体和液体,常用静力称衡法和比重瓶法测量。

1. 静力称衡法

根据阿基米德定律,浸在液体中的物体要受到向上的浮力,浮力大小等于物体排开的同体积液体所受重力。如果不计空气浮力,物体在空气中重 $W_1 = m_1 g$,全部浸入水中的重量。$W_2 = m_2 g$,其所受浮力为:$W_1 - W_2 = (m_1 - m_2)g$ 应等于同体积水所受重力 $\rho_水 Vg$,由此可得 $V = \frac{m_1 - m_2}{\rho_水}$,所以

$$\rho = \frac{m_1}{V} = \frac{m_1}{m_1 - m_2}\rho_水 \tag{2.2}$$

如果被测物体的密度小于水,它不可能全部浸入水中,必须用另一密度大于水的重物系于其下,先测出重物在水面下而待测物在水面以上的质量 m_4,再测出全部没入水中的质量 m_3。如图 2.1(a)和(b)所示,则待测物所受浮力为$(m_4 - m_3)g$,根据阿基米德定律等于同体积水所受重力 $\rho_水 Vg$,得 $V = \frac{m_4 - m_3}{\rho_水}$,所以

$$\rho = \frac{m}{m_4 - m_3}\rho_水 \tag{2.3}$$

上式中 m 为被测物体在空气中的质量。注意:上述方法只有在浸入液体中物体性质不变时才能使用,即要求物体不吸水,不发生体积、质量的变化。

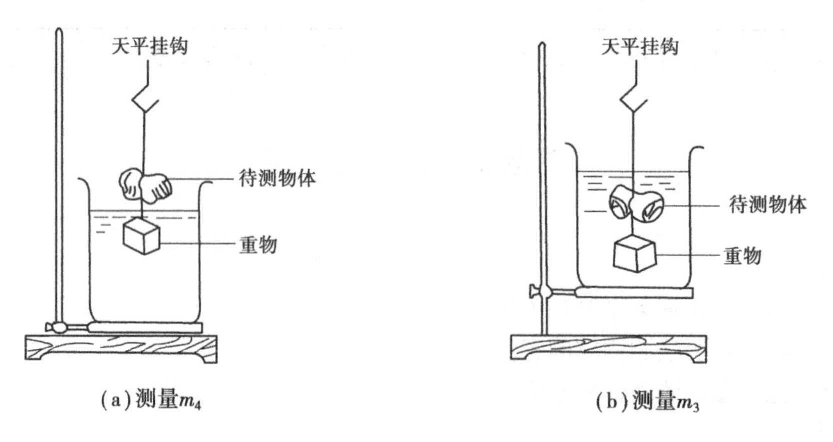

图 2.1 测定固体密度

2. 用比重瓶法测液体密度

比重瓶如图 2.2 所示。为了保证瓶中容积固定,用小磨口瓶塞,中间有一毛细管,使用时往瓶中注入蒸馏水,直到瓶口多余的水通过毛细管流出来,这样就可保证瓶中液体容积一定。

测量时,先测出空瓶质量 M_1,装满被测液体后质量为 M_2,充满同温度的蒸馏水的质量为 M_3。如果此温度下体积为 V,则被测液体密度为

$$\rho = \frac{M_2 - M_1}{V}$$

因为体积 V 可由下式求出

$$V = \frac{M_3 - M_1}{\rho_水}$$

图 2.2 比重瓶

故可得

$$\rho = \frac{M_2 - M_1}{M_3 - M_1}\rho_{水} \tag{2.4}$$

【实验内容】

下面实验中的称衡，均使用物理天平，每个质量应称衡3次。

1. 用静力称衡法测固体密度

①测出密度大于水的不规则石块在空气中的质量 m_1 和全浸入水中的质量 m_2（注意：物体要全浸入水中，不能与杯壁相碰，且不能附气泡）。

②测量石蜡块在空气中质量 m，悬挂重物在水面下时质量 m_4 和全部浸入水中质量 m_3。

③记录实验前、后水的温度，取平均值，查出对应温度下水的密度 $\rho_{水}$。

④分别计算不规则石块和石蜡的密度、总不确定度，完整表达测量结果。

2. 用比重瓶法测酒精密度

①用天平测出烘干后的空比重瓶质量 M_1，装满酒精的质量 M_2 以及装满纯水的质量 M_3。

②记录水的温度，查出 $\rho_{水}$。

③计算酒精的密度 ρ 及其总不确定度，完整表示测量结果。

④与标准值比较求百分误差。

3 电光分析天平的使用

①学习电光分析天平调水平、调零点的方法；

②用电光分析天平称衡一张纸（自备）的质量，学习电光分析天平的称衡方法和读数法。

③使用完后，仔细检查，恢复原状。

注意事项：

①严格按照天平的操作规则进行测量，电光分析天平为精密仪器，使用时必须要仔细。

②尽量保持温度和比重瓶容积不变，不要用手直接接触比重瓶，水和液体流到瓶外的要擦干。

③装酒精后要清洗几次再装水。

【思考题】

1. 本实验为什么可忽略空气浮力影响？

2. 为什么手不能接触比重瓶？水温和室温不同怎么办？

3. 如何用静力称衡法测颗粒状固体密度？

【知识拓展2.1】　物理天平

1. 构造特点

物理天平实际上是一个等臂杠杆，其构造如图2.3所示，主要由底座、支柱和横梁三大部分组成。

底座上有调节水平的调节螺母1和水准仪14。支柱在底座的中央，内附有升降杆，通过启动旋钮15能使升降杆上的横梁上升或下降，支柱下端附有标尺16。横梁上装有三个刀口，中间主刀口置于支柱顶端的玛瑙垫上，作为横梁的支点，两侧刀口各悬挂一个秤盘。横梁下端中部固定一指针，升起横梁时，指针尖端将在支柱下方标尺前摆动。启动旋钮使横梁下降时由支架托住，以免损伤刀口。横梁两端有平衡螺母9，为空载调节平衡时用。横梁上装有游码6，用于1.00 g以下的称衡；支柱左方装烧杯托盘3，可以托住不被称衡的物体。

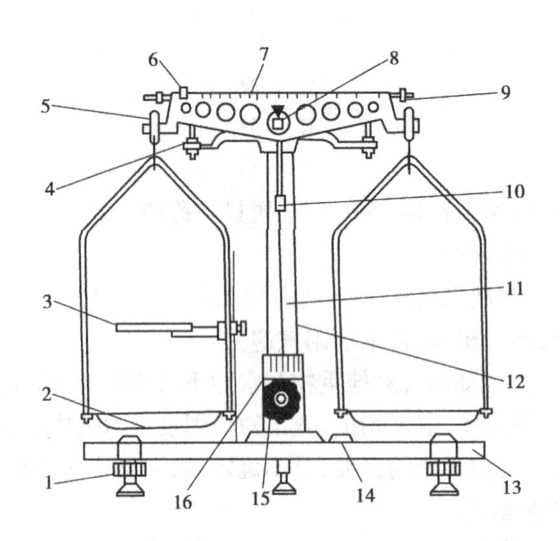

图 2.3 物理天平

1—调节螺母;2—秤盘;3—托盘;4—支架;5—挂钩;
6—游码;7—游码标尺;8—刀口、刀垫;9—平衡螺母;
10—感量调节器;11—读数指针;12—支柱;13—底座;
14—水准仪;15—启动旋钮;16—标尺

物理天平的规格由感量与称量两个参量表示。

1)感量

它是指天平平衡时,使指针偏转一分格,在一端所增加的质量。感量越小,天平的灵敏度越高。常用物理天平的感量有 20 mg/分格、50 mg/分格。有时也用灵敏度表示天平的规格,它和感量互为倒数。感量为 20 mg/分格的天平,其灵敏度为 0.05 分格/mg。

2)称量

它是指天平允许称衡的最大质量。常用的有 0 ~ 500 g 和 0 ~ 1 000 g 等。

物理天平均带有与其准确度相配套的一盒砝码。

实验室所用 J-E-0103 型物理天平,其称量为 500 g,感量为 20 mg/分格,仪器示值允差不大于 1 分格,即 20 mg,精度为 1×10^{-4},10 级。

2. 使用方法

1)调水平

使用前应调节底座调节螺母,直至水准仪显示水平,以保证支柱铅直。

2)调零点

将横梁上副刀口调整好并将游码移至零位处,转动启动旋钮升起横梁,观察指针摆动情况。若指针在标尺中线左右对称摆动,说明天平零点已调好。若不对称应立即放下横梁,调节横梁两端平衡螺母,再观察,直至调好为止。

3)称衡

一般将物体放在左盘,砝码放在右盘。升起横梁观察平衡,若不平衡按操作程序反复增减砝码直至平衡为止。平衡时,砝码与游码读数之和即为物体的质量。

3. 注意事项

①应保持天平的干燥、清洁,尽可能放置在固定的实验台上,不宜随便搬动。

②称衡中使用启动旋钮要轻升轻放，切勿突然升起和放下，以免刀口撞击。被测物体和砝码应尽量放在称盘中央。

③被称物体的质量不得超过天平的称量。

④调节平衡螺母、加减砝码、更换被称衡物、移动游码时，必须将横梁放下进行。

⑤加减砝码、移动游码必须用砝码镊子，严禁用手拿。天平使用完毕，将横梁放下，砝码放入砝码盒，称盘架从副刀口取下置于横梁两端。

(4)消除天平系统误差的方法——复称法

在天平两臂严格等长时，称得物体的质量才等于砝码的质量。事实上，天平两臂总不是严格等长的，平衡时，砝码显示的质量和物体的质量就不严格相等。为了消除这种系统误差的影响，可以用复称法称衡，即交换称量法。

设 L_1，L_2 为天平左、右臂的长度，物体 M 放在左盘，砝码 M'放在右盘。平衡时，由力矩原理可得到 $ML_1 = M'L_2$，由于两臂不等，M 和 M'也不等。如将物体和砝码左右交换重新达到平衡时，左盘砝码变为 M''，有 $M''L_1 = ML_2$。由上两式相比后，按二项式定理展开，并考虑到 $(M''-M')/M' = \Delta M/M' \ll 1$，有

$$M = \sqrt{M'M''} = \sqrt{M'(M'+\Delta M)} = \sqrt{M'^2\left(1+\frac{\Delta M}{M'}\right)}$$

$$\approx M'\left(1+\frac{1}{2}\frac{M''-M'}{M'}\right) = \frac{1}{2}(M'+M'')$$

即物体的质量为两次称衡的平均值。

【知识拓展2.2】　电光分析天平

1.构造特点

图2.4为TG328A型电光分析天平总图。其最大称量为200 g，分度值为0.1 mg，仪器示值误差不大于±1分度，即±0.1 mg，精度 5×10^{-7}，3级。

TG328A型电光分析天平，属于双盘等臂式，横梁采用铜镍合金制成，上面装有玛瑙刀三把，中间为固定的支点刀，两边为可调整的承重刀。支点刀位于中刀承上，中刀承固定在天平立柱上端。横梁停动装置为双层摺翼式，在天平开启时，横梁上的承重刀必须比支点刀先接触，为了避免刀锋损坏和保证横梁位置的再现性，开启天平要求轻稳，避免冲击、摇晃。横梁的左右两端悬挂承重挂钩，左承重挂钩上装有砝码承受架。左右承重挂钩分别挂在小刀刃上，另有秤盘各一件分别挂在承重挂钩上。整个天平固定在大理石的基座板上，底板前下部装有两只可供调整水平位置的螺旋脚，后面装有一只固定脚。天平木框前面有一扇可供启闭及随意停止在上下位置的玻璃门，右侧有一扇玻璃移门。秤盘上节中间的阻尼装置是用铝合金板制成，固定在中柱上。它利用空气阻力减少横梁摆动时间，达到迅速静止，从而提高工作效率。光学投影装置固定在底板上前方，可直接读出0.1～10 mg以内的质量值。天平外框左侧装有机械加码装置，通过三挡增减砝码的指示旋钮来变换自10 mg～199.990 g砝码以内所需质量值。转动指示旋钮，相应的砝码自动搁在砝码承受架上，实现自动取放砝码。10 mg以下由光学投影屏读数。在天平指针下部装有一透明的微型标尺，标尺上有100个分度，中间为0点，左边为正值，右边为负值，每一分度相当于0.1 mg。光学读数装置将微型标尺放大，反射并投影到投影屏上，我们在屏上看到的是放大了的像，屏中有一准线，作为读数基准线。

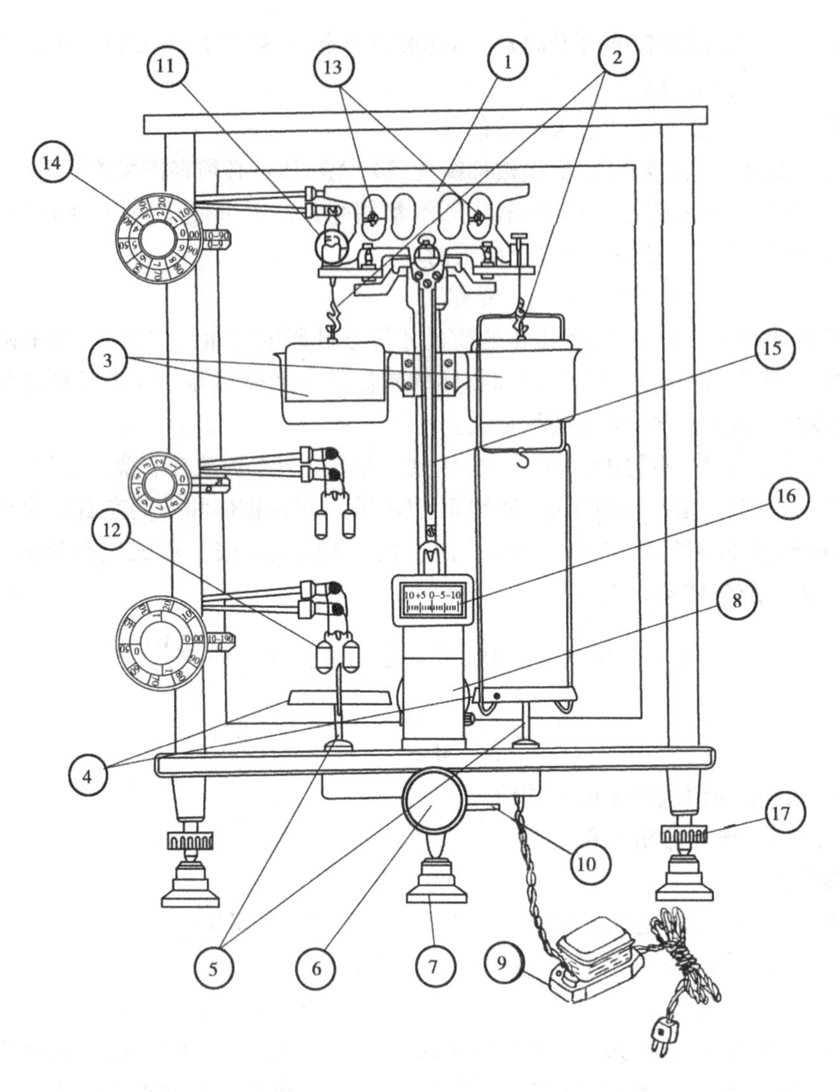

图 2.4　TG328A 电光分析天平

1—横梁;2—左右挂钩;3—阻尼器;4—秤盘;5—托盘;6—旋钮;7—减振垫;
8—照明器;9—变压器;10—微动调节杆;11—环形毫克砝码;12—柱形毫克砝码;
13—平衡砣;14—指示旋钮;15—指针臂;16—投影屏;17—螺旋脚

2. 使用和读数方法

1)调水平

用水准气泡观察大理石底板的水平度,调节底板下面的调节地脚螺钉,可以使底板达到水平。

2)调零点

即空载时使屏幕上微型标尺像的“0”刻线与屏幕上准线完全重合。较大的零点调整,可由横梁上端左右两个平衡砣来旋动调节;较小的零点调节,可由微动调节杆来调节。

3)称衡

为了保护天平的核心部件支点刀刃少受冲击,尽量减少电光分析天平在称衡过程中启动的次数,待测物可在物理天平上预称。天平的启动和制动必须缓慢均匀地转动旋钮。要判断天平两端质量是否平衡，只要稍一启动，就可根据指针的偏转方向确定加码还是减码，随即制动，不要长时间使指针过度偏转。

加减圈形砝码、旋转指示旋钮时，也必须轻缓，动作过快过猛会使圈形砝码跳落和变形。严禁在天平启动情况下加减砝码（包括圈形砝码）和取放物体。

10 mg 以上数值由三挡指示旋钮的示值确定。如图 2.5 所示，上挡指示旋钮读数为 10 ~ 990 mg，中挡指示旋钮读数为 1 ~ 9 g，下挡指示旋钮指示读数为 10 ~ 190 g。

10 mg 以下读数由投影屏幕上微型标尺像的读数确定。当准线指在正值时表示砝码读数加上微量标尺读数才为总读数，反之，砝码读数应加上微量标尺的负读数才为总读数。称衡时，准线固定不动而微量标尺移动。如图 2.5所示，总的读数应为 185.78630 g，可以估读一位数。

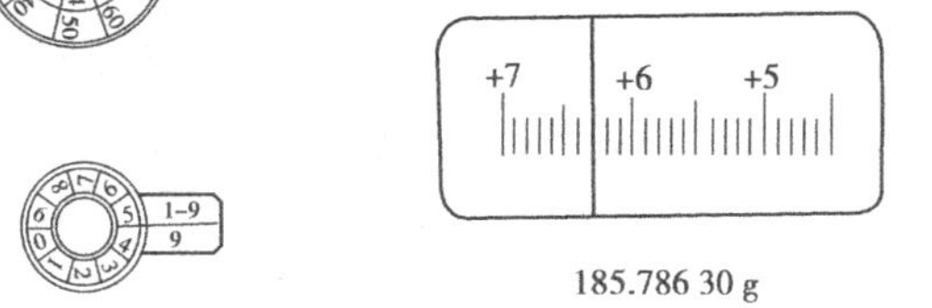

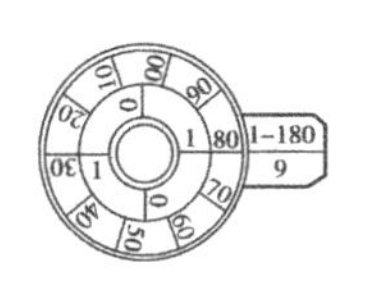

图 2.5　三挡指示旋钮

【知识拓展 2.3】　质量测量仪器

质量测量是力学三大测量之一，质量测量的仪器及性能特点见表 2.1。

表 2.1

名　称	主要技术性能					
国际千克原器	直径和高均为 39 mm 的铂铱合金圆柱，含铂 90%，铱 10%，1889 年第一届国际计量大会定为质量单位，存于巴黎国际计量局					
中国国家千克基准	编号 60，由伦敦 Stanton 公司加工，1965 年由国际计量局检定					
天　平	按仪器分度值 d 与最大载荷 m_{max} 之比分为 10 个精度级别 1 ~ 10 级，比值为 1×10^{-7}，2×10^{-7}，5×10^{-7}，1×10^{-6}，2×10^{-6}，5×10^{-6}，1×10^{-5}，2×10^{-5}，5×10^{-5}，1×10^{-4}					
砝　码	按精度高低分 5 等，标称质量和允差（mg）分别为					
		1	2	3	4	5
	10 kg	±30	±80	±200	±500	±2 500
	1 kg	±4	±5	±20	±50	±250
	100 g	±0.4	±1.0	±2	±5	±25
	10 g	±0.10	±0.2	±0.8	±1	±5
	1 g	±0.05	±0.10	±0.4	±1	±5
	100 mg	±0.03	±0.05	±0.2	±1	±5
	10 mg	±0.02	±0.05	±0.2	±1	
	1 mg	±0.01	±0.05	±0.2		

续表

名　称	主要技术性能
工业天平(TG75)	分度值 50 mg,称量 5 000 g,精度 1×10^{-5},7 级,普通实验用
普通天平(TG805)	分度值 100 mg,称量 5 000 g,精度 2×10^{-5},8 级,普通实验用
精密天平(LGZ6-50)	分度值 25 mg,称量 5 000 g,精度 5×10^{-6},6 级,质量标准传递用
高精度天平	分度值 0.02 mg,称量 200 g,精度 1×10^{-7},1 级,计量检定用

实验3　用单摆测定重力加速度

【实验目的】

1. 学习用单摆测定当地重力加速度的方法。
2. 研究单摆振动的周期和摆长、摆角间的关系。
3. 学习用图解法求解的方法。

【实验仪器】

单摆,米尺,游标尺,秒表,光电门,数字计时器。

【实验原理】

实验装置如图 3.1 所示。一根长为 l 的细线,上端固定,下端悬挂一直径为 d、质量为 m 的小球,线的质量相对于小球可以忽略,而球半径与线长相比又很小,即可以把小球看成一个质点。当小球稍加移动就会在铅直面内来回摆动,这装置就是单摆,也称为数学摆。

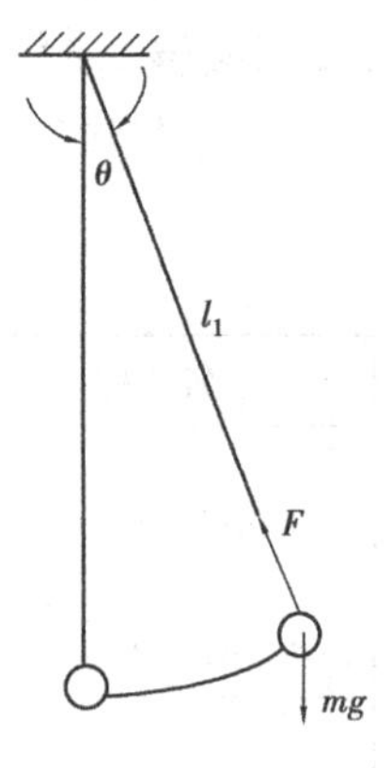

图 3.1　单摆

小球的受力如图 3.1 所示。显然,其合外力为 $mg\sin\theta$,其中 g 为当地的重力加速度。小球的线加速为 $a=g\sin\theta$,角加速度为:$\beta=\frac{a}{l}=\frac{g}{l}\sin\theta$,当摆角甚小时(一般讲 $\theta<5°$时),$\sin\theta\approx\theta$,这时 $\beta=\frac{g}{l}\theta$,由转动定理可以得到摆的运动方程为

$$ml^2\frac{\mathrm{d}^2\theta}{\mathrm{d}t^2}+mgl\theta=0$$

$$\frac{\mathrm{d}^2\theta}{\mathrm{d}t^2}+\frac{g}{l}\theta=0 \tag{3.1}$$

可见,单摆的振动是简谐振动,若其圆频率为 ω,则有 $\omega^2=\frac{g}{l}$,因为 $\omega=\frac{2\pi}{T}$,其中 T 为简谐振动周期,所以有

$$T=2\pi\sqrt{\frac{l}{g}} \tag{3.2}$$

当摆角为一般 θ 角时,经理论证明其振周期为

$$T=2\pi\sqrt{\frac{l}{g}}\left(1+\frac{1}{4}\sin^2\frac{\theta}{2}+\left(\frac{1\cdot 3}{2\cdot 4}\right)^2\sin^4\frac{\theta}{2}+\cdots\right)$$

若略去 $\sin^4\frac{\theta}{2}$ 及其后各项，则

$$T=2\pi\sqrt{\frac{l}{g}}\left(1+\frac{1}{4}\sin^2\frac{\theta}{2}\right) \tag{3.3}$$

由式(3.2)可得

$$g=4\pi^2\frac{l}{T^2} \tag{3.4}$$

式中 l 是悬点到小球中心的距离(等于摆线长度加上摆球半径)，只要测出 l 和周期 T，就能求出 g。变换式(3.4)，可得

$$T^2=\frac{4\pi^2}{g}l \tag{3.5}$$

令 l 为 x，T^2 为 y，$\frac{4\pi^2}{g}$ 为 k，则 $y=kx$，这是一个直线方程，其斜率为 $\frac{4\pi^2}{g}$。若测出多种摆长情况下所对应的周期，则可从 T^2-l 图线的斜率求出 g 值。

把式(3.3)改写一下，令 $T_0=2\pi\sqrt{\frac{l}{g}}$，则

$$T=T_0\left(1+\frac{1}{4}\sin^2\frac{\theta}{2}\right)=T_0+\frac{T_0}{4}\sin^2\frac{\theta}{2} \tag{3.6}$$

从上式可看出，T 与 $\sin^2\frac{\theta}{2}$ 也是直线关系。若测出不同摆角 θ 的周期 T，作 $T-\sin^2\frac{\theta}{2}$ 图线即可验证此式。

如果实验要求相对不确定度 $E_g=\frac{u_{\bar{g}}}{\bar{g}}<0.5\%$，要满足这一点，必须根据不确定度传递关系来设计实验方案，由不确定度合成公式有

$$\frac{u_{\bar{g}}}{\bar{g}}=\sqrt{\left(\frac{u_l}{l}\right)^2+\left(\frac{2u_{\bar{T}}}{\bar{T}}\right)^2} \tag{3.7}$$

要使 $\frac{u_{\bar{g}}}{\bar{g}}\leqslant 0.5\%$，即 $\left(\frac{u_l}{l}\right)^2+\left(2\frac{u_{\bar{T}}}{\bar{T}}\right)^2\leqslant 2.5\times10^{-5}$。

如果按不确定度均分原则，即要求 $\frac{u_l}{l}=\frac{2u_{\bar{T}}}{\bar{T}}\leqslant 3.54\times10^{-3}=0.354\%$。对于摆长，若 l 取 1 m，用一般的米尺测量，不确定度 $u_l\leqslant 1$ mm，则 $\frac{u_l}{l}\leqslant\frac{1}{1000}=0.1\%$，是完全满足此要求的。对于周期 T，若取 $T\approx 2$ s，则 $u_{\bar{T}}\leqslant 0.00354$ s，这表示如果只测一个周期，那定要用毫秒计去测量，才能满足要求，但周期可以连续测量许多个。例如测 n 个周期共用的时间为 t，因为 $t=nT$，即有 $u_t=35u_T$，如取 $n=35$，则 $u_t=35u_T=0.124$ s，这用最小分度为 0.1 s 的秒表去测量就可满足要求了。

测周期与摆长关系以及测周期与摆角 θ 关系时，可以自己选用秒表(包括电子秒表)或者选用数字测时器测量周期，可以根据不确定度测量的要求设计需要测量的周期数量。

【实验内容】

1. 摆线长度及摆球直径测量

取摆长为最长位置(一般在1 m左右),用米尺测摆线悬点到摆球悬挂点的距离l_1,用游标尺测量摆球沿悬线方向的直径h,各3次。用米尺测摆线长时,应注意米尺与摆线平行。

2. 测量重力加速度

在摆长最长时,用数字测时器测量周期,每次测量10个周期,摆角控制在5°以内,重复测量3次。

3. 研究摆长变化对重力加速度的影响

用数字测时器测量单摆连续摆动5个周期的时间t,测3次,限制摆角$\theta<5°$。将摆长每次缩短约10 cm左右,再测量摆线长及其周期,摆线长测3次,直至摆长减为约50 cm时为止。

4. 研究摆角与重力加速度的关系

取摆长约为1 m,测量其实际长度。用数字测时器测量周期,在5°~25°范围内每隔测5°测量一次,每个摆角测3次,每次测5个周期。

注意:实验内容3、4中改变摆长或摆角时对周期的影响很小,需要严格控制其他因素不变,只改变摆长或摆角,仔细进行实验对比,才能找出周期的差异。

5. 用实验(2)的数据计算g和其不确定度,完整表示g的结果

将求出的g与本地区重力加速度值比较,计算相对误差。

注:地球上重力加速度的经验公式为$g=9.780\,49(1+0.005\,288\sin^2 2\varphi)$,式中$\varphi$为当地所处的纬度。重庆重力加速度参考值为9.818 49 m/s²。

6. 处理实验(3)和实验(4)的数据

①自己选择数据处理方法处理实验3的数据,定量评价摆长对重力加速度测量值的影响。

②自己选择数据处理方法处理实验4的数据,定量评价摆角对重力加速度测量值的影响。

选做内容:考虑摆球几何形状、摆的质量、空气浮力及摆角影响时,单摆的周期公式为

$$T=2\pi\sqrt{\frac{\bar{l}}{g}\left[1+\frac{\bar{d}^2}{20\bar{l}^2}-\frac{m_0}{12\,m}\left(1+\frac{\bar{d}}{2\bar{l}}+\frac{m_0}{m}\right)+\frac{\rho_0}{2\rho}+\frac{\theta^2}{16}\right]} \tag{3.8}$$

式中的$\bar{l}$,m_0是单摆的平均摆线长和质量。$\bar{d}$,m,ρ是摆球的平均直径、质量、密度。ρ_0是空气密度。θ是摆角。自选测量方法测量这些物理量,评价各项对测量重力加速度的影响,各占多少比例。

【思考题】

1. 单摆公式(3.2)是在摆幅很小(即摆角$\theta\to 0$)时成立的,当θ不大时,单摆周期公式近似为

$$T=2\pi\sqrt{\frac{l}{g}}\left(1+\frac{1}{4}\sin^2\frac{\theta}{2}\right)$$

问:当$\theta=5°$时,所测的周期比式(3.2)大多少?当$\theta=10°$时又如何?从计算可得出什么结论?

2. 如果用测量摆幅来控制摆角的大小,请推导摆幅大小(用摆长的相对值表示)与摆角大小的关系式。

3. 用光电门测量周期时，摆球的直径对测量周期是否有影响？光电门是否一定要装在摆的静止位置？

【知识拓展3.1】　秒表

1. 机械秒表

机械秒表简称秒表或停表。分为单针和双针两种：单针式秒表只能测量一个过程所经历的时段，双针式秒表能分别测量两个同时开始不同时间结束的过程所经历的时间。图3.2所示的秒表是常用的一种单针式秒表。秒表有各种规格，一般表盘上有一长的秒针和一短的分针，秒针转一周，分针转一格，如图3.2所示的长针转一圈是30 s，短针转一圈是15 min，这种秒表的最小分度值为0.25 s。秒表上端的柄头是用来旋紧发条和控制表针转动的。使用前要上发条(不要太紧以免损坏秒表)。测量时手握秒表，食指按在按钮上，稍用力即可将其按下。按秒表分三步：第一次按下时，表针开始转动；第二次按下，表针就停止转动；第三次按下，表针就弹回零点。其读数分别由长、短针指出，有的秒表旁边还有一个可移动的止动器(相当于开关)。

图3.2　机械秒表

用秒表测量时间所产生的误差主要是由于“启动”和“止动”反应不及时造成的。若秒表的最小量为0.1 s，每按一次，就会产生0.1 s误差，所以每测一段时间 t 就会产生0.2 s的误差。

使用时注意事项：

①按表时不要用力过猛，以防损坏机件；

②回表后，如秒针不指零，应记下零点读数，实验后作读数修正；

③实验中要防止摔碰秒表，轻拿轻放，不使用时要将表放在盒中。

2. 电子秒表

电子秒表是一种比较精密的电子计时器，它的机芯采用电子元器件组成，因而其体积较小。目前国产电子秒表一般都利用石英晶体振荡器的振荡频率作为时间基准，并采用6位液晶数字器显示时间，具有精度高、使用方便、功能较多等优点。下面以国产E7-1型电子秒表为例，介绍其主要特性及使用方法。

1)主要特性

这种电子秒表的石英振荡器的振荡频率为32 768 Hz，平均日差不大于±0.5 s，最小测定单位为1/100 s，连续累计时间为59 min 59.99 s。它除了具有秒表的功能外，还具有计时和计历功能，即可用它显示时、分、秒、月、日及星期。

2)各按钮的作用与状态转换

如图3.3所示，这种表配有三个按钮 S_1、S_2 和 S_3。其中 S_1 的作用是：①秒表的启动和停止；②与 S_2 配合，对显示的时间或日历进行校对与调整；③实现计时状态与计历状态的转换。S_2 的作用是对时间或日历进行校对与调整。S_3 则用于：①状态转换；②双“针”计时；③秒表回零。

这种表有三个显示状态，即计时状态、计历状态与秒表状态。不同状态间的转换方法是：在计时状态下，按住 S_1 不放，即转换成计历状态，松开 S_1 则回到计时状态。另外，在计时状态下，若按 S_3 约3 s，则转换成秒表状态；若要从秒表状态回到计时状态，需再按 S_3 约3 s。

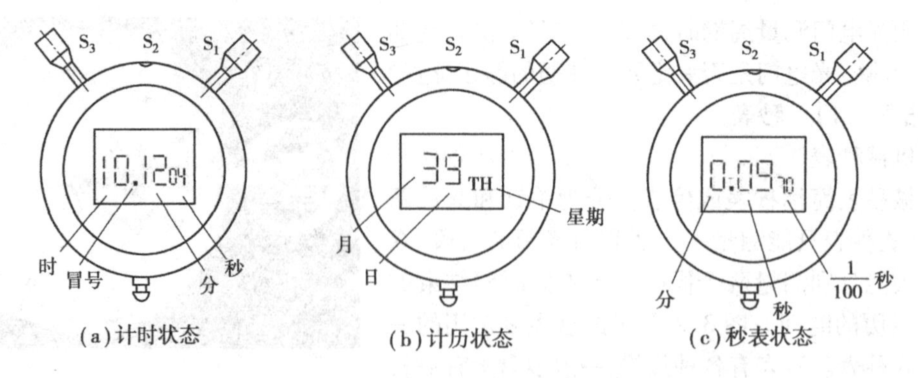

图 3.3 电子秒表的三种显示状态

3)秒表状态下的几种测时方法

①单"针"计时:先依上法将其转换成秒表状态,然后按一次 S_1 计时开始,再按一次 S_1 计时停止。若要回零,需再按一次 S_3。

②累加计时:在秒表状态下,按一次 S_1 计时开始,再按一次 S_1 计时开始。若再按一次 S_1(而不是 S_3)可实现累加计时,如此可以重复断续累加。按一次 S_3 回零。

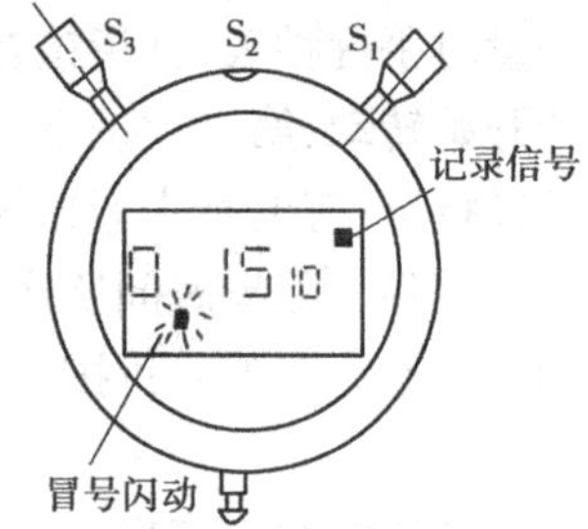

图 3.4 取样计时

③取样计时:在秒表状态下,按一次 S_1 计时开始,若按一次 S_3(而不是 S_1)则取样一次,此时液晶显示器上的数字立刻停止,并在右上角出现"■"的记录信号,冒号仍在闪动,如图 3.4 所示,这时的读数即为取样计时。再按一次 S_3,"■"消失,取样结束。在整个计时过程中可多次取样,计时结束时按一次 S_1。若要回零则按一次 S_3。

④双"针"计时:若甲乙两物同时出发,但不同时到达终点,欲测出两物各自到达终点的时间,可采用双针计时。方法是:按一次 S_1,秒表计时开始。当甲物到达终点时按一次 S_3,液晶显示器右上角出现"■"的记录信号,其读数为甲的时间。此时屏上冒号闪动,表明秒表仍在为乙物计时。当乙物到达终点时,按一次 S_1,冒号闪烁停止,表明乙物计时终止。这时,可先记录甲的时间,然后按一次 S_3,屏上将显示出乙物的时间。若再按一次 S_3,秒表回零。

4)对时间或日历进行校对与调整的方法

在计时状态下,若要对"秒"的数字进行调整,可采用先按一次 S_2,再按一次 S_1 来实现。若还需对"分"(或"时")的数字进行调整,可连续不断地按几次 S_2,使要校正的分(或时)的数字闪动,待出现正确数字时,按 S_1 即可。如果要对"月""日"及"星期"调整,需在计历状态下(即按住 S_1 不动),再连续按几次 S_2,使要调整的月(日或星期)数字闪动,此时松开 S_1,待出现正确数字时,按 S_1 即可。

【知识拓展 3.2】 J0201-CHJ 存储式数字毫秒计

J0201-CHJ 型存储式数字毫秒计具有计数、计时及数据存储的功能。

本仪器采用单片微型计算机,小数点、单位和量程自动定位、换挡,自动进入四舍五入智能化显示数据。除了具有一般计时器的功能外,可以与气垫导轨、自由落体实验仪、斜槽轨道等配合使用,能测量速度、加速度、重力加速度、周期等物理量和碰撞实验,并直接显示实验的速度和加速度的值。

1. 技术参数(见表 3.1)

表 3.1　J0201-CHJ 型存储式数字毫秒计参数

1	计数范围	0 ~ 99999
2	计时范围	0.00 ms ~ 99999 s
3	速度范围	0.00 ~ 999 cm/s
4	加速度范围	0.00 ~ 999 cm/s^2
5	周期	0.00 ms ~ 99999 s
6	时标周期	0.1 ms, 1 ms, 10 ms, 100 ms, 1s
7	时标幅度	不小于 5 V
8	直流稳压输出	6 V/0.5 A
9	光电门	2 个

2. 面板示意(见图 3.5)

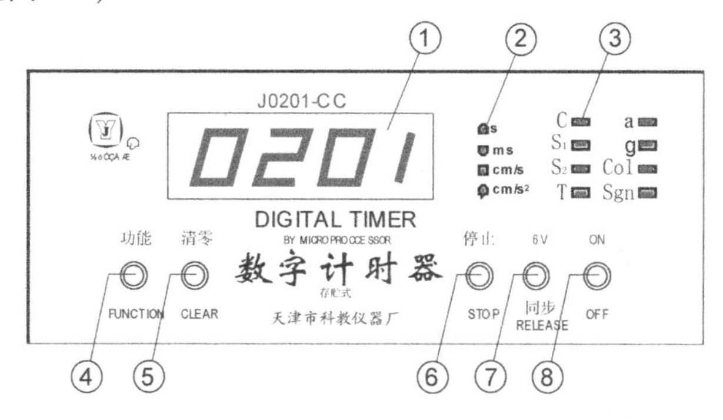

图 3.5　数字计时器面板

①数据显示窗口:显示测量数据、故障信息等。

②单位显示:[s]、[ms]、[cm/s]、[cm/s^2] 或不显示(计数时无单位)。

③功能选择指示:C—计数, S_1—遮光计时, S_2—间隔计时, T—振子周期, a—加速度, g—重力加速度, Col—碰撞, Sgl—时标。

④【功能】键:按功能键,循环选择如下所示。

→ 自检 → C → S_1 → S_2 → T → a →

g → Col → Sgl(0.1 ms) → Sgl(1 ms) →

Sgl(10 ms) → Sgl(100 ms) → Sgl(1 s) →

⑤【清零】键:清除所有实验数据。

⑥【停止】键:停止测量,进入循环显示数据或锁存显示数据。

3. 功能简介

①"C"—计数:用挡光片对任意一个光电门遮光一次,屏幕显示即累加一个数。按【停止】键,立即锁存数值,停止计数。按【清零】键,清除所有实验数据。

②"S_1"—遮光计时:用挡光片对任意一个光电门依次遮光,屏幕依次显示出遮光次数和

遮光时间。可连续作 1 ~255 次实验,但只存储前 10 个数据。按【停止】键,立即循环显示存储的时间数据。按【清零】键,清除所有实验数据。

③"S_2"—间隔计时:用挡光框对任意一个光电门依次挡光,屏幕依次显示出挡光间隔的次数和挡光间隔的时间。可连续作 1 ~255 次实验,只存储前 10 个数据。

按【停止】键后,先依次显示测量的间隔时间数据,再依次显示与之对应的速度数据(仪器机箱后面需要设置对应的档光框宽度),并反复循环。按【清零】键,清除所有实验数据。

④"T"—测振子周期:单摆挡光片宽度不小于 3 mm,屏幕显示振动次数,完成 n(1 ~255)个振动后(即屏幕显示 $n+1$),立即按【停止】键,屏幕便循环显示 n 个振动周期及 n 次振动时间的总和。当 $n>10$ 时只显示前 10 个振动周期和 n 次振动时间的总和。

⑤ "a"—测加速度:配合挡光框和两个光电门作运动体的加速度测量。

运动体上的挡光框通过两个光电门之后自动进入循环显示。

t_1:挡光框通过第一个光电门的时间;t_2:挡光框通过第一个光电门至第二个光电门之间的间隔时间;t_3:挡光框通过第二个光电门的时间;V_1:挡光框通过第一个光电门时的速度;V_2:挡光框通过第二个光电门时的速度;a:挡光框从第一个光电门到第二个光电门之间的运动加速度。

⑥"g"—测重力加速度:配合自由落体实验仪及斜槽轨道的使用方法,请查使用说明书。

⑦"Col"—完全弹性碰撞实验:适用于两物体分别通过两个光电门相向碰撞,且碰撞后分别反向通过两个光电门的完全弹性的碰撞实验,其他非完全弹性的碰撞实验可用"S_2"功能完成。

两个挡光框完成完全弹性碰撞实验之后自动进入循环显示 4 个时间数据和 4 个速度数据。t_1:碰撞前挡光框通过 1 号光电门的时间;t_2:碰撞后挡光框通过 1 号光电门的时间;t_3:碰撞前挡光框通过 2 号光电门的时间;t_4:碰撞后挡光框通过 2 号光电门的时间;$V_{1.0}$:碰撞前挡光框通过 1 号光电门的速度;$V_{1.1}$:碰撞后挡光框通过 1 号光电门的速度;$V_{2.0}$:碰撞前挡光框通过 2 号光电门的速度;$V_{2.1}$:碰撞后挡光框通过 2 号光电门的速度;如此反复循环。

⑧"Sgl"—时标输出:按【功能】键,选择 Sgl 挡,再依次按【功能】键可选择时标周期,屏幕随着依次按【功能】键显示时标周期为 0.1 ms,1 ms,10 ms,100 ms,1 s;后盖上的时标插座输出。

【知识拓展 3.3】 时间和频率测量仪器

时间(或频率)测量为力学三大测量之一,其测量仪器及性能见表 3.2。

表 3.2

名　称	主要技术性能
铯束原子频率标准 1967 年 10 月	频率 $f_0=9192631770$ Hz　准确度优于 $1\times10^{-13}(1\sigma)$　稳定度 7×10^{-15} 国际单位制中规定,铯-133 原子基态的两个能级间跃迁的辐射波的 9192631770 个周期持续的时间作为时间单位秒
石英晶体振荡器	频率范围宽,频率稳定度在 $10^4\sim10^{-12}$ 范围内,经校准一年内可保持 10^{-9} 的准确度,应用广泛
电子计时(数)器	测量准确度取决于时基频率准确度及触发信号的开关误差。可得到 10^{-9} 的准确度

续表

名　称	主要技术性能
示波器	测频率准确度约0.5%，使用广泛
秒表	机械式　分辨率一般为0.1或0.2 s 电子式　分辨率一般为0.01 s

实验4　复摆特性的研究

实验4.1　用复摆测定重力加速度

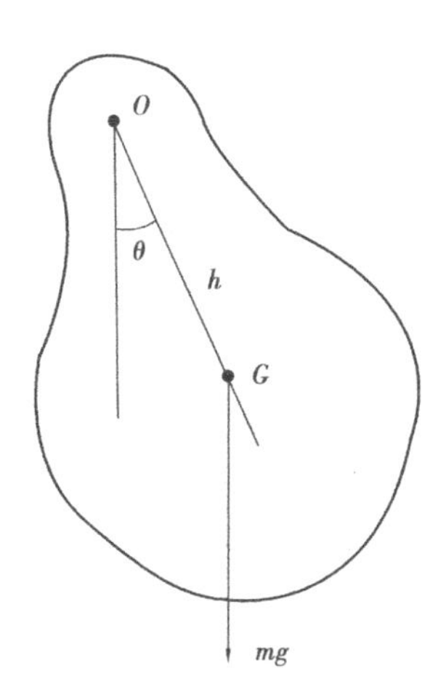

图4.1　复摆

【实验目的】

1. 掌握复摆物理原理及分析方法。

2. 学习用复摆测量重力加速度的方法。

【实验仪器】

复摆装置，多功能微秒计 DHTC-1，米尺。

【实验原理】

在重力的作用下，绕固定的水平轴作微小摆动的刚体称为复摆，如图4.1所示。刚体绕固定轴 O 在竖直平面内作左右摆动，θ 为其摆动角度，物体的质心 G 与轴 O 的距离为 h。若规定沿逆时针方向转过的角位移为正，此时刚体所受力矩与角位移方向相反，即有

$$M = -mgh\sin\theta \tag{4.1}$$

根据转动定律，该复摆又有

$$M = I\frac{\mathrm{d}^2\theta}{\mathrm{d}t^2} \tag{4.2}$$

其中，I 为该物体绕轴 O 的转动惯量。由式(4.1)和式(4.2)可得

$$\frac{\mathrm{d}^2\theta}{\mathrm{d}t^2} = -\omega^2\sin\theta \tag{4.3}$$

其中，$\omega^2 = \frac{mgh}{I}$。当 θ 很小时(通常在5°以内)近似有

$$\frac{\mathrm{d}^2\theta}{\mathrm{d}t^2} = -\omega^2\theta \tag{4.4}$$

此方程的解为

$$\theta = A\cos(\omega t + \varphi_0) \tag{4.5}$$

此式说明复摆在小角度下作简谐振动，其振动周期为：

$$T = 2\pi\sqrt{\frac{I}{mgh}} \tag{4.6}$$

设I_G为复摆在过质心G且与O轴平行的转轴处的转动惯量,那么根据平行轴定律可知

$$I = I_G + mh^2 \tag{4.7}$$

上式代入式(4.6),得

$$T = 2\pi \sqrt{\frac{I_G + mh^2}{mgh}} \tag{4.8}$$

根据式(4.8),可测量重力加速度,实验方案有多种,选择其中的三种介绍如下。

1. 实验方案一

对于确定的刚体而言,I_G是固定值,因而实验时,只需改变质心到转轴的距离分别为h_1,h_2,则刚体周期分别为

$$T_1 = 2\pi \sqrt{\frac{I_G + mh_1^2}{mgh_1}} \tag{4.9}$$

$$T_2 = 2\pi \sqrt{\frac{I_G + mh_2^2}{mgh_2}} \tag{4.10}$$

为了使计算公式简化,实验时可取$h_2 = 2h_1$,合并式(4.9)和式(4.10),得

$$g = \frac{12\pi^2 h_1}{(2T_2^2 - T_1^2)} \tag{4.11}$$

为了方便确定质心位置G,实验时可不加摆锤A和B,只使用摆杆,可以由学生自己设计实验的测量方法和数据处理方法。

2. 实验方案二

设式(4.7)中的$I_G = mk^2$,代入式(4.8),得

$$T = 2\pi \sqrt{\frac{mk^2 + mh^2}{mgh}} = 2\pi \sqrt{\frac{k^2 + h^2}{gh}} \tag{4.12}$$

式中k为复摆对G轴的回转半径,h为质心到转轴的距离。对式(4.12)取平方,并改写成

$$T^2 h = \frac{4\pi^2}{g} k^2 + \frac{4\pi^2}{g} h^2 \tag{4.13}$$

设$y = T^2 h$, $x = h^2$,则式(4.13)可改写成

$$y = \frac{4\pi^2}{g} x + \frac{4\pi^2}{g} k^2 \tag{4.14}$$

式(4.14)为直线方程,实验时不使用摆锤A和B,测出n组(T,h)值,计算出数组(y,x),再用最小二乘法求直线的斜率a和截距b。由于$a = \frac{4\pi^2}{g}$,$b = \frac{4\pi^2}{g} k^2$,所以有

$$g = \frac{4\pi^2}{a}, \quad k = \sqrt{\frac{bg}{4\pi^2}} = \sqrt{\frac{b}{a}} \tag{4.15}$$

由式(4.15)可求得重力加速度g和回转半径k。

3. 实验方案三

如图4.2所示,在摆杆上加上摆锤A和B,使之小角度绕轴O_1摆动,其周期T_1等于:

$$T_1 = 2\pi \sqrt{\frac{I_1}{Mgh_1}} \tag{4.16}$$

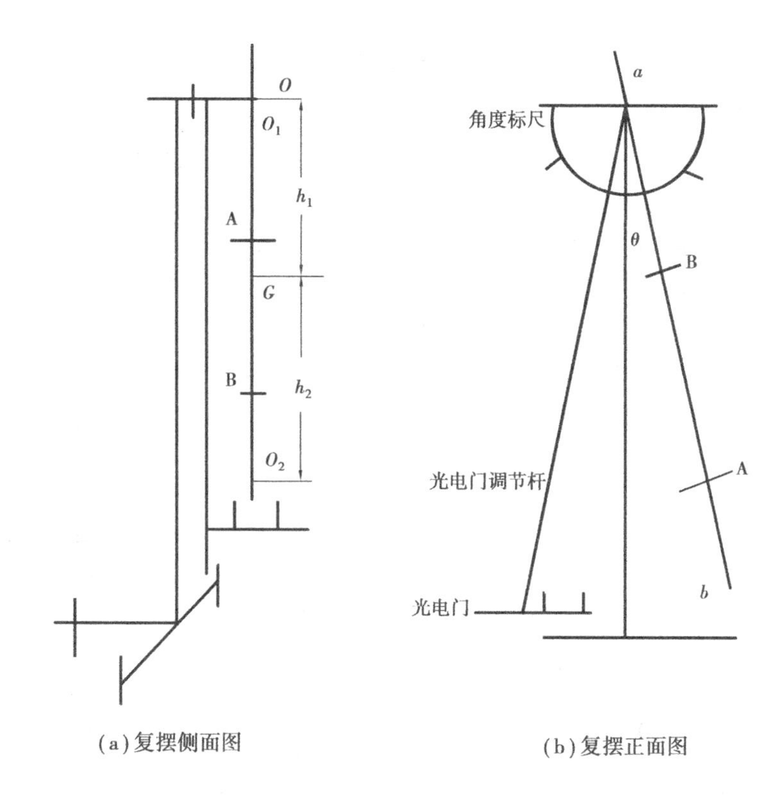

(a)复摆侧面图　　(b)复摆正面图

图4.2　复摆实验装置

式中,I_1 是复摆以 O_1 为转轴时的转动惯量,M 为摆的总质量,h_1 为 O_1 轴到摆的质心 G 的距离,g 为重力加速度。倒挂后当以 O_2 为轴摆动时,其周期 T_2 等于:

$$T_2 = 2\pi\sqrt{\frac{I_2}{Mgh_2}} \tag{4.17}$$

式中,I_2 是以 O_2 为转轴时的转动惯量,h_2 为 O_2 轴到质心 G 的距离。

设 I_G 为复摆对通过其质心的水平轴的转动惯量,根据平行轴定理,有

$$I_1 = I_G + Mh_1^2, \qquad I_2 = I_G + Mh_2^2$$

所以式(4.16)和式(4.17)可改写成

$$T_1 = 2\pi\sqrt{\frac{I_G + Mh_1^2}{Mgh_1}} \tag{4.18}$$

$$T_2 = 2\pi\sqrt{\frac{I_G + Mh_2^2}{Mgh_2}} \tag{4.19}$$

从上述二式消去 I_G 和 M,可得

$$g = \frac{4\pi^2(h_1^2 - h_2^2)}{T_1^2 h_1 - T_2^2 h_2} \tag{4.20}$$

在适当调节摆锤A、B的位置之后,可使 $T_1 = T_2$,令此时的周期值为 T,则

$$g = \frac{4\pi^2}{T^2}(h_1 + h_2) \tag{4.21}$$

式(4.21)中 $h_1 + h_2$ 即 O_1O_2 间的距离,称为复摆的等值单摆长,设为 l,则

$$g=\frac{4\pi^2}{T^2}l \tag{4.22}$$

由式(4.22)知,测出复摆正挂与倒挂摆动周期相等时的周期值 T 和两个摆轴之间的距离 l,就可算出重力加速度之值。实验中,两个周期值相差应在 1 ms 以内,距离 l 能测得很精确,所以能使 g 值的测量准确性提高。

为了寻找 $T_1=T_2=T$ 的周期值,就要研究 T_1 和 T_2 在移动摆锤时的变化规律。设在 O_1O_2 间摆锤 A 的质量为 m_A,O_1 到 A 的距离为 x,并取 O_1O_2 为正方向,如图 4.3 所示。除去摆锤 A 之外摆的质量为 m_0,质心在 C 点,对 O_1 的转动惯量为 I_0。令 $O_1C=hc_1$,由于摆锤 A 尺寸较小,式(4.16)可近似写成为

$$T=2\pi\sqrt{\frac{I_0+m_Ax^2}{(m_0hc_1+m_Ax)g}} \tag{4.23}$$

由此式可知,此摆在以 O_1 为轴时的等值摆长 l_1 为

$$l_1=\frac{I_0+m_Ax^2}{m_0hc_1+m_Ax} \tag{4.24}$$

经分析可知,在 $\frac{\mathrm{d}l_1}{\mathrm{d}x}=0$ 时,有 $\frac{\mathrm{d}^2l_1}{\mathrm{d}x^2}>0$,即在改变 A 锤位置时,等值摆长 l_1 有一极小值,亦即周期 T_1 有一极小值,并且和此极小值对应的 x 小于 l,这说明当 A 锤从 O_1 移向 O_2 时,T_1 的变化如图 4.4 所示。当 x 开始增加时 T_1 先是减小,在 T_1 达到极小值之后又增加。当以 O_2 为轴摆动时,其周期 T_2 的变化规律和 T_1 的相似,但是变化较明显。

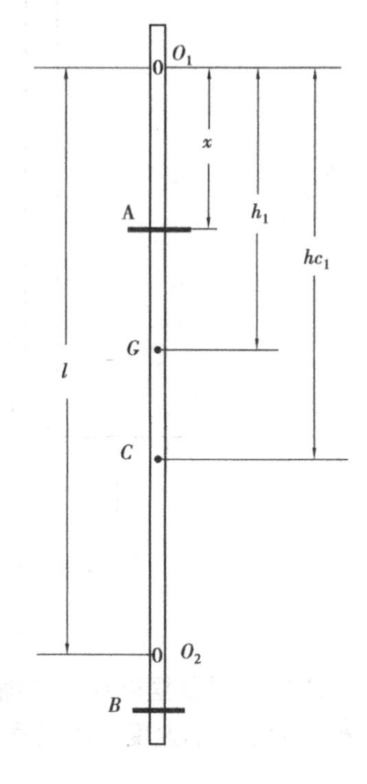

图 4.3

要利用式(4.23)计算 g 值,就必须在移动 A 锤过程中,使 T_1 曲线和 T_2 曲线相交,如图 4.5(b)所示。理论分析和实际测量表明,T_1 和 T_2 二曲线是否相交决定于摆锤 B 的位置,其关系如图 4.5 所示。实验中需要通过多次实际调整和测量来确定能使 T_1、T_2 曲线相交的 B 锤的位置。

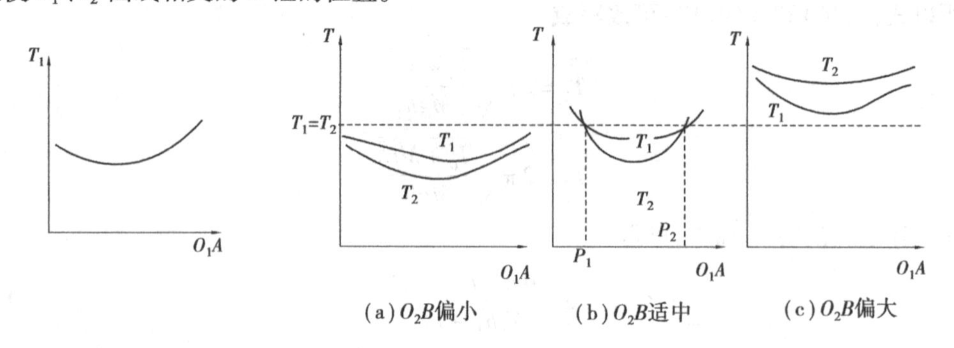

图 4.4 周期变化曲线

图 4.5 T_1T_2 曲线关系

【实验内容】

①测量 g 的方法由学生自己选择两种方法,也可以由学生另外设计测量方法。

②测量摆的质心位置,可以利用刀口支架或细丝悬挂法测量质心位置,其精度控制在

0.50 mm 以内。

③测量不同悬挂点时复摆的周期，在周期接近时，悬挂点的位置应该仔细选择，控制周期差在 1 ms 以内。

④正反向悬挂时，摆都要在铅垂平面内摆动，注意调节支点位置。

⑤分析、比较所测量 g 的不确定度。

【思考题】

1. 复摆测量重力加速度误差主要产生在什么地方？对其进行定性或定量分析。

2. 有什么改进的方法或仪器可以再提高测量摆动周期的精度？

【知识拓展】　多功能微秒计 DHTC-1

多功能微秒计 DHTC-1 可用于单个或多个周期（最多 197 个周期）、瞬时速度等物理量的测量，采用高速光电门达到很高的响应速度和计时精度。

（1）技术指标

①工作环境：温度 10～35 ℃，相对湿度 25%～85%。

②额定电源电压：AC 220×(1±10%) V，50 Hz，耗电不大于 5 W。

③光电门响应时间 <1 μs。

④挡光针直径可小至 0.5 mm。

⑤计时分辨率 1 μs。

⑥计时长度 9 位。

⑦被测周期可小至 800 μs。

⑧使用直径为 5 mm 的挡光针可测量 10 m/s 内的瞬时速度。

⑨计时误差小于 20×10^{-6}（源于时间基准，具有短期稳定性）。

（2）使用方法

①打开电源，初始界面如图 4.6 所示。

图 4.6

②按▲▼键设置测量周期数[单摆周期数＝(SETC 值－1)/2]，按 T 键进入测量状态，如图 4.7 所示。

图 4.7

③计时从第一次挡光开始，最后一次挡光后截止。挡一次光，计数值 C 加 1，直到满设定值，显示测量结果如图 4.8 所示。

④重复步骤②，则可以重新进入测周期。

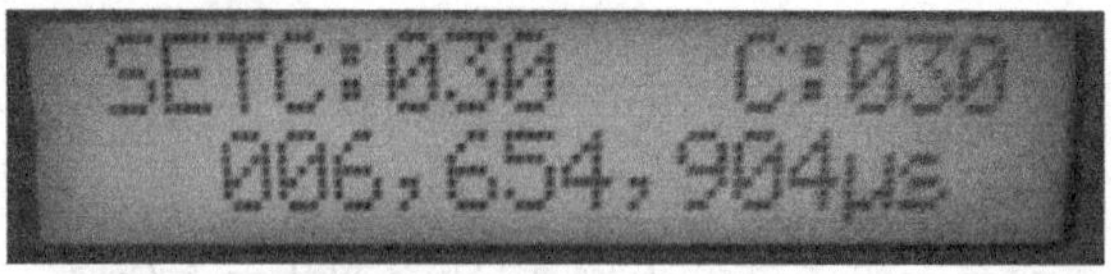

SETC:030 C:030
006,654,904μs

图 4.8

⑤按 PW 键则进入测速度、测脉冲宽度状态,如图 4.9 所示。

图 4.9

⑥当挡光针经过光电门,计时器测出挡光针挡光的时间,即屏幕上显示的脉冲宽度。如再测出挡光针直径就可以计算出瞬时速度(注意:挡光多少时光电门进入响应,器件有一定的不一致性,接收光的圆形小孔是否规范,与光电管的位置是否精确等,都对测量有所影响)。测量完成,显示测量结果如图 4.10 所示。

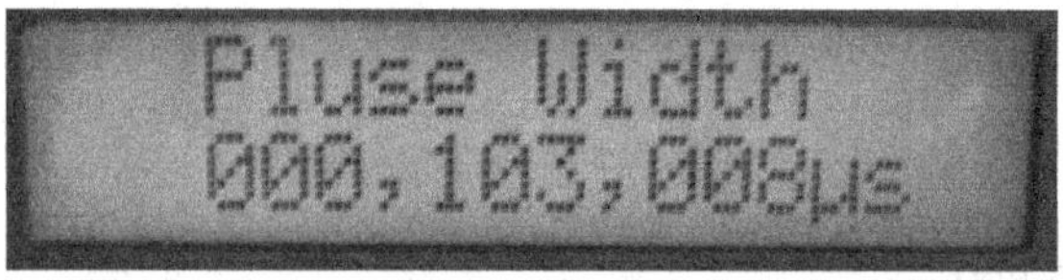

Pluse Width
000,103,008μs

图 4.10

⑦重复步骤⑤则重新测速度。

⑧按 ▲ 或 ▼ 键转到测周期状态。

实验 4.2 用复摆测量转动惯量

【实验目的】

1. 用复摆方法测量转动惯量。
2. 用复摆验证转动惯量的平行轴定理。

【实验仪器】

复摆装置,多功能微秒计 DHTC-1,米尺。

【实验原理】

(1)测量物体的转动惯量

当复摆作小角度($\theta<5^\circ$)摆动,且忽略阻尼的影响时,若复摆绕固定轴 O 的转动惯量为 I_0,质心到转轴的距离为 h_0,对应的周期为 T_0,则根据式(4.6)可得

$$I_0=\frac{mgh_0T_0^2}{4\pi^2} \tag{4.25}$$

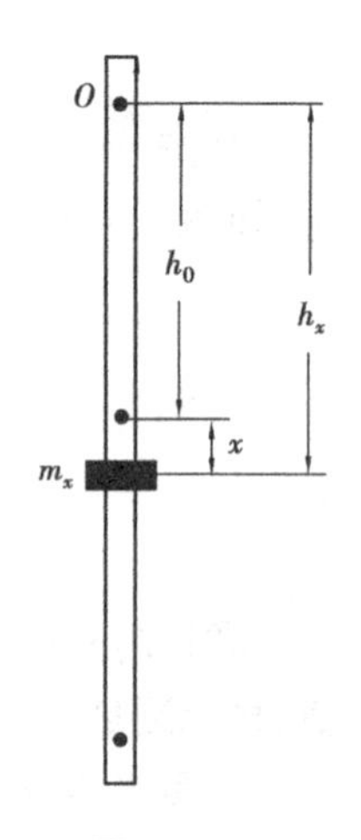

图 4.11

又设待测物体的质量为 m_x,回转半径为 k_x,绕自己质心的转动惯量为 $I_{x0}=m_xk_x^2$,绕轴 O 的转动惯量为 I_x,则 $I_x=I_{x0}+m_xh_x^2$。h_x 为待测物体的质心到轴 O 的距离,当物体与复摆质心重合时 $h_x=h_0$,由式(4.6)有

$$T=2\pi\sqrt{\frac{I_x+I_0}{Mgh_0}} \tag{4.26}$$

式中 $M=m_0+m_x$，将式(4.26)平方，并改写成

$$I_x=\frac{Mgh_0T^2}{4\pi^2}-I_0 \tag{4.27}$$

将待测物体的质心调节到与复摆质心重合，测出周期 T，代入式(4.27)，可求出转动惯量 I_x 和 I_{x0}。

(2)验证平行轴定理

取质量和形状相同的两个摆锤 A 和 B，对称地固定在复摆质心 G 的两边。设 A 和 B 的位置距复摆质心位置为 x，如图 4.12 所示，由式(4.6)得

$$T=2\pi\sqrt{\frac{I_A+I_B+I_0}{Mgh_0}} \tag{4.28}$$

图 4.12

式中，$M=m_A+m_B+m=2m_A+m$。m_A 为摆锤 A 和 B 的质量，m 为复摆的质量。I_A，I_B 分别为摆锤 A 和 B 对转轴 O 的转动惯量，I_0 为摆杆绕固定轴 O 的转动惯量。

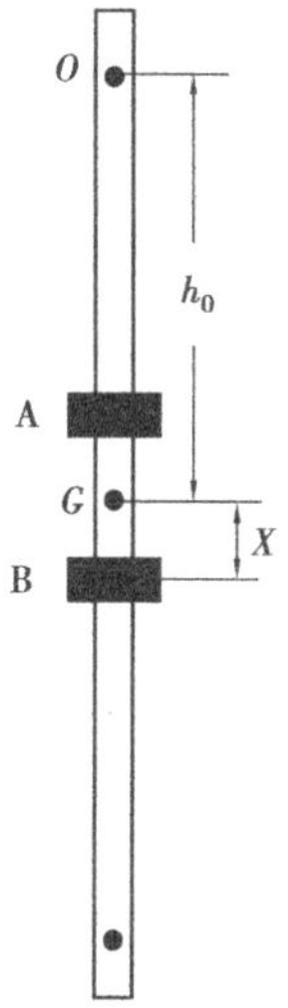

根据平行轴定理，有

$$I_A=I_{A_0}+m_A(h_0-x)^2 \tag{4.29}$$

$$I_B=I_{B_0}+m_B(h_0+x)^2 \tag{4.30}$$

式中 I_{A0} 和 I_{b0} 分别为摆锤 A 和 B 绕自己质心的转动惯量，二者相等。二式相加得：

$$\begin{aligned} I_A+I_B &= I_{A_0}+I_{B_0}+m_A[(h_0-x)^2+(h_0+x)^2] \\ &= 2[I_{A0}+m_A(h_0^2+x^2)] \end{aligned} \tag{4.31}$$

将式(4.31)代入式(4.28)，得

$$\begin{aligned} T^2 &= \frac{8\pi^2}{Mgh_0}[I_{A0}+m_A(h_0^2+x^2)+I_0/2] \\ &= \frac{8\pi^2 m_A}{Mgh_0}x^2+\frac{8\pi^2}{Mgh_0}(I_{A0}+I_0/2+m_Ah_0^2) \end{aligned} \tag{4.32}$$

以 x^2 作横轴，T^2 为纵轴，作 x^2-T^2 图像，应是直线。直线的截距 a 和斜率 b 分别为

$$a=\frac{8\pi^2}{Mgh_0}(I_{A0}+I_0/2+m_Ah_0^2) \tag{4.33}$$

$$b=\frac{8\pi^2m_A}{Mgh_0} \tag{4.34}$$

如果实验测得的 a，b 值与由式(4.33)，式(4.34)计算的理论值相等，则由平行轴定理推导的式(4.31)成立，也就证明平行轴定理成立。

实验过程中，先测量式(4.32)中的 I_{A0} 与 I_0，实验方案由学生自己设计。a，b 值的计算可以用最小二乘法计算。

【思考题】

1. 定性分析实验误差产生的地方及大小。
2. 有何措施可以提高测量精度？

【知识拓展】 复摆实验装置

1. 复摆支点装置

如图 4.13 所示。

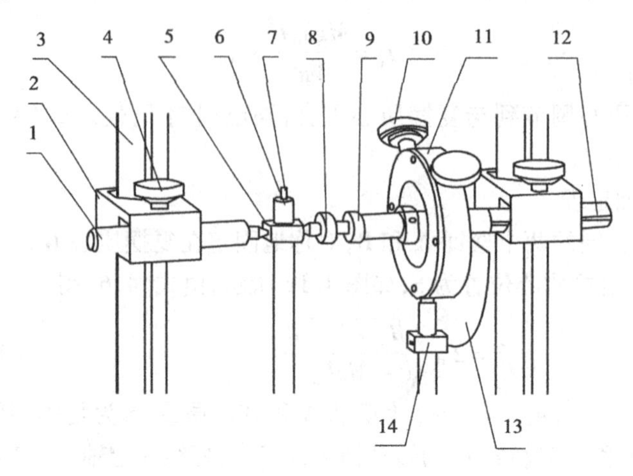

图 4.13 复摆支点

1—左侧顶尖;2—夹座;3—支架柱;4—锁紧螺钉 A; 5—摆杆座;6—摆杆;7—挡光针;8—右侧顶尖; 9—锁紧螺帽;10—锁紧螺钉 B;11—转动圆环;12—顶尖轴;13—刻度盘;14—刻度指针

2. 复摆光电门

如图 4.14 所示。

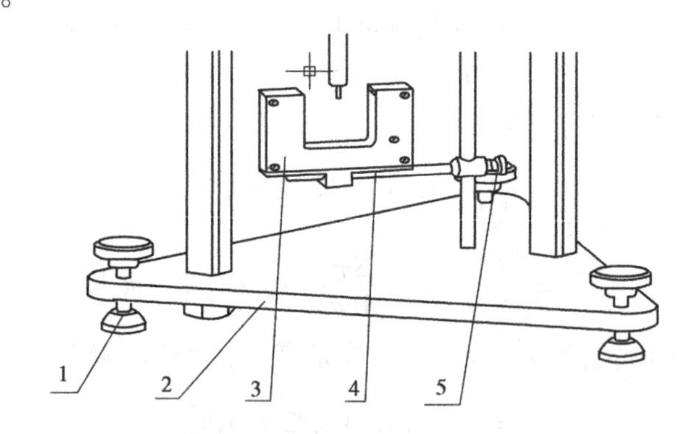

图 4.14 复摆光电门

1—底座脚;2—底座;3—光电门;4—光电门安装轴;5—锁紧螺钉 C

①“左侧顶尖”和“右侧顶尖”的轴线在一条线上,调节“夹座”以调节顶尖上下位置,调节“支架柱”可以调节顶尖左右位置。

②调节“右侧顶尖”使摆杆座松紧适度,顶尖与“摆杆座”的摩擦力至最小,调好后“用锁紧螺帽”固定。

③松开“锁紧螺钉 B”可旋转“转动圆环”即转动光电门,锁紧“锁紧螺钉 B”可固定光电门。

实验5　拉伸法测定杨氏弹性模量

力作用在物体上时,会使受力物体发生形变,物体的形变可分为弹性形变和塑性形变。固体材料的弹性形变又可分为纵向、切变、扭转、弯曲,对于纵向弹性形变可以引入杨氏模量来描述材料抵抗形变的能力。杨氏弹性模量最早是由英国物理学家托马斯·杨进行研究的,故称为杨氏模量。杨氏模量是表征固体材料性质的一个重要的物理量,是工程设计上选用材料时常需涉及的重要参数之一,一般只与材料的性质和温度有关,与其几何形状无关。

实验测定杨氏模量的方法很多,如拉伸法、弯曲法和振动法。前两种方法可称为静态法,后一种可称为动态法,本实验采用拉伸法测量钢丝的杨氏模量。

【实验目的】

1. 学会用拉伸法测金属丝的杨氏模量。
2. 掌握光杠杆法测微小长度变化的原理及方法。
3. 学会用逐差法处理数据。
4. 学习不确定度的计算和测量结果的正确表达。

【实验仪器】

杨氏模量仪如图5.1所示,由实验架和望远镜系统、数字拉力计组成。

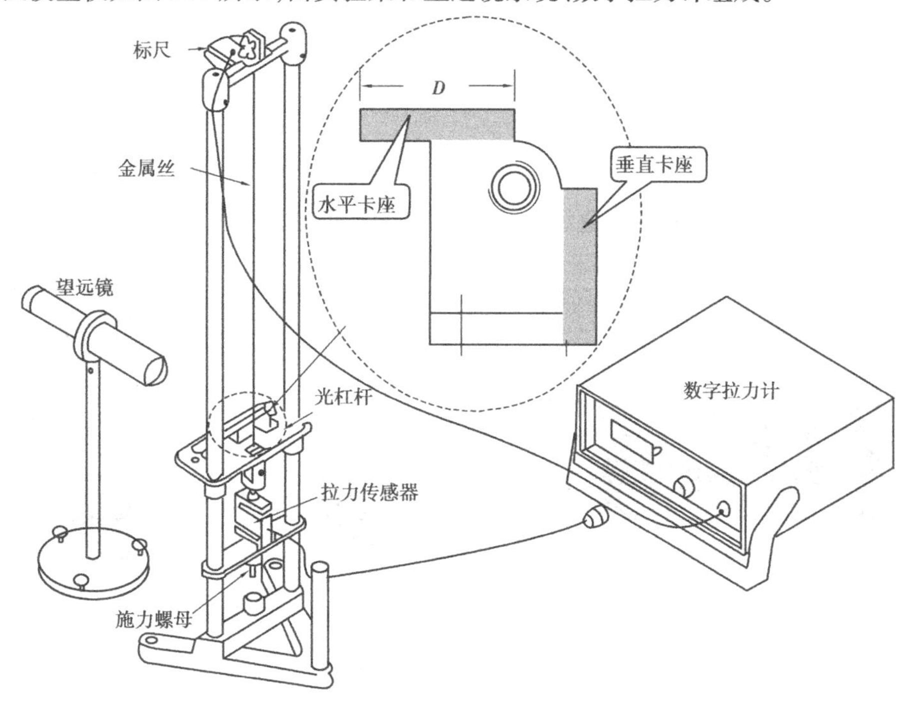

图5.1　杨氏模量实验仪

1. 实验架

实验架是金属丝杨氏模量测量实验的主要平台。金属丝通过一夹头与拉力传感器相连,采用下端的施力螺母旋转加力方式,加力简单、直观、稳定。拉力传感器输出拉力信号通过数字拉力计显示金属丝受到的拉力值。光杠杆的反射镜转轴支座被固定在一台板上,动足尖自由放置在夹头表面。反射镜转轴支座的一边有水平卡座和垂直卡座。水平卡座的长度 D 等于反射镜转轴与动足尖位置螺旋调节器 0 刻度的水平距离,D 尺寸即为光杠杆常数的固定尺寸部分,该距离再加动足尖位置螺旋调节器的指示值 ΔD 即为光杠杆常数。实验架含有最大加力限制功能,实验中最大实际加力不允许超过 12.00 kgf。

2. 望远镜系统

望远镜系统包括望远镜支架和望远镜。望远镜支架通过调节螺钉可以微调望远镜十字分划线的方位。望远镜放大倍数 12 倍,最近视距 0.3 m,含有目镜十字分划线(纵线和横线)。望远镜如图 5.2 所示。

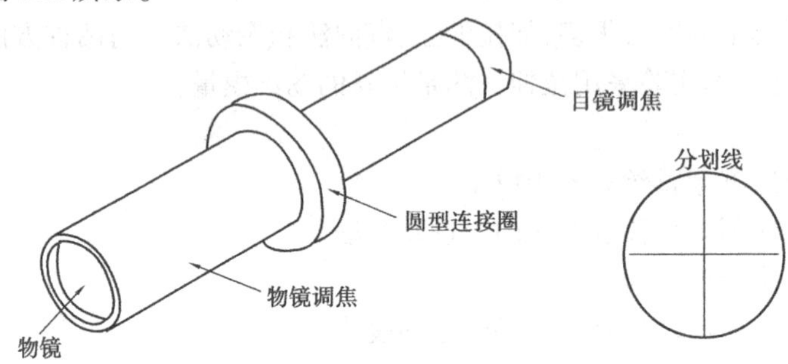

图 5.2　望远镜示意图

3. 数字拉力计

电源:AC220 × (1 ± 10%) V,50 Hz

显示范围:(0 ~ ±19.99) kg(三位半数码显示)

分辨力:0.01 kg

含有显示清零、恢复功能(按一次清零按钮显示清零,再按一次显示恢复为实际拉力)。

含有直流电源输出接口:输出直流电,用于给背光源供电。

数字拉力计面板如图 5.3 所示。

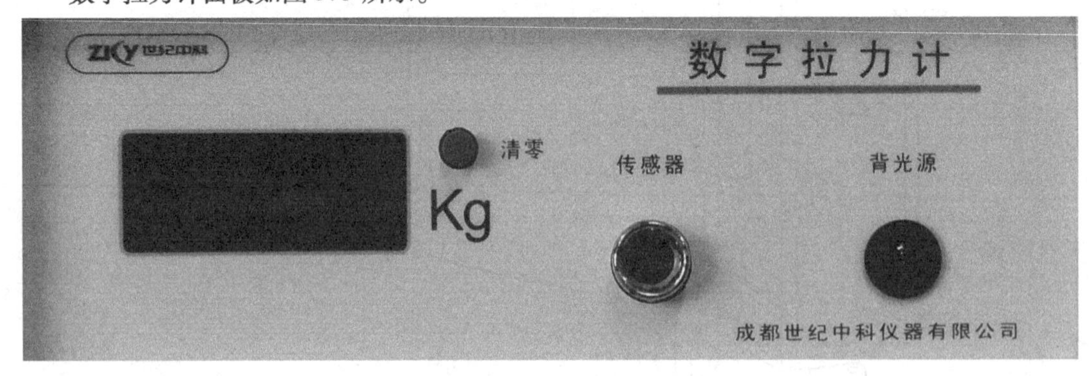

图 5.3　数字拉力计面板图

4. 测量工具

实验过程中需用到的测量工具及其相关参数、用途如表 5.1 所示。

表5.1 测量工具

量具名称	量程	分度值	仪器误差	用于测量
标尺/mm	80.0	1	0.5	Δx
钢卷尺/mm	3 000.0	1	0.8	L、H
游标卡尺/mm	150.00	0.02	0.02	D
螺旋测微器/mm	25.000	0.01	0.004	d
数字拉力计/kg	20.00	0.01	0.005	m

【实验原理】

1. 杨氏模量的测量

设金属丝的原长为 L，横截面积为 S，沿长度方向施力 F 后，其长度改变 ΔL，则金属丝单位面积上受到的垂直作用力为 $\sigma=F/S$，σ 称为正应力，金属丝的相对伸长量 $\varepsilon=\Delta L/L$ 称为线应变。根据胡克定律，在弹性范围内物体的正应力与线应变成正比，即

$$\sigma=E\cdot\varepsilon \tag{5.1}$$

或

$$\frac{F}{S}=E\cdot\frac{\Delta L}{L} \tag{5.2}$$

比例系数 E 即为金属丝的杨氏模量（单位：N/m^2 或 Pa），它表征材料本身的性质，E 越大的材料，要使它发生一定的相对形变所需要的单位横截面积上的作用力也越大。

由式(5.2)可知

$$E=\frac{F/S}{\Delta L/L} \tag{5.3}$$

对于直径为 d 的圆柱形金属丝，其杨氏模量为

$$E=\frac{F/S}{\Delta L/L}=\frac{mg/\left(\frac{1}{4}\pi d^2\right)}{\Delta L/L}=\frac{4\ mgL}{\pi d^2\Delta L} \tag{5.4}$$

式中 L（金属丝原长）可由米尺测量，d（金属丝直径）可用螺旋测微器测量，F（外力）可由实验中数字拉力计上显示的质量 m 求出，即 $F=mg$（g 为重力加速度），而 ΔL 是一个微小长度变化量，不容易测量准确。本实验利用光杠杆的光学放大作用实现对金属丝微小伸长量 ΔL 的间接测量。

2. 光杠杆光学放大原理

如图5.4所示，光杠杆由反射镜、反射镜转轴支座和与反射镜固定连动的动足等组成。

开始时，光杠杆的反射镜法线与水平方向成一夹角，在望远镜中恰能看到标尺刻度 x_1 的像。当金属丝受力后，产生微小伸长 ΔL，动足尖下降，从而带动反射镜转动相应的角度 θ。根据光的反射定律可知，在出射光线（即进入望远镜的光线）不变的情况下，入射光线转动了 2θ，此时望远镜中看到标尺刻度为 x_2。

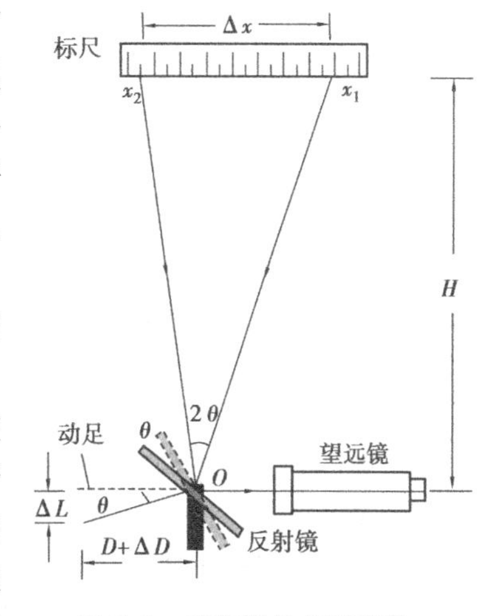

图5.4 光杠杆放大原理图

实验中 $D+\Delta D$ 远远大于 ΔL,所以 θ 甚至 2θ 会很小。由图 5.4 的几何关系可以看出,2θ 很小时有

$$\Delta L \approx (D+\Delta D)\theta, \qquad \Delta x \approx 2H\theta$$

故有

$$\Delta x = \frac{2H}{D+\Delta D} \cdot \Delta L \tag{5.5}$$

其中 $2H/(D+\Delta D)$ 称作光杠杆的放大倍数,H 是反射镜转轴与标尺的垂直距离。仪器中 $H \geqslant (D+\Delta D)$,这样一来,便能把一微小位移 ΔL 放大成较大的容易测量的位移 Δx。将式(5.5)代入式(5.4),得

$$E = \frac{8mgLH}{\pi d^2(D+\Delta D)} \cdot \frac{1}{\Delta x} \tag{5.6}$$

如此,可以通过测量式(5.6)右边的各参量得到被测金属丝的杨氏模量。式(5.6)中各物理量的单位都应取国际单位(SI)制。

【实验内容】

1. 调节实验架

①实验前应检查上下夹头是否夹紧金属丝,防止金属丝在受力过程中与夹头发生相对滑移,反射镜应转动灵活。加力以前,金属丝应该完全不受拉力,如果已经受力,应该松开施力螺母。

②将拉力传感器信号线接入数字拉力计信号接口,用 DC 连接线连接数字拉力计电源输出孔和背光源电源插孔。

③打开数字拉力计电源开关,预热 3 min。标尺刻度背光亮后,刻度值应该清晰可见,数字拉力计面板上显示此时加到金属丝上的拉力。

④旋转施力螺母,给金属丝施加预拉力 3.00 kgf,将金属丝原本存在弯折的地方拉直。注意拉力应该从绝对 0 拉力开始施加,不能有预拉力后再增加。

2. 调节望远镜

将望远镜移近并正对实验架平台板,望远镜前沿与平台板边缘的距离在 20 ~ 50 cm 范围左右。调节望远镜使从实验架侧面目视时反射镜转轴大致在镜筒中心线上,如图 5.5 所示,同时调节望远镜支架上的三个螺钉,直到从目镜中能看到背光源发出的明亮的光为止。

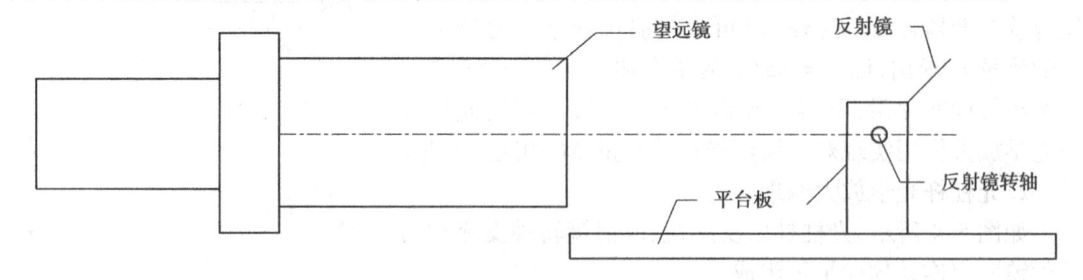

图 5.5　望远镜位置示意图

调节目镜调节手轮,使得十字分划线清晰可见。调节物镜焦距调节手轮,使得视野中标尺的像清晰可见。

调节望远镜支架螺钉,使十字分划线横线与标尺刻度线平行,并使其读数值≤3.5 cm 的刻度线,以避免实验做到最后超出标尺量程。水平移动支架,使十字分划线纵线对齐标尺中心。

3. 调节光杠杆

①检查光杠杆是否能轻松转动,必须能够无阻力转动。

②检查动足尖是否放在金属丝夹头表面,并且要调节螺旋调节器,使其靠近金属丝。

4. 数据测量

1)测量 $L,H,D,\Delta D,d$

用钢卷尺测量金属丝的原长 L,钢卷尺的始端放在金属丝上夹头的下表面(即横梁上表面),另一端对齐平台板的上表面。

用钢卷尺测量反射镜转轴到标尺的垂直距离 H,钢卷尺的始端放在标尺板上表面,另一端对齐垂直卡座的上表面。该表面与转轴中心等高,作为测量的参考点,也是望远镜中心轴线高度调节的参考点。

注意:如果望远镜中心线没有与反射镜转轴中心对齐时,上述测量距离 H 可以用标尺到实验桌台面的距离减去望远镜中心轴线到台面的距离来代替。

用游标卡尺测量水平卡座的长度 D,再读出光杠杆足尖位置螺旋调节器的指示值 ΔD,二者之和即为光杠杆常数。

以上物理量各测量一次,将实验数据记入表5.2中。

表5.2　测量数据

L/mm	H/mm	D/mm	ΔD/mm

用螺旋测微器测量不同位置、不同方向的金属丝直径 d_i,测量5次,注意测量前记下螺旋测微器的零位误差 Δ_0,将实验数据记入表5.3中。

表5.3　金属丝直径测量数据

螺旋测微器零位误差 Δ_0 = ________mm

序号 i	1	2	3	4	5	6
直径 d_i/mm						

2)测量标尺刻度 x_i 与拉力 m_i

缓慢旋转施力螺母,使数字拉力计上的拉力准确调节为(3.00 ±0.01)kg,记录此时拉力和对齐十字分划线横线的刻度值 x_0。

缓慢旋转施力螺母,逐渐增加金属丝的拉力,每隔(1.00 ±0.01)kg 记录一次拉力和标尺的刻度 x_i^+,直到 $i=7$(即测量8组数据)。特别注意金属丝实际所受最大拉力值要≤12.00 kg。

然后,反向旋转施力螺母,逐渐减小金属丝的拉力。同样的,每隔(1.00 ±0.01)kg 记录一次标尺的刻度 x_i^-,直到拉力为(3.00 ±0.01)kg。

将以上数据记录于表5.4中对应位置。

表5.4　加减力时标尺刻度与对应拉力数据

序号 i	0	1	2	3	4	5	6	7
拉力值 m_i/kg	3.00							
加力时 x_i^+/mm								
减力时 x_i^-/mm								

注意实验中不能再移动或调整望远镜,并尽量保证实验桌不要有震动,以保证望远镜稳定。

加力和减力过程中,施力螺母要单向旋转,不能反向旋转,以免引起误差。

实验完成后,旋松施力螺母,使金属丝自由伸长,拉力为0,并关闭数字拉力计。

5.数据处理

计算各直接测量值的平均值及不确定度,其中标尺刻度值与拉力值采用逐差法处理,并写出各直接测量值的完整表达式。

计算杨氏模量及其不确定度,并写出其完整表达式。

注意事项:

①该实验是测量微小量,实验时应避免实验台震动。

②金属丝绝对加力值不可超过规定的最大加力值12.00 kg。

③严禁改变限位螺母位置,避免最大拉力限制功能失效。

④反射镜表面应使用软毛刷、镜头纸擦拭,切勿用手指触摸镜片。

⑤严禁使用望远镜观察强光源,如太阳等,避免眼睛灼伤。

⑥实验完毕后,应旋松施力螺母,使金属丝自由伸长。

⑦反射镜要保证转动轻松,无阻力转动。

【思考题】

1.光杠杆常数的大小与测量的准确性有什么关系?

2.加力与减力时 x_i 值有误差,请问有哪些原因造成此误差?

实验6 CCD法测定杨氏弹性模量

【实验目的】

1.学习用金属丝拉伸法测定材料的杨氏弹性模量。

2.学习用CCD成像系统测量微小尺寸。

3.学习用逐差法或最小二乘法处理数据。

【实验仪器】

读数显微镜,米尺,千分尺。

【实验原理】

根据胡克定律,材料在弹性限度内,正应力(单位面积上垂直方向上的力)的大小 σ 与正应变 ε(单位长度垂直方向上的长度变化量)成正比,即

$$\sigma = E\varepsilon \tag{6.1}$$

式中的比例系数 E 称为弹性模量,又称杨氏模量,是以英国物理学家托马斯·杨命名的物理量。其物理意义是材料应变为1时,单位面积上所受的力。对于长为 L,截面积为 S 的均匀金属丝或棒,在沿长度方向的外力 F 作用下伸长 δL,则有 $\sigma = F/S$,$\varepsilon = \delta L/L$,代式入(5.1),则有

$$E = \frac{FL}{S\delta L} \tag{6.2}$$

对于圆形金属丝 $S = \pi d^2/4$,$F = Mg$(M 为砝码质量),可得

$$E=\frac{4MgL}{\pi d^2\delta L} \tag{6.3}$$

杨氏模量反映了固体材料受力与弹性变形的关系，是设计工程结构时选用材料的重要物理量。

在式(6.2)中，F、S 和 L 都比较容易测量，但 δL 是一个很小的长度变化，需要特别的测量方法。

我们使用 CCD（Charge Couple Device）成像系统来直接测量金属丝的微小长度变化 δL，把原来从望远镜或显微镜中看到的图像通过 CCD 放大呈现在监视器的屏幕上，非常容易观测。CCD 是电荷耦合器件的简称，是目前较实用的一种图像传感器，它有一维和二维的两种。一维用于位移、尺寸的检测，二维用于平面图形、文字的传递。现在二维的 CCD 器件已作为固态摄像器应用于可视电话和无线电传真领域，在生产过程监视和检测上的应用也日渐广泛。

我们采用二维 CCD 器件作为固态摄像机，它将光图像转变为视频电信号，由视频电缆接到监视器，在电视屏幕上显示出来。它改变了以前实验中分别用光杠杆、望远镜系统或读数显微镜观测的方式，对伸长量 δL 进行直接测量。

杨氏模量装置如图 6.1 所示，包括以下几部分：

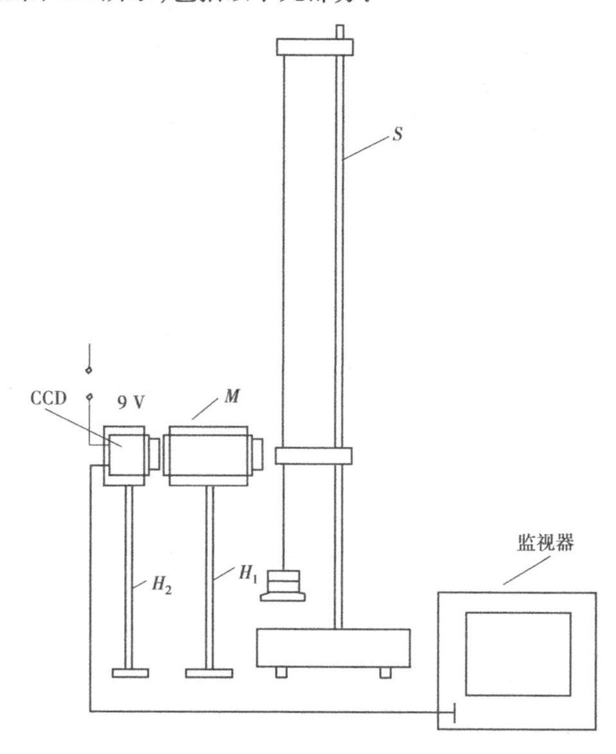

图 6.1　CCD 法则量杨氏模量

1. 金属丝和支架

S 为金属丝的支架，高约 110 cm，可置于实验桌上。支架顶端设有金属丝悬挂装置，金属丝长度可调，约 60 ~ 80 cm，金属丝下端连接一小圆柱。圆柱中部方形窗中有黑色细线供观察钢丝长度变化用，小圆柱下端附有砝码挂盘。支架下方的半圆形支架，设有限制小圆柱转动的球头螺钉,支架底脚螺丝可调。

2. 读数显微镜 M

它用来观测金属丝长度变化,总放大率为 25 倍,目镜焦距 10 mm。目镜中可见分划板,其刻度范围 0 ~6.5 mm,分度值 0.05 mm,每隔 1 mm 刻一数字,读数时应进行估计读数。H_1 为显微镜支架。

3. CCD 成像、显示系统

①CCD 黑白摄像机:像单元数 537(H) ×597(V);灵敏度:最低照度≤0.1 Lux;分辨率≥400TV 线,定焦镜头:f 为 16 mm,CCD 专用 9 V 直流电源。

②黑白视频监视器:屏幕尺寸 23 cm,800TV 线,输入阻抗 75 Ω。

③CCD 摄像机支架 H_2。

读数显微镜及 CCD 成像显示系统总放大率为 62.5 倍。

【实验内容】

1. 熟悉和调节仪器

①认识仪器。动手做实验前,应该仔细观察仪器。

②调节仪器。

a. 检查金属丝是否平直,若有皱折就不能使用。调支架底脚螺丝,使金属丝下端的小圆柱处于半圆形支架中心,对称地调节限制圆柱转动的小螺丝球头到圆柱两侧刻槽内,使圆柱能够自由地上下移动但不能转动。

b. 调节读数显微镜支架的高低,使其目镜与小圆柱中部标志钢丝长度变化的黑色细线高低一致。

c. 调节读数显微镜焦距:将读数显微镜物镜靠近小圆柱,然后由近到远调节读数显微镜支架位置,从目镜看到清晰的黑色细线为止,此时物镜焦距调节合适。再调节读数显微镜目镜焦距,使其能够看到清晰的分划板刻度为止。

d. 检查摄像头的连线,调节光圈到最大,打开电源和监视器,将摄像头靠近读数显微镜目镜。调节其位置和镜头焦距,微调读数显微镜物镜焦距,直到在监视器上看到清晰的黑色细线和分划板刻度为止。

2. 测量钢丝长度变化

在金属丝下端加质量 $m_1=300$ g 的砝码(厚的为 200 g,薄的为 100 g),预拉直钢丝,观察监视器屏幕上显示的黑色细线的读数值,此时的值为 r_1,记录砝码质量 m_1 和 r_1 数值。然后在砝码挂盘上每次加一个砝码,对应的读数变为 $r_i(i=2,\cdots,8)$,记录砝码总质量 m_i 和 r_i 数值,直到 9 个砝码全部加上。再逐个取下砝码,记录砝码总质量 m_i' 和 r_i' 数值,直到剩下总质量 m_1 的 2 个砝码为止。数据记录表可以参考第二章数据处理方法中逐差法一节。注意:取放砝码时,动作一定要轻巧,砝码晃动,会影响读数的准确性。

测量金属丝长度 L ,用米尺测量 3 次。测量金属丝直径 d ,用千分尺在不同位置测 6 次。测量钢丝直径可以使用单独的样品,避免将悬挂的钢丝弄皱折。

3. 数据处理

1)用逐差法计算 δL

对 r_i 和 $r_i'(i=1,2,\cdots,8)$ 分成两组进行逐差处理,再计算 δL 的平均值,然后计算杨氏模量 E 及其不确定度。

2)数据处理方法提示

注意理解逐差法处理数据后的δL与其对应的砝码质量的关系,公式(6.3)中的M要与逐差时钢丝长度变化量δL对应,即应为4个砝码的总质量,不再是一个砝码的质量。在求δL的不确定度时,δL值是r_i和$r_i'(i=1,2,\cdots,8)$共16个直接测量值的函数,要把δL当作间接测量值来计算其不确定度。

4.注意事项

①用CCD摄像机时注意CCD不可正对太阳光、激光或其他强光源,CCD的9 V直流电源不要随意用其他电源替代,不要使CCD视频输出短路。防止震动、跌落。不要用手触摸CCD前表面,防止CCD过热,不要长时间通电,在测量间隙最好去掉电源降温。注意镜头防潮、防尘污染。

摄像头只需要调大光圈即可使用,焦距不作调节影响不大,注意不要把连接镜头与CCD的螺纹调松了,以免造成无法进行摄像。

②用监视器注意:防震并注意勿将水或油溅在屏幕上。

③注意检查维护金属丝平直状态,测量其直径时勿将它弯折。

【思考题】

1.金属丝直径为什么要测量多次?

2.如果分别取加上砝码和减去砝码时的钢丝长度变化的测量值来分别计算E值,测量得出的E值是否不同?是否有不同的含义?

【知识拓展】　CCD的工作原理

1.感光作用及光和电的转换

图像是由像素组成行,由行组成帧。对于黑白图像来说,每个像素应根据光的强弱得到不同大小的信号,并且在光照停止之后仍能把电信号的大小保持记忆,直到把信息传送出去,这样才能构成图像传感器。

CCD器件是用MOS(即金属-氧化物-半导体)电容构成的像素实现上述功能的。在P型硅衬底上通过氧化形成一层SiO_2,然后再淀积小面积的金属铝作为电极,如图6.2所示。P型硅里的多数载流子是带正电荷的空穴,少数载流子是带负电荷的电子。当金属电极上施加正电压时,其电场能够透过SiO_2绝缘层对这些载流子进行排斥或吸引,于是带正电的空穴被排斥到远离电极处,剩下不能移动的带负电的杂质离子在紧靠SiO_2层形成负电荷层(耗尽层)。这种现象便形成对电子而言的陷阱,电子一旦进入就不能复出,故又称为电子势阱。

当器件受到光照射(光可从各电极的缝隙间经过SiO_2层射入,或经衬底的薄P型硅射入),光子的能量被半导体吸收,产生电子-空穴对。这时出现的电子被吸引存储在势阱中,这些电子是可以传导的。光越强,势阱中收集的电子越多,光弱则反之,这样就把光的强弱变成电荷的数量,实现了光和电的转换,而势阱中的电子是被存储状态,即使停止光照,一定时间内也不会损失,这就实现了对光照的记忆。

总之,上述结构实质上是个微小的MOS电容,用它构成像素,既可“感光”,又可留下“潜影”。感光作用是靠光强产生的电子积累电荷,潜影是各个像素留在各个电容里的电荷不等而形成的。若能设法把各个电容里的电荷依次传送到他处,再组成行和帧并经过“显影”,就实现了图像的传递。

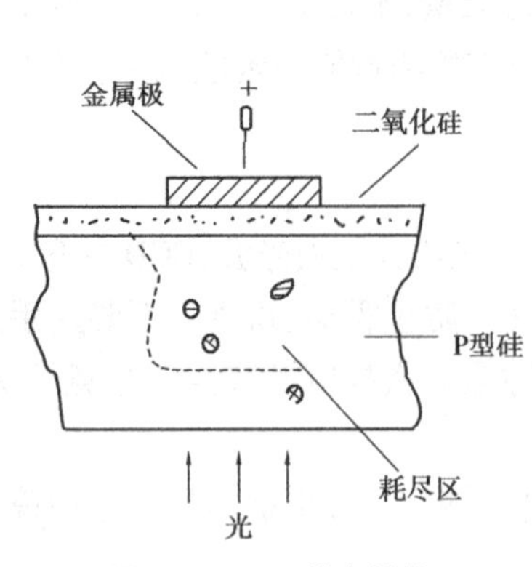

图 6.2　CCD 基本结构

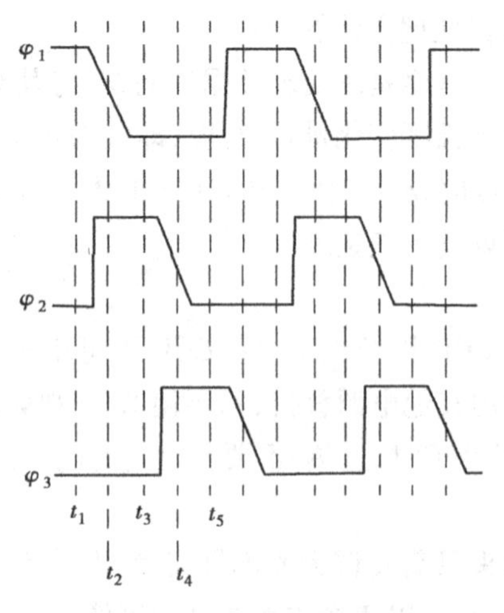

图 6.3　CCD 的转移电压

2. 电荷转移原理

由于组一帧图像的像素总数太多,只能用串行方式依次传送,在常规的摄像管里是靠电子束扫描的方法工作的,在 CCD 器件里也需要用扫描实现各像素信息的串行化。不过 CCD 器件并不需要复杂的扫描装置,只需外加如图 6.3 所示的多相脉冲,依次对并列的各个电极施加电压就能办到。图中 $\varphi_1,\varphi_2,\varphi_3$ 是相位依次相差 120°的三个脉冲源,其波形都是前缘陡峭后缘倾斜。若按时刻 $t_1 \sim t_5$ 分别分析其作用,可结合图 6.4 讨论工作原理。

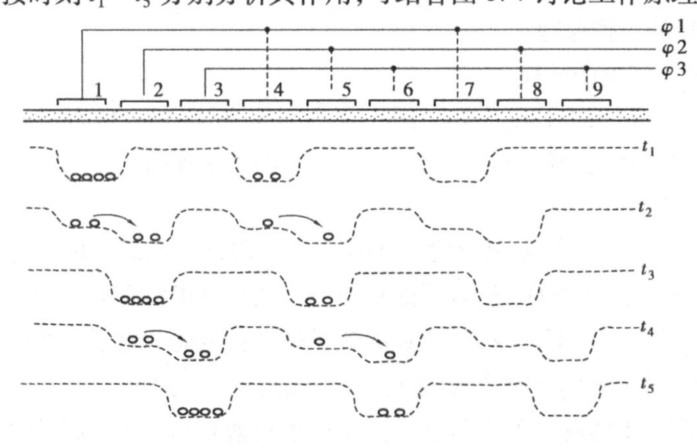

图 6.4　CCD 电荷转移原理

在排成直线的一维 CCD 器件里,电极 1 ~9 分别接在三相脉冲源上。将电极 1 ~3 视为一个像素,在 φ_1 为正电压的 t_1 时刻里受到光照,于是电极 1 之下出现势阱,并收集到负电荷。同时,电极 4 和 7 之下也出现势阱,但因光强不同,所收集到的电荷不等。在时刻 t_2,电压 φ_1 已下降,然而 φ_2 电压最高,所以电极 2,5,8 下方的势阱最深,原先储存在电极 1,4,7 下方的电荷将移到 2,5,8 下方。到时刻 t_3,上述电荷已全部向右转移一步。如此类推,到时刻 t_5 已依次转移到电极 3,6,9 下方。二维的 CCD 则有多行,在每一行的末端,设置有接收电荷并加以放大的器件,此器件所接收的顺序当然是先收到距离最近的右方像素,依次到来的是左方像素。直到整个一行的各像素都传送完再开始传送第二行。由此可见,扫描已在依次传递过程中体现,上述全部过程都由固态化的 CCD 器件完成。

实验7　梁弯曲法测定杨氏弹性模量

【实验目的】

1. 用梁的弯曲法测定杨氏弹性模量；
2. 学习霍尔位置传感器的定标及读数显微镜的使用；
3. 学习逐差法处理数据。

【实验仪器】

霍尔位置传感器测杨氏模量装置，读数显微镜，霍尔位置传感器输出信号测量仪等。

【实验原理】

利用磁铁和集成霍尔元件间位置变化输出信号来测量微小位移，已在科研和工业中得到广泛应用。在本实验中，用霍尔位置传感器测量樑变形后的挠度，从而测出材料的杨氏模量。

霍尔元件置于磁感应强度为 B 的磁场中，在垂直于磁场的方向通以电流 I，则与这二者相垂直的方向上将产生霍尔电势差 U_H 为

$$U_H = KIB \tag{7.1}$$

式(7.1)中，K 为元件的霍尔灵敏度。如果保持霍尔元件的电流 I 不变，而使其在一个均匀梯度的磁场中移动时，则输出的霍尔电势差变化量为

$$\Delta U_H = KI\frac{\mathrm{d}B}{\mathrm{d}Z}\Delta Z \tag{7.2}$$

式(7.2)中，ΔZ 为位移量，此式说明若 $\mathrm{d}B/\mathrm{d}Z$ 为常数时，ΔU_H 与 ΔZ 成正比。

为实现均匀梯度的磁场，可如图7.1所示选用两块相同的磁铁（磁铁截面积及表面磁感应强度相同），磁铁相对而放，即N极与N极相对而放置，两磁铁之间留一等间距间隙，霍尔元件平行于磁铁放在该间隙的中轴上。间隙大小要根据测量范围和测量灵敏度要求而定，间隙越小，磁场梯度就越大，灵敏度就越高。磁铁截面要远大于霍尔元件，以尽可能地减小边缘效应影响，提高测量准确度。

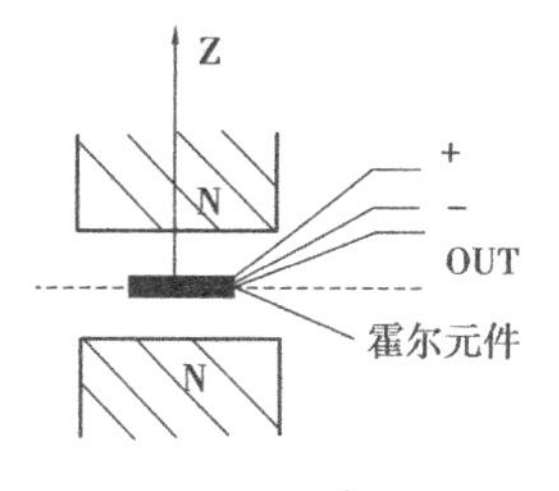

图7.1

若磁铁间隙内中心截面A处的磁感应强度为零。霍尔元件处于该处时，输出的霍尔电势差应为零。当霍尔元件偏离中心沿 Z 轴发生位移时，由于磁感应强度不再为零，霍尔元件也就产生相应的电势差输出，其大小可由数字电压表测量。由此可以将霍尔电势差为零时元件所处的位置作为位移参考零点。

霍尔电势差与位移量之间存在一一对应关系，当位移量较小（<2 mm），这一对应关系具有良好的线性。

在横梁弯曲情况下，杨氏模量 E 为

$$E = \frac{d^3 Mg}{4a^3 b\Delta Z} \tag{7.3}$$

其中：d 为两刀口间的距离（受力梁长度），a 为梁的厚度，b 为梁的宽度，M 为加挂码的质量，ΔZ 为梁中心由于外力 M 作用而下降的距离，g 为重力加速度。实验装置如图7.2所示。

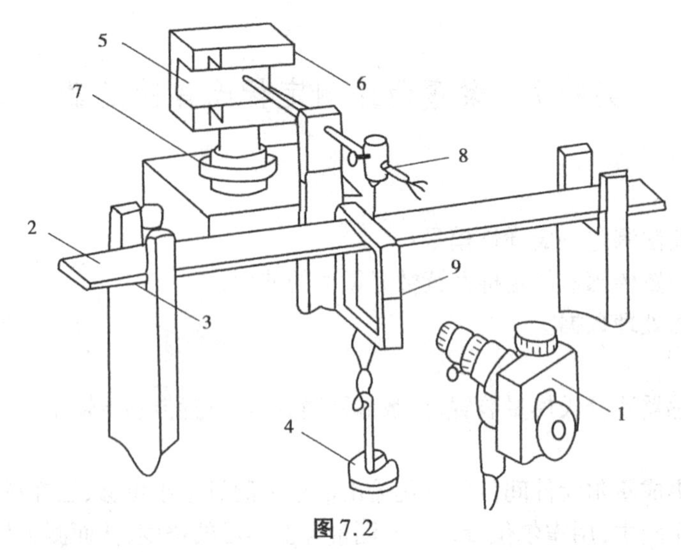

图 7.2

1—读数显微镜;2—横梁;3—刀口;4—砝码;5—U 形铁块;6—磁铁(两块);

7—磁铁调节架;8—铜杠杆(顶端贴有 95A 型集成霍尔传感器);9—铜刀口上刻度线

【实验内容】

1. 基本内容

测量黄铜样品的杨氏模量和霍尔位置传感器灵敏度系数的定标。

①观察磁铁是否在水平位置,若偏离时可用底座螺丝调节到水平位置。

②调节磁铁调节器的上下位置和铜杠杆的前后左右位置,使霍尔位置传感器探测元件处于磁铁中间位置。

③调节负载零点。先将补偿电压电位器调节在中间阻值位置(电位器全程可调节 8 圈,中间位置约 4 圈),然后调节磁铁调节器使磁铁上下移动,当毫伏表读数为零或读数值很小时,固定调节螺丝,最后调节补偿电压电位器使毫伏表读数为零。

注意电位器为线圈式,极易损坏,转动时要轻柔。转到底时,千万不可继续用力旋转,应反向再转动。

④调节读数显微镜目镜,使眼睛看到目镜中的十字线和刻度线最清晰。然后松开读数显微镜的固定螺钉,前后移动一下读数显微镜,使眼睛看到铜刀口上的刻度线最清晰,再固定好读数显微镜。转动读数显微镜的鼓轮使读数显微镜内十字刻度线与刀口架的刻度线重合(注意预先加上一个砝码),记下此时读数显微镜的读数值 Z_1。

读数显微镜量程为 7 mm,目镜内两个数字之间为 1 mm,手轮上有 100 个刻度,每格为 0.01 mm,读数时作 1/10 估计读数,读 Z_i 的值应估读到千分位(以 mm 为单位)。

⑤逐个增加砝码(每次增加 10 g 砝码直至 80 g),每加一个砝码,相应从读数显微镜上读出梁的弯曲位置 Z_i 及数字电压表相应的读数值 U_i(单位 mv),同时还应记录砝码总质量 M_i。

注意加砝码的动作要轻巧,不能造成刀口在横梁上移动或铜杠杆移动位置,读数显微镜的位置也不能有松动,否则误差很大。加砝码不能超过梁的弹性应变极限,砝码总质量 M_i 与位置 Z_i 及读数值 U_i 要对应着记录。

⑥用钢直尺测量横梁两刀口间的长度(d)2 次,用游标卡尺测量不同位置横梁宽度(b)5 次,用千分尺测量横梁厚度(a)5 次。

⑦用逐差法处理 Z_i 和 U_i,然后按公式进行计算求得黄铜材料的杨氏模量,并求出其不确定度,完整表示杨氏模量。

⑧把测量结果与公认值黄铜 $E=1.05\times10^{11}\mathrm{N/m^2}$ 进行比较,计算相对误差。

⑨计算霍尔位置传感器的灵敏度 $k=\dfrac{\Delta U_i}{\Delta Z_i}(\mathrm{mV/mm})$。

2. 选做内容

用霍尔位置传感器测量可锻铸铁的杨氏模量。

①逐次增加和减少砝码 M_i,相应读出数字电压表读数值。由霍尔传感器的灵敏度,计算出横梁变化的距离 ΔZ_i。

②测量不同位置横梁宽度 b 和横梁厚度 a,用逐差法按公式(7.3)计算可锻铸铁的杨氏模量。

3. 注意事项

①用千分尺测量待测样品厚度应取不同位置多点测量取平均值。测量黄铜样品时,因黄铜比钢软,旋紧千分尺时应用力适量,不宜过猛。

②用读数显微镜测量砝码的刀口架基线位置时,刀口架不能晃动。

③霍尔传感器输出信号测量仪在接好线路后,应通电预热3分钟以后再测量。

④千万不要弯折黄铜或可锻铸铁横梁,否则测量值将会发生很大的误差。

【思考题】

1. 弯曲法测杨氏模量实验,主要测量误差有哪些?请估算各影响量的不确定度。

2. 用霍尔位置传感器法测微位移有什么优点?磁铁为什么要调节在水平位置?

实验8　动力学法测定杨氏弹性模量

【实验目的】

1. 学习动力学法测定杨氏弹性模量的原理和方法。

2. 学习细长杆横向共振的激发和检测方法。

【实验仪器】

动力学法杨氏模量测量仪,函数信号发生器,示波器,试样,悬丝,天平,千分尺,钢直尺,温度计等。

【实验原理】

杨氏模量是反映固体材料抵抗外力产生拉伸或压缩形变的能力的物理量,是机械设计中选择材料时的重要依据。

本实验的依据是国标 GB/T 2105—91 和 GB 2105—80。该法测量材料在承受动态应力情况下的杨氏模量,能准确反映材料在微小形变时的物理性能,对脆性材料(如石墨、陶瓷、玻璃、塑料)也能测定,测量准确度较高,还可以在不同温度的情况下进行测量(详细情况可以参阅上述国标)。

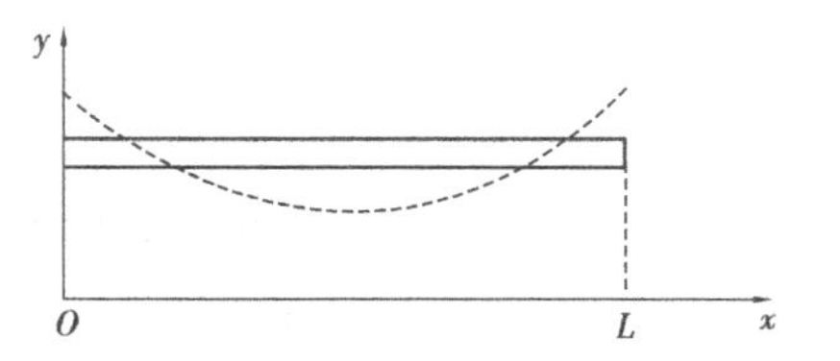

图8.1　二端自由杆横向振动

对于图8.1所示的细长杆,当其沿横向(y向)作微小振动时,其方程为

$$\frac{\partial^4 y}{\partial x^4}+\frac{\rho s}{EJ}\frac{\partial^2 y}{\partial t^2}=0 \tag{8.1}$$

式中ρ为杆的密度,s为杆的横截面积,E为杨氏模量,J为杆的轴惯性矩,t为时间。

对于两端自由杆,当悬线悬挂于杆的节点附近时,其边界条件是两端($x=0$和L时)既不受正应力也不受切向应力,求解方程(8.1) 可以得到解:

$$E=\frac{mL^3f^2}{3.56^2J} \tag{8.2}$$

式中m为杆的质量,L为杆长度,f为杆的基频(即固有频率)。

对于直径为d的圆形杆

$$J=\frac{\pi d^4}{64}$$

于是圆形杆

$$E=1.6067\frac{mL^3}{d^4}f^2 \tag{8.3}$$

对于宽度为b,高度为h的矩形横截面杆,有

$$J=\frac{bh^3}{12}$$

于是矩形杆

$$E=0.9464\frac{m}{b}\left(\frac{L}{h}\right)^3f^2 \tag{8.4}$$

式(8.3)和式(8.4)中,m单位为kg,f单位为Hz,长度单位为m,E单位为N/m^2。

另外要明确的是,物体的固有频率和共振频率是两个不同的概念,它们之间的关系为

$$f=f_{共}\sqrt{1+\frac{1}{4Q^2}} \tag{8.5}$$

上式中,Q为试样的机械品质因数,动力学法测量时$Q\geq 50$,共振频率和固有频率相比只偏低0.005%。本实验中只能测出试样的共振频率,由于两者相差很小,因此,固有频率可用共振频率代替。

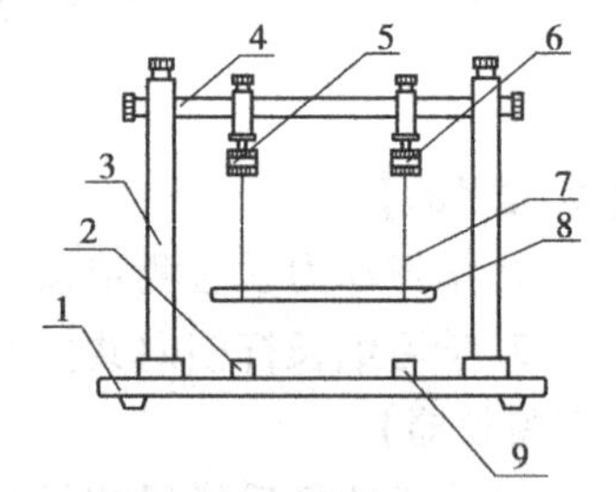

图8.2 杨氏模量测定装置

1—底板;2—输入插口;3—立柱;4—横杆;5—激振器;6—共振器;7—悬线;8—测试杆;9—输出插口

实验装置如图8.2所示。由频率连续可调的音频信号源输出正弦电压信号,经激振换能器转换为同频率的机械振动,再由悬线把机械振动传给测试杆,使测试杆作受迫横振动,测试杆另一端的悬线再把测试杆的机械振动传给拾振换能器,这时机械振动又转变成电压信号,信号经选频放大器的滤波放大,再送至示波器显示。仪器的线路连接如图8.3所示。

当信号源频率不等于测试杆的固有频率时,测试杆不发生共振,示波器电压信号波形很小。当信号源的频率等于测试杆的固有频率时,测试杆发生共振,这时示波器上的波形剧烈增大,此时频率显示窗口显示的频率就是试样在该温度下的共振频率。

理论分析表明,杆的横向振动节点与振动级次有关,1,3,5…级次对应于对称形振动,2,

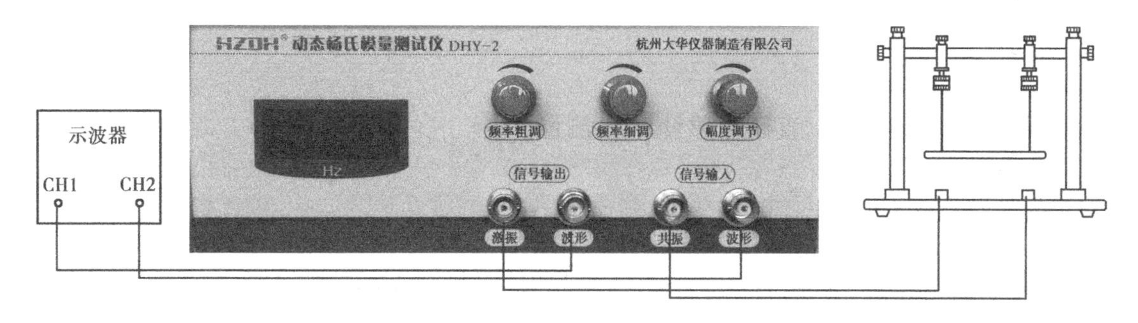

图8.3　线路连接图

4,6…级次对应于反对称振动。最低第1级次的振动波形即为图8.4所示波形,此时的共振频率称为基频共振频率。

从1级到3级的波形节点如表8.1中所列,表中L为杆长度,f为基频共振频率。

表8.1　杆横向振动的级次与节点位置

级次 n	基频 $n=1$	一次谐波 $n=2$	二次谐波 $n=3$
节点数	2	3	4
节点位置	$0.224L$　$0.776L$	$0.132L$　$0.502L$　$0.868L$	$0.094L$　$0.356L$ $0.644L$　$0.906L$
频率比	$1f$	$2.76f$	$5.40f$

测试杆在作基频振动时存在两个节点。理论上,悬挂点应取在节点处,但节点处振幅几乎为零,测试杆难于被激振和拾振,为此可用外推法找出节点处的共振频率。在节点两侧对称点进行测量,测出各点共振频率,然后以悬挂点位置为横坐标,共振频率为纵坐标作出f-L关系曲线。由于换能器检测到的信号为加速度共振信号,而不是振幅共振信号,所以悬挂点离节点距离越远,所检测到的共振频率越高。因而上述f-L关系曲线中的最低点,即f最小值即为节点,此点对应的f即为基频共振频率。

对于测量要求不高的情况,可以采用对试样杆端点与节点之间悬挂的方式进行测量,由此产生的系统误差理论上不大于0.2%。

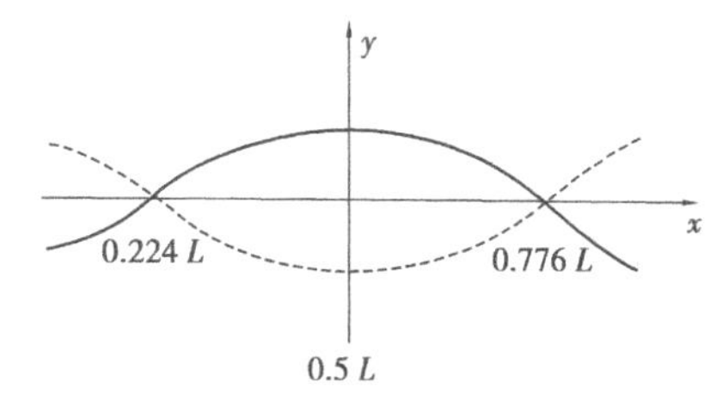

图8.4　二端自由杆基频振动

实验中,换能器、换能器支架、悬丝及底座等部件都有自己的共振频率,都可能以其本身的基频或高次谐波频率发生共振。因此,正确判断试样的基频共振是实验的关键,可以采用下面的方法进行判断。

①试样基频共振时,杆的弯曲形状如图8.4所示。沿着杆的轴向,其振动声波的强弱也呈图8.4的形状,在波腹处(杆中间位置)声波最强,波节处几乎没有声波。用医用听诊器沿杆轴向移动,可以听到不同强弱的声波。

②用阻尼法鉴别:沿测试杆长度的方向轻触杆的不同部位,同时观察示波器,在波节处波幅不变化,而在波腹处,波幅会变小,并发现在测试棒上有两个波节时,这时的共振就是在基频频率下的共振,频率显示屏上的频率值即为共振频率。

③测试时尽可能采用较弱的信号激发,即将信号发生器输出幅度调小,这样发生虚假信号的可能性较小,但环境噪声较大时比较困难。

【实验内容】

1. 测量数据

测量测试杆的长度 L,直径 d,质量 m,各测量 3 次。

2. 连线

按图 8.3 进行连线。

3. 测量测试杆在室温时的共振频率

①计算测试杆悬挂位置:首先计算测试杆的基频共振节点位置 $0.224L$ 和 $0.776L$,L 为杆长度。以两个节点为基准,在节点外侧和内侧隔 1 cm、2 cm、3 cm 处对称的确定 3 对悬挂点。

②安装测试棒:如图 8.2 所示,将测试杆悬挂于两悬线之上,先从节点的最外侧 3 cm 处悬挂点悬挂,要求测试杆横向水平,悬线与测试杆轴向垂直,并处于静止状态。

③连机:按图 8.3 将测试台、测试仪器、示波器之间用专用导线连接。

④开机:分别打开示波器、测试仪的电源开关,调整示波器处于正常工作状态。

⑤鉴频与测量:测试杆稳定后,调节“频率调节”粗、细旋钮,寻找测试杆的共振频率。当出现共振现象时,示波器屏上正弦波振幅剧烈变大,此时再十分缓慢地微调频率调节细调旋钮,使波形振幅达到极大值。

利用前面所介绍的方法,鉴定共振是否是基频共振,确定后读出共振频率记录下来。

第 1 对悬挂点测量后,将悬挂点对称地向内推进 1 cm,再悬挂进行测量,逐次测量出 6 对悬挂点(包括节点,因为仪器制造及使用条件上有不足,实际上在节点处仍能够测量)的共振频率。

实验中各悬挂点共振频率的差异非常小,需要非常仔细、反复调节,才可能找出它们的差异。

4. 数据处理与分析

①采用作图外推法求出试样的基频共振频率。

②计算各物理量的平均值,然后,将各物理量的数值代入公式计算出该试样的杨氏模量。

③计算试样杨氏模量的不确定度,并写出结果的完整表达式。

数据记录参考表格见表 8.2,表 8.3。

表 8.2

序　号	1	2	3	4	5	6	7
悬挂点位置/mm							
共振频率 f_1/Hz							
共振频率 f_2/Hz							
共振频率 f_3/Hz							

表 8.3

测试品材质	黄　铜	铝	不锈钢
截面直径 d/mm			
样品长度 L/mm			
样品质量 m/g			
基频共振频率 f/Hz			

黄铜测试杆的基频共振频率搜寻范围:450 ~ 750 Hz

$$E = 0.8 \sim 1.10 \times 10^{11}\ \text{N/m}^2$$

不锈钢测试杆的基频共振频率搜寻范围:750 ~ 1100 Hz

$$E = 1.5 \sim 2.0 \times 10^{11}\ \text{N/m}^2$$

5. 注意事项

①测试杆不可随意敲击,一旦弯曲,误差则很大。

②安装测试杆时,要细心,避免损坏激振、拾振传感器。

③悬挂支架需要仔细移动到位后,再悬挂测试杆,悬丝要与水平支架杆和测试杆垂直。

④实验时,测试杆需稳定之后才可以进行测量。

⑤示波器的使用请见本书电子示波器的使用实验。

【思考题】

1. 检测试样是否是基频共振还有其他的方法吗?

2. 分析在试样两端点悬挂时理论上产生的误差。

3. 用金属丝代替棉线悬线,测量的效果是否会更好?

实验9 用三线摆法测定转动惯量

【实验目的】

1. 学习用三线摆法测定物体转动惯量的原理和方法。

2. 通过实验验证转动惯量的平行轴定理。

【实验仪器】

三线悬摆,水准器,数字毫秒计,卷尺,游标尺,待测金属圆环和圆柱。

【实验原理】

转动惯量是物体转动惯性的量度。转动惯量越大,物体的转动惯性就越大,转动的角速度就越难改变。物体转动惯量的大小,与其质量分布、形状和转动轴的位置有关。对于质量分布均匀、形状简单的物体,可以用理论公式求其转动惯量。对于形状复杂、质量分布不均的物体,则可以用实验的方法求其转动惯量。

三线摆装置如图9.1所示,在均匀圆盘B边缘同一圆周上对称的三点 b_1, b_2, b_3 接出三根悬线,悬线的另一端对称地悬挂在上面小圆盘A的边缘上三点 a_1、a_2、a_3。A可绕自身的轴转动,从而可带动B转动。悬线长短可以调节。当三根悬线等长、受力相等时,下盘B呈水平。轻轻转动A盘,B盘将在张力矩作用下,以 OO_1 为轴做周期性的扭转振动。

1. 测圆盘B的转动惯量

当质量为 m 的圆盘作扭转振动时,既有绕中心转轴 OO_1 的转动,又有圆盘B的质心沿着转动轴的升降移动。在圆盘B扭振转动通过平衡位置时,角速度最大,盘的位置最低,势能为零,其动能为 $E_1 = 1/2 I_0\omega_0^2$。式中,I_0 为圆盘 B 的转动惯量,ω_0 为过平衡位置时的角速度。当它转到某一方向最大角位移 θ_0 时,盘的位置最高,速度为零,动能为零,其势能为 $E_2 = mgh$。若忽略摩擦力,则机械能守恒

$$mgh = \frac{1}{2}I_0\omega_0^2 \tag{9.1}$$

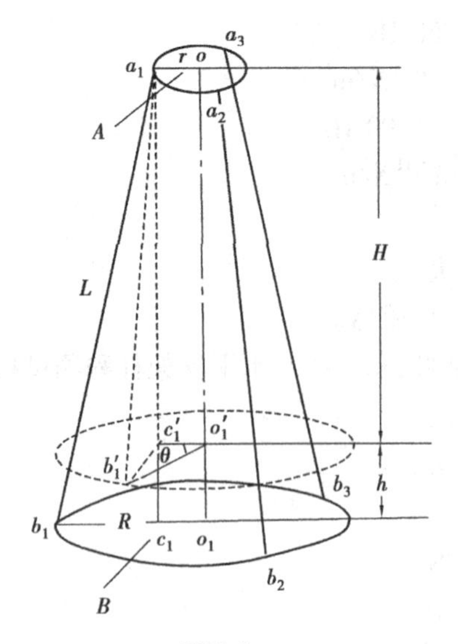

图9.1

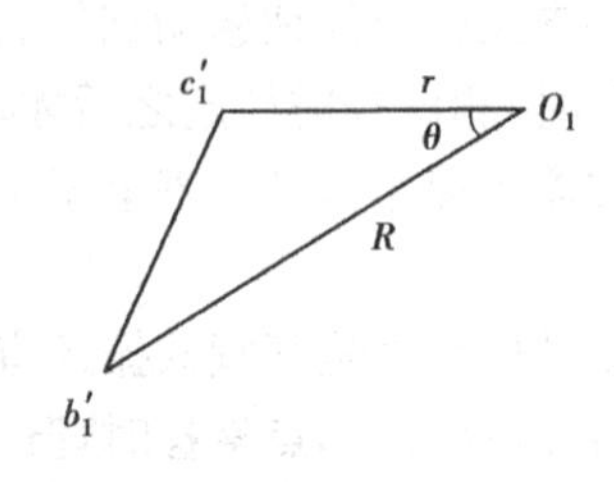

图9.2

当转角不大时,可以证明,圆盘 B 的振动为谐振动,振动方程为

$$\theta=\theta_0\sin 2\pi\frac{t}{T} \tag{9.2}$$

式中,θ 为 t 时刻的角位移,T 为振动周期。

角速度
$$\omega=\frac{\mathrm{d}\theta}{\mathrm{d}t}=\theta_0\frac{2\pi}{T}\cos\frac{2\pi}{T}t$$

圆盘 B 通过平衡位置$\left(t=0,\frac{T}{2},T,\cdots\right)$时,其角速度最大,绝对值为

$$\omega_0=\frac{2\pi}{T}\theta_0 \tag{9.3}$$

将其代入式(9.1)中,则有

$$mgh=\frac{1}{2}I_0\left(\frac{2\pi}{T}\theta_0\right)^2$$

即
$$I_0=\frac{mgh}{2\pi^2\theta_0^2}T^2 \tag{9.4}$$

圆盘 A 和 B 的半径 r 和 R 的关系如图 9.2 所示。由图 9.1 和图 9.2 可以看出

$$h=a_1c_1-a_1c_1'=\frac{(a_1c_1)^2-(a_1c_1')^2}{a_1c_1+a_1c_1'} \tag{9.5}$$

将
$$(a_1c_1)^2=L^2-(R-r)^2=L^2-R^2-r^2+2Rr$$
$$(a_1c_1')^2=(a_1b_1')^2-(b_1'c_1')^2=L^2-(R^2+r^2-2Rr\cos\theta_0)$$

代入式(9.5)中,有

$$h=\frac{2Rr(1-\cos\theta_0)}{a_1c_1+a_1c_1'}=\frac{4Rr\sin^2\frac{\theta_0}{2}}{a_1c_1+H}$$

当振动角 θ_0 很小时,$\sin\frac{\theta_0}{2}\approx\frac{\theta_0}{2}$,$a_1c_1\approx H$,则可得

$$h = \frac{Rr\theta_0^2}{2H} \tag{9.6}$$

将 h 值代入式(9.4)得到圆盘的转动惯量

$$I_0 = \frac{mgRr}{4\pi^2 H} T^2 \tag{9.7}$$

2. 测量圆环的转动惯量

把质量为 m_1 的圆环放到圆盘 B 上,使环与盘同心,测得系统绕中心轴的转动周期 T_1,则盘与环系统的转动惯量为

$$I_1' = \frac{(m + m_1)gRr}{4\pi^2 H} T_1^2 \tag{9.8}$$

圆环绕中心轴的转动惯量 I_1 为

$$I_1 = I_1' - I_0 \tag{9.9}$$

由理论上推得圆环绕中心轴的转动惯量为

$$I_{10} = \frac{1}{2} m_1 (R_1^2 + R_2^2) \tag{9.10}$$

其中,R_1 和 R_2 为圆环的内、外半径,m_1 为环的质量。

3. 验证平行轴定理

将两个质量为 m_2、半径为 r_2 的相同圆柱体对称地放在圆盘 B 上。如果圆柱中心到 B 盘中心的距离为 d,圆盘与柱体一起共同振动的周期为 T_2,则一个柱体绕其中心轴的转动惯量为

$$I_2 = \frac{1}{2}\left[\frac{(m + 2m_2)Rrg}{4\pi^2 H} T_2^2 - I_0\right] \tag{9.11}$$

由理论上平行轴定理推得的公式为

$$I_{20} = \frac{1}{2} m_2 r_2^2 + m_2 d^2 \tag{9.12}$$

二者相比的误差若在 I_2 的测量误差范围内,即证明了平行轴定理。

【实验内容】

①利用水准器及支架腿上的螺旋先将圆盘 A 调水平,再利用悬线调节螺旋将圆盘 B 调水平,三根悬线长度调为使圆盘 B 能轻快地绕中心轴转动。

②测定 L、R、r,并记录盘、环、柱质量。其中 L 为悬线长,R 和 r 分别为两圆盘中心到悬点的距离,通过测出两圆盘相邻的两个悬点间距离 a 和 b,由等边三角形关系可算出

$$r = \frac{a}{\sqrt{3}}, R = \frac{b}{\sqrt{3}}$$

③测圆环外径 $2R_1$、内径 $2R_2$,圆柱直径 $2r$。

④调整数字毫秒计的光电门和圆盘 B 上的挡光片位置,使圆盘 B 静止时,挡光片刚好在光电门中。设置数字毫秒计测定周期数为 3。

⑤轻轻转动上圆盘 A($\theta_0 < 5°$),使圆盘 B 作扭转振动,从某次平衡位置开始记录振动 3 次的时间 t,计算周期 T。

⑥将圆环同心地放到 B 盘上测出振动 3 次时间 t_1,取下圆环。再将两个圆柱对称放到 B

盘上,测出圆柱中心到 B 盘中心距离 d 和 3 次振动时间 t_2,计算周期 T_1、T_2。

⑦计算圆盘、圆环、圆柱的转动惯量 I_0、I_1、I_2 及其总不确定度。

⑧将实验值与理论公式值结果进行比较求百分误差。

【思考题】

1. 如何利用此实验方法测不规则物体的转动惯量?

2. 如果三悬线不等长,会造成哪些误差? 这些误差属于什么种类?

实验 10 用扭摆法测定转动惯量

【实验目的】

1. 用扭摆法测定形状不同的物体的转动惯量,验证平行轴定理。

2. 用理论值与实验测量的值进行比较。

【实验仪器】

转动惯量测定仪(即扭摆),塑料圆柱,金属空心圆筒,实心球体,金属细长杆 1 根及 2 个圆柱形滑块,数字式计时仪,游标尺,钢卷尺,物理天平等。

【实验原理】

转动惯量是刚体转动时惯性大小的量度,是表征刚体特性的一个物理量。转动惯量与物体的质量有关,还与质量的分布和转轴位置有关。对于形状简单且质量分布均匀的物体,转动惯量可用数学方法直接计算得出,但对实际物体由于其形状较复杂,质量分布也不均匀,用数学方法计算是相当困难的。对于它们,通常用实验方法测定之。

转动惯量的测量,一般都是使刚体以一定形式运动,通过表征这种运动特征的物理量与转动惯量的关系进行转换测量。本实验使物体作扭转摆动,由摆动周期及其他参数的测定计算出物体的转动惯量。

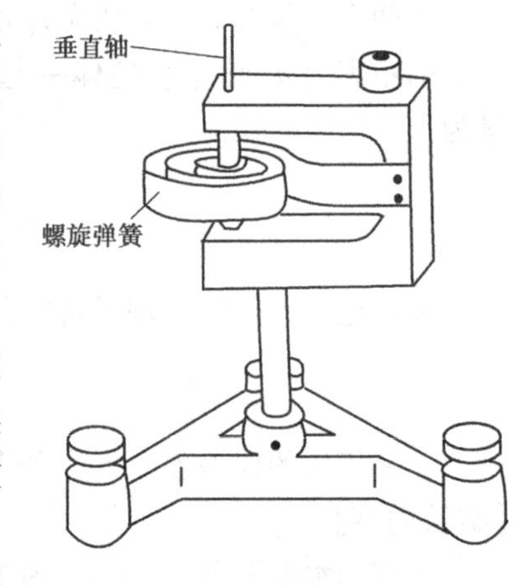

图 10.1 扭摆构造图

转动惯量测定仪构造如图 10.1 所示,在其垂直轴上装有一根薄片状的螺旋弹簧,用以产生恢复力矩。在垂直轴的上方可以装上各种待测物体。垂直轴与支座间装有轴承,使摩擦力矩尽可能降低。

当物体在水平面内转过一角度 φ 后,在弹簧的恢复力矩的作用下,物体就开始绕垂直轴作往返扭转运动。根据胡克定律,弹簧受扭转而产生的恢复力矩(或称回复力矩)M 与所转过的角度成正比,即

$$M = -K\varphi \tag{10.1}$$

式中,K 为弹簧的扭转常数。根据转动定律

$$M = I\beta \tag{10.2}$$

式中 I 为物体绕转轴转动时的转动惯量,β 为角加速度。式(10.1)和式(10.2)联立,有

$$-K\varphi = I\beta$$

因为

$$\beta = \frac{d^2\varphi}{dt^2}$$

现令 $\omega^2 = \frac{K}{I}$,忽略轴承的摩擦力矩,则可得

$$\frac{d^2\varphi}{dt^2} + \omega^2\varphi = 0 \tag{10.3}$$

与谐振动方程相比,上式是属于谐振动类型的运动方程,即扭摆运动具有角谐振动的特性。

式(10.3)微分方程的解为

$$\varphi = A\cos(\omega t + \varphi_0)$$

式中,A 为谐振动的角振幅,φ_0 为初相角,ω 为角速度。

ω 与谐振动周期 T 关系为

$$\omega = \frac{2\pi}{T}$$

即

$$T = \frac{2\pi}{\omega} = 2\pi\sqrt{\frac{I}{K}} \tag{10.4}$$

只要测出扭摆的摆动周期 T,若又知道 K,则可计算出转动物体的转动惯量 I。

为求 K,我们在原金属载物盘上加一个塑料圆柱体(注意圆柱体中心轴要与转轴重合),测出总的摆动周期 T_1,令原载物盘的周期为 T_0,则

$$T_0 = 2\pi\sqrt{\frac{I_0}{K}} \tag{10.5}$$

又

$$T_1 = 2\pi\sqrt{\frac{I_0 + I_1}{K}} \tag{10.6}$$

上面两式相除,得

$$\frac{T_0}{T_1} = \frac{\sqrt{I_0}}{\sqrt{I_0 + I_1}} \text{或} \frac{I_0}{I_1} = \frac{T_0^2}{T_1^2 - T_0^2} \tag{10.7}$$

其中,I_0 为金属载物盘的转动惯量,I_1 为塑料圆柱体的转动惯量,其理论值可算出

$$I_1 = \frac{1}{2}m_1R^2 = \frac{1}{2}m_1\left(\frac{D}{2}\right)^2 = \frac{1}{8}m_1D^2$$

m_1 为塑料圆柱体质量,D 为该圆柱体直径。

式(10.5)与式(10.7)联立,得

$$K = 4\pi^2\frac{I_1}{T_1^2 - T_0^2} \tag{10.8}$$

本实验利用式(10.8)先求弹簧的 K,尔后由式(10.4)求出各种样品的转动惯量。

理论分析证明,质量为 m 的物体,绕通过质心轴的转动惯量为 I_0。当转轴平行移动距离为 x 时,则此物体对新轴线的转动惯量变为 $I_0 + mx^2$,这称为转动惯量的平行轴定理。利用平行轴定理可以简化转动惯量的计算。

本仪器中的圆柱形滑块,绕垂直于中心轴过质心的转轴的转动惯量计算公式为:

$$I_0 = \frac{m(D_1^2 + D_2^2)}{16} + \frac{ml^2}{12} \tag{10.9}$$

上式中 D_1、D_2 分别为圆柱形滑块外径、内径,l 为高度,m 为质量。

本实验利用可移动的滑块来改变距离 x,测出不同 x 下的转动惯量,并与理论值比较,从而验证平行轴定理。

注意事项:

①弹簧扭摆的 K 值与扭摆角度有关系,摆角在 70° ~90°范围基本上可以视为常数。

②扭摆支架注意调节水平。

【实验内容】

①熟悉扭摆的构造,练习数字式计时仪的使用。

②金属载物盘放在垂直轴上(注意螺丝应旋紧固定),调整扭摆基座底脚螺丝,使水准泡的气泡居中。

③测金属载物盘的摆动周期:调整光电探头的位置,使载物盘上的挡光杆处于其缺口中央(此时红灯不亮)。计时仪周期处于 $10T$(即 10 个周期)位置,测载物盘周期 $T_{盘}$ 两次,摆动角度小于 ±20°。注意下面发射红外线的小孔受强光照射时,光电门不起作用。

④将塑料圆柱体垂直地放在载物盘上,测出其周期 $T_{柱}$ 两次。

⑤用金属圆筒代替塑料圆柱体,测出其周期 $T_{筒}$ 两次。

⑥取下金属载物盘,装上球体,照上面的方法测其周期 $T_{球}$ 两次。

⑦取下球体,用夹具装上金属细杆(细杆中心位于转轴中央处),测金属细杆的周期 $T_{杆}$ 测一次。

⑧将两个圆柱形滑块对称地放置在细杆两边的凹槽内(间隔位置均为 5 cm),测出 3 种情况下(距转轴位置分别为 5、15、25 cm)细杆摆动的周期,测一次,用 $5T$ 挡。

⑨用电子天平称出塑料圆柱、金属圆筒、实心球体(含夹具)、金属细杆(含夹具),圆柱形滑块(两个)的质量。

⑩用游标尺测出圆柱体的直径,金属圆筒的内、外径,圆柱形滑块的内径、外径、高度。

⑪用钢卷尺测金属细杆长度。

⑫记录标注在球体上的球体直径。

⑬先求出 K 值,然后用公式(10.4)求出金属圆筒、球体、圆柱形滑块在 3 个位置时由实验测出的转动惯量。

⑭计算金属圆筒、球体、圆柱形滑块在 3 个位置时转动惯量的理论值(公式请学生自己查询资料)。

⑮比较金属圆筒、球体、圆柱形滑块在 3 个位置时转动惯量的实验值与理论值,求出百分误差。

⑯学生自己考虑如何使用实验数据,验证转动惯量的平行轴定理。

【思考题】

1. 上面的实验中,至少有 3 处实验时引入了在理论计算时并未计入的物体的转动惯量,使实测的转动惯量与理论值产生误差,你能找出来吗?

2. 在验证转动惯量平行轴定理时,如何设计验证方案误差最小?

3. 两个滑块不对称放置时可否验证平行轴定理?为什么?

实验11　声速的测定

【实验目的】

1. 学习测定声波在不同介质中的速度的原理和方法。

2. 学习用逐差法处理数据。

【实验仪器】

低频信号发生器,示波器,压电换能器,声速测定装置。

【实验原理】

声波是一种在弹性媒质中传播的机械波,它能在气体、液体和固体中传播,但在各种媒质中传播的速度是不同的。频率小于20 Hz的声波为次声波,频率在20 Hz ~ 20 kHz的声波为可闻声波,大于20 kHz的声波为超声波。超声波具有波长短,易于定向发射的优点。声速实验所采用的声波频率一般都为20 ~ 60 kHz,在此频率范围内,采用压电陶瓷换能器作为声波的发射器、接收器,效果最佳。声波在媒质中的传播速度与媒质的特性和状态有关,通过对媒质中声速的测定可了解媒质的特性,如比重、温度、弹性模量等。

由波动理论知道,在波动过程中,波的频率f、波速v、波长λ之间关系为

$$v = f \cdot \lambda \tag{11.1}$$

所以,只要知道频率和波长即可求出波速。本实验用低频信号发生器控制压电换能器,因此,信号发生器的频率就是声波频率,声波波长的测量可用驻波法(共轭干涉法)或行波法(相位比较法)测量。

1. 驻波法(共轭干涉法)

声源发出的平面波经前方平面反射后,入射波和反射波叠加,满足一定条件时形成驻波。设两列波频率、振动方向和振幅相同,在x轴上传播方向相反,其波动方程为

$$\left.\begin{aligned} y_1 &= A\cos 2\pi\left(ft - \frac{x}{\lambda}\right) \\ y_2 &= A\cos 2\pi\left(ft + \frac{x}{\lambda}\right) \end{aligned}\right\} \tag{11.2}$$

叠加后合成波为

$$y = y_1 + y_2 = A\cos 2\pi\left(ft - \frac{x}{\lambda}\right) + A\cos 2\pi\left(ft + \frac{x}{\lambda}\right)$$

利用三角函数关系展开化简后为

$$y = 2A\cos\left(2\pi\frac{x}{\lambda}\right)\cos(2\pi ft) \tag{11.3}$$

上式表明,两波合成后介质中各点都在作同频率的谐振动,各点的振幅$\left|2A\cos\left(2\pi\frac{x}{\lambda}\right)\right|$是位置$x$的余弦函数,对应于$\cos 2\pi\frac{x}{\lambda} = 1$的点振幅最大,称为波腹;对应于$\cos 2\pi\frac{x}{\lambda} = 0$的点,振幅为零,称为波节。在实际仪器中,由于反射波振幅实际上小于发射波,所以,合成后的驻波在节点处振幅不会完全为零。

根据余弦函数的特性,由以上条件可知,当位相 $2\pi\dfrac{x}{\lambda}=\pm n\pi(n=0,1,2,\cdots)$时,即 $x=\pm n\cdot\dfrac{\lambda}{2}$处为波腹位置,振幅最大为2A;当 $2\pi\dfrac{x}{\lambda}=\left(n+\dfrac{1}{2}\right)\pi(n=0,1,2,\cdots)$时,即$x=(2n+1)\lambda$处为波节位置。相邻两波腹(或波节)间的距离为$\dfrac{\lambda}{2}$,只要测得相邻两波腹(或波节)的位置 x_1,x_2 就可算出波长 λ。

$$|x_2-x_1|=\frac{\lambda}{2} \tag{11.4}$$

实验装置如图 11.1(a)所示,S_1、S_2 是两个压电换能器,利用压电陶瓷的特性,将电信号转变为相同频率的超声波。声波信号加到发射头 S_1 上向着 S_2 发射,S_2 将其反射回来,当 S_1 和 S_2 两端面间距离为发射声波半波长的整数倍时,发射波与反射波叠加,在 S_1 和接收头 S_2 两端面间形成驻波。S_2 把端面所在声场中的声波振动变为电信号,由示波器观察振动图像。将 S_2 从 S_1 处移开就能看到振动图线上的振幅有一系列极大值,就是波腹(上面和下面的峰),如图 11.1(b)所示。依次记下各波腹位置 x_1、x_2、…、x_n,由式(11.4)就可算出波长。

如果用毫伏表代替图 11.1(a)中的示波器,则在 S_2 从 S_1 处移开的过程中,也可以检测到 S_2 电压信号的相对高点,即波腹位置。用毫伏表不如示波器看到的波形变化直观,但检测到的波腹位置更准确一些。

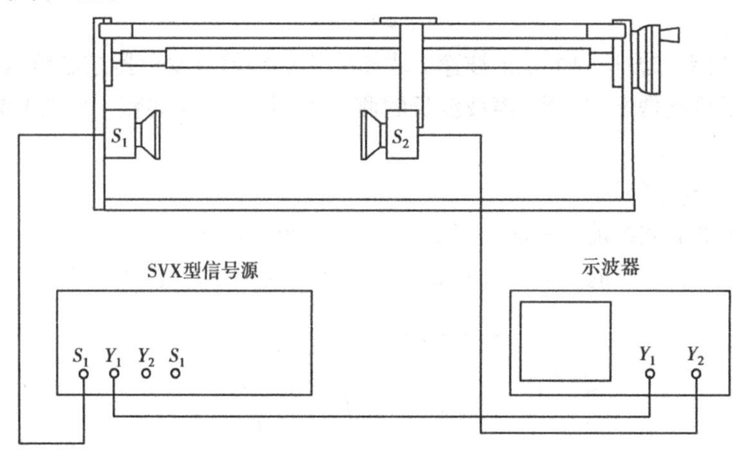

(a)驻波法相位比较法连线

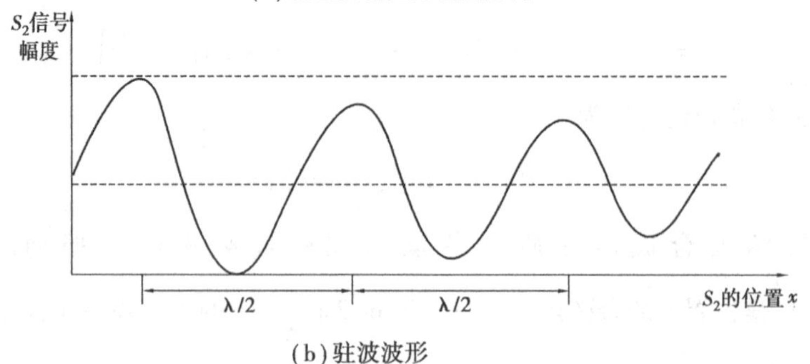

(b)驻波波形

图 11.1　驻波法

2. 相位比较法(行波法)

发射头发射声波后,在其周围形成声场。声场介质中任一点的振动相位是随时间而变化的,但它和声源振动的位相差 $\Delta\varphi$ 不随时间变化。设声源振动频率为 f,则其振动方程为

$$y = A\cos(2\pi ft) \tag{11.5}$$

距声源 x 处振动方程为

$$y_1 = A\cos 2\pi f\left(t - \frac{x}{v}\right) \tag{11.6}$$

上式中 v 为波速,两处振动相位差为

$$\Delta\varphi = 2\pi f\frac{x}{v} = 2\pi\frac{x}{\lambda} \tag{11.7}$$

若将接收头 S_2 从与声源相距 x_1 的反相位点(与声源相位差为 $\Delta\varphi_1 = (2n-1)\pi$)移到与声源相距 x_2 的同相位点(其与声源相差为 $\Delta\varphi_2 = 2n\pi$)。此两点的相位差为:

$$\Delta\varphi = 2\pi\frac{x_2}{\lambda} - 2\pi\frac{x_1}{\lambda} = (2n\pi) - (2n-1)\pi = \pi$$

所以

$$|x_2 - x_1| = \frac{\lambda}{2} \tag{11.8}$$

因此,只要探测到声源的同相位点和反相位点的位置,就可由式(11.8)计算波长。

行波法实验装置如图11.1(a),将低频信号发生器的信号加到换能器 S_1 上,它将电信号转换成机械振动再发出声波,在空气中传播,S_2 将接收到的声波又转换成电信号。分别将 S_1 和 S_2 的电信号送入示波器的 y 和 x 输入端,在示波器上可以利用两种方法观察 x 和 y 信号(即 S_1 和 S_2 信号)的同相位(或反相位)点的位置。

1)双踪相位比较法

利用示波器的双踪显示功能,将 x、y 信号同时显示在屏幕上,如图11.2所示。当把 S_2 从 S_1 处移开时,x 的波形(S_2 的信号)就发生平移,当 x、y 的波形峰-峰对应时,为同相位点;当 x 和 y 峰-谷对应时,为反相位点;继续移动 S_2,x 和 y 的波形就会发生上述的周期性对应变化,从而可以找到一系列的同相位点和反相位点 $x_1, x_2, \cdots, x_n$,逐差处理后再由式(11.8)就可以求出波长。

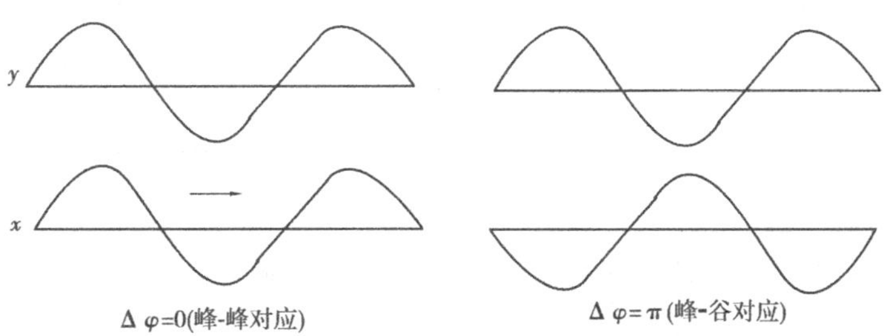

图11.2　同相与反相点

2)李萨如图形法

将示波器的工作方式调节为“X-Y”方式,将频率比为1:1的 x、y 信号输入后,示波器屏幕上显示李萨如图形法。当 S_2 从 S_1 处移开时,其叠加图形将随 x、y 的相位差的变化而变化,如图11.3所示。相位差为0和 π 时,其图形最容易辨认,故在此时进行读数,读出一系列相位差为 π 的点 $x_1, x_2, \cdots x_n$,逐差处理后用式(11.8)求出波长。实际实验中,由于反射波振幅随

距离 x 变化,故在相位差为 0 和 π 时图形的倾角也有变化。

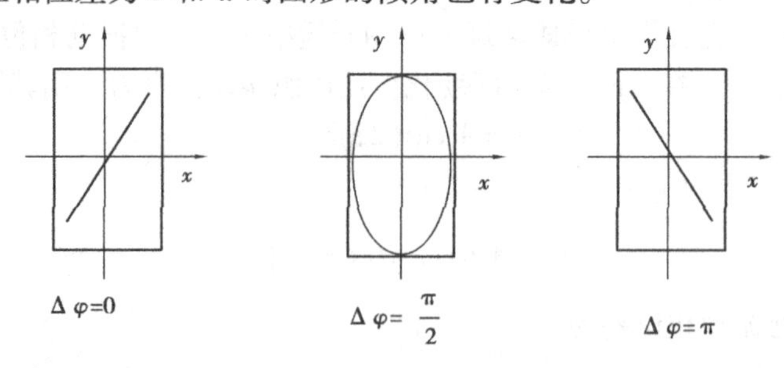

图 11.3 李萨如图形法

3. 时差法测量原理

连续波经脉冲调制后由发射换能器发射至被测介质中,声波在介质中传播,经过时间 t 后,到达距离 L 处的接收换能器。由运动定律可知,声波在介质中传播的速度为

$$V=\frac{L}{t} \tag{11.9}$$

通过测量两个换能器发射与接收平面之间距离 L 和时间 t,就可以计算出当前介质下的声波传播速度。发射波和接收波的波形可以在示波器上显示,如图 11.4 所示。

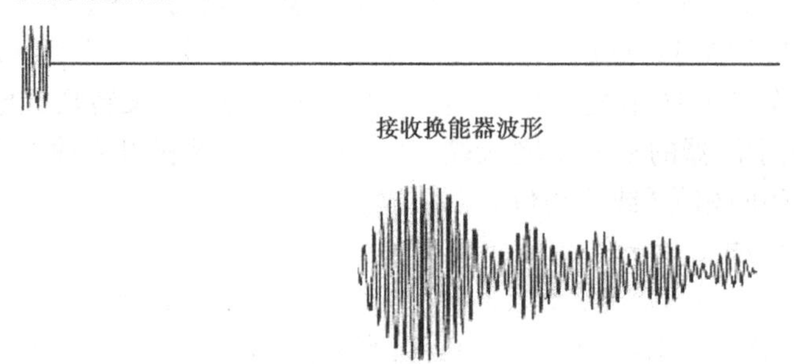

图 11.4 发射波与接受波

4. 仪器简介

SV-DH-7A 型声速测定仪(液槽可脱卸、数显容栅尺读数),配 SVX-7 型多功能信号源(频率范围 50 Hz ~ 45 kHz、带时差法测量脉冲信号源),其面板如图 11.5 所示。声速测试架如图 11.6 所示。

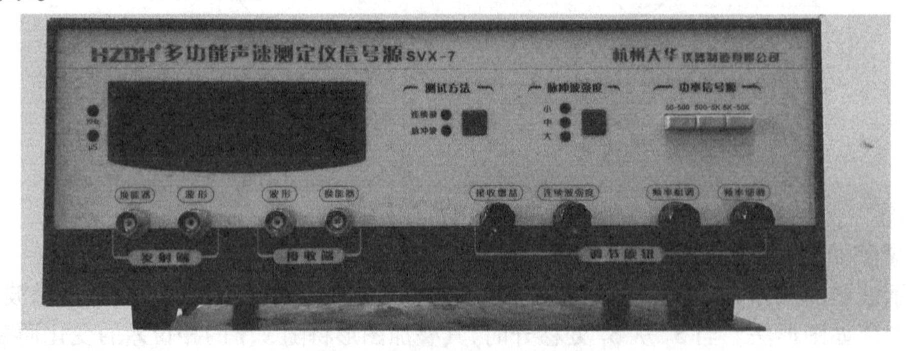

图 11.5 SVX-7 声速测试仪信号源面板

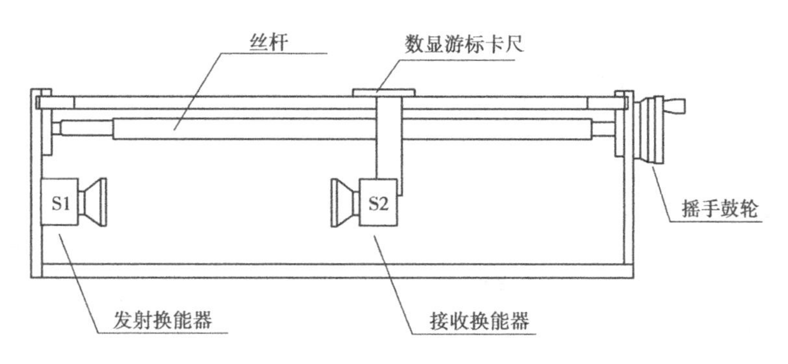

图 11.6 声速测试架

1)调节旋钮的作用

信号频率:用于调节输出信号的频率;

发射强度:用于调节输出信号电功率(输出电压),仅连续波有效;

接收增益:用于调节仪器内部的接收增益。

2)主要技术参数

①工作温度为 10 ~35 ℃;相对湿度为 25% ~75% 。

②压电陶瓷换能器谐振频率:(37 ±3)kHz;可承受的连续电功率不小于 15 W。

③频率范围:50 ~500 Hz,500 Hz ~5 kHz,5 ~50 kHz。

④输出电压:大于 10 V_{p-p}。

⑤脉冲调制信号源:频率为 36.5 kHz,脉冲宽度为 27 μs,脉冲周期为 60 ms。

⑥计数定时范围:1 μs ~1 s,分辨率:1 μs。

⑦可用测量方法:驻波法、相位法、时差法、竖立法。

⑧测量介质:空气、固体(需 SVG 型固体测量装置)。

实验所用双踪示波器使用说明请查阅资料。

【实验内容】

根据教学时间及要求,从以下的测量方法中选择两种合适的测量方法进行实验。

仪器在使用之前,开机预热 5 min。接通市电后,仪器自动工作在连续波方式,这时脉冲波强度选择按钮不起作用。

1.驻波法

1)测量装置的连接

按图 11.1(a)连接,信号源面板上的发射端换能器接口(S_1)用于输出一定频率的功率信号,接至测试架的发射换能器(S_1);信号源面板上的发射端的发射波形 Y_1,接至双踪示波器的 CH1(Y_1),用于观察发射波形;接收换能器(S_2)的输出接至示波器的 CH_2(Y_2)。

2)测定压电陶瓷换能器的频率工作点

调节换能器 S_1 的发射面和 S_2 的接收面,使其尽可能保持平行,然后调节驱动信号频率到换能器 S_1 的谐振频率时,S_2 的电信号才会比较强且较稳定,才能有较好的实验效果。频率的调节方法是:首先调节发射强度旋钮,使声速测试仪信号源输出的电压较强,再调整信号频率(25 ~45 kHz),观察 CH_2(Y_2)通道的波形电压幅度变化,选择示波器的扫描时基 t/div 和通道增益,使示波器显示稳定的接收波形。在某一频率点处,电压幅度明显增大,再适当调节示波器通道增益,仔细地细调频率,使该电压幅度为极大值。此频率即是压电换能器的一个谐振工作点,记录频率 f。实验中此频率不应再改变,如果实验中频率有变化,应在实验中读取几次,然后取平均值。

不同频率的声波在介质中的传播速度是相等的,利用此特性,可以在不同的谐振频率下进行实验,测出声速。

3)测量步骤

将测试方法设置到连续波方式,选择合适的发射强度,选好谐振频率。然后转动距离调节鼓轮,将 S_2 从 S_1 附近逐渐移开,这时波形的幅度会发生变化,观察波形依次记录振幅最大时 S_2 的位置 $x_1,x_2,\cdots,x_{10}$,再使 S_2 逐渐向 S_1 移近,返回再测出 $x_{10},x_9,\cdots,x_1$。用逐差法处理数据,求出波长 λ。

4)数据处理

实验中记录 S_1 信号频率3次。

计算声速 v 及不确定度,并完整表达测量结果。

记录室温 t(℃),空气中声速的经验公式为

$$v_t=v_0\sqrt{1+\frac{t}{273.15}}=331.45\sqrt{1+\frac{t}{273.15}}(\text{m/s}) \tag{11.10}$$

计算 v_t,并将 v 与 v_t 值比较求百分误差。

2. 相位比较法

可以选择双踪相位比较法或李萨如图形法。实验中因接收到的信号电压值随接收头 S_2 的位置变化而变化,故李萨如图形法的效果并不理想,多采用双踪相位比较法。

①按图11.1(a)接线,在示波器屏上调出波形。

②将 S_2 从 S_1 附近移开记下同相与反相时 S_2 的位置 $x_1,x_2,\cdots,x_{10}$,与驻波法相同,返回再测出 $x_{10},x_9,\cdots,x_1$。

③数据处理同上法。

3. 时差法测量声速步骤

按图11.7进行接线,示波器的 Y_1、Y_2 通道分别用于观察发射和接收波形。为了避免连续波带来的干扰,可以将连续波频率调离换能器谐振点。

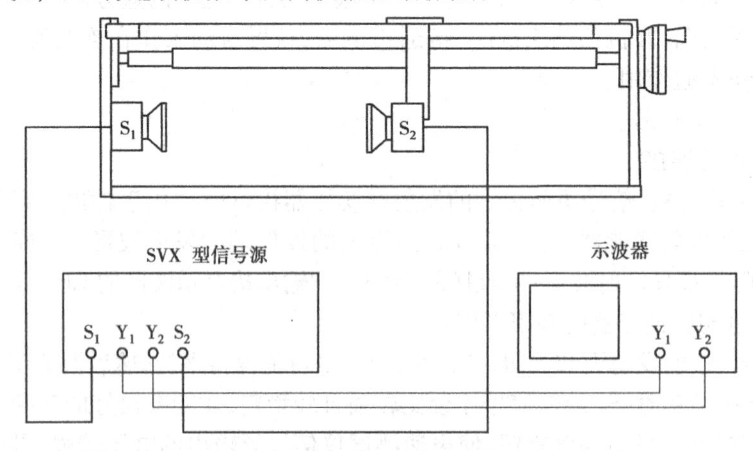

图11.7 时差法测量声速接线图

将测试方法设置到脉冲波方式,选择合适的脉冲发射强度。将 S_2 移动到离开 S_1 一定距离(≥50 mm),选择合适的接收增益,使显示的时间数值读数稳定,此时示波器上可以看到如图11.4所示波形,记录此时 S_2 的位置 L_1 和计时器显示的时间值 t_1,然后移动 S_2 到下一个位

置 L_2，记录 L_2 和新显示的时间值 t_2，则声速为

$$V=\frac{|L_2-L_1|}{|t_2-t_1|} \tag{11.11}$$

当距离≤50 mm 时，示波器上的波形可能会产生“拖尾”，且显示的时间值很小。这是由于距离较近时，声波的强度较大，反射波引起的共振在下一个测量周期到来时未能完全衰减而产生的。此时调小接收增益，可去掉“拖尾”，即能得到稳定的时间值。

由于在空气中超声波的衰减较大，在距离测量较长时，接收波会有明显的衰减，这可能会带来计时器读数有跳字，这时应微调接收增益。距离增大时，顺时针调节增大增益；距离减小时，逆时针调节减小增益，使计时器读数在移动 S_2 时连续准确变化。可以将接收换能器先调到远离发射换能器的一端，并将接收增益调至最大，这时计时器有相应的读数。由远到近调节接收换能器 S_2，这时计时器读数将变小；随着距离的变近，接收波的幅度逐渐变大。当计时器读数有跳字时，就逆时针方向微调接收增益旋钮（减小），使计时器的读数不跳动，就可准确测得计时值。

4. 选作实验：液体中声速的测定

当使用液体为介质测试声速时，仍按图 11.7 所示进行接线。将测试架向上小心提起，在测试槽中注入液体，液体深度以把换能器完全浸没为准，注意液面不要过高，以免溢出。选择合适的脉冲波强度，即可进行测试，步骤与上述相同。

使用时应避免液体接触到其他金属件，以免金属物件造成短路。使用完毕后，用干燥清洁的抹布将测试架及换能器清洁干净。

【思考题】

1. 发射头与接收头表面不平行时，会有什么影响？
2. 查阅资料，说明为什么接收头在驻波的波腹和波节能够接收到不同的电压值？
3. 用时差法测量时，设计用最小二乘法处理数据的测量方案。

实验12　弦线上驻波实验

自然界中，振动是一种广泛存在的现象。广义地说，物理量在其平衡位置附近作往复运动，都可以称为振动。波是振动的一种传播方式。波在传播中会发生反射、折射、干涉和衍射等现象。

驻波是波的干涉现象的一个特例，它广泛存在于自然界中，机械波在物体中传播时也会形成驻波。在各种乐器中，人们利用管、弦、膜、板等的振动为波源，再与其反射波叠加形成各种驻波和共鸣，制造出美妙的音乐。驻波理论在声学、光学及无线电中都有着重要的应用。

三维空间里产生的驻波，其合成比较复杂。为了便于掌握其基本特征，本实验研究最简单的一维空间的驻波情况，即在弦线上驻波的规律。通过在弦线上形成驻波，研究弦上驻波形成时相关物理量之间的关系，这些物理量包括波长、弦线张力、振动频率以及弦线线密度等，并利用驻波方法测量波长、波速与波动频率等。驻波的这些原理已经在力学、声学、无线电学和光学等学科中得到了应用。

【实验目的】

1. 观察弦线上驻波的形成与变化规律。

2. 研究驻波时波长与弦线张力及振动频率的关系。

3. 研究驻波时弦线线密度与振动频率的关系。

【实验仪器】

驱动信号源,驱动和接收传感器,弦线支撑平台,砝码盘,砝码,弦线,示波器,千分尺,电子天平等。

【实验原理】

1. 驻波的产生

驻波可以由两列振动方向相同、频率相同、振幅相等、传播方向相反的简谐波叠加产生,更简单的方法是由发射波与其反射波叠加产生。一简谐波在拉紧的金属线上传播,可以由以下方程式来描述:

$$y_1 = y_0 \cos 2\pi\left(ft - \frac{x}{\lambda}\right) = y_0 \cos(\omega t - kx) \tag{12.1}$$

式中,y_0 为振幅,x 为质点位置坐标,f 为频率,t 为时间,λ 为波长,$\omega = 2\pi f$ 称为圆频率,$k = 2\pi/\lambda$ 称为波矢。若金属线一端固定,波到达该端时将被反射回来,忽略损失则反射波为

$$y_2 = y_0 \cos 2\pi\left(ft + \frac{x}{\lambda}\right) = y_0 \cos(\omega t + kx) \tag{12.2}$$

假设波幅足够小,未超出金属线的弹性限制范围,则叠加后的波形即为两波形之和。

$$y = y_1 + y_2 = y_0 \cos 2\pi\left(ft - \frac{x}{\lambda}\right) + y_0 \cos 2\pi(ft + x/\lambda)$$

$$= 2y_0 \cos\left(\frac{2\pi x}{\lambda}\right)\cos(2\pi ft) = 2y_0 \cos kx \cos \omega t \tag{12.3}$$

此式即为驻波方程,它表示金属线上各点都作频率相同的简谐振动,振幅为 $\left|2y_0 \cos\left(\frac{2\pi x}{\lambda}\right)\right|$,即驻波的振幅与时间无关,只与质点的位置坐标 x 有关,如图 12.1 所示。

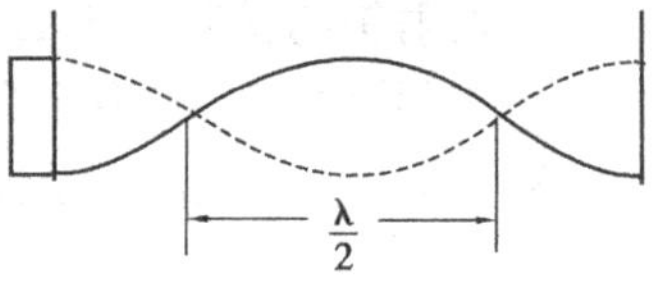

图 12.1 驻波

在波节处,振幅为零,即

$$\left|2y_0 \cos\left(\frac{2\pi x}{\lambda}\right)\right| = 0$$

则有

$$\frac{2\pi x}{\lambda} = \frac{(2n+1)\pi}{2} \quad (n = 0,1,2,3,\cdots)$$

可得波节位置:

$$x = \frac{(2n+1)\lambda}{4} \quad (n = 0,1,2,3,\cdots) \tag{12.4}$$

相邻两波节之间的距离为

$$x_{n+1} - x_n = \frac{\lambda}{2} \tag{12.5}$$

在波腹处,振幅最大,即 $\left|2y_0 \cos\left(\frac{2\pi x}{\lambda}\right)\right| = 1$,则有

$$\frac{2\pi x}{\lambda} = n\pi \quad (n = 0,1,2,3,\cdots)$$

可得波腹位置:

$$x=\frac{n\lambda}{2}=\frac{2n\lambda}{4}\quad (n=0,1,2,3,\cdots) \tag{12.6}$$

相邻两波腹之间的距离也是半个波长,实验中测出相邻两波节(或波腹)之间的距离,就可以确定驻波的波长。

2. 共振

以上分析建立在驻波为发射波与反射波叠加的基础之上,若金属线两端都固定,两端则都是波节,到达固定端的反射波都处于同一相位,与发射波叠加后产生一振幅很大的驻波,此时可以听到弦线振动发出尖厉的声音,即共振现象,这些特定频率即为共振频率。

可以分析得出,共振时金属线两端固定点之间的长度(即弦线长度)L 是驻波半波长的整数倍,即有

$$L=\frac{n\lambda}{2}\quad n=1,2,3,\cdots \tag{12.7}$$

由此可以得到沿弦线传播的横波的波长为

$$\lambda=\frac{2L}{n}\quad n=1,2,3,\cdots \tag{12.8}$$

式中,n 为弦线上半波的段数,也等于所有节点数量(包含两个端点)减1后的数值。

3. 波的传播速度

根据波动理论,弦线横波的传播速度为

$$V=\sqrt{\frac{T}{\mu}} \tag{12.9}$$

式中,T 为弦线的张力,μ 为弦线的线密度。

若波的频率为 f,波长为 λ,由于波速 $V=f\lambda$,将式(12.8)代入可得波速为

$$V=\frac{2Lf}{n}\qquad (n=1,2,3,\cdots) \tag{12.10}$$

如果已知张力和频率,则由式(12.9),式(12.10)可得线密度:

$$\mu=T\left(\frac{n}{2Lf}\right)^2\qquad (n=1,2,3,\cdots) \tag{12.11}$$

如果已知线密度和频率,则由式(12.11)可得张力:

$$T=\mu\left(\frac{2Lf}{n}\right)^2\qquad (n=1,2,3,\cdots) \tag{12.12}$$

如果已知线密度和张力,则由式(12.11)可得频率:

$$f=\frac{n}{2L}\sqrt{\frac{T}{\mu}}\qquad (n=1,2,3,\cdots) \tag{12.13}$$

以上各式就是驻波时各物理量之间的关系式。

【实验内容】

1. 实验准备

①选择一条弦,将其有铜柱的一端固定在张力杠杆的槽中,另一端套在调整螺杆上的圆柱螺母顶上,如图12.2所示。

②将弦支撑板(劈尖)置于弦下,注意支撑板的弯脚要朝外面(即弦线的固定端),两个劈尖相距约60 cm,按图12.2连接传感器及信号源与示波器的连线。

③根据需要的张力选择砝码质量及悬挂的位置,挂上砝码,注意调节螺杆使张力杠杆处

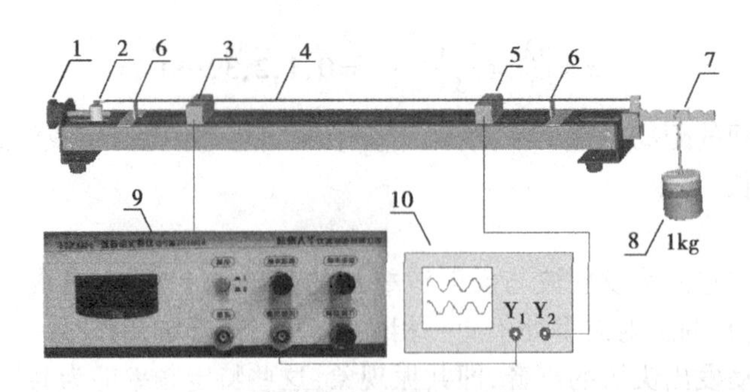

图 12.2　弦振动实验仪

1—调节螺杆;2—圆柱螺母;3—驱动传感器;4—弦线;5—接收传感器;

6—支撑板;7—张力杠杆;8—砝码;9—信号源;10—示波器

于水平位置,以保证张力准确。

④驱动传感器放置在距离劈尖 5 ~ 8 cm 的位置上,接收传感器应距离它 15 cm 以上,以减小它们互相的干扰。

⑤驱动信号的频率调节到最小,信号的幅度先调节小一点,同时调节示波器信号的增益旋钮,使示波器屏上显示出大小合适的驱动信号波形。

⑥弦线的静态线密度使用样品弦线测量,用千分尺测量直径,用弦线平台上的米尺测量弦线长度,用电子天平测量弦线质量,记录后可以计算出弦线的静态线密度。

⑦记录弦线的张力、弦长。

2. 实验内容(以下项目选择 2 ~3 项进行实验)

①张力、线密度、弦长不变,测量弦线共振频率。

a. 记录张力、弦长。

b. 频率从最低开始向上调节,直到形成共振驻波,此时可以看到弦线有明显的波节和波腹,其位置不随时间改变,并且弦线发出尖锐的声音。注意频率调节不能太快,驻波的形成有一个时间过程。

c. 如果不能看到驻波,可以适当增大驱动信号幅度或调节示波器增益旋钮,或改变传感器的位置,但弦线振幅不能太大,以免弦与传感器碰撞接触。

d. 当驻波只有一个波腹时(波节就是两个劈尖的位置),此时共振频率为最低,记录此频率及半波段数 $n=1$。

e. 继续增大频率,依次再测出 4 个共振频率,记录其相应的半波段数 n。

f. 数据处理:计算弦线静态的线密度,按式(12.13)计算弦线共振频率,分析实测共振频率与计算值的差异及原因。按实测共振频率计算 5 种情况下弦线的波速。

②张力与线密度一定,改变弦长,测量共振频率。

a. 记录张力,设置弦长为 60 cm,按实验 1 中的方法测量共振频率。

b. 每次减小弦长 5 cm,再测量 4 种不同弦长下的共振频率,注意要求半波段数 n 相同。

c. 数据处理:计算不同情况下的波长和波速,作弦长与共振频率的关系曲线。

③弦长和线密度一定,改变张力,测量共振频率。

a. 记录弦长、线密度。

b. 从小到大设置 5 种不同的张力,测量共振频率,注意要求半波段数 n 相同。

c. 数据处理:按式(12.9)和式(12.10)计算不同情况下的波速,分析二者的差异和原因。作张力与共振频率的关系曲线。

④弦长、张力不变，改变线密度，测量共振频率及线密度。

a. 使用3种不同直径的弦线，测量其静态密度。

b. 测量这3种弦线的共振频率，注意要求半波段数 n 相同，按式(12.11)计算线密度。

c. 分析两种方法测量线密度的差异和原因。

注意事项

①注意不要随意损伤弦线，绝对不能弯折弦线。

②张力杠杆应调节成水平位置，读取张力时注意杠杆的比例关系，还要加上砝码盘的质量。加砝码动作要小心，避免损坏弦线。

【思考题】

1. 驻波共振频率的高低与驻波波节数有什么关系？
2. 驻波共振频率高低对弦线振幅大小会产生什么影响？
3. 弦线上的张力变化后对得到的驻波波长有什么影响？
4. 弦线的密度变化后对得到的驻波波长有什么影响？

实验13　气轨上简谐振动的研究

【实验目的】

1. 研究弹簧振子的振动周期与系统参量的关系，并测定弹簧的倔强系数和有效质量。
2. 观测简谐振动的运动学特征。
3. 测量简谐振动的机械能。

【实验仪器】

气轨，气泵，弹簧，滑块，骑码，挡光片，光电计时器，天平，米尺等。

【实验原理】

1. 弹簧振子的简谐振动

质量为 m_1 的质点由两个弹簧拉着，弹簧的倔强系数分别为 k_1 和 k_2，如图13.1所示。

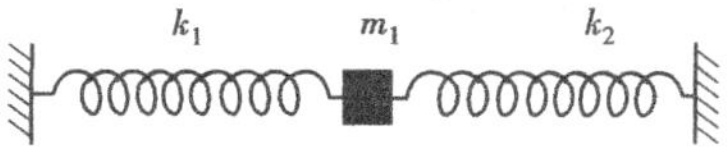

k_1　m_1　k_2

图13.1

当 m_1 偏离平衡位置的距离为 x 时，它受弹簧的作用力：

$$f = -(k_1 + k_2)x \tag{13.1}$$

令 $k = k_1 + k_2$，并用牛顿第二定律写出方程：

$$-kx = m\frac{\mathrm{d}^2 x}{\mathrm{d}t^2} \tag{13.2}$$

方程的解为

$$x = A\sin(\omega_0 t + \varphi_0) \tag{13.3}$$

即物体系作简谐振动，其中：

$$\omega_0 = \sqrt{\frac{k}{m}} \tag{13.4}$$

是振动系统的固有圆频率，$m = m_1 + m_0$ 是振动系统的有效质量，m_0 是弹簧的有效质量。A 是振幅，φ_0 是初相位，ω_0 由系统本身决定，A 和 φ_0 由起始条件决定。系统的振动周期为

$$T=\frac{2\pi}{\omega_0}=2\pi\sqrt{\frac{m}{k}}=2\pi\sqrt{\frac{m_1+m_0}{k}} \tag{13.5}$$

本实验通过改变 m_1 测出相应的 T 来研究 T 与 m_1 的关系,并求出 k 和 m_0。

2. 简谐振动的运动学特征

把式(13.3)对时间求微分,有

$$v=\frac{\mathrm{d}x}{\mathrm{d}t}=A\omega_0\cos(\omega_0 t+\varphi_0) \tag{13.6}$$

可见,m_1 的运动速度 v 随时间的变化关系也是一个简谐振动,其角频率为 ω_0,振幅为 $A\omega_0$,而且 v 的相位比 x 超前 $\pi/2$。

由式(13.3)和式(13.6)消去 t,有

$$v^2=\omega_0^2(A^2-x^2) \tag{13.7}$$

即当 $x=A$ 时,$v=0$;当 $x=0$ 时,$v=\pm\omega_0 A$,这时 v 的数值最大,即

$$v_{\max}=\omega_0 A \tag{13.8}$$

本实验中,可以观测 x 和 v 随时间的变化规律及 x、v 之间的相位关系。

从式(13.4)和式(13.8)也可以求出 k:

$$k=m\omega_0^2=m\frac{v_{\max}^2}{A^2} \tag{13.9}$$

3. 简谐振动的机械能

在实验中,任何时刻系统的振动动能为

$$E_k=\frac{1}{2}mv^2=\frac{1}{2}(m_1+m_0)v^2 \tag{13.10}$$

系统的弹性势能为(以 m_1 位于平衡位置时系统的势能为零)

$$E_p=\frac{1}{2}kx^2 \tag{13.11}$$

系统机械能为

$$E=E_k+E_p=\frac{1}{2}m\omega_0^2A^2=\frac{1}{2}kA^2 \tag{13.12}$$

其中,k、A 均不随时间变化。式(13.12)说明简谐振动系统的机械能守恒。本实验通过测定在不同位置 x 上 m_1 运动速度 v,从而求得 E_k 及 E_p,观测它们之间的相互转换并验证机械能守恒。

4. 气轨及速度测量

在一般情况下,要使物体做匀速直线运动是很困难的,因为摩擦力总是难以消除。在实验室里,我们在气轨上做实验可以观察到近似的匀速直线运动。

实验室所用气轨是用一根约 1.5 m 长的三角形铝材做成的,气轨的一端堵死,另一端送入压缩空气。气轨的两个向上侧面各钻有小孔,空气就从小孔喷出。我们把用铝合金做成的滑块放在气轨的喷气侧面上,滑块的内表面经过精加工与这两个侧面精确吻合,滑块与气轨之间就形成了一层很薄的气垫,使滑块漂浮在气垫上,因此滑块受到的摩擦力是很小的,如图 13.2 所示。

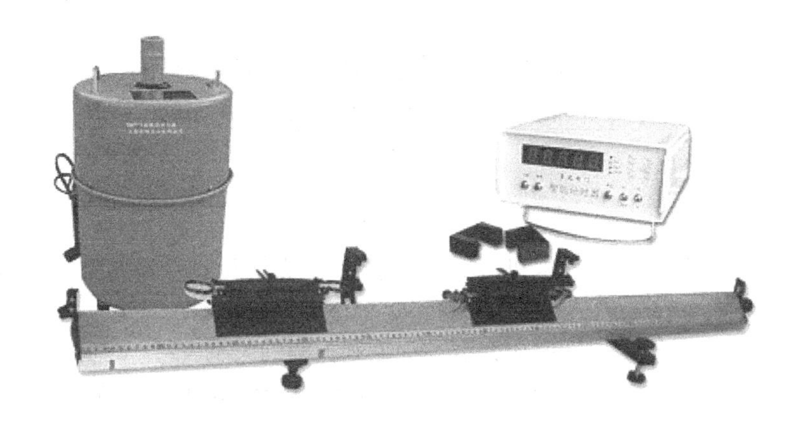

图 13.2　气垫导轨

把气轨调至水平并轻轻推动滑块，我们就可以观察到滑块作近似的匀速直线运动。为了抵消空气摩擦力的影响，我们常常把气轨调成有一个小倾角，让滑块下坡滑动，它的运动更接近于匀速运动，对滑块一定的速度有一个最合适的倾角。

怎样检查滑块的运动是不是匀速的呢？只需在两个任意点测出滑块的速度，看它们是否相等就可以作出判断了。

要测准滑块的速度就要准确地测量时间，一方面计时器要准确，另一方面开启和停止的动作要迅速、及时，用手按停表是达不到要求的。本实验采用光电计时器计时，开启和停止动作是由光电二极管和挡光片控制的，如图 13.3 所示。

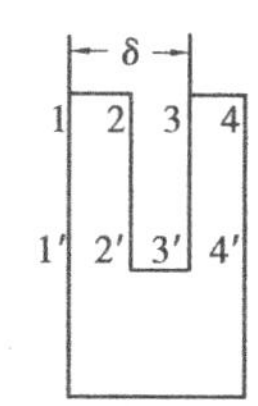

图 13.3　挡光片

光电二极管固定在气轨近旁，挡光片装在滑块上，随滑块在气轨上运动，它的(11′)边和(33′)边放在垂直气轨的方向。当挡光片移到光电二极管下方时，就把光挡住了，它的第一个边(11′)刚挡住光，二极管就发出信号使计时器开启。当第二个边(22′)移过后，刀片有一缺口，光可通过去照亮二极管，这时计时器继续计时。当第三个边(33′)再次把光挡住时，二极管又发出信号使计时器停止，并显示出两次挡光的时间间隔 δ_t。用游标尺或读数显微镜测出(11′)边与(33′)边的垂直距离 δ，就可算出滑块的运动速度。

$$v=\frac{\delta}{t}$$

注意：

①气轨表面不允许划伤，在未通气时，滑块不能在轨道上推动，否则会损坏气孔。

②气轨两端应防止滑块猛烈撞击，可用泡沫减振。

5. 周期测量

在水平的气垫导轨上，两个相同的弹簧中间系一滑块作往返振动，如图 13.4 所示。由于空气阻尼及其他能量损耗很小，可以看作简谐振动。滑块上装有平板型挡光刀片，可用来测量振动周期。在滑块处于平衡位置($x=0$)时，把光电门的光束对准挡光刀片的中心位置。用计时器测量平板挡光刀片第一次挡光到第三次挡光之间的时间差，这便是滑块的振动周期 T。

注意：滑块运动时，挡光片不要与光电管摩擦。

6. 气泵

微音气泵空气流量为 40 ~ 70 m^3/h，6 挡可调，1 挡流量最小。空气压力为 0.4 ~ 14.0 kPa，双路输出，可同时带两条气轨。使用时，应尽可能用小流量输出，这样既可以减小

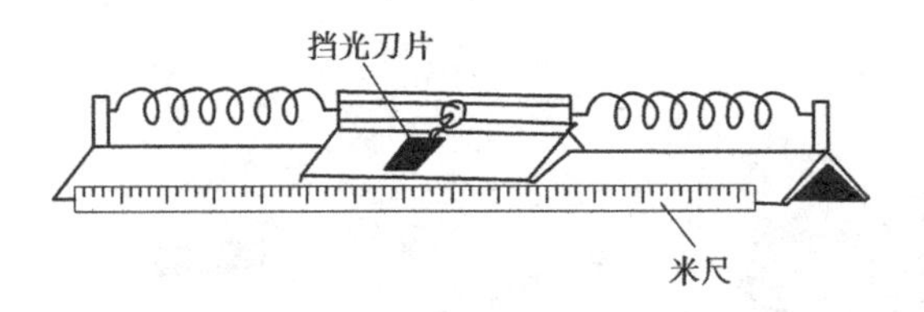

图 13.4

噪声,也可以降低使用功率,延长电机寿命。注意:气泵进气孔上应无脏物,无堵塞。

【实验内容】

1. 测量弹簧振子的振动周期并研究振动周期和振幅的关系

滑块振动的振幅 A 分别取 10.0 mm、20.0 mm、30.0 mm、40.0 mm 时,测其相应的振动周期,分析和讨论实验结果可得出什么结论?(若滑块做简谐振动,应该有怎样的实验结果?)

2. 研究振动周期和振子质量之间的关系

在滑块上加骑码(铁片),每增加一个骑码测一组 T(骑码不能加得太多,以阻尼不明显增加为限)。

作 T^2-m_1 图,如果 T 与 m_1 的关系确如式(13.5)所示,则 T^2-m_1 图应为一直线,其斜率为$\dfrac{4\pi^2}{k}$,截距为$\dfrac{4\pi^2}{k}m_0$。用最小二乘法作直线拟合,求出 k 和 m_0。

3. 研究振动系统的机械能是否守恒

固定振幅 A,测出不同 x 处的滑块速度 v(至少测 3 点),由此算出振动过程中系统经过每一个 x 处的动能和势能。

数字毫秒计及光电门的使用方法请参考实验 3 附录中的介绍。

【思考题】

1. 在气轨上做简谐振动实验,事先是否要把气轨调水平?理论分析结论和实测结果是否一样?

2. 气轨上滑块的振动不可避免地要受到空气粘滞阻力的影响,在测量振动周期及速度 v 时,应怎样合理安排?

实验 14 音叉受迫振动与共振实验

振动是自然界广泛存在的现象,振动系统总会受到各种内在或外在的阻尼,如果没有能量补充,振动就会衰减,最终停止。要使振动持续下去,就必须施加外力,在周期性外力作用下产生的振动叫做受迫振动。当驱动力的频率与振子的固有频率相同时,就会产生共振现象。

音叉是一个典型的振动系统,其二臂对称、振动相反,中心杆处于振动的节点位置,净受力为零而不振动,我们将它固定在支架上而不会引起振动衰减。音叉的固有频率因其质量和音叉臂长短、粗细而不同。音叉具有广泛用途,如用于产生标准的"音阶"、鉴别耳聋、检测液位的传感器、检测液体密度的传感器等。

本实验借助于音叉研究受迫振动及共振现象,用带铁芯的电磁线圈产生不同频率的电磁力作为驱动力,同样用电磁线圈来检测音叉振幅,测量受迫振动系统振动与驱动力频率的关系，研究受迫振动与共振现象及其规律。

【实验目的】

1. 测量音叉速度共振幅度与强迫力频率的关系，求共振频率和振动的锐度。

2. 测量音叉共振频率 f 与附在音叉双臂上质量块质量的关系。

3. 通过测量共振频率来测量附在音叉上的物块质量。

4. 在逐渐增加阻尼情况下，测量音叉共振频率及锐度的变化。

【实验仪器】

音叉，低频信号发生器，数字电压表，电磁线圈，质量块 4 对，阻尼块，双踪示波器。

【实验原理】

1. 简谐振动与阻尼振动

物体的振动速度不大时，它所受的阻力大小通常与速度成正比，若以 F 表示阻力大小，可将阻力写成代数式为

$$F = -\gamma V = -\gamma \frac{\mathrm{d}x}{\mathrm{d}t} \tag{14.1}$$

式中，V 为速度，负号表示力与速度方向相反。γ 为阻力系数，其值取决于运动物体的形状、大小和周围介质等的性质。

在有阻尼的情况下，振子的动力学方程为

$$m\frac{\mathrm{d}^2x}{\mathrm{d}t^2} = -\gamma\frac{\mathrm{d}x}{\mathrm{d}t} - kx$$

上式中，m 为振子的等效质量，kx 为线性回复力，k 为与振子属性有关的劲度系数。

令 $\omega_0^2 = \frac{k}{m}, 2\beta = \frac{\gamma}{m}$，代入上式可得

$$\frac{\mathrm{d}^2x}{\mathrm{d}t^2} + 2\beta\frac{\mathrm{d}x}{\mathrm{d}t} + \omega_0^2 x = 0 \tag{14.2}$$

上式中，ω_0 是无阻尼时系统振动的固有角频率，β 为阻尼系数。

当阻尼较小时，式(14.2)的解为

$$x = A_0 \mathrm{e}^{-\beta t}\cos(\omega t + \varphi_0) \tag{14.3}$$

式中，$\omega = \sqrt{\omega_0^2 - \beta^2}$。

如果 $\beta = 0$，则是无阻尼的运动，这时由式(14.3)可知 $x = A_0\cos(\omega t + \varphi_0)$，成为简谐运动。

在 $\beta \neq 0$，即有阻尼时，运动是一种衰减运动。从式 $\omega = \sqrt{\omega_0^2 - \beta^2}$ 可知，相邻两个振幅最大值之间的时间间隔为

$$T = \frac{2\pi}{\omega} = \frac{2\pi}{\sqrt{\omega_0^2 - \beta^2}} \tag{14.4}$$

与无阻尼的周期 $T = 2\pi/\omega_0$ 相比，周期变大。

2. 受迫振动

实际的振动都是阻尼振动，一切阻尼振动最后都要停止下来。要使振动能持续下去，必须对振子施加持续的周期性外力，使其因阻尼而损失的能量得到不断补充。振子在周期性外力作用下发生的振动为受迫振动，周期性的外力又称为驱动力。

自然界实际发生的许多振动都属于受迫振动。例如声波的周期性压力使耳膜产生的受迫振动，电磁波的周期性电磁场力使天线上电荷产生的受迫振动等。

为简单起见,假设驱动力有如下形式:

$$F = F_0 \cos \omega t$$

式中,F_0 为驱动力的幅值,ω 为驱动力的角频率。

振子处在驱动力、阻力和线性回复力三者的作用下,其动力学方程为

$$m \frac{d^2 x}{dt^2} = -\gamma \frac{dx}{dt} - kx + F_0 \cos \omega t \tag{14.5}$$

仍令 $\omega_0^2 = \frac{k}{m}, 2\beta = \frac{\gamma}{m}$,得到

$$\frac{d^2 x}{dt^2} + 2\beta \frac{dx}{dt} + \omega_0^2 x = \frac{F_0}{m} \cos \omega t \tag{14.6}$$

由微分方程理论,在阻尼较小时,上述方程的解是

$$x = A_0 e^{-\beta t} \cos(\sqrt{\omega_0^2 - \beta^2} t + \varphi_0) + A \cos(\omega t + \varphi) \tag{14.7}$$

式中,第一项为暂态项,在经过一定时间之后这一项将消失,第二项是稳定项。在振子振动一段时间达到稳定后,其振动式即成为

$$x = A \cos(\omega t + \varphi) \tag{14.8}$$

应该指出,上式虽然与自由简谐振动式(即在无驱动力和阻力下的振动)相同,但实质已有所不同。首先,ω 并非振子的固有角频率,而是驱动力的角频率;其次,A 和 φ 不决定于振子的初始状态,而是依赖于振子的性质、阻尼的大小和驱动力的特征。事实上,只要将式(14.8)代入方程(14.6),就可计算出

$$A = \frac{F_0}{\omega \sqrt{\gamma^2 + (\omega m - \frac{k}{\omega})^2}} = \frac{F_0}{m \sqrt{(\omega_0^2 - \omega^2)^2 + 4\beta^2 \omega^2}} \tag{14.9}$$

$$\tan \varphi = \frac{\gamma}{\omega m - \frac{k}{\omega}} \tag{14.10}$$

在稳态时,振动物体的速度为

$$v = \frac{dx}{dt} = v_{max} \cos(\omega t + \varphi + \frac{\pi}{2}) \tag{14.11}$$

其中

$$v_{max} = \frac{F_0}{\sqrt{\gamma^2 + (\omega m - \frac{k}{\omega})^2}} \tag{14.12}$$

3. 共振

在驱动力幅值 F_0 固定的情况下,应有怎样的驱动角频率 ω 才可使振子发生强烈振动?这是个有实际意义的问题。下面分别从振动速度和振动位移两方面进行分析。

1)速度共振

从相位上看,驱动力与振动速度之间有相位差 $\varphi + \pi/2$。一般地说,外力方向与物体运动方向并不相同,有时两者同向,有时两者反向。同向时驱动力做正功,振子输入能量;反向时驱动力做负功,振子输出能量。输入功率的大小可由 $F \cdot v$ 计算。设想在振子固有频率、阻尼大小、驱动力幅值 F_0 均固定的情况下,仅改变驱动力的频率 ω,则不难得知,如果满足$\omega m - \frac{k}{\omega} = 0$ 时,振子的速度幅值 v_{max} 就有最大值。

由 $\omega m-\frac{k}{\omega}=0$,可得

$$\omega=\omega_0=\sqrt{\frac{k}{m}},v_{\max}=\frac{F_0}{\gamma}=\frac{F_0}{2\beta m}$$

这时 $\tan\varphi\to\infty$,$\varphi=-\frac{\pi}{2}$。

由此可见,当驱动力的频率等于振子固有频率时,驱动力将与振子速度始终保持同相。于是驱动力在整个周期内对振子做正功,始终给振子提供能量,从而使振子速度能获得最大的幅值,这一现象称为速度共振。速度幅值 $v_{\max}$ 随 ω 的变化曲线如图 14.1 所示。

显然 γ 或 β 值越小,$v_{\max}-\omega$ 关系曲线的极值越大。描述曲线陡峭程度的物理量一般用锐度表示,其值等于品质因素:

$$Q=\frac{\omega_0}{\omega_2-\omega_1}=\frac{f_0}{f_2-f_1} \tag{14.13}$$

式中,f_0 为 ω_0 对应的频率,f_1、f_2 为 $v_{\max}$ 下降到最大值 0.707 倍时对应的频率值。

2)位移共振

驱动力的频率 ω 为何值时才能使音叉臂的振幅 A 有最大值呢? 对式(14.9)求导并令其一阶导为零,即可求得 A 的极大值及对应的 ω 值为

$$A=\frac{F_0}{2m\beta\sqrt{\omega_0^2-\beta^2}} \tag{14.14}$$

$$\omega_r=\sqrt{\omega_0^2-2\beta} \tag{14.15}$$

由此可知,在有阻尼时,当驱动力的圆频率 $\omega=\omega_r$ 时,音叉臂的位移振幅 A 有最大值,称为位移共振,这时的 $\omega<\omega_0$。位移共振的幅值 A 随 ω 的变化曲线如图 14.2 所示。

由式(14.14)可知,位移共振幅值的最大值与阻尼 β 有关。阻尼越大,振幅的最大值越小;阻尼越小,振幅的最大值越大。在很多场合,由于阻尼 β 很小,发生共振时位移共振幅值过大,从而引起系统的损坏,这是需要避免的。

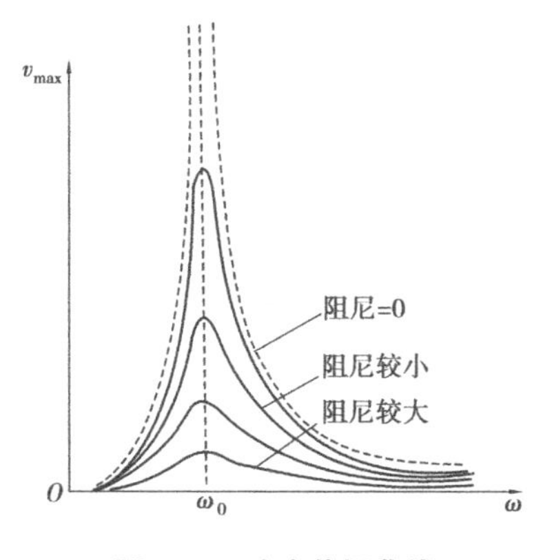

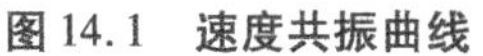

图 14.1　**速度共振曲线**

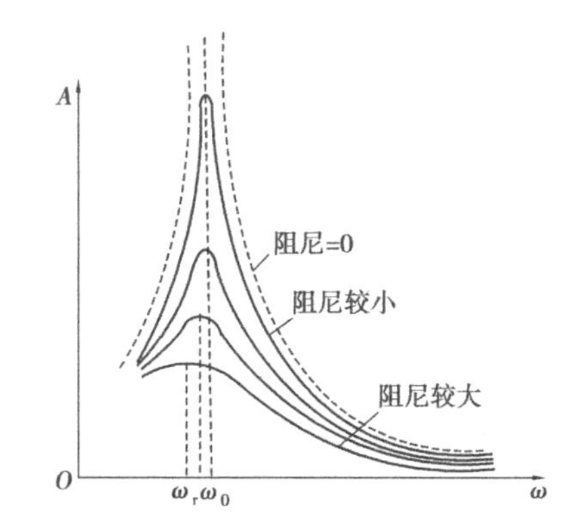

图 14.2　**位移共振曲线**

比较图 14.1 和图 14.2 可知,速度共振和位移共振曲线不完全相同。对于有阻尼的振动系统,当速度发生共振时,位移并没有达到共振。其原因在于:对于做受迫振动的振子在平衡点有最大幅值的速度时,其运动时受到的阻力也达到最大,于是在平衡点上的最大动能并没有能全部转变为回转点上的势能,以致速度幅值的最大并不对应位移振幅的最大值,这就是

位移共振与速度共振并不发生在同一条件下的原因。显然,如果阻尼很小,两种共振的条件将趋于一致,这一点也可从图14.2的位移共振曲线清楚地看出来。

4. 音叉的振动周期与质量的关系

从式(14.4)可知,在阻尼β较小、可忽略的情况下,有

$$T \approx \frac{2\pi}{\omega_0} = 2\pi\sqrt{\frac{m}{k}} \tag{14.16}$$

这样就可以通过改变质量m来改变音叉的共振频率。我们在一个标准基频为256 Hz的音叉的两臂上对称等距开孔,可以知道这时的T变小,共振频率f变大;将两个相同质量的物块对称地加在两臂上,这时的T变大,共振频率f变小。从式(14.16)可知

$$T^2 = \frac{4\pi^2}{k}(m_0 + m_X) \tag{14.17}$$

式中,k为振子的劲度系数,为常数,它与音叉的力学属性有关。m_0为不加质量块时的音叉振子的等效质量,m_X为每个振动臂增加的物块质量。

由式(14.17)可见,音叉振动周期的平方与质量成正比。由此可由测量音叉的振动周期来测量未知质量,并可制作测量质量和密度的传感器。

由理论分析可知,音叉产生速度共振时,共振频率与阻尼的大小无关。我们用电磁感应的原理测量音叉振动,并描绘速度共振曲线,从而研究音叉的受迫振动与阻尼振动。

对于位移共振,在本仪器未加阻尼且施加的驱动力较小时,位移曲线的形状与速度曲线相近似,有兴趣的同学可参考相关的技术资料。

仪器中将电磁线圈置于钢质音叉臂的上下方两侧,驱动线圈施加交变电流,产生交变磁场,使音叉臂磁化,产生交变的驱动力。接收线圈靠近被磁化的音叉臂,可感应出音叉臂的振动信号。由于感应电流$I \propto \mathrm{d}B/\mathrm{d}t$, $\mathrm{d}B/\mathrm{d}t$代表交变磁场变化的快慢,其值大小取决于音叉振动的速度,速度越快,磁场变化越快,产生的电流越大,从而使测得的电压值越大,所以测量接收线圈电压值获得的曲线为音叉受迫振动的速度共振曲线,相应的输出电压值可以代表音叉的速度共振幅值。

仪器中可通过专用的阻尼块对音叉施加不同大小的阻尼,也可在音叉的不同位置施加相同的阻尼来考察阻尼不同时的振动曲线变化。

5. 仪器技术参数

①钢质音叉:双臂不加负载时振动频率为260~264 Hz。

②数字DDS低频信号发生器:频率可调范围为50.000~999.999 Hz,最小步进值为0.001 Hz,分辨率为0.001 Hz,6位数字显示频率。频率稳定度:优于20×10^{-6};输出功率为1 W,幅度0~8Vpp连续可调。

③交流数字电压表,量程0~1.999 V,分辨率1 mV。

④电磁线圈:含线圈和铁芯,Q9屏蔽线接口,驱动线圈和接收线圈各一个,可互换。直流阻抗:约95Ω,最大允许交流电压:有效值5 V。

⑤配对质量块4对共8个:5、10、10、15 g,可相互叠加使用。

⑥专用阻尼块:位置可移动且可上下调节。

仪器的连接比较简单,连线图如图14.3所示。

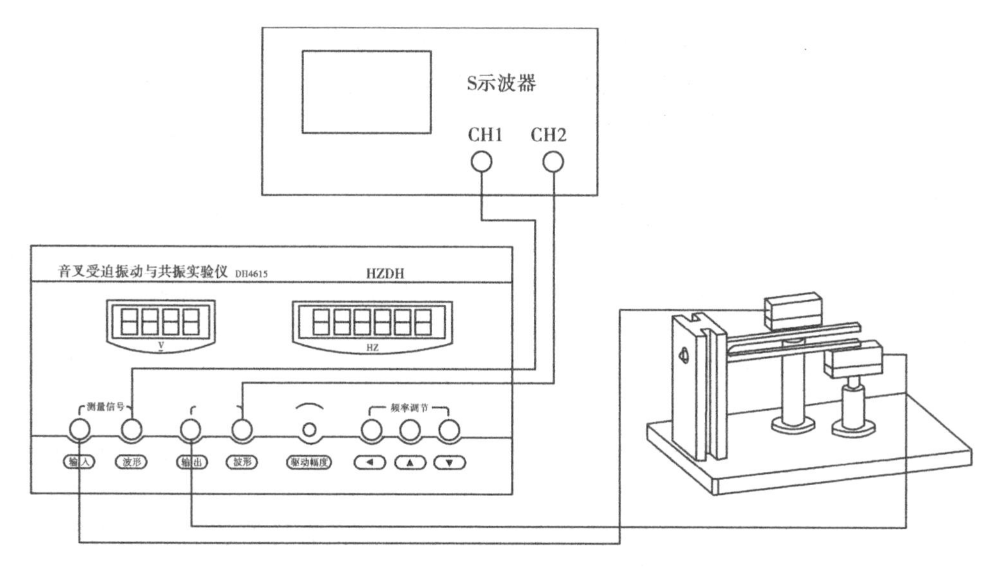

图 14.3　音叉振动实验仪器

驱动线圈和接收线圈的电气性能是相同的，可以互换。为了驱动更稳定，驱动线圈和接收线圈应该处于音叉臂上下两侧的相同位置。为了研究驱动和接收线圈位置的影响，驱动线圈和接收线圈也是可以移动的，需要时也可以不相互对齐。

【实验内容】

1. 实验前的准备工作

①驱动线圈、接收线圈位置调节至距离音叉 1 ~ 2 mm。

②将"驱动信号"的"输出"连接至驱动线圈；将接收线圈连接至"测量信号"的"输入"，通电。如果想观察驱动与接收的波形，则将"驱动信号"的"波形"、"测量信号"的"波形"连接至双踪示波器。

③连接好仪器后接通电源，使仪器预热 5 分钟。

④适当调节"驱动幅度"旋钮，改变驱动信号输出的幅度，使接收信号的幅度大小合适。调节信号源频率：按◀键，用于选择频率显示的位置；按▲键，用于向上改变选定位的频率；按▼键，用于向下改变选定位的频率。频率的最小调节量为0.001Hz，每按一次只改变一个数字。

2. 根据课时及要求选做的实验内容

①测定自由状态下音叉的共振频率 ω_0 和速度共振幅值 v_{max}对应的电压值 V_{max}。

②将驱动信号的频率由低到高缓慢调节（参考值 260Hz 左右），仔细观察交流数字电压表的读数。当交流电压表读数达最大值时，记录音叉速度共振时的频率和共振时交流电压表的读数 V_{max}。

由于速度共振时，不同阻尼的 ω_0 相同且自由振动时的阻尼较小，故这个频率就是音叉的共振频率。

③测量共振频率 f_0 两边的数据。在驱动信号输出幅度不变的情况下，频率由低到高，测量数字电压表值 V 与驱动信号频率 f 之间的关系，在共振频率两侧至少应测 15 个频率点，自行确定频率间隔。

④绘制 V—f 关系曲线，求出两个半功率点 f_2 和 f_1，计算音叉的锐度（Q 值）。

⑤将不同质量块（5、10、15 g）分别加到音叉双臂上，并用螺丝旋紧。测出音叉双臂对称

加相同质量物块时相对应的共振频率。记录 m—f 关系数据。

⑥作周期平方 T^2 与质量 m 的关系图,求出直线斜率 $4\pi^2/k$ 和在 m 轴上的截距 m_0(可借助 Excel 软件或计算器进行线性拟合,并可求出相关系数 r),其数值就是音叉的等效振子质量。

⑦用另一对 10 g 质量的物块作为未知质量的物块,测出音叉的共振频率,计算出未知质量的物块 m_x。与实际值相比较,计算相对误差。

⑧将阻尼块逐渐靠近音叉臂,对音叉臂增加阻尼,测量音叉在不同阻尼时的共振频率,绘出阻尼-共振频率曲线,与音叉不受阻尼时的曲线相比较。

⑨在音叉臂的不同位置施加阻尼,测量音叉的振动曲线,与音叉不受阻尼时的曲线相比较。

⑩用示波器观测激振线圈的输入信号和接收线圈的输出信号,测量它们的相位关系。

3. 注意事项

①驱动线圈和接收线圈距离音叉臂的位置要合适,距离近容易相碰,距离远则信号变弱。测量共振曲线时驱动线圈和接收线圈的位置确定后不能再移动,否则会造成曲线失真。

②驱动线圈和接收线圈的连接线要小心使用,不可人为用力拉扯。

【思考题】

1. 速度共振频率与位移共振频率有什么区别?
2. 音叉等效振子质量与音叉质量有什么区别?
3. 用振动法测量的质量与天平法测量的质量有什么不同点?

实验 15　光杠杆法测量线胀系数

热膨胀是固体材料重要的热学性质。不同材料,热膨胀和温度关系的特性也有所不同。热膨胀系数是表征热膨胀特性的物理量,也是工程设计的一个重要参数。在机械设计、建筑工程设计、通信工程安装及各种复合材料研制等工作中,科技人员经常要考虑和测量材料的热膨胀系数。

大多数固体材料都遵从热胀冷缩的规律,其原因是物体受热温度升高时,分子热运动加剧,分子间的距离增大;温度降低后,分子热运动减弱,分子间的距离缩小。线胀系数就是为表征物体受热时其长度方向变化的程度而引入的物理量。热膨胀系数还有反映材料体积变化的体积热膨胀系数。

【实验目的】

1. 掌握电热法测定金属铜管线胀系数的实验方法。
2. 掌握用光杠杆测定微小长度变化的原理。

【实验仪器】

数显式固体线胀系数测定仪,尺读望远镜,光杠杆,钢卷尺,游标卡尺,待测金属铜管。

【实验原理】

在压强不变的条件下,物体的长度(或体积)在温度变化时都要发生胀缩现象,为描述这一特性,引入膨胀系数这一概念,它通常可分为线膨胀系数和体膨胀系数两种。

固体的任何线度(长、宽、厚或直径等)随温度发生变化的现象称为线膨胀。设物体在

0 ℃时长为 L_0，那么在 t ℃时，该物体的长度为

$$L_t = L_0(1 + \alpha t) \tag{15.1}$$

式中，α 即为物体的线胀系数，在温度变化不大时，它是常量。改变式(15.1)，可得

$$\alpha = \frac{L_t - L_0}{L_0 t} = \frac{\Delta L}{L_0 t} \tag{15.2}$$

从式(15.2)可见，线胀系数 α 等于温度每改变 1 ℃时，其长度的相对变化量，单位为1/摄氏度(1/℃)。

物质不同，线胀系数也不同。精密测量还表明，线胀系数还与温度有关，即线胀系数是温度的函数，写成数学式则有

$$L_t = L_0(1 + at + bt^2 + ct^3 + \cdots)$$

即

$$\alpha = a + bt + ct^2 + \cdots \tag{15.3}$$

式中，a、b、c 均是很小的常量，第二、第三项系数与 a 相比甚小。

在通常的温度变化范围内，由于线胀系数变化不大，可把 α 当作常数处理。

若温度 t_1 和 t_2 时的长度分别为 $L_1 = L_0(1 + \alpha t_1)$ 和 $L_2 = L_0(1 + \alpha t_2)$，因 $\Delta L = L_2 - L_1$，可得：

$$\alpha = \frac{\Delta L}{L_1(t_2 - t_1) - \Delta L t_1}$$

由于 ΔL 和 L_1 相比甚小，这样 $L_1(t_2 - t_1) >> \Delta L t_1$，上式可近似地写为

$$\alpha = \frac{\Delta L}{L_1(t_2 - t_1)} \tag{15.4}$$

由式(15.4)可见，测量线胀系数的主要问题是怎样测准温度变化引起的微小长度变化 ΔL。这里用光杠杆测量 ΔL。光杠杆的原理及使用调节方法可以自己查询资料，或者参考实验5 拉伸法测定杨氏模量。由光杠杆原理，可得

$$\Delta L = b\frac{|x_2 - x_1|}{2R}$$

式中，b 为光杠杆常数，R 为标尺到反射镜间距离，x_1、x_2 为对应 ΔL 变化的两次读数。将上式代入式(15.4)，得

$$\alpha = \frac{b|x_2 - x_1|}{2RL_1(t_2 - t_1)} \tag{15.5}$$

变换此公式，可得

$$\Delta x_i = |x_2 - x_1| = \frac{2\alpha RL_1}{b}(t_2 - t_1) = \frac{2\alpha RL_1}{b}\Delta t_i \tag{15.6}$$

即 Δx_i 与 Δt_i 为线性关系，可以由线性拟合方法求出线胀系数 α。

【实验内容】

1. 实验步骤

①实验装置如图15.1所示，在加热之前，首先用卷尺测量出铜管的原长 L_1。

②光杠杆放在工作平台上，两个前足放入横槽内，单尖后足放在被测铜管的上端面上，尽量调节光杠杆镜面与望远镜轴线垂直。

③移动尺读望远镜的底座并调节望远镜的高度及左右方位，沿镜筒的轴线方向，通过准星瞄准光杠杆的镜面，直至找到镜中标尺的像。

④调节目镜焦距，对分划板叉丝进行聚焦，从望远镜内观察光杠杆镜内标尺的像，再调节望远镜物镜调焦手轮，直至看清楚由光杠杆镜面反射出的标尺刻度与叉丝线时，读出并记下

此时叉丝线的刻度值 x_1。注意在后面的实验中,光杠杆和望远镜的位置不能变动。

⑤打开数显式固体线胀系数测定仪,记下室温 t_1 然后加热,使温度上升到 40.0 ℃后,每上升 5.0 ℃左右测出 t_i 和 $x_i(i=2,3,\cdots,10)$ 的对应数据,共测 10 个数据点。

⑥关闭电源,用钢卷尺测出光杠杆镜面至标尺的距离 R,再将光杠杆取下,放在纸上轻轻压一下,使纸上留下光杠杆三足尖的印迹。将二前足尖印迹连成直线,再过后足尖印迹作此直线的垂线,用游标卡尺测出此垂线长度,即为光杠杆常数 b。

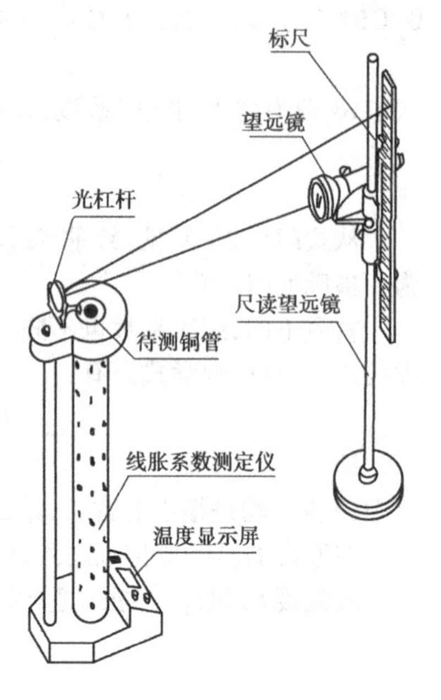

图 15.1 实验装置图

2. 数据处理

①按两点法将首尾两点的 t_1、x_1 和 t_{10}、x_{10} 代入式(15.5),求出铜管的线胀系数 α_1 值。

②运用线性拟合法求解铜管的线胀系数 α_2 值:令 $\Delta t_i = t_{i+1} - t_1$,$\Delta x_i = |x_1 - x_{i+1}|$,可以得到数组$(\Delta t_i, \Delta x_i)$,$(i=1,2,\cdots,9)$,对此数组采用线性拟合法求出相关系数 γ 值,判定 Δt_i,Δx_i 是否线性相关,说明是正相关还是负相关,并说明其物理含义。再由其斜率中求出铜管的线胀系数 α_2 值。

③铜的线胀系数的公认值 $\alpha_{公} = 1.71 \times 10^{-5}$℃$^{-1}$,将 α_1 和 α_2 值分别与 $\alpha_{公}$ 比较计算相对误差 E_1 和 E_2。

【思考题】

1. 严格地说线膨胀系数 α 应该是温度的函数,本实验测得的 α 应该怎么解释?

2. 从式(15.5)中,用实验数据定量分析,哪个量对测量结果影响最大?

3. 是否还能用其他实验方法测量固体的线胀系数?提出方案。

实验 16 液体比热容的测定

物质比热容的测量是热学的基本测量之一。比热容是单位质量的物质温度升高 1 K 时所吸收的热量,单位为 $J \cdot kg^{-1} \cdot K^{-1}$(焦/千克·开),它是物质热学性质的一个特征量,常用小写字母 c 表示。物质的质量 m 与其比热容 c 的乘积,称为热容,用大写字母 C 表示,则有 $C=mc$。

物质的热容除与物质本身比热容和质量有关外,还与转变过程的温度变化有关。若物质从温度 t_1 升至 t_2,则吸收的热量为 $Q=mc(t_2-t_1)=C(t_2-t_1)$。

在热学实验中,各种热交换问题一般比较复杂,但利用牛顿冷却定律,用作图的方法对散热进行修正,可以得出比较准确的结果。

【实验目的】

1. 用电热法测液体比热容。

2. 学习一种散热修正的方法——修正终温。

【实验仪器】

物理天平,数字式点温度计(0~80 ℃),直流稳压电源,量热器,秒表。

【实验原理】

图16.1是量热器的结构图,它是双层套筒结构,A是量热器外套筒,用隔热较好的材料制成,目的是使量热器与外界的热交换尽量少;B是量热器的内杯;C是绝热垫圈;D是绝热盖;L是接线柱;R(连同与它相连的两根铜杆)是电阻加热器;G是搅拌器。

1.电热法测液体比热容

实验装置如图16.2所示。用两只完全相同的量热器,一个装纯水,另一个装待测液体——变压器油。图中酒精温度计可改用数字式点温度计,测量更准确。

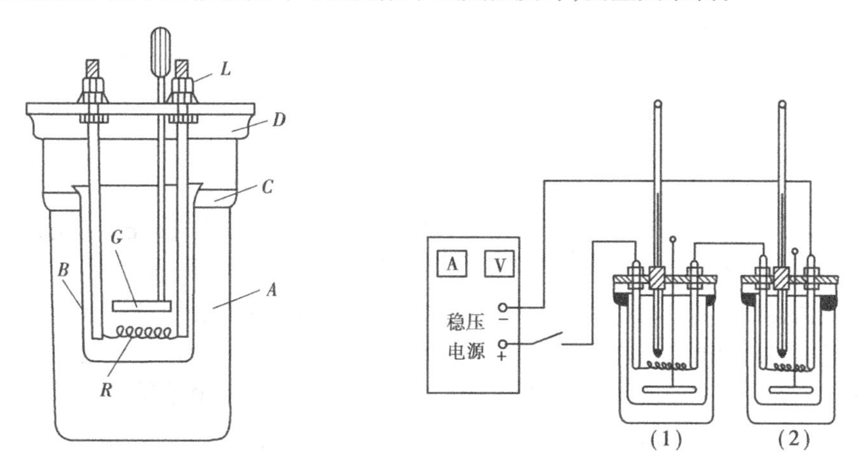

图16.1　　图16.2

根据焦耳—楞次定律,量热器系统从电阻加热器R获得的热量为

$$Q = I^2Rt = IUt \tag{16.1}$$

式中,I的单位为安培,R的单位为欧姆,U的单位为伏,t的单位为秒,Q的单位为焦耳。

根据热平衡原理,对量热器系统1,有

$$Q_1 = (c_0m_0 + c_{铝}m_1 + C_{铜} + C_{R1} + 1.93V)(T'_1 - T_1) + \delta Q \tag{16.2}$$

对量热器系统2,有

$$Q_2 = (cm + c_{铝}m_2 + C_{铜} + C_{R2} + 1.93V)(T'_2 - T_2) + \delta Q \tag{16.3}$$

式(16.2)、式(16.3)中,c_0、m_0为水的比热容和质量;$c_{铝}$为量热器铝制内杯的比热容;m_1、m_2为内杯1与内杯2的质量;c、m为待测液体的比热容和质量;$C_{铜}$为铜制搅拌器的热容量;C_{R1}与C_{R2}分别为量热器1与量热器2内电阻加热器的热容量;$1.93V$为温度计浸入液中部分的热容量,V是温度计浸入液体部分的体积,单位是cm^3。T_1,T_2分别为量热器1与2的初温,T'_1,T'_2分别为量热器1与2的末温,δQ为量热器系统散失的热量。

因为量热器加热电阻阻值相等(如果不相等,可以测量电阻值确定比例关系),所以$Q_1 = Q_2$。如果使用酒精温度计时,温度计浸入液体中的具体位置无法看到,且体积V一般又很小,故$1.93V$可忽略。但是温度计插在待测液体中较深时,插入的温度计体积不可忽略,其具体数据在实验时可以测出。如果改用热电偶温度传感器的数字式点温度计,因其测温传感器热容量非常小,其热容量可以不计,则$1.93V$这一项可以省去。式(16.2)和式(16.3)经整理可得

$$c=\frac{1}{m}\left[\frac{T'_1-T_1}{T'_2-T_2}(c_0m_0+c_{铝}\,m_1+C_{铜}+C_{R1})-(c_{铝}\,m_2+C_{铜}+C_{R2})\right] \tag{16.4}$$

式(16.4)表明,只要测出水与油的质量,量热器内杯的质量,量热器的初温和末温,记下已知量:$c_{铝}$、c_0、$C_{铜}$、C_{R1}、C_{R2},就可求出油的比热容 c。实验中,$C_{铜}$、C_{R1}、C_{R2}可以由实验室预先测出或由学生自己测量。

2. 散热修正

在上述电热法测液体的比热容中,只有两个量热器系统完全相同,散失的热量相等时,式(16.4)才成立。但实际上两量热器系统不可能完全相同,即使相同,量热器与周围环境的热交换,因温升不同,而散失的热量也不相同。为使测量准确,必须对两系统散热进行修正,方法之一是用作图法修正终温。

实验装置如图 16.3 所示。对图中的量热系统,达到热平衡状态时其获得的热量为

$$Q=(cm+c_{铝}\,m_2+C_{铜}+C_{R2}+1.93V)(T'_2-T_2)$$

因为 $Q=IUt$,故热平衡方程变为

$$IUt=(cm+c_{铝}\,m_2+C_{铜}+C_{R2}+1.93V)[T'_2-T_2] \tag{16.5}$$

式(16.5)中各量的物理意义与式(16.3)对应量意义相同。该式在没有热量散失的条件下成立,实际上量热器油温在不断上升,与周围环境的温差逐渐增大,量热器将不断地向周围散失热量,使测得的终温 T_2 比真实应该上升的温度 T_f 要低,为此必须对终温加以修正。

修正方法是接通电源后每隔 1 min 记 1 次温度,约测 10 min 后切断电源,然后再每隔 1 min记录 1 次降温过程中的温度,约测 8 min,并注意在实验的整个过程中要缓慢地用搅拌器搅拌,以保证量热器杯中的温度尽可能相同。

用坐标纸作 $T-t$ 曲线,纵坐标是温度,其坐标原点不取 0 ℃,可取室温;横坐标是时间,以 min 为单位,如图 16.4 所示。曲线 ab 是升温段,bc 是降温段(几乎是直线)。c 点用下面的方法确定:取 bc 段下阴影部分的面积 A_2 与升温曲线 ab 下面阴影部分的面积 A_1 相等,则 $dc=\Delta b$ 即为由于散热而降低的温度,其大小即为所求终点 b 的温度修正值。

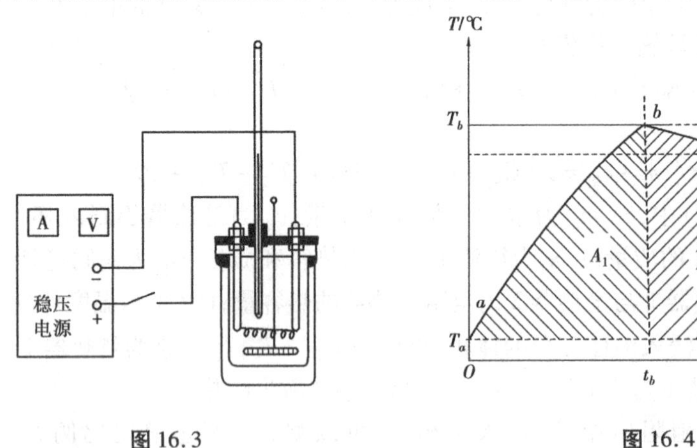

图 16.3　　　　图 16.4

上述修正的理由是:根据牛顿冷却定律,当一个系统温度与环境温度相差不大时,系统所散失的热量与温度差和时间 t 成正比。换言之,系统散失的热量 ΔQ 与升温曲线 ab 所包围的面积成正比,即

$$\Delta Q=K\int_0^{t_b}(T-T_a)\,\mathrm{d}t$$

式中,K 为散热系数,T 为系统的温度,T_a 为系统的初温(约等于环境温度)。由于取 $A_1=A_2$,这意味着散失的热量相同,而相同的散失热量必然引起相等的温度下降。这样,延长 c 至 d,由于 bc 段是降温(自然冷却),降低的温度为 $dc=\Delta b$,显然 dc 段就反映了 bc 段所散失的热量相应引起系统温度下降的大小,所以无热量损失的终点温度 $T_f=T_b+\Delta b$。将 T_f 代替式(16.5)中的 T'_2,即可求出修正之后的液体比热容了。即

$$c=\frac{1}{m}\left(\frac{IUt}{T_f-T_2}-c_{铝}\,m_2-C_{铜}-C_{R2}-1.93V\right) \tag{16.6}$$

【实验内容】

①按图16.2接线,用电热法测油的比热容。

按实验室规定的电流值调电流(约为1 A),动作要快,然后断电,记录电流值与通电时间,再将电阻丝置于空气中自然冷却。

②用物理天平称量量热器内杯质量 m_1 与 m_2,量热器1盛蒸馏水140 g左右,量热器2盛变压器油220 g左右,两数据之比尽量接近1∶2。

分别记下初温,用秒表计时,通电5 min,在通电过程中要不断地搅拌,断电后仍要继续搅拌,待温度不再升高时记下它们的末温。

③倒掉量热器2内杯的油,按图16.3接线,作散热修正实验。

调节电流为0.6~0.8 A(为使本实验误差减小,电流不宜大),动作要快,然后断电,再使电阻丝置于空气中自然冷却。

④称好一定量的变压器油,与步骤①中油的质量差不多,记下其初温,然后通电,并缓慢地不断搅拌。每隔1 min记录一次油温,约10 min,切断电源,继续搅拌,测自然冷却降温曲线,方法仍为每隔1 min记录一次油温,测约8 min。注意测降温曲线过程中仍需要不断轻轻地上下搅拌。

⑤用坐标纸作 T-t 图,按图16.4的方法求温度修正值。

⑥按式(16.4)与式(16.6)求两种情况下油的比热容,并分别与公认值相比较求百分误差。

【思考题】

1. 比较法测液体比热容有什么优点?需要些什么条件?本实验是否满足?

2. 用作图法修正终点温度的理论根据是什么?

3. 从两种方法测油的比热容中,比较、分析它们的结果,讨论各自产生误差的原因。

实验17　冰的熔解热的测定

本实验利用混合法测定冰的熔解热。由于实验过程中量热器不可避免地要与外界进行热交换,在实验中就很难形成一个严格的孤立系统。为了减小实验中的系统误差,本实验利用温度—时间曲线进行散热修正,以减小热交换因素的影响。

【实验目的】

1. 学习用混合法测定冰的熔解热的原理及方法。

2. 学习用温度—时间曲线进行散热修正的方法。

【实验仪器】

量热器,物理天平,热电偶数字温度计,秒表,冰块。

【实验原理】

1. 用混合法测定冰的熔解热

单位质量的固体物质在熔点时从固态全部变成液态所需要的热量,称为该物质的熔解热。根据热平衡原理,用混合法可以测定冰的熔解热。热交换是在量热器内进行的。量热器由一个铜制的小内筒和一个较大的外筒构成。内筒放置在外筒内的绝热架上,外筒上加绝热盖,还有铜制的搅拌器和热电偶温度计。内筒、温水、温度计、搅拌器、冰块一起构成了一个实验系统。如果该系统是孤立系统,即与外界没有热交换,则高温物体所放出的热量必定等于低温物体所吸收的热量。

将质量 m_0 温度为 0 ℃(以 T_0 表示)的冰块投入量热器内初温为 T 质量为 m 的水中,待冰块完全溶解并升温至与量热器中水的温度相等后测出水的温度 T_1,即量热器系统的末温。在此热交换过程中,冰先吸收热量 λm_0(λ 为冰的熔解热)而熔解为 0 ℃的水,再从 0 ℃升温到 T_1,又吸收的热量可表示为 $c_0m_0(T_1-T_0)$,c_0 为水的比热容。量热器系统(内筒、搅拌器、温度计)与原来的温水放出的热量可表示为

$$(c_0m+c_1m_1+c_2m_2+c_0m_3)(T-T_1)$$

其中,c_1、m_1 分别为内筒的比热容和内筒的质;c_2、m_2 分别为搅拌器的比热容和质量;c_0m_3 为温度计温度降低 1 ℃所放出的热量,它相当于质量为 m_3 的水温度降低 1 ℃所放出的热量。习惯上,m_3 称为温度计的水当量,其值可由近似公式算出:

$$m_3=4.62\times10^{-4}V(\text{kg})$$

其中,V 是温度计浸入液体中的体积,单位是 cm^3,可在冰熔解之后进行测量计算。如果使用热电偶的数字温度计,因热电偶温度传感器体积非常小,其热容可以不计,则 m_3 可以按 0 处理。根据热平衡原理有

$$\lambda m_0+c_0m_0(T_1-T_0)=(c_0m+c_1m_1+c_2m_2+c_0m_3)(T-T_1) \tag{17.1}$$

即

$$\lambda=\frac{(c_0m+c_1m_1+c_2m_2+c_0m_3)(T-T_1)-c_0m_0(T_1-T_0)}{m_0} \tag{17.2}$$

c_0、c_1、c_2 之值可查本书附表,它们随温度的变化可忽略不计。

2. 散热修正

保持实验系统为孤立系统是混合法测量冰的熔解热的必要条件。但是,把冰块投入量热器的温水中,冰块不可能立刻熔解,在整个实验过程中,系统必然要与外界交换热量。换言之,系统不是一个严格的孤立系统,这就破坏了式(17.2)成立的条件,所以按式(17.2)计算出来的熔解热必然存在比较大的误差,为此必须对热量损失进行修正。

根据牛顿冷却定律,在系统温度与室温相差不大时,系统与环境之间的传热速率 $\mathrm{d}Q/\mathrm{d}t$ 与温差$(T-T_r)$成正比,即

$$\frac{\mathrm{d}Q}{\mathrm{d}t}=K(T-T_r) \tag{17.3}$$

$$\int \mathrm{d}Q = \int KT\mathrm{d}t - \int KT_r\mathrm{d}t$$

式中,K 是常量,系统温度 T 是时间 t 的函数,室温 T_r 是基本不变的。如果以横轴代表时间 t,以纵轴代表温度 T,作出 T-t 图,则 T-t 曲线与等温线 T_r 所包围的面积可代表传热量 Q(相差一个比例常数 K),图 17.1 所示的就是这样的 T-t 图。图 17.1 中 t_1 为投入冰的时刻,t_2

为温度最低的时刻。曲边三角形 BFC' 的面积可代表系统向外界散发的热量，曲边三角形 $C'DG$ 的面积可代表系统从外界吸收的热量。

把水的初温调节到室温以上（可加入热水），而使冰熔解后系统的末温在室温以下。以室温为界，把整个过程分为放热和吸热两个阶段，这样就能使第一阶段和第二阶段不免要发生的热量交换得到一定的补偿。

一般说来，系统向外界散发热量不会等于它从外界吸收的热量，因为这涉及的因素很多，诸如水的初、水的质量、冰块的质量等。为了获得更准确的测量结果，还必须进行散热修正。

图 17.2 表示系统温度 T 随时间 t 的变化曲线。图 17.2 中，AB 段是投冰前温水的自然降温曲线（由于温度高于室温 T_r，系统向外界散热，温度逐渐降低）。在 B 点（温度 T_B）将冰投入水中，BD 段是投冰后水的降温曲线，到 D 点冰全部融化并升温至与量热器中水的温度相等，此时温度 T_D 低于室温 T_r，系统将从外界吸收热量而逐渐升温，如图 17.2 中 DE 段所示。

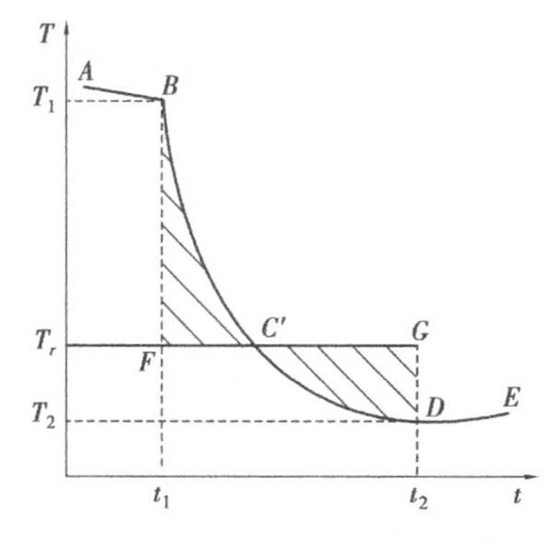

图 17.1　热量补偿

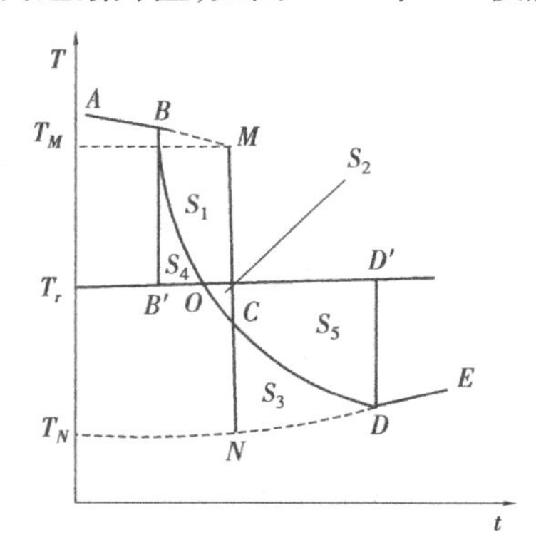

图 17.2　散热修正

BD 段水的温度由 T_B 降至 T_D 是由两个因素共同造成的：一个是系统与外界有热交换导致水温变化，其中系统向外界散发的热量可用面积 S_4 表示，从外界吸收的热量可用面积 S_2+S_5 表示，系统从外界吸收的净热量表示为 $S_2+S_5-S_4$，图 17.2 中 O 是 BD 与 T_r 等温线的交点；另一个是冰的吸热引起水温下降。因此，只是由于冰的吸热引起的水温下降并不等于 (T_B-T_D)，用 T_B 和 T_D 分别代替式(17.2)中的 T 和 T_1 显然是不妥当的。

下面设计一个与实际过程 BD 等价的过程，即图 17.2 中的 $BMND$ 过程（M 点为理想投冰点），以将上述两个因素分开，将系统与外界的热交换引起的温度变化限制在 BM 段和 ND 段，所交换热量与 BD 段系统与外界实际交换的热量相等。为此，我们在曲线 BD 上找一点 C，过 C 点作时间 t 轴的垂线，交 AB 的延长线于 M，交 DE 的反向延长线于 N，使曲边三角形 BMC 的面积 S_1+S_2 与曲边三角形 DNC 的面积 S_3 相等，即 $S_3-S_1=S_2$，那么，过程 $BMCND$ 从外界吸收的净热量为

$$S_3+S_5-(S_1+S_4)=S_2+S_5-S_4$$

这与实际过程从外界吸收的净热量相等。

在过程 $BMCND$ 中，设想冰从 M 点投入，在 N 点全部熔化且使系统温度达到最低点，MN 是瞬间进行的“冰的吸热”过程，没有与外界进行热量交换。这样，过程 $BMCND$ 就把上述两个因素分别用过程 $BM+ND$ 和过程 MN 表示。因此，投冰时水的初温是 T_M，末温是 T_N。T_M-T_N 单纯由于冰吸收热量所引起，用它们分别代替式(17.2)中的 T 和 T_1 即可得到较为准确的测量结果，即式(12.2)可改写为

$$\lambda = \frac{[c_0(m+m_3)+c_1m_1+c_2m_2](T_M-T_N)-c_0m_0(T_N-T_0)}{m_0} \tag{17.4}$$

【实验内容】

①称出量热器内筒的质量 m_1 和搅拌器的质量 m_2。查看其是否为同一种金属材料,以便查出其比热容 c_1 和 c_2。

②测出室温 T_r(℃)。

③配制温水,水温高于室温 10 ℃左右。

④称出温水的质量 m,其水位约为内筒高度的 2/3。

⑤当水温高于室温 8 ℃左右时测自然降温曲线(AB 段)5 min,每 30 s 记一次温度值。

⑥从冰箱里取出冰块敲碎成约 1 cm^3 的小块,用干毛巾包好,放置约 5 min,让冰块温度接近为 0 ℃。投入冰块的质量 m_0 按比例 $m_0/m=15/(T_r+75)$ 进行估算,式中 m 为水的质量,T_r 为室温。

⑦投入冰块,用搅拌器不断轻轻搅拌,每 15 s 记一次温度值,直到温度不再下降。

⑧测自然升温曲线(DE 段)5 min,每 30 s 记一次温度值。

⑨称出量热器内筒及冰水的总质量,计算出冰块的质量 m_0。

⑩自己拟定数据记录表格,记录测量数据。

⑪用坐标纸作图,用查小方格个数的方法确定面积,求出 T_M、T_N,求出冰的熔解热 λ 及总不确定度,并与标准值 334.4 J/g 比较,求出百分误差。

【思考题】

1. 混合法测熔解热必须保证的实验条件是什么?

2. 当冰块投入量热器时,若冰块温度不是 0 ℃时对实验结果的 λ 值有何影响?

实验 18　液体比汽化热的测量

【实验目的】

1. 学习液体比汽化热的测量方法,测量水的比汽化热。

2. 学习集成温度传感器 AD590 的工作原理及其使用的方法。

【实验仪器】

1. 实验仪器

实验仪器如图 18.1 所示。

2. 主要技术参数

①炉温电压:AC 0~200 V 可调。

②数字电压表:四位半数字电压表;量程:0~2 V;分辨率:0.1 mV;准确度:±0.05%。

③集成电流型温度传感器:AD590,工作电压:4.5~20 V;灵敏度:1 μA/℃。

④取样电阻 1 000×(1±0.1%)Ω。

⑤测量液体比汽化热百分误差:小于 5%。

⑥定标用标准温度计 0~50 ℃,分辨率为 0.01 ℃。

⑦电子天平:量程 0~1 kg,分辨率为 0.01 g。

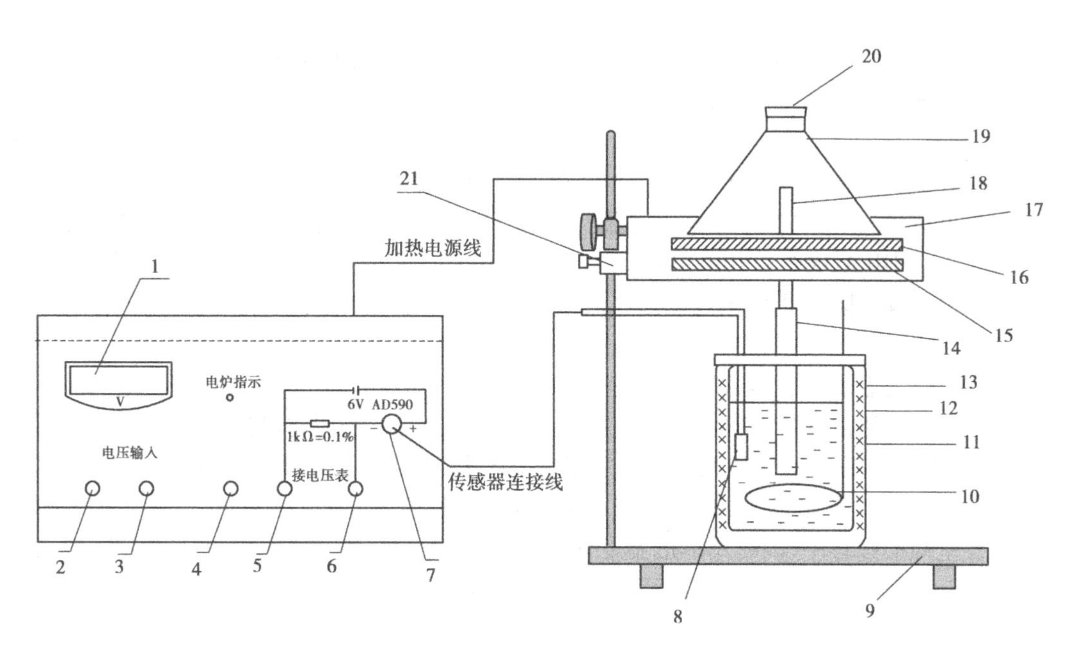

图18.1　液体比汽化热实验仪器

1—四位半电压表(用于测量取样电阻上的电压);2,3—电压表输出正、负极;4—电炉功率调节;5,6—取样电阻压降输出正、负极;7—AD590传感器接口;8—AD590传感器;9—底座;10—铝搅拌器;11—量热器内杯;12—绝热材料;13—量热器外壳;14—橡皮管;15—绝热板;16—电炉加热器;17—托盘;18—通气玻璃管;19—三角烧瓶;20—橡皮塞;21—防滑座

【实验原理】

物质由液态向气态转化的过程称为汽化,有蒸发和沸腾两种不同的形式。不管是哪种汽化形式,它的物理过程都是液体中一些热运动动能较大的分子飞离表面成为气体分子。而随着这些热运动较大分子的逸出,液体的温度将要下降,若要保持温度不变,在汽化过程中就要持续供给液体热量。

通常定义单位质量的液体在温度保持不变的情况下转化为气体时所吸收的热量称为该液体的比汽化热。液体的比汽化热不但和液体的种类有关,而且和汽化时的温度有关。因为温度升高,液相中分子和气相中分子的能量差别将逐渐减小,所以,温度升高时液体的比汽化热要减小。

物质由气态转化为液态的过程称为凝结,凝结时将释放出在同一条件下汽化所吸收的相同的热量,所以,可以通过测量凝结时放出的热量来测量液体汽化时的比汽化热。

本实验采用混合法测定水的比汽化热。方法是将烧瓶中接近100 ℃的水蒸气通过短的玻璃管及一段很短的橡皮管插入到量热器内杯中。如果水和量热器内杯的初始温度为θ_1℃,质量为M的水蒸气进入量热器的水中后被凝结成水。当水和量热器内杯温度均匀一致时,其温度值为θ_2℃,那么温度为θ_3的水蒸气放出的热量等于被吸收的热量,可得

$$ML + MC_W(\theta_3 - \theta_2) = [mC_W + (m_1 + m_2)C_{\text{Al}}](\theta_2 - \theta_1) \tag{18.1}$$

其中,C_W为水的比热容,m为原先在量热器中水的质量,C_{Al}为铝的比热容,m_1和m_2分别为铝量热器内杯和铝搅拌器的质量,L为水的比汽化热。如果测出其他物理量,则由此式可以求出L。

集成电流型温度传感器AD590是由多个参数相同的三极管和电阻组成,该器件的工作电

压范围较宽,可在 4.5 ~ 20 V 范围内工作。该温度传感器的温度升高或降低 1 ℃,那么传感器的输出电流增加或减少 1 μA,即它的输出电流的变化与温度变化满足如下关系:

$$I = B\theta + I_0 \tag{18.2}$$

其中,I 为 AD590 的输出电流,单位为 μA/ ℃;θ 为摄氏温度;B 为常数(斜率);I_0 为摄氏零度时的电流值,该值与冰点的热力学温度 273.15 K 相对应(实际使用时,应放在冰点温度进行校定)。利用 AD590 集成电路温度传感器的特性,可以制成温度计,实际应用时,通常采取测量标准取样电阻 R 上的电压求得电流 I。

【实验内容】

1. 集成电路温度传感器 AD590 的定标

每个集成电路温度传感器的灵敏度有所不同,在实验前,需要将其定标。按图 18.2 进行接线,将 AD590 传感器与仪器面板对应插座连接起来,将取样电阻上的电压输出接口与电压表电压输入接口相连,正极对应正极,负极对应负极(红色为正,黑色为负)。将 AD590 传感器放置在室温的水杯中,同时用标准温度计测温,让水自然冷却或在水杯中加兑入冷水,记录标准温度计读数以及测温电压表显示值。对测量的实验数据用最小二乘法进行直线拟合,求得斜率 B、截距 I_0 和相关系数 r。

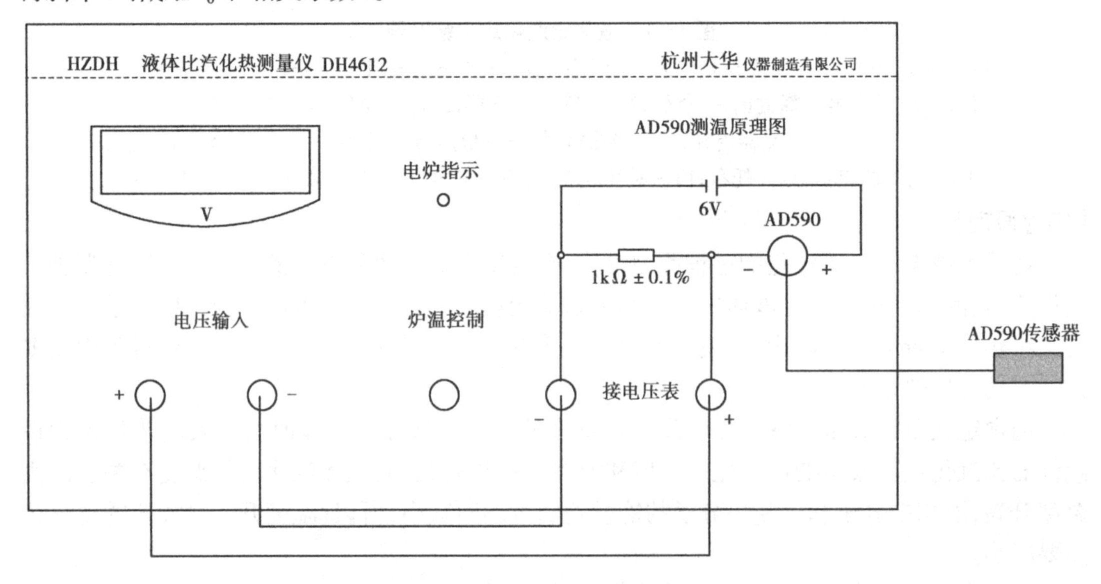

图 18.2 线路连接

2. 水汽化热的测量

①用电子天平称出量热器内杯和搅拌器的质量 $m_1 + m_2$,然后在量热器内杯中加一定量的水,再称出盛有水的量热器和搅拌器的总质量 m_3,减去 m_1 和 m_2 可得到水的质量 m。

②将盛有水的量热器内杯放在冰块上,预冷却到室温以下较低的温度。但被冷却水的温度须高于环境的露点,如果低于露点,则实验过程中量热器内杯外表有可能凝结上薄水层,释放出热量,从而影响测量结果。将预冷过的内杯放回量热器内再放在通气橡皮管下,使通气橡皮管插入水中深约 1 mm,注意橡皮管不宜插入太深以防止通气橡皮管被堵塞。

③将盛有水的烧瓶加热,开始加热时可以将炉温控制电位器顺时针调到底,此时先将三角烧瓶橡皮塞移去,使低于 100 ℃的水蒸气从瓶口逸出。当烧瓶内水沸腾时可以调节炉温控制电位器,保证水蒸气输入量热器的速率符合实验要求。这时要先记录测温电压表的读数

θ_1，接着用橡皮塞盖好三角烧瓶（注意盖好，防止水蒸气从上端泄漏），继续让水沸腾，此时水蒸气将由通气玻璃管不断导入量热器，搅拌量热器内的水；通过一段时间，尽可能使量热器中水的末温度 θ_2 与室温的差值同室温与初温 θ_1 差值相近，这样可使实验过程中量热器内杯与外界热交换相抵消。

④停止电炉通电，并打开三角烧瓶橡皮塞，不再向量热器通水蒸气。继续搅拌量热器内杯的水，读出水和内杯的末温度 θ_2。再一次称量出量热器内杯、搅拌器和水的总质量 $M_{总}$。计算求得量热器中水蒸气的质量 $M = M_{总} - m_3$。

⑤将所得到的测量结果代入公式（18.1），可以求得水在100 ℃时的比汽化热。

【思考题】

1. 如果要测量水在90 ℃时的比汽化热，实验过程与上面的操作有哪些不同的地方？
2. 烧瓶内水沸腾时应该如何调节炉温，以保证水蒸气输入量热器的速率符合实验要求？

实验19　自组电桥测量热电阻的温度特性

电桥是一种比较式测量仪器，具有灵敏度高、准确度好、使用方便的特点。利用电桥的平衡条件，将待测物理量与同种标准物理量进行比较以测定其数值，可以用来直接测量电阻、电容、电感，通过转换法还可以测量频率、温度、位移、压力等物理量。在自动测量和控制技术中，电桥有着广泛的用途。

根据用途的不同，电桥分为直流电桥和交流电桥。按测量范围，直流电桥又分为单臂电桥（惠斯登电桥）和双臂电桥（开尔文电桥）。惠斯登电桥主要用于测量中等大小（即 $10 \sim 10^6\ \Omega$范围内）的电阻；开尔文电桥适用于测量低值（即 $10^{-3} \sim 10\ \Omega$ 范围内）的电阻。本实验使用电阻箱自组单臂电桥测定热电阻的温度系数。

【实验目的】

1. 学习电桥测量电阻的原理和方法。
2. 自组电桥测定热电阻的电阻-温度特性。
3. 通过数据处理求热电阻的电阻温度系数。

【实验仪器】

2 000 mL玻璃烧杯，玻璃试管（直径16 mm），加热器，DS18B20温度传感器，铜电阻，NTC热敏电阻，电阻箱3只，数字式恒温控制仪，数字万用表，检流计，开关，导线等。

【实验原理】

1. 电桥的工作原理

惠斯登电桥的原理如图19.1所示，它是由电阻 R_1, R_2, R_3 和待测电阻 R_x 连成一个封闭的四边形 $ABCD$。四边形的每一条边称为电桥的一个臂，它的一对角 A 和 C 与电池 E 相连，另一对角 B 和 D 与检流计G相连。接入检流计的对角线称为“桥”，适当调节 R_1，R_2 和 R_3 的阻值，可使 B、D 两点的电位相等。此时检流计上无电流通过，指针不发生偏转，称为“电桥平衡”。电桥平衡时，有

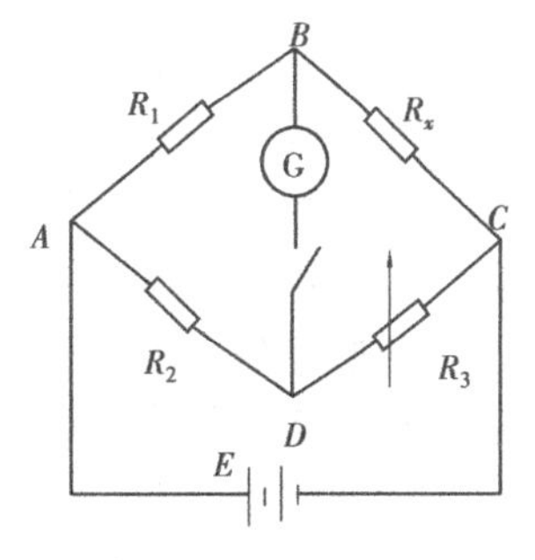

图19.1　电桥

$$V_B = V_D, I_g = 0, I_1 = I_x, I_2 = I_3$$

由此可得

$$\begin{cases} I_1R_1 = I_2R_2 \\ I_1R_x = I_2R_3 \end{cases}$$

上两式相除得

$$\frac{R_1}{R_x} = \frac{R_2}{R_3} \quad 即\ R_1R_3 = R_2R_4 \tag{19.1}$$

式(19.1)即为电桥的平衡条件。由式(19.1)可得

$$R_x = \frac{R_1}{R_2} \cdot R_3 = cR_3 \tag{19.2}$$

式(19.2)就是惠斯登电桥测量电阻的基本公式,若知道$\frac{R_1}{R_2}$的比值 c 和电阻 R_3 就可算出 R_x 的值。

式(19.2)中的 c 值称为比例臂。电桥仪器中为了扩大测量的范围,将其制成一个多挡的旋钮,方便改变。选择 c 值时,应该注意将仪器的 R_3 值的读数旋钮全部都用上,以保证读出的 R_3 值有最多的有效位数,提高测量的精度。

电桥的测量精度主要与以下因素有关:R_3 的精度,c 值的准确性,检流计的灵敏度。

2. 热电阻及其温度系数

电阻值随温度变化而变化的电阻元件统称为热电阻,热电阻可以用作温度传感器。通常把金属材料制成的测温电阻称为热电阻,而半导体材料制成的测温电阻称为热敏电阻。

1)金属材料热电阻

常用的金属材料热电阻是铂电阻和铜电阻。一般金属材料的电阻随温度升高而略有增大,这种材料被称为正温度系数材料。在温度变化不太大的范围内,电阻与温度之间存在着近似的线性关系:

$$R_t = R_0(1 + \alpha t) \tag{19.3}$$

式中,R_t 是温度为 t ℃时的电阻;R_0 是温度为 0 ℃时的电阻。α 称为电阻温度系数,单位为$\frac{1}{℃}$,是反映材料的电阻随温度变化而变化的物理量。金属材料的电阻-温度曲线关系如图19.2所示。

如果得到一组与温度 t 相对应的电阻值 R_t,根据这些数据用作图法或最小二乘法,则可以求出 R_t-t 关系曲线的斜率$K = R_0\alpha$和截距 R_0,由斜率可以求出温度系数为

$$\alpha = \frac{K}{R_0} \tag{19.4}$$

使用最小二乘法时,应该先判断数据中是否存在异常数据。如果没有排除异常数据,使用最小二乘法处理数据时,其结果的误差可能比作图法还高,也可以使用作图法判断是否有误差较大的数据,再用最小二乘法计算斜率和截距。

2)热敏电阻

热敏电阻是用某些元素的氧化物,采用不同的比例配方高温烧结而成,其形状有珠状、片状、杆状、垫圈状等。热敏电阻体积小,可以用于测量其他温度计无法测量的地方,例如生物体内血管的温度等。

热敏电阻对温度的变化非常敏感,其电阻温度系数要比金属大 10 ~ 100 倍以上。热敏电阻主要有 3 种类型:正温度系数型(PTC),负温度系数型(NTC)和临界温度系数型(CTR),它们的特性曲线如图 19.3 所示。

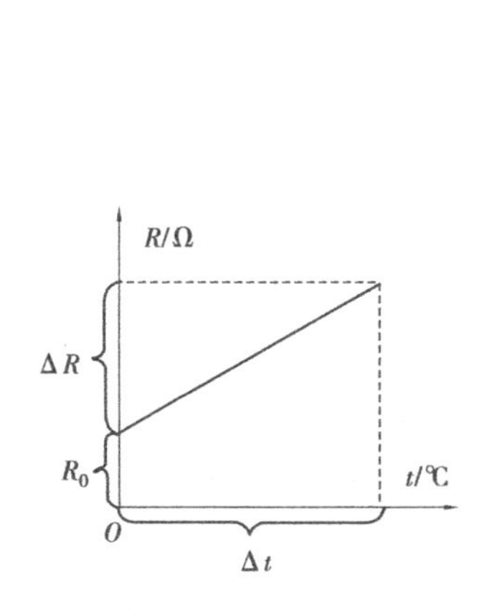

图19.2　金属电阻

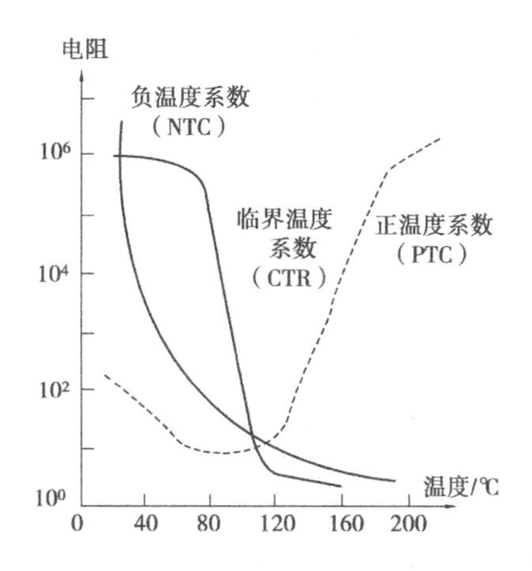

图19.3　热敏电阻温度特征

NTC 热敏电阻具有指数曲线的负温度特性。CTR 热敏电阻具有负温度电阻突变特性，电阻值在某一温度下会急剧减小。PTC 热敏电阻分为陶瓷型及有机材料型两类，PTC 热敏电阻具有正温度电阻突变特性，电阻值在某一温度上会急剧增加 5～6 个数量级。陶瓷型 PTC 热敏电阻功率大，耐高温，已被用来代替镍铬电热丝作发热元件，在冰箱中用作电流过载保护，在电蚊香加热器、自动烘干机等电加热器中用作自动控温元件。有机材料型 PTC 热敏电阻具有动作时间短、体积小、阻值低等特点，已被用于电话程控交换机、手提电脑、手机中的过载保护等。

NTC 热敏电阻通常由 Mg、Ni、Cr、Co、Fe、Cu 等金属氧化物中的 2～3 种均匀混合压制后，在 600～1 500 ℃温度下烧结而成。由这类金属氧化物半导体制成的热敏电阻，具有很大的负温度系数，在一定的温度范围内，NTC 热敏电阻的阻值与温度关系曲线是一条指数曲线，可用下式表示：

$$R_T = Ae^{\frac{B}{T}} \tag{19.5}$$

式中，R_T 为温度为 T 时的电阻值。A 是与电阻尺寸、形式及材料有关的常数，其物理意义是温度为无穷大时的电阻值。B 是半导体材料的电阻温度系数。T 为热敏电阻的绝对温度（$T = 273.15 + t$ ℃）。

若已知两个温度值 T_1 和 T_2 以及相应的热敏电阻值 R_1 和 R_2，便可求出 A，B 两个常数：

$$B = \frac{T_1 T_2}{T_2 - T_1} \ln \frac{R_1}{R_2} \tag{19.6}$$

$$A = R_1 e^{-\frac{B}{T_1}} \tag{19.7}$$

将式(19.7)代入式(19.5)中，可获得以电阻 R_1 作为一个参数的温度特性表达式：

$$R_T = R_1 e^{\left(\frac{B}{T} - \frac{B}{T_1}\right)} \tag{19.8}$$

通常取 20 ℃时的热敏电阻的阻值为 R_1，称为额定电阻，记作 R_{20}。取相应于 100 ℃时的电阻 R_{100} 作为 R_2，此时将 $T_1 = 293.15$ K，$T_2 = 373.15$ K 代入式(19.6)可得：

$$B = 1367 \ln \frac{R_{20}}{R_{100}} \tag{19.9}$$

一般生产厂家都用这种方法求得 B 值，再将 B 值及 $T_1 = 293.15$ K 及 $R_1 = R_{20}$ 代入式(19.7)求得 A 值，则式(19.5)的两个常数都已确定。

表示热敏电阻热电特性的另一个重要参数是电阻温度系数 a_T,它表示温度变化 1 ℃(或 1 K)时,电阻的相对变化量,即

$$a_T = \frac{1}{R_T}\frac{\mathrm{d}R_T}{\mathrm{d}T} \tag{19.10}$$

由式(19.5)求出$\frac{\mathrm{d}R_T}{\mathrm{d}T}$,再代入式(19.10)可得

$$a_T = -\frac{B}{T^2} \tag{19.11}$$

式中,负号表示 NTC 热敏电阻值随温度的增加而减小。由式(19.11)可知,NTC 热敏电阻的电阻温度系数 a_T 与热力学温度的平方成反比,温度不同时,a_T 值不相同,低温时 a_T 的数值很大。

NTC 热敏电阻的优点是电阻温度系数大、灵敏度高、热容量小、响应速度快,而且分辨率很高可达 10^{-4}℃。其主要缺点是互换性差,非线性大,可用温度系数很小的电阻与热敏电阻串联或并联,进行线性化处理,使等效电阻与温度的关系在一定的温度范围内呈线性。

对式(19.8)两边取对数,可得

$$\ln R_T = B\left(\frac{1}{T} - \frac{1}{T_1}\right) + \ln R_1 \tag{19.12}$$

在一定温度范围内,$\ln R_T$ 与$(1/T - 1/T_1)$成线性关系,可以用作图法或最小二乘法求得斜率 B 的值。实验室条件下,可以取室温为 T_1 测出 R_1,并由式(19.7)求得 A 值。

本实验中自组电桥如图 19.4 所示,电阻 R_1、R_2、R_3 用 3 只电阻箱代替,R_x 为待测金属电阻或热敏电阻,1.5 V 电源由直流稳压电源提供,检流计为灵敏电流计。

比例臂值 $c = R_1/R_2$ 可以取 1。实验中要控制热电阻自身电流产生的热量,通过热电阻的电流不能超过 100 μA,根据此要求,要对电阻箱的设定值进行预先计算,即电阻 R_1 与 R_x 串联的电路中电流要控制在 100 μA 内。用数字万用表粗测 R_x 值后,可以计算出 R_1 的值。

实验仪器中使用的测温元件为 DS18B20,是较新的集成电路智能式温度传感器,温度由单线输出。测温范围为 -55 ℃ ~ +125 ℃,测量分辨率为 0.062 5 ℃,广泛用于温度测量及控制中,具有体积小、接口方便、传输距离远等特点。

【实验内容】

1. 实验步骤

①检查仪器,将面板上电压和搅拌的电位器旋钮逆时针旋到底,即旋到最小值。

②在 2 000 mL 大烧杯内注入 1 600 mL 左右的净水,放入磁性浮子,盖好铝盖,加热器和玻璃试管放入水中,注意玻璃试管内要保持有一定量的甘油(或变压器油)。

③将 DS18B20 测温传感器插头插入仪器后面的插座上,DS18B20 的测温头放入注有甘油的玻璃试管内,测温头要淹没在液体中。

④用导线将面板上直流电压输出端与电压表输入端分别连接,打开电源开关,检查输出电压,将输出电压调节为 1.3 ~ 1.5 V。为减小自热效应,工作电压不超过 1.5 V,用数字万用表粗测热电阻常温时的电阻,计算合适的电阻值 R_1,R_2。

⑤将电阻箱、热电阻、开关、直流电源、检流计用导线按图 19.4 连接,将热电阻放入注有油的玻璃试管内。

⑥打开电源开关,待温度显示值出现“b = = . = ”时,按“升温”键,设定所需的温度;再按“确定”键,此时加热指示灯闪光,加热开始,同时显示“A = = . = ”为当时的水温。再次

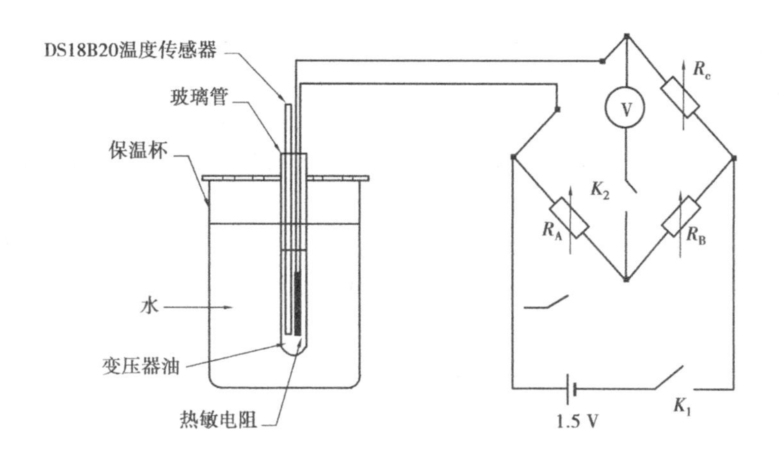

图 19.4　实验装置

按“确定”键时,显示“b　=　=　.　=”, 表示原设定值。重复按“确定”键可轮换显示 A、b 值,A 为水温值,b 为设定值。按“复位”键可以重新开始设置。

第一测量点的温度可以用室温,注意可以先拔出加热器的电源插头。待室温测量完后,再插入插头,然后设定温度开始加热。

⑦打开仪器电源开关,调节电阻箱 R_3,使电桥平衡,测量室温时热电阻的阻值,读取温度和电阻值。

⑧设定加热温度,从室温到 70 ℃,测量 10 组温度、电阻数据。

⑨将金属热电阻换成热敏电阻,重复上面实验步骤⑦、⑧,测量 10 组数据。

⑩选择合适的数据处理方法,计算金属电阻和热敏电阻的常数,并用实验数据对计算得出的常数进行验证。

2. 注意事项

①加热过程中,可以跟踪调节电阻箱,一旦电桥平衡,先读出温度值,然后再读电阻值。还可以预设电阻值,待电桥平衡时,即刻读取温度值。

②烧杯要放在机箱顶面上有中心标记的位置上,搅拌器转速不宜太快,否则转子有可能偏离中心而停止工作。烧杯倒水时,注意先取出磁性浮子,以免遗失。

③待测电阻及 DS18B20 温度传感器必须插入玻璃管内的油中,否则测量不准确。

【思考题】

1. 热敏电阻工作电流越小,自热效应越小。设计一个实验方案,测量工作电流对热敏电阻的电阻值的影响情况。

2. 根据 PTC 热敏电阻的电阻温度特性,你能开发该元件哪些新的应用?

3. 能否用伏安法测量 NTC 热敏电阻的电阻值? 为什么?

实验 20　用电位差计测量热电偶的温度特性

热电偶是一种能将温度物理量转换为电势大小的热电式传感器。热电偶被广泛地用来测量 100 ~ 1 300 ℃范围内的温度,目前已有测量更高或更低温度的热电偶。热电偶具有结构简单、使用方便、精度高、热惯性小,便于远距离传送与集中检测、自动记录等优点。

本实验采用电位差计测量热电偶的温差电动势。电位差计是一种高精度和高灵敏度的比较式测量仪器,其测量精度可以达到0.001%。在精密测量中,电位差计应用十分广泛,它还被用来对常规测量仪器,如电表、电桥等进行校准。电位差计不但可以测量电动势,配上不同的传感器还可以对非电量(如压力、位移、温度等)进行精确测量,在自动检测和自动控制中发挥着重要作用。

1988年,我国物理学名词审定委员会把电位差计审定为电势差计(Potentiometer),由于我国企业界长期使用电位差计这一名称,故此仍沿用这一名称。

【实验目的】

1. 学习热电偶的温度特性,观察温差电现象。

2. 学习电位差计的工作原理,掌握电位差计的使用方法。

3. 测量热电偶的温度-电动势关系曲线。

【实验原理】

1. 热电偶的温度特性

1)热电效应

1823年塞贝克(Seebeck)发现,由两种不同的金属所组成的闭合回路中,当两个接点处的温度不同时,回路中就要产生热电势。这个现象被称为塞贝克效应或热电效应,此热电势也被称为塞贝克电势。

如图20.1所示,两种不同材料的导体A和B,两端连接在一起,一端温度为T_0,另一端为T。当T与T_0不同时,在这个回路中将产生一个电势E_{AB}。这类由两种不同材料构成的热电变换元件称为热电偶,A、B导体称为热电极。两个接点,一个为热端,又称工作端;另一个为冷端,又称为参考端。

热电偶回路的总热电势为

$$E_{AB}=\int_{T_0}^{T}\alpha \mathrm{d}t \tag{20.1}$$

式中,α为热电势率或塞贝克系数,其值随热电极材料和两接点的温度而定。进一步研究发现,热电效应产生的电势是由珀尔帖(Peltier)效应和汤姆逊(Thomson)效应引起的。

①珀尔帖效应。

如图20.2所示,相同温度的两种不同金属A、B互相接触时,由于不同金属内自由电子的密度不同,在两金属的接触处会发生自由电子扩散的现象。自由电子将从密度大的金属A扩散到密度小的金属B,从而使A失去电子带正电,B得到电子带负电。当在接触处形成强度充分的电场后,电子的扩散就停止下来。两种不同金属在接触处产生的电动势称珀尔帖电势,又称接触电势。接触电势$E_{AB}(T)$的大小由两种金属的特性和接点处的温度所决定。

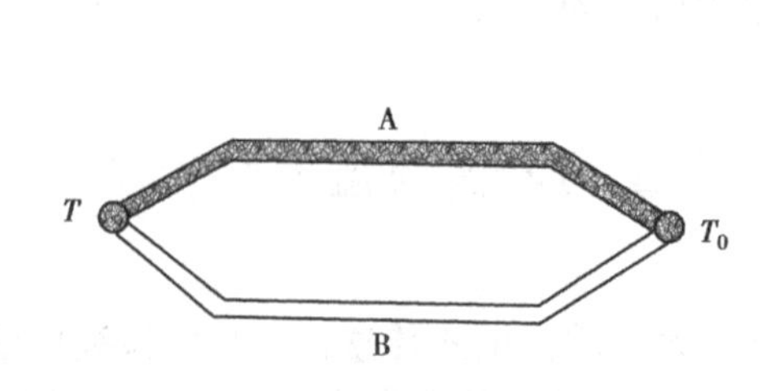

图20.1 热电效应

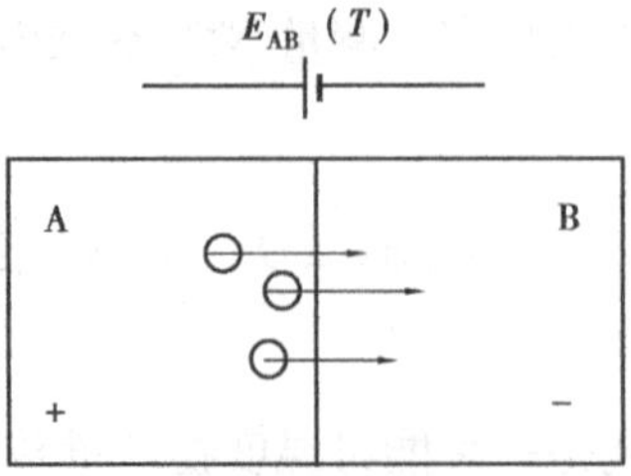

E_{AB} (T)

A B

\+ −

图20.2 珀尔帖效应

②汤姆逊效应。

如图20.3所示,一匀质导体的两端如果温度不同,则沿此导体长度上有温度梯度。导体内自由电子将从温度高的一端向温度低的一端扩散,并在温度较低一端积聚起来,使导体内建立起一个电场。当此电场对电子的作用力与扩散力相平衡时,自由电子扩散作用即停止,由此电场产生的电势称为汤姆逊电势或温差电势。

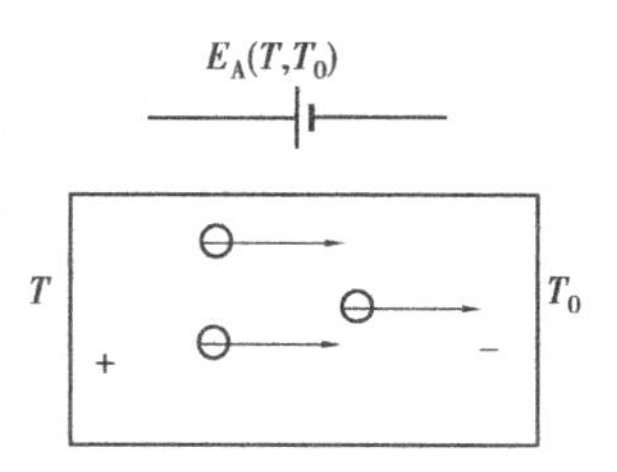

图20.3　汤姆逊效应

温差电势可以表示为

$$E(T,T_0)=\int_{T_0}^{T}\sigma \mathrm{d}t \tag{20.2}$$

式中,σ 称为汤姆逊系数,它表示温差为一定时所产生的电势值。σ 的大小与材料性质和导体两端的平均温度有关。通常规定:当电流方向与导体温度降低方向一致时,σ 取正值,反之则 σ 取负值。对于导体A、B组成的热电偶回路,当接点温度 $T>T_0$ 时,回路的温差电势等于导体温差电势的代数和,即

$$E_{\mathrm{A}}(T,T_0)-E_{\mathrm{B}}(T,T_0)=\int_{T_0}^{T}\sigma_A \mathrm{d}t-\int_{T_0}^{T}\sigma_B \mathrm{d}t=\int_{T_0}^{T}(\sigma_A-\sigma_B)\mathrm{d}t \tag{20.3}$$

热电偶回路的温差电势只与热电极材料和两接点的温度有关,而与热电极的几何尺寸和沿热电极的温度分布无关。

③热电效应。

综合珀尔帖效应和汤姆逊效应来考虑,如图20.4所示的热电偶回路,当接点温度 $T>T_0$ 时,其总电势为

$$\begin{aligned}E_{\mathrm{AB}}(T,T_0)&=E_{\mathrm{AB}}(T)-E_{\mathrm{AB}}(T_0)+\int_{T_0}^{T}(\sigma_A-\sigma_B)\mathrm{d}t\\&=\left[E_{\mathrm{AB}}(T)+\int_{0}^{T}(\sigma_{\mathrm{A}}-\sigma_{\mathrm{B}})\mathrm{d}t\right]-\left[E_{\mathrm{AB}}(T_0)+\int_{0}^{T_0}(\sigma_{\mathrm{A}}-\sigma_{\mathrm{B}})\mathrm{d}t\right]\\&=E'_{\mathrm{AB}}(T)-E'_{\mathrm{AB}}(T_0)\end{aligned} \tag{20.4}$$

式中　$E'_{\mathrm{AB}}(T)$——热端的热电势;

$E'_{\mathrm{AB}}(T_0)$——冷端的热电势。

热电偶回路总电势的情况归纳如下:

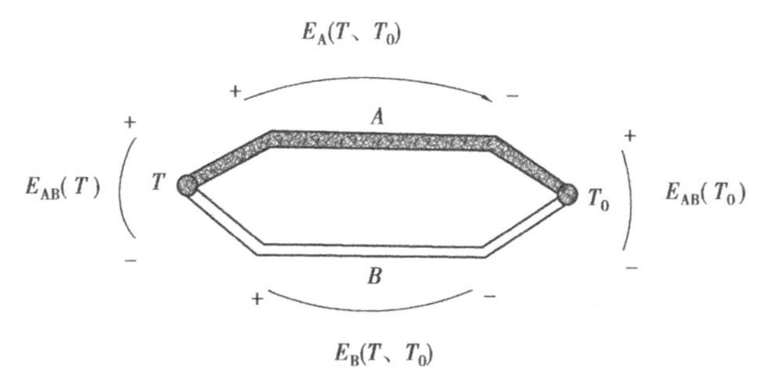

图20.4　热电偶总电势

a.两个电极的材料相同、两个接点的温度相同时,珀尔帖电势和汤姆逊电势均为零,不会产生电势。

b.两个电极的材料相同但两个接点的温度不同时,珀尔帖电势为零,两个汤姆逊电势大小相等、方向相反,总电势为零。

c. 两个电极的材料不同但两个接点的温度相同时，汤姆逊电势为零，两个珀尔帖电势大小相等、方向相反，总电势为零。

d. 两个电极的材料不同，两个接点的温度也不同时，两个珀尔帖电势和两个汤姆逊电势均不为零。总电势 $E_{AB}(T,T_0)$ 便为二接点温度 T 和 T_0 的函数，即

$$E_{AB}(T,T_0) = E(T) - E(T_0) \tag{20.5}$$

当 T_0 不变时，$E(T_0)$ 为常数，则总电势便为热电偶热端温度的函数：

$$E_{AB}(T,T_0) = E(T) - c = \alpha(T) \tag{20.6}$$

由此可知，$E_{AB}(T,T_0)$ 和温度 T 有单值对应关系，这便是热电偶测温的基本公式。

实验和理论都表明，若在 A、B 的一个接触点之间接入第三种材料 C，只要结点 C 两端温度相同，则和 C 两端直接连接时的热电势一样，这就是中间导体定律，这为热电偶测量时加测量引线带来了方便。实验时，热电偶的接法如图 20.5 所示。

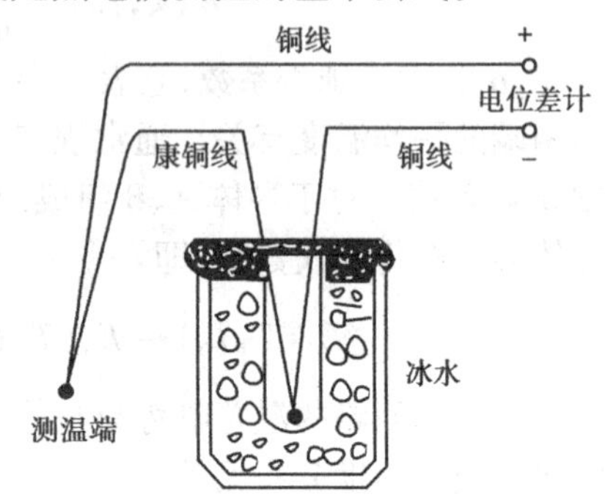

图 20.5　热电偶接线

2) 常用的热电极材料及热电偶

从前面的分析知道，任意两导体或半导体都可以组合成热电偶，但实用中希望热电偶的热电势较大、热电势与温度之间尽量地呈线性关系，而且测温的范围较宽。此外，还希望热电偶元件的物理和化学性能稳定、不易氧化和腐蚀，电阻温度系数和导电率高等，并不是所有的材料都适于制作热电偶。一般地讲，纯金属热电偶容易复制，但热电势小；非金属热电极热电势大、熔点高，但复制性和稳定性都较差；合金热电极的热电性能和工艺性能介于两者之间，所以合金热电极用得较多。

常用的热电偶有：

①铂铑 - 铂热电偶。这种热电偶是贵金属热电偶，其正极较硬，是 90% 铂、10% 铑的合金（简写铂铑 10）。负极柔软，是纯金属铂。它用于较高温度的测量，短时间内可测量 1 600 ℃，长时间可工作在 1 300 ℃以下，一般用于较精密的测温或用作标准热电偶。由于它的热电势较小，本身电阻大，测量时需配用灵敏度和准确度较高的仪表。

铂铑-铂热电偶有很多优点，尤其在稳定性方面，所以目前被规定为国际实用温标，在 630.74 ~ 1064.43 ℃范围内复现温标的基准仪器。

②镍铬-镍硅热电偶。这种热电偶是非贵金属热电偶中性能最稳定的一种，其热电极通常做得较粗，它的正极不亲磁，是 90% 镍、9% ~ 10% 铬、0.4% 硅的合金。负极稍亲磁，是 90% 镍、2.5% ~ 3% 硅、0.6% 钴的合金。因热电极中含有大量镍，故高温下抗氧化能力和抗腐蚀能力都很强。

镍铬-镍硅热电偶在短时可用到 1 200 ℃，长时间可工作在 1 000 ℃以下。其线性度较好，相同温度下，它的热电势值比铂铑-铂热电偶大 4 ~ 5 倍。

③镍铬-考铜热电偶。这种热电偶的颜色较暗，是 90% 镍、9% ~ 10% 铬、0.4% 硅的合金。负极呈银白色，是 43% ~ 44% 镍、56% ~ 57% 铜的合金。负极因含有一半以上的铜而容易氧化。

该热电偶短时可用到 800 ℃，长期可工作在 600 ℃以下，适用于还原或中性介质中。在标准分度的热电偶中，它的热电势最大，分度曲线也较接近线性，测量精度也高，目前应用较广。

④铜-康铜热电偶。这种热电偶属于低温热电偶,是低温热电偶中唯一定型的通用热电偶。其正极为红色,是纯铜;负极是银白色,是60%铜、40%镍的康铜合金,主要用于 -200 ~300 ℃区间的温度测量。它在低温时具有较好的稳定性,目前在 -100 ~0 ℃被用作标准热电偶,用于校定其他低温仪表。

本实验使用的铜-康铜热电偶在常温范围内,温差电动势 E_X 与温度差$(t-t_0)$的关系近似为

$$E_X=\alpha(t-t_0) \tag{20.7}$$

式中,α 为热电偶常数或温差电系数,其物理意义是该热电偶在温差为1 ℃时的温差电动势。铜-康铜热电偶 $\alpha_{公认}=4.28\times10^{-2}$mV/ ℃。

热电偶在用于温度测量时,冷端温度保持不变,作为参考端,其热端则与被测物体接触,测出此时的温差电动势 E_X。若已知温差系数 α,则可由式(20.7)求出待测点的温度 t。

2. 电位差计

用电压表测量直流电路中电源的电动势时,总要消耗被测电动势的部分能量,测得的不是电动势,而是端电压,它小于电动势。要想准确地测量电动势,可以用补偿的方法来解决。补偿法的基本思路是另外产生一个量,与被测量相比较,当新产生的量与被测量相同时,对新产生的量进行测量,而不影响被测量原来的状态。

补偿法原理如图20.6所示,E_X 是待测电动势,AD是电阻。调节B、C,则电压 U_{BC}改变,当检流计G指示为零时,有

$$E_X=U_{BC} \tag{20.8}$$

此时,E_X 与 U_{BC}大小相等,方向相反,回路中电流为零,称为电路处于补偿状态。此时,测出 U_{BC}的值,就可知道 E_X,这种测量方法称为补偿测量法,其实质是一种比较测量的方法。

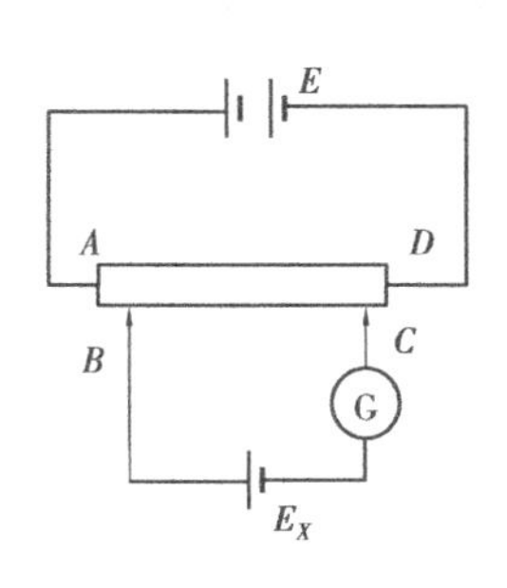

图20.6 补偿法原理

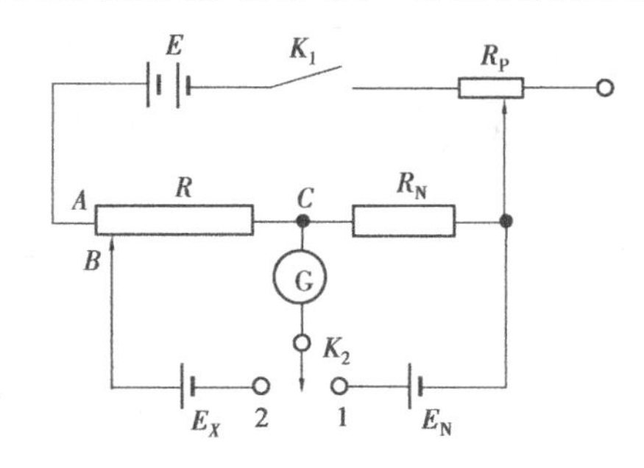

图20.7 电位差计原理

电位差计工作原理如图20.7所示,其电路可以分为三个基本回路。

①工作电流调节回路:由开关 K_1、工作电源 E、补偿电阻 R、标准电阻 R_N 和可调电阻 R_P 构成,作用是提供稳定的工作电流。调节 R_P,可以改变工作电流的大小。

②标准工作电流回路:由标准电阻 R_N、标准电池 E_N、开关 K_2 和检流计G构成,其作用是使工作电流 I 处在标准状态下(即校准电位差计)。合上 K_1,将 K_2 拨向1端,调节 R_P,使检流计指示为零,此时 R_N 上的电压降与 E_N 相等,即

$$I=\frac{E_N}{R_N} \tag{20.9}$$

③测量回路:由待测电动势 E_x、开关 K_2、检流计G和电阻 R 的一部分构成。在工作电流标准化之后,将 K_2 拨向2端,再调节滑动头B的位置,使检流计指示为零。此时,R_{BC}的电压

降与 E_X 相等,而工作电流 I 并未改变,故有

$$E_X = U_{BC} = IR_{BC} \tag{20.10}$$

将式(20.9)代入式(20.10),可得

$$E_X = \frac{R_{BC}}{R_N} \cdot E_N \tag{20.11}$$

由于 E_N、R_N 可视为常量,因此 R 的分度可以转化为电动势的值,标注在电阻 R 的刻度盘上,直接读出 E_X 的数值。

④电位差计的测量精度。

从以上的工作原理分析中,我们可以看出,当电路处于补偿状态时,测量回路中电流为零,回路既不向待测电动势输入电流,也不让待测电动势输出电流,待测电动势不因测量而发生变化,因而能准确地进行测量。测量结果的准确度依赖于标准电池的电动势、标准电阻和读数盘电阻的准确度,此外,还与检流计的灵敏度和工作电源的稳定度相关。

由于标准电池和标准电阻都有较高的准确度,工作电源也可以做到高稳定度,配以适当灵敏度的检流计,可以获得较高的测量精度。UJ33a 型电位差计的测量精度可达 1 μV。

【实验仪器】

UJ33a 型电位差计,FB203 型多挡恒流智能控温实验仪,铜-康铜热电偶,杜瓦瓶等。

【实验内容】

1. 实验步骤

①熟悉掌握 UJ33a 型电位差计和 FB203 型控温实验仪的性能及使用方法,设计好记录表格。

②根据图 20.8 所示用专用导线将实验装置进行连接。恒流输出电源线、信号输入线和风扇电源线是必须要连接的导线,传感器导线根据需要连接。

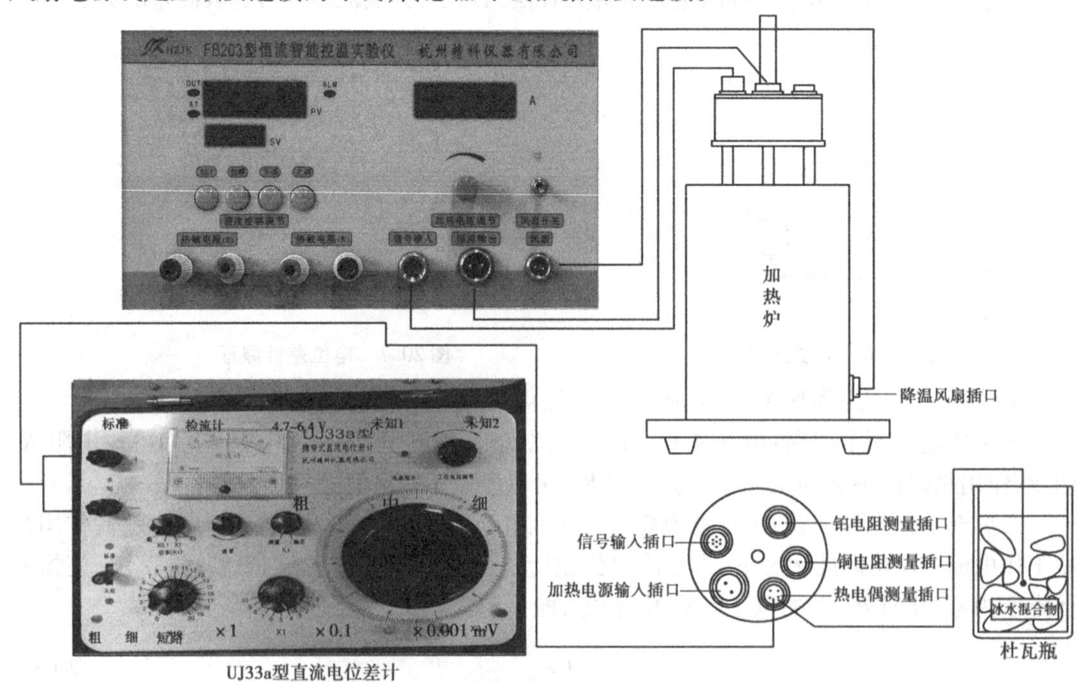

图 20.8 热电偶温差电动势测量接线图

a. 将热电偶线接头端与加热炉上“热电偶测温插口”连接,将测温端引线接入 UJ33a 电位

差计的“未知”端,注意红线接“+”端,黑线接“-”端。

b.从冰箱取出冰块,在铝盘中敲碎成1.0 cm^3 大小的块状待用。小心打开杜瓦瓶胶盖,注意不要损坏玻璃管,也不要将玻璃管内的油倒出来。将准备的冰块(包含融化成水的冰)放入杜瓦瓶内,冰水混合物约占杜瓦瓶3/4的体积。将杜瓦瓶胶盖盖紧,再将热电偶的冷端插入玻璃管内的油中,冷端温度可以近似为 $t_0=0$ ℃(实际温度可以用点温度计测量)。

③打开电位差计电源开关,先将加热电流调节为零,同时关掉风扇开关。设置加热温度为100 ℃。

④将倍率开关(K_1)从“断”旋至所需倍率(“×1”挡),预热1 min后,调节“调零”旋钮,使检流计指针指零。

⑤将“测量-输出”旋钮(K_3)旋在“测量”位置,扳键开关扳向“标准”位置,仔细调节“工作电流调节”旋钮,直到检流计指零,此时工作电流标准化。

⑥将板键开关扳向“未知”,依次调节测量盘×10、×1、×0.1,使检流计指向零,此时被测电势为3个测量盘读数之和与倍率开关的倍率之乘积。即

$$E_X=(a\times10+b\times1+c\times0.1)\times\text{倍率} \tag{20.12}$$

式中　a、b、c——分别为3个测量盘的指示数。

⑦室温时的测量结束后,将加热电流调节为0.6~1.0 A,开始加热,每隔5 ℃左右记录一组数据(t,E_X),直到100 ℃为止。开始加热后,温度是变化的,测量时应提前进行跟踪,一旦达到补偿状态应立即读取温度值,然后再读取电势值。如果升温太快,可以减小加热电流,以保证测量精度。

⑧作热电偶 E_X-t 曲线。用直角坐标纸作 E_X-t 曲线,相邻点用直线相连接,两个相邻点之间的数据可以用线性内插法予以近似。所以,有了 E_X-t 曲线,热电偶便可以作为测温仪器使用了。

⑨求铜-康铜热电偶的温差电系数 α。在本实验温度范围内,E_X-t 函数关系近似为线性,即 $E_x=\alpha t$(因 $t_0=0$ ℃),所以,在图上可作出线性化后的平均直线,然后在直线上选取两点的坐标值计算斜率从而求得 α,也可以使用最小二乘法计算斜率。

⑩将求出的 α 值与公认值比较,计算百分误差 E。

2.注意事项

①测量过程中,稳压电源可能有微小的变化会导致工作电流变化,所以,长时间使用时应经常检查工作电流是否标准。

②温度升高后,热电势增大,每超过10 mV时,需要调大×1挡的旋钮一格。每超过100 mV时,需要调大×10挡的旋钮一格。升温时也可以先设定每个测量点的温度,等温度进入恒温控制后再测量。这种方法花费的时间较长。

③温度设置方法如下:

a.长按“SET”键5 s以上,数字出现闪动,进入设置状态;

b.按“位移”键,选择需要调节的数字位置;

c.按“上调”或“下调”键设置温度值;

d.再次长按“SET”键5 s以上,数字不再闪动,退出设置状态。

④测量时,可以先做一次升温测量,然后开启风扇,再做一次降温测量,最后取升温降温测量数据的平均值作为最后测量值。

⑤测量结束后,电位差计的倍率开关应放在“断”的位置,扳键开关应放在中间位置并关

掉电源开关。

实验中可以使用 UJ33d 数字式直流电位差计测量,更为方便、准确。

【思考题】

1. 使用电位差计时,有三次检流计指零各表示什么意思?其顺序能否调换?

2. 采用数字式电压表能否准确测量温差电动势?

3. 能否用电位差计校正电压表?写出你的测量回路和主要步骤。

【知识拓展】UJ33D 数字式直流电位差计

1. 简介

UJ33D 型数字式直流电位差计是一台集测量和输出毫伏信号于一体的智能型数字化仪器,可用于校准和检定多种工业仪表。仪器采用高性能的模数转换器和单片机。具有高精度、宽量程和高分辨率等优点,可显示毫伏值或 5 种热电偶所对应的温度值,量程自动转换。其输出信号的调节细度、稳定性及输入输出阻抗满足校验工业仪表的要求。仪器还具有零点和幅值校准功能,保证了仪器出厂后的长期精度。

2. 技术指标

1)输出功能的指标及用途

表 20.1

输出范围	准确度(FS)	分辨率	输出电阻	用　途
(−3 ~78)mV 输出	0.05% ±2 字	1 μV	≤5 Ω	校准温控仪、毫伏表
(−3 ~625)mV 输出	0.05% ±2 字	10 μV	<100 Ω	校准毫伏表、酸度计
(−3 ~2 500)mV 输出	0.05% ±2 字	100 μV	<100 Ω	校准毫伏表、酸度计

2)测量功能的指标及用途

表 20.2

量　程	准确度(FS)	分辨率	输入电阻	用　途
三量程自动转换	同输出指标	同输出指标	>1 MΩ	热电偶标定、精密测量

3)环境要求

温度(−5 ~45)℃,相对湿度小于 80%。保证准确度的温度范围为(20 ±5)℃。应避免在强电场强磁场附近使用仪器。

3. 面板说明

面板示意如图 20.10 所示。

面板功能说明。

①开关:面板上的按钮为仪器的工作开关,仪器后面的按钮为交流电源开关。

②液晶显示屏:小数点位置随量程自动切换,带负极性显示。屏右边的发光二极管用于指示单位(mV 或 ℃)。

③面板左下角的自锁键用于显示毫伏值和温度值的切换。

④输入输出端:红色为“+”端,黑色为“−”端。

⑤功能转换开关:用于调零、测量和输出范围的切换。

⑥输出粗调:把输出调到近似所需的值。输出细调:粗调后再把输出微调到所需值。

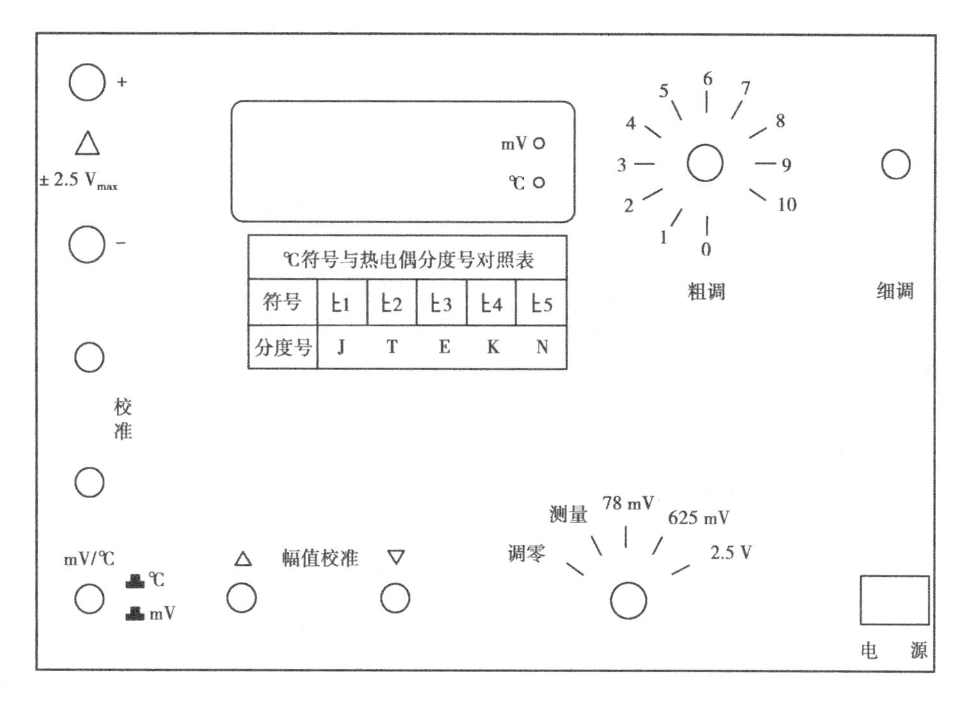

图 20.10　UJ33D 数字电位差计

⑦两个幅值调准键。

⑧校准:用于幅值调准时的短接插孔。

4. 使用方法

1)操作前的准备

仪器应防止受剧烈震动,接通电源前应将输出粗调和细调都沿逆时针调到最小。

2)操作步骤

①打开电源:市电供电时,要同时打开仪器后面和面板上的开关。

②调零:功能开关置于"调零",按动↑键 3 s,即可完成调零工作。

③测量:功能开关置于"测量"位置,输入外部信号进行测量。仪器根据被测电压的大小,在 78 mV、625 mV、2.5 V 3 个量程上自动转换。仪器工作在测量态时,应先开机再加被测量。仪器输入端的过量程保护为 ±5 V,以免造成损坏。

④输出:功能开关置于所需的输出范围上,输出粗细调均逆时针置于最小,按电源开关后,调节粗调旋钮,显示器有输出显示。把输出调回零,在输出端钮上接上负载,根据使用要求切换开关于合适的挡上,缓慢调节粗、细调旋钮,使显示器指示所需的输出值。

⑤毫伏/温度显示值切换:仪器工作在 0 ~ 78 mV 的输入输出范围时,按动 mV/ ℃切换键,可选择显示值为毫伏或温度,单位指示发光二极管也随之切换为 mV 或℃。当显示值为温度时,按动↑键或↓键可切换 5 种不同分度号热电偶所对应电势的温度值。此时,8 位液晶显示器的第 8 位显示"t",第 7 位随↑、↓键在 1、2、3、4、5 间切换,分别代表热电偶分度号J、T、E、K、N;第 6 位是符号位;第 5 ~ 1 位是分辨率为 0.1 ℃的温度值。

当显示值为毫伏值时,8 位液晶显示器的第 8 位显示 U;第 7 位不显示;第 6 位是符号位;第 5 ~ 1 位是毫伏值。

实验21 电子示波器的使用

电子示波器(简称示波器)是用来显示电压随时间变化的曲线的一种电子仪器,它也可以显示两个电压信号间变化关系的图像。

示波器的用途极其广泛,一切可以转化为对应电压的电学量(如电流、电功率、阻抗等)和非电学量(如温度、位移、速度、压力、声强、光强、磁场、频率等)都可以用示波器进行测量,研究它们随时间变化的过程。

【实验目的】

1. 了解示波器显示图像的原理。

2. 学习示波器和低频信号发生器的使用方法。

【实验原理】

示波器能显示各种电压的波形,可用来测定电压信号的周期、频率、幅度和相位等。

1. 示波器的主要组成部分

如图21.1所示,示波器主要由示波管、扫描及整步装置、放大与衰减装置、电源4个部分组成。

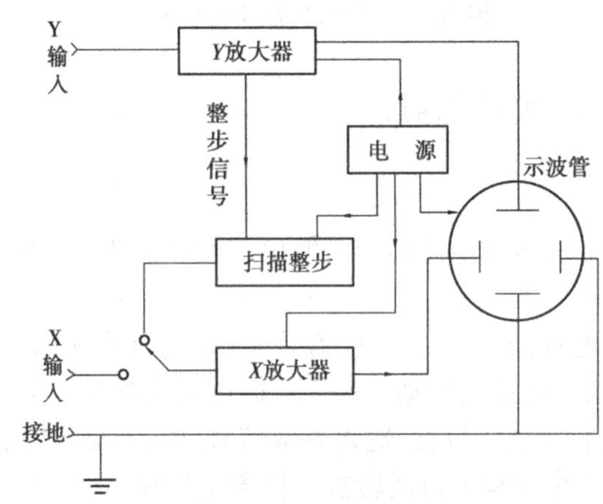

图21.1 示波器方框图

1)示波管

示波管是示波器显示图像的关键部件,如图21.2所示,主要由电子枪、偏转极和荧光屏三部分组成。

①电子枪:是由灯丝、热阴极、控制栅极、加速极、第一阳极和第二阳极构成。作用是发射电子束,打在荧光屏上,激发荧光物质发亮。

②偏转极:示波管内装有两对互相垂直的极板,光点偏转的距离与极板上所加偏转电压成正比。改变偏转电压的大小可使光点移动。

③荧光屏:内壁涂有发光物质,电子束打在其上后即发光。在电子轰击停止后,发光仍能维持一段时间,称为余辉。

2)电压放大与衰减装置

电压放大与衰减装置包括X轴放大器衰减器、Y轴放大器衰减器。

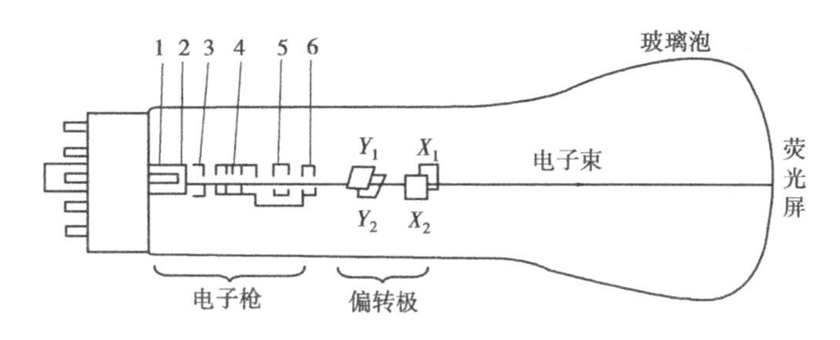

图21.2　示波管

1—灯丝;2—热阴极;3—控制栅极;4—加速极;5—第一阳极;6—第二阳极

小信号电压加于偏转板时,电子束不能发生足够的偏转,光点位移过小,不便观察。为此设置 X 轴及 Y 轴放大器,把小信号电压放大后再加到偏转板上。

过大的信号电压输入放大器时,放大器不能正常工作甚至受损,这就需要设置衰减器,使过大的信号减小。

2.示波器显示波形的基本原理

偏转板上加有电压时,电子束的方向才会在偏转电场的作用下发生偏转,从而使荧光屏上亮点的位置跟着变化。

1)示波器的扫描

在 Y 偏转板上加一个正弦波电压,则荧光屏上的亮点在垂直方向上作正弦振动,由于发光余辉现象和人眼的视觉残留效应,在荧光屏上可看到一条垂直的亮线段,线的长度与正弦波的峰-峰值相同,如图21.3所示。

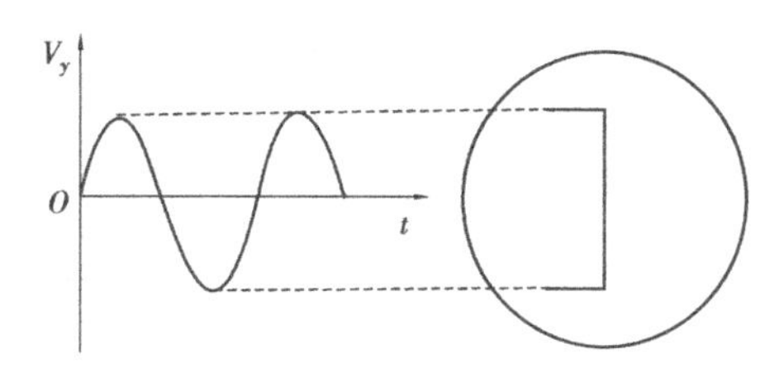

图21.3　Y 偏转板上加正弦交变电压

要在荧光屏上展现正弦波形,就需要将光点沿 X 轴展开。为此,在 X 轴偏转板上加一扫描电压,如图21.4所示。扫描电压随时间变化的关系如同锯齿一样,故又称为锯齿波电压。单独把锯齿波电压加在 X 偏转板上而 Y 偏转板上不加电压信号时,只能看到一条水平的亮线,一般称为时间基线。

在 Y 轴加正弦电压 V_y 的同时,在 X 偏转板上加扫描电压 V_x,则电子束不但受到垂直方向电场力的作用而且还受到水平方向电场力的作用。若扫描电压和正弦电压周期完全一致,则荧光屏上显示的图形将是一个完整的正弦波,如图21.5所示。如 V_x 的周期为 V_y 的 n 倍(整数),即 $T_x = nT_y$,或 V_x 的频率为 V_y 的 $1/n$ 倍,即 $f_x = f_y/n$,荧光屏上显示 n(整数)个正弦波形。

2)示波器的整步

由图21.5可以看出,当 V_y 与扫描电压 V_x 周期成整数倍关系,则荧光屏上显示出一条稳定的正弦曲线。如果它们的周期不成整数倍关系,那么,荧光屏上显示的图形就不是一条稳定的曲线。所以,扫描电压 V_x 的频率必须可以调节,使其与输入信号的频率成整数倍,这个调整过程称为“同步”或“整步”,也称“触发”。示波器中引入一个可以调节的电压,对扫描电压的频率进行自动跟踪控制,以准确满足上述关系,所引入的电压叫整步电压。整步电压可取自被测信号(称内整步)或电源电压(称电源整步);也可将另一外加信号由整步输入接线柱接入,称为外整步。整步电压不可过大,否则尽管图形是稳定的,但不能获得被测信号的完整波形。

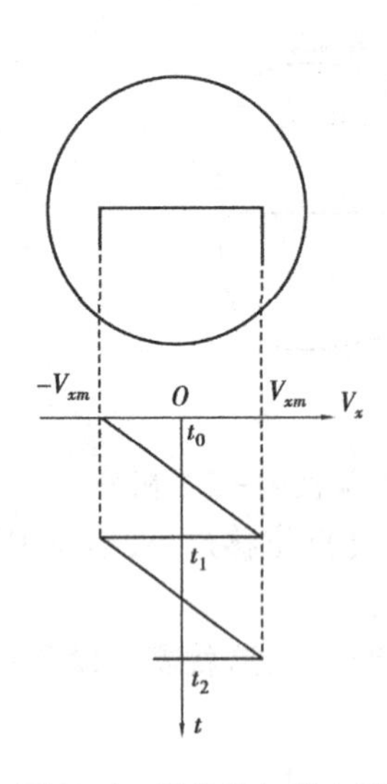

图 21.4　锯齿波扫描电压

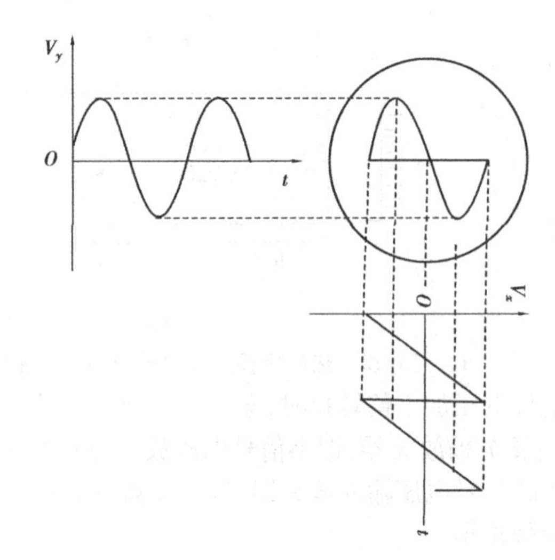

图 21.5　亮点的合成位移和波形显示

3. 李萨如图

如果加在垂直偏转板上的电压 U,与加在水平偏转板上的电压 U_0 都是正弦交流电压,则光点在水平和垂直方向的运动都是简谐振动,光点运动描出的轨迹就是两个垂直振动的合成图像,叫做李萨如图。图 21.6 描出了几种简单频率比的李萨如图。如果 U_x 的频率 f_x 已知,就可求出 U_y 的频率 f_y。具体办法是:在图上画一条水平线和一条垂直线,分别与图形相切;设切点数分别为 m,n 个,则频率比为$\dfrac{f_y}{f_x}=\dfrac{m}{n}$所求频率为 $f_y=mf_x/n$。

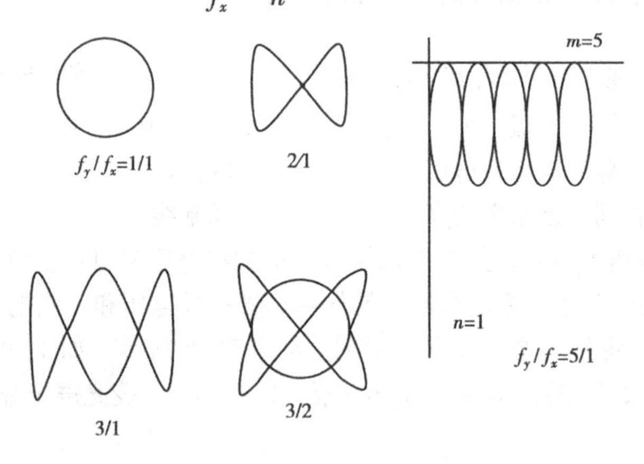

图 21.6

【实验仪器】

双踪示波器 1 台,函数发生器 1 台,RC 电路板 1 个。

【实验内容】

阅读知识拓展部分,了解掌握二踪示波器的性能、各控制旋钮的作用及使用方法。

接通示波器电源开关后,若看到图线,可调辉度、聚焦和辅助聚焦旋钮使图线最清晰。调 Y 轴和 X 轴移位,把图线移到荧光屏中心。(注意:辉度不宜过亮,以免损坏荧光屏,转换各控制键时不要用力过猛)

1. 交流电压的测定

①接通函数发生器电源，将其输出电压设置为需要值 U（实验中可以分别设置为1.00 V和3.00 V），注意检查输出电压值是否为峰-峰值。

②将示波器的输入端接到函数发生器的输出端，注意防止短路。调节灵敏度（V/div）、扫速（t/div）旋钮及其他开关旋钮，使其显示稳定的波形。注意灵敏度（V/div）的微调旋钮一定要旋转到"校正"位置，否则屏幕上的峰-峰高度H（div）会有误差。记录相应的峰-峰高度H（div）和灵敏度（V/div）示数 Y，则可以计算待测电压的峰-峰值 U'，并计算 U' 值和函数发生器输出值 U 的差值。

$$U' = Y(\text{V/div}) \times \text{H}(\text{div}) \quad (\text{V}) \tag{21.1}$$

2. 信号频率的测定

设置函数发生器的频率 f 分别为需要值（实验中可以分别设置为1.00 kHz和10.00 kHz），调节灵敏度旋钮V/div及其微调使波形高度适当，调扫描速度旋钮（t/div）使波形显示出合适的个数。分别测出 N 个完整波形的水平距离 D（div），并从扫描速度旋钮（t/div）的刻度读出时间 X（如ms/div）。注意扫描速度旋钮的微调一定要关闭，否则时间误差大。按下式计算各待测频率 f'，并与函数发生器的输出频率 f 进行比较。

$$f' = \frac{N}{X(\text{ms/div}) \times D(\text{div})} \tag{21.2}$$

式中，时间单位按扫描速度旋钮的实际刻度值读出来，不一定是ms。

3. 相位差的测定

将函数发生器频率调为需要值，交流电压加在电阻、电容串联电路AB的两端，如图21.7所示，则AB两端的总电压与电流之间存在相位差 φ。如图21.8所示。φ 与电容 C、电阻 R 及信号源的角频率 ω 的关系为

$$\varphi = -\arctan \frac{1}{\omega CR} \tag{21.3}$$

式中，负号表示电流趋前于电压，$\omega = 2\pi f$ 为信号源的交变频率。

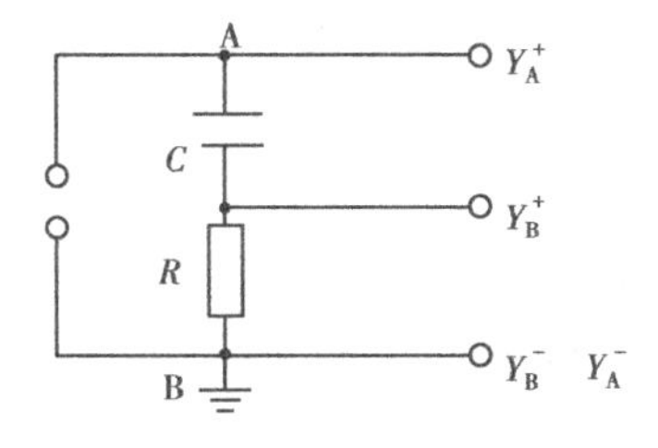

图21.7

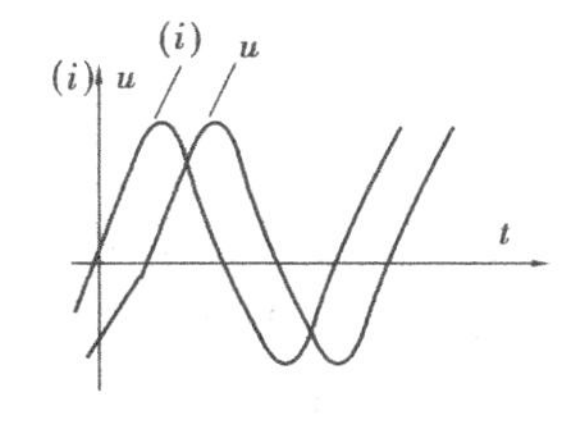

图21.8

①按图21.7连线。Y_A 显示的是AB两端的电压波形；Y_B 显示的是电阻 R 两端的电压波形，即电流波形（因为电阻上的电压波形与电流波形同相位）。

②第一次实验设置信号发生器输出的信号频率为500 Hz，第二次频率设置为10.00 kHz。

③将示波器的方式开关置双踪挡，触发开关选 Y_B，调节示波器的 Y_A，Y_B 输入灵敏度旋钮及它们对应的微调旋钮，使两个波形的幅度在屏幕上看起来具有一样的高度。然后再调节扫描速度旋钮及其微调旋钮，使 Y_A 通道输入的信号一个完整波形在屏幕上的水平长度为10.0 div，这时屏幕的水平标尺每1 div相当于 $360^\circ/10.0 = 36^\circ$。读出电压波形与电流波形在水平方向的距离 d（div），则可计算待测电位差 φ'。

$$\varphi' = d(\text{div}) \times \frac{36^\circ}{\text{div}} \tag{21.4}$$

在本实验中,$R=100\ \Omega$,$C=1\mu\text{F}$,由式(21.3)计算 φ 并与 φ' 进行比较。

本实验的实验方法介绍的是模拟式示波器,目前数字式示波器使用也越来越多。使用数字示波器测量电压、周期非常方便,数字示波器还有非常强大的其他功能,有完全取代模拟示波器的趋势。

【思考题】

1. 如果示波器良好,但荧光屏上看不见亮线,问可能是哪几个旋钮位置不合适?

2. 如何才能比较准确地读出相位差?

【知识拓展 21.1】 YB4320G 示波器

YB4320G 是一种双通道(双踪)示波器,测频范围为 0 ~ 20 MHz。输入信号电压小于 400 V,频率≤1 kHz。YB4320 示波器面板如图 21.9 所示。

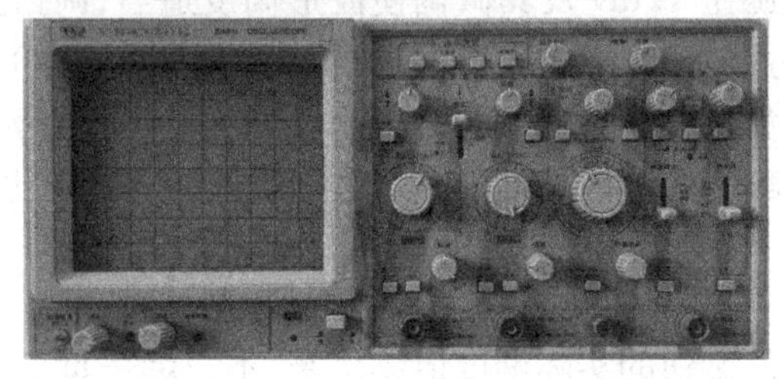

图 21.9 YB4320G 示波器操作面板示意图

1. 面板上各控制键介绍

1)电源

交流电源插座在后面板上,该插座下部装有保险丝。

电源开关(POWER):按键弹出即为“关”位置。

电源指示灯:电源接通时,指示灯亮。

辉度旋钮 (INTENSITY):控制光点和扫描线的亮度,顺时针方向旋转亮度增强。

聚焦旋钮(FOCUS):控制亮度至合适,然后调节聚焦控制钮直至光迹达到最清晰的程度。

光迹旋转(TRACE ROTATION):该旋钮用于调节光迹与水平刻度平行。

显示屏

延迟扫描辉度控制钮(B INTEN):顺时针方向旋转此钮,增加延迟扫描 B 显示光迹亮度。

校准信号输出端子 (CAL):提供 1 kHz ±2% ,2 Vp-p ±2% 方波作本机 Y 轴、X 轴校准用。

2)垂直方向部分(VERTICAL)

通道 1 输入端[CH1 INPUT(X)]:用于垂直方向的输入,在 X-Y 方式时,作为 X 轴输入端。

通道 2 输入端[CH2 INPUT(Y)]:与通道 1 一样,但在 X-Y 方式时,作为 Y 轴输入端。

交流-直流-接地(AC、DC、GND):输入信号与放大器连接方式选择开关。

交流(AC):放大器输入端与信号连接由电容器来耦合;

接地(GND):输入信号与放大器断开,放大器的输入端接地;

直流(DC):放大器输入与信号输入端直接耦合。

衰减器开关(VOLTS/DIV):用于选择垂直偏转系数,共 12 挡。

如果使用的是 10:1的探头,计算时将幅度 ×10。

垂直微调旋钮（VARIABLE）：用于连续改变电压偏转系数。此旋钮在正常情况下应位于顺时针方向旋到底的位置。

断续工作方式开关：二个通道按断续方式工作，断续频率为 250 kHz，适用于低扫速。

垂直移位（POSITION）：调节光迹在屏幕中的垂直位置。

垂直方式工作开关（VERTICAL MODE）：选择垂直方向的工作方式。

通道 1 选择（CH1）：屏幕上仅显示 CH1 的信号；

通道 2 选择（CH2）：屏幕上仅显示 CH2 的信号；

双踪选择（DUAL）：屏幕上显示双踪，自动以交替或断续方式，同时显示 CH1 和 CH2 上的信号；

叠加（ADD）：显示 CH1 和 CH2 输入信号的代数和；

CH2 极性开关（INVERT）：按此开关时 CH2 显示反相信号。

3）水平方向部分（HORIZONTAL）

主扫描时间系数选择开关（TIME/DIV）：共 20 挡，在 0.1μs ~ 0.5 s/div 范围选择扫描速率。

X-Y 控制键：按此键，垂直偏转信号接入 CH2 输入端，水平偏转信号接入 CH1 输入端。

扫描非校准状态开关键：按此键，扫描时基进入非校准调节状态，此时调节扫描微调有效。

扫描微调控制旋钮（VARIABLE）：顺时针方向旋转到底时，处于校准位置，扫描由 Time/div 开关指示。

当扫描非校准状态开关键未按入，旋钮调节无效，即为校准状态。

水平移位（POSITION）：用于调节光迹在水平方向移动。顺时针方向旋转光迹向右移动。

扩展控制键（MAG ×5）：按下去时，扫描因数 ×5 扩展。扫描时间是 Time/div 开关指示数值的 1/5。

延迟扫描 B 时间系数选择开关（B TIME/DIV）：分 12 挡，在 0.1μ ~ 0.5 ms/div 范围内选择 B 扫描速率。

水平工作方式选择（HORIZ DISPLA Y）：

a. 主扫描（A）：按此键主扫描 A 单独工作，用于一般波形观察；

b. A 加亮（A INT）：选择 A 扫描的某区段扩展为延迟扫描，可用此扫描方式。与 A 扫描相对应的 B 扫描区段（被延迟扫描）以高亮度显示；

c. 被延迟扫描（B）：单独显示被延迟扫描 B；

d. B 触发（B TRIG'D）：选择连续延迟扫描和触发延迟扫描。

延迟时间调节旋钮（DELAY TIME）：调节延迟扫描对应于主扫描起始延迟多少时间启动延迟扫描。调节该旋钮，可使延迟扫描在主扫描全程任何时段启动延迟扫描。

接地端子：示波器外壳接地端。

4）触发系统（TRIGGER）

触发源选择开关（SOURCE）：

a. 通道 1 触发（CH1，X-Y）：CH1 通道信号为触发信号，当工作方式在 X-Y 方式时，拨动开关应设置于此挡；

b. 通道 2 触发（CH2）：CH2 通道的输入信号是触发信号；

c. 电源触发（LINE）：电源频率信号为触发信号；

d. 外触发(EXT):外触发输入端的触发信号是外部信号,用于特殊信号的触发。

交替触发(TRIG ALT):在双踪交替显示时,触发信号来自于两个垂直通道,此方式可用于同时观察两路不相关信号。

外触发输入插座(EXT INPUT):用于外部触发信号的输入。

触发电平旋钮(TRIG LEVEL):用于调节被测信号在某选定电平触发,当旋钮转向"+"时显示波形的触发电平上升,反之触发电平下降。

电平锁定(LOCK):无论信号如何变化,触发电平自动保持在最佳位置,不需人工调节电平。

释抑 (HOLDOFF):当信号波形复杂,用电平旋钮不能稳定触发时,可用"释抑"旋钮使波形稳定同步。

触发极性按钮(SLOPE):触发极性选择。用于选择信号的上升沿和下降沿触发。

触发方式选择 (TRLG MODE):

a. 自动(AUTO):在"自动"扫描方式时,扫描电路自动进行扫描。在没有信号输入或输入信号没有被触发同步时,屏幕上仍然可以显示扫描基线;

b. 常态(NORM):有触发信号才能扫描,否则屏幕上无扫描线显示。当输入信号的频率低于50 Hz时,请用"常态"触发方式;

c. 单次(SINGLE):当"自动"(AUTO)、"常态"(NORM)两键同时弹出被设置于单次触发工作状态,当触发信号来到时,准备(READY)指示灯亮,单次扫描结束后指示灯熄,复位键(RESET)按下后,电路又处于待触发状态。

2. 用 YB 4320G 示波器观察信号波形

1) 观察一个信号的波形

信号可选择 CH1 或 CH2 输入。例如当信号从 CH1 通道输入时,方式开关和触发源开关放在 CH1 位置,X-Y 键在弹起位置。当信号已输入时,调节衰减器和扫速开关,可以在显示屏上看到大小合适的波形。若波形不稳定,可以调节电平旋钮。

2) 观察两个信号的波形

两个不相关的信号可以采用三种方式进行观察:独立显示、叠加方式和 X-Y 方式。

①独立显示方式:两个信号分别从 CH1 和 CH2 输入,方式开关选择"双踪",触发源开关在"CH1"或"CH2",交替触发键按下,此时显示屏上显示出两个信号的波形,两个波形幅度和上下位置可以分别调节。

②叠加方式:信号分别从 CH1 和 CH2 输入,方式开关选择"叠加",触发源开关选择"CH1"。此时的波形为两个信号的代数和。

③X-Y 方式:方式开关选择"CH2",触发源开关选择"CH1",X-Y 键按下去。此方式使水平偏转信号送入 CH1,垂直偏转信号送入 CH2。X-Y 方式用于观察李萨如图形,当水平和垂直方向的正弦波的频率为整数比时,示波器显示屏上可以看到如图 21.10 的李萨如图形,利用它可以判别两个信号的频率比和相位差。

【知识拓展 21.2】TDS200 数字存储式示波器

1. 主要技术指标

1) 最大取样速率

最大取样速率是指单位时间内完成的完整 A/D 转换的最高次数,常以频率表示。取样速率越高,反映仪器捕捉信号的能力越强。取样速率主要由 A/D 转换速率来决定。数字存

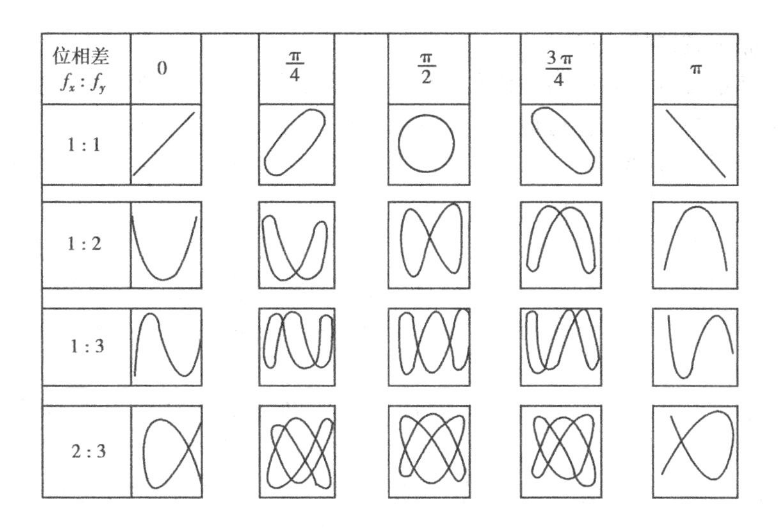

图 21.10　李萨如图形

储示波器在测量时的实时取样速率可根据被测信号所设定的扫描时间（t/div）来推算。其推算公式为 $f=\dfrac{N}{(t/\text{div})}$，$N$ 为每格的取样数。t/div 为扫描一格所占用的时间。例：扫描时间为 10 μs/div，每格取样数为 100 时，此时的取样速率等于 10 MHz。

2）存储带宽（B）

存储带宽与取样速率密切相关，根据取样定理，如果取样速率大于或等于信号频率的 2 倍，便可重现原信号波形。实际上，为保证显示波形的分辨率，往往要求增加更多的取样点，一般取 4 ~ 10 倍或更多。

3）分辨率

分辨率是反映存储信号波形细节的综合特性，它包括垂直分辨率（电压分辨率）和水平分辨率（时间分辨率）。垂直分辨率与 A/D 转换器的分辨率相对应，常以屏幕每格的分级数（级/div）或百分数表示。一般示波器屏幕上的坐标刻度为 8 ×10div，如果采用 8 位 A/D 转换器（256 级），则仪器垂直分辨率表示为 32 级/div，或用百分数表示为 1/256≈0.39%。水平分辨率由存储器的容量来决定，常以屏幕每格含多少取样点或以百分数来表示。如果采用容量为 1 K（1024 个字节）的存储器，屏幕水平显格为 10 格，则仪器的水平分辨率为 1024/10≈100 点/div，或用百分数表示为 10/1024≈1%。

4）存储容量

存储容量又称记录长度，它由采集存储器（主存储器）的最大存储容量来表示，常以字（word）为单位。存储容量与水平分辨率在数值上有互为倒数的关系。在数字存储器中，采集存储器通常采用 256B，512B，1KB，4KB 等容量的高速半导体存储器。由于仪器最高取样速率的限制，若存储容量选取不当，往往会因时间窗口缩短而失去信号的重要成分，或者因时间窗口增大而使水平分辨率降低。

5）读出速度

这是指将存储的数据从存储器中读出的速度，常用（时间）/div 来表示。其中，时间等于屏幕中每格内对应的存储容量 × 读脉冲周期。使用中应根据显示器、记录装置或打印机等对速度的不同要求，选择不同的读出速度。

2. 数字存储示波器的特点

①数字存储示波器对波形的采样和存储与波形的显示是可以分离的。在存储工作阶段,对快速信号采用较高的速率进行取样与存储,对慢速信号采用较低速率进行取样与存储,但在显示工作阶段,其读出速度可以采取一个固定的速率,并不受取样速率的限制,因而可以获得清晰而稳定的波形,这样就可以无闪烁地观察极慢信号,这是模拟示波器无法实现的。对于观测极快信号来说,模拟示波器必须选择带宽很高的阴极射线示波管,这就使造价上升,并且带宽高的示波管一般显示精度和稳定性都较低。而数字存储示波器采用低速显示,从而可以使用低带宽、高精度、高可靠性而低造价的光栅扫描式示波管或液晶显示屏,若采用彩色显示,还可以很好地分辨各种信息。

②数字存储示波器能长时间地保存信号,这种特性对观察单次出现的瞬变信号尤为有利。有些信号,如单次冲击波、放电现象等都是在短暂的一瞬间产生,在示波器的屏幕上一闪而过,很难观察。数字存储示波器问世以前,屏幕照相是"存储"波形所采取的主要方法。数字存储示波器是把波形用数字方式存储起来,因而其存储时间在理论上可以是无限长的。

③具有先进的触发功能,数字存储示波器不仅能显示触发后的信号,而且能显示触发前的信号,并且可以任意选择超前或滞后的时间,这给材料强度、地震研究、生物机能实验提供了有力的工具。除此之外,数字存储示波器还可以向用户提供边缘触发、组合触发、状态触发、延迟触发等多种方式,来实现多种触发功能,方便、准确地对电信号进行分析。

④测量精度高,模拟示波器水平精度由锯齿波的线性度决定,故很难实现较高的时间精度,一般限制在3% ~5%。而数字存储示波器由于使用晶振作高稳定时钟,有很高的测时精度,采用多位 A/D 转换器也使幅度测量精度大大提高。尤其是能够自动测量直接读数,有效地克服示波管对测量精度的影响,使大多数的数字存储示波器的测量精度优于1%。

⑤具有很强的处理能力,这是由于数字存储示波器内含微处理器,因而能自动实现多种波形参数的测量与显示,例如上升时间、下降时间、脉宽、频率、峰-峰值等参数的测量与显示。能对波形实现多种复杂的处理,例如取平均值、取上下限值、频谱分析以及对两波形进行 +,-,×等运算处理。同时还能使仪器具有许多自动操作功能,例如自检与自校等功能,使仪器使用很方便。

⑥具有数字信号的输入输出功能,可以很方便地将存储的数据送到计算机或其他外部设备,进行更复杂的数据运算或分析处理。同时还可以通过 GPIB 接口与计算机一起构成强有力的自动测试系统。

数字存储示波器也有其局限性,例如在观测非周期信号时,由于 A/D 转换器最大取样速率等因素的影响,使数字存储示波器目前还不能用于较高的频率范围。

3. TDS200 数字式示波器性能概述

TDS200 数字式示波器有 200 M、100 MHz、60 MHz3 种带宽、7 种型号,最高采样速率达 2 GS/s;有 2 或 4 条独立通道,8 位垂直分辨率。良好的时基系统、灵巧的捕获方式、强大的触发系统,使高级触发功能成为标准配置完备的测量系统。它具有 11 种自动测量功能,可选四种参数实时显示,更多的数学计算功能,标准配置增加 FFT 算法。菜单模式的"AutoSet"功能,让自动设置也可选,操作更加简便。还具有可靠的探头校验向导,多种语种界面支持,多语种上、下文相关帮助;还具有彩色、单色 LCD 显示,多种显示模式;轻巧、便携的物理特性,良好的安全特性,标准的电磁兼容性。

可编程的 GPIB(IEEE-488—1987 接口),通过接口可控制和设置示波器,进行自动化测量。可编程 RS232 接口,通过接口可控制和设置示波器,速度可达 19 200 bit/s,九针,DTE;标准并行端口(Centronics),用于连接打印机:打印机类型——Bubble Jet 、DPU-411、DPU-412、DPU-3445、Thinkjet、Deskjet、LaserJet 和 Epson(9 或 24 针);打印方向—横向或纵向。图形格式:TIFF,PCX,BMP,EPS,RLE。

4. TDS200 数字式示波器捕获方式

①峰值检测:以每两个采样周期为一个峰值检测周期,在一个峰值检测周期内,采样最大、最小值,以此作为恢复波形的采样点。本捕获方式应用于捕获高频和随机毛刺。在 5 μs/div ~50 s/div 的所有时间分度下,可捕获窄至 12 ns 的毛刺。

②取样:等时间间隔的数据取样。

③平均值:平均计算捕获的波形数据,4、16、64、256 可选择。

④单次捕获:仅仅触发一次,用于捕获单个波形状态或一个脉冲序列。

5. TDS200 数字式示波器触发系统

①主要触发方式:自动(支持 40 ms/div 和更慢的滚动模式)、正常,单序列。

②触发类型。

边沿:常规式电平驱动触发,可选择任何通道上的上升或下降延;耦合选择:DC 、噪声抑制、高频抑制、低频抑制。

视频:可在非同步复合视频的场(Field)或线(Lines)上触发,在 NTSC、PAL 或 SECAM 广播标准视频上触发。

脉冲宽度或毛刺触发:当脉冲的宽度大于、小于、等于或不等于选择设定的脉冲宽度时,进行触发;脉冲宽度的设定范围是 33 ns ~10 s。

③触发源:任意通道、外触发通道、外触发通道/5、市电。

④触发显示:可以显示触发电平,预览触发源的频率情况。

⑤光标:水平光标(电压)、垂直光标(时间),可以测量[Δ]T(时间)、1/ [Δ] T(频率)和[Δ]V 等参数值。

6. TDS200 数字式示波器测量系统

①自动波形测量。自动测量 11 个参数:周期、频率、正脉冲宽度、负脉冲宽度、上升时间、下降时间、最大值、最小值、峰-峰值、平均值、周期均方根值,可在线显示 4 种任意组合的波形测量值。

②阈值设定。可按百分比或电压值来设置各种阈值,如上升延设定为 10% ~90%,或者设定为上升延从 0.1 ~0.9V。

③数学运算功能。

加、减运算:

两通道:CH1 - CH2,CH2 - CH1,CH1 + CH2;

四通道:CH1 - CH2,CH2 - CH1,CH1 + CH2,

CH3 - CH4,CH4 - CH3,CH3 + CH4;

FFT 数学分析:

视窗:汉宁窗、矩形窗;

取样点:2048 点;

7. TDS200 数字式示波器菜单模式的自动设置“AutoSet”功能

自动设置功能,是对垂直方向、水平时基、触发方式、采集方式等基本的功能进行设置,自动适应被测信号,能大体地、稳定地捕获波形(通常为五个周期),为进一步的优化观察波形提供方便。

使用菜单模式,可以把在“AutoSet”模式下捕获的波形分成三类:方波、正弦波、视频信号,并可以在菜单中直接选择期望观察的角度。

方波:单个周期、多个周期、上升延、下降延;

正弦波:单个周期、多个周期、FFT 运算;

视频信号:场(所有场、奇数、偶数)、行(所有行、指定行)

8. 技术指标

表 21.1 TDS2000 与 TDS1000 系列存储示波器技术参数表

	TDS1002	TDS1012	TDS2002	TDS2012	TDS2014	TDS2022	TDS2024
带宽	60 MHz	100 MHz	60 MHz	100 MHz	100 MHz	200 MHz	200 MHz
通道	2	2	2	2	4	2	4
每条通道采样率	1 GS/s	1 GS/s	1 GS/s	1 GS/s	1 GS/s	2 GS/s	2 GS/s
垂直分辨率	8 位(所有型号)						
垂直灵敏度(/div)	5 mV/div ~ 10 mV/div(2 mv/div 时 20 M 带宽限制器自动打开)						
最大记录长度	2.5 K 点(所有型号)						
垂直精确度	±3%(所有型号)						
最大输入电压(1MΩ)	300 VRMS CAT II;3 MHz 以上,在 100 KHz 至 13 Vp - p AC 之上减额至 20 dB/十进制						
位置范围	2 mV ~ 200 mV/diV 时, ±2 V; >200 mV ~ 5 V/div 时, ±50 V						
带宽 BW 限制器	20 MHz						
输入阻抗	1 MΩ//20pF						
时基范围(/div)	5ns ~ 50s/div	5ns ~ 50s/div	5ns ~ 50s/div	5ns ~ 50s/div	5ns ~ 50s/div	2.5ns ~ 50s/div	2.5ns ~ 50s/div
水平精度	50 ppm						
显示器(1/4VGA LCD)	单色			彩色			
安全标准	UL3111 - 1, IEC61010 - 1, IEC61010 - 1, CSA1010.1						
环境 - - - 温 度	操作:0 ℃ ~ +50 ℃,非操作: -40 ℃ ~ +70 ℃						
环境 - - - 湿 度	操作状态: +30 ℃以下:90% RH, +41 ℃ ~ +50 ℃:60% RH;非操作状态: +50 ℃以下,60% RH。						
环境 - - - 高 度	操作:2 000 m,非操作:15 000 m						

实验 22 圆线圈磁场的测量

霍尔效应是导电材料中的电流与磁场相互作用而产生电动势的效应。1879 年,美国霍普金斯大学研究生霍尔在研究金属导电机理时发现了这种电磁现象,故称霍尔效应。随着材料技术的发展,用半导体材料制成的霍尔元件现在广泛用于电动控制、电磁测量和计算装置方面。在电流体中的霍尔效应是目前研究磁流体发电的理论基础。1980年,物理学家在低温和强磁场下发现了量子霍尔效应,这是凝聚态物理领域最重要的发现之一。目前对量子霍尔效应正在进行深入研究,并取得了重要应用。

在磁场、磁路等磁现象的研究和应用中,霍尔效应及其元件是不可缺少的,利用它观测磁场直观、干扰小、灵敏度高、效果明显。

【实验目的】

1. 测量单个通电圆线圈中磁感应强度。
2. 测量亥姆霍兹线圈轴线上各点的磁感应强度。
3. 测量两个通电圆线圈不同间距时的线圈轴线上各点的磁感应强度。
4. 测量通电圆线圈轴线外各点的磁感应强度。

【实验原理】

根据毕奥-萨伐尔定律,载流线圈在轴线(通过圆心并与线圈平面垂直的直线)上某点的磁感应强度为

$$B=\frac{\mu_0 R^2}{2(R^2+x^2)^{\frac{3}{2}}}NI \tag{22.1}$$

式中,I为通过线圈的电流强度,N为线圈的匝数,R为线圈平均半径,x为圆心到该点的距离,$\mu_0=4\pi\times10^{-7}NA^{-2}$为真空磁导率。因此,圆心($x=0$)处的磁感应强度$B_0$为

$$B_0=\frac{\mu_0}{2R}NI \tag{22.2}$$

轴线外的磁场分布计算公式较复杂,这里简略。

亥姆霍兹线圈是一对匝数和半径相同的共轴平行放置的圆线圈,两线圈间的距离d正好等于圆形线圈的半径R,这种线圈的特点是能在其公共轴线中点附近产生较广的均匀磁场区,故在生产和科研中有较大的实用价值,其磁场合成示意图如图22.1所示。根据霍尔效应:探测头置于磁场中,运动的电荷受洛仑兹力作用,运动方向发生偏转。在偏向的一侧会有电荷积累,这样两侧就形成电势差,通过测电势差就可知道其磁场的大小。当两通电线圈的通电电流方向一样时,线圈内部形成的磁场方向也一致,这样两线圈之间的部分就形成均匀磁场。当探头在磁场内运动时其测量的数值几乎不变。当两通电线圈电流方向不同时在两线圈中心的磁场应为0。

设X为亥姆霍兹线圈中轴线上某点离中心点O处的距离,则亥姆霍兹线圈轴线上任一点的磁感应强度为

$$B=\frac{1}{2}\mu_0 NIR^2\left\{\left[R^2+\left(\frac{R}{2}+X\right)^2\right]^{-\frac{3}{2}}+\left[R^2+\left(\frac{R}{2}-X\right)^2\right]^{-\frac{3}{2}}\right\} \tag{22.3}$$

而在亥姆霍兹线圈轴线上中心O处($X=0$)磁感应强度B_0为

$$B_0=\frac{\mu_0 NI}{R}\times\frac{8}{5^{\frac{3}{2}}} \tag{22.4}$$

在$I=0.5\text{A}$、$N=500$、$R=0.100\text{ m}$的实验条件下,单个线圈圆心处的磁感应强度为

$$B_0=\frac{\mu_0}{2R}NI=\frac{4\pi\times10^{-7}\times500\times0.5}{2\times0.100}=1.57(\text{mT})$$

当两圆线圈间的距离d正好等于圆形线圈的半径R时,组成亥姆霍兹线圈,轴线上中心

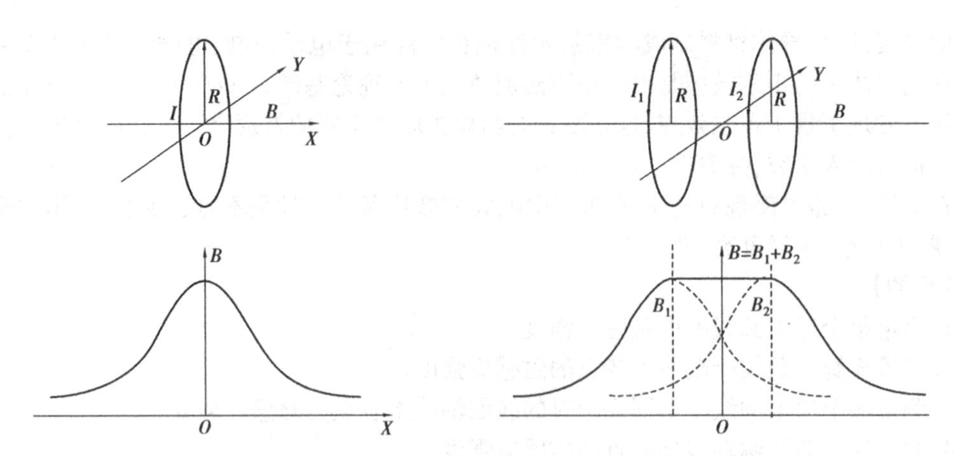

图 22.1　亥姆霍兹线圈磁场分布图

O 处磁感应强度 B_0 为

$$B_0=\frac{\mu_0 NI}{R}\times\frac{8}{5^{3/2}}=\frac{4\pi\times10^{-7}\times500\times0.5}{0.100}\times\frac{8}{5^{\frac{3}{2}}}=2.25(\mathrm{mT})$$

当两圆线圈间的距离 d 不等于圆形线圈的半径 R 时，轴线上中心 O 处磁感应强度 B_0 按本实验所述的公式(22.3)计算。在 $d=\frac{R}{2}$、R、$2R$ 时，相应的曲线如图 22.2 所示。

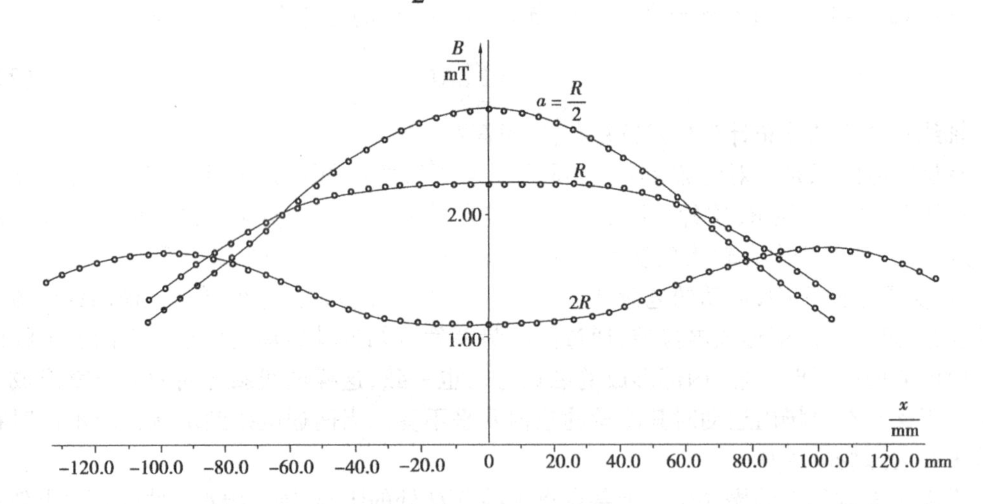

图 22.2　圆线圈间不同距离时轴线上的磁场分布图

由于霍尔元件的灵敏度受温度及其他因素的影响较大，所以实验仪器提供的灵敏度仅供参考。

根据霍尔电压的测量结果可以按下列公式求得线圈轴线上任意点的磁感应强度 B。

1. 单线圈轴线上任意点的磁感应强度 B_i

$$B_i=\frac{1.57\times10^{-3}V_{Hi}}{V_{H0}(T)} \tag{22.5}$$

式中，V_{Hi}、V_{H0} 分别为在第 i 点和线圈中间点($X=0$)测量得到的霍尔电压值。

2. 亥姆霍兹线圈轴线上任意点的磁感应强度 B_i

$$B_i = \frac{2.25 \times 10^{-3} V_{Hi}}{V_{H0}}(\mathrm{T}) \tag{22.6}$$

式中，V_{Hi}、V_{H0}分别为在第 i 点和两线圈中间点($X=0$)测量得到的霍尔电压值。

为了消除霍尔电压中其他副效应产生的电势差的影响，测量霍尔电压时需要改变霍尔元件工作电流 I_S 和励磁电流 I_M 的方向，然后按下面的方法进行处理。

当 $+I_S$，$+I_M$ 时，测量电压为 V_1；当 $+I_S$，$-I_M$ 时，为 V_2；当 $-I_S$，$-I_M$ 时，为 V_3；当 $-I_S$，$+I_M$ 时，为 V_4，则霍尔电压应按下式计算：

$$V_H = \frac{1}{4}(V_1 - V_2 + V_3 - V_4) \tag{22.7}$$

【实验仪器】

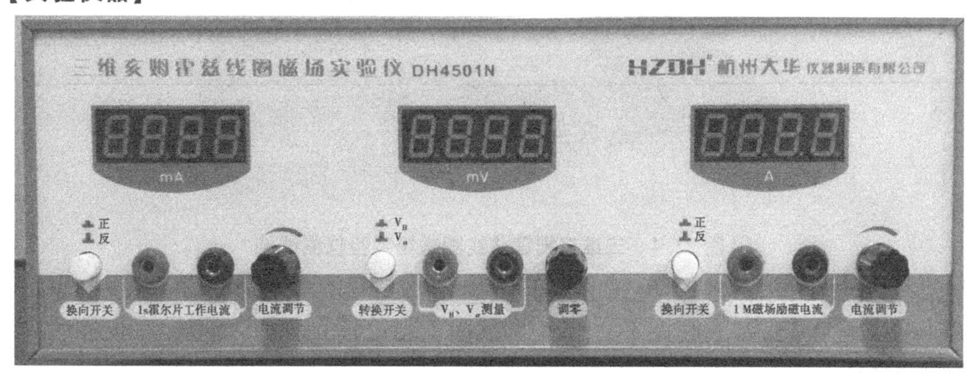

图 22.3　DH4501 三维亥姆霍兹线圈磁场实验仪面板图

实验仪器由信号源和测试架两大部分组成。

1. 仪器面板

仪器面板为3大部分，如图22.3所示。

1）励磁电流 I_M 输出

前面板右侧，三位半数显电流表，显示输出电流值 I_M(A)，直流恒流输出可调，接到测试架的励磁线圈，提供实验用的励磁电流。

2）霍尔片工作电流 I_S 输出

前面板左侧，三位半数显电流表，显示输出电流值 I_S(mA)，直流恒流输出可调，用于提供霍尔片的工作电流。

以上两组直流恒流源只能在规定的负载范围内恒流，供与之配套的测试架上的负载使用，若要用于其他用途时需注意。

注意：只有在接通负载时，恒流源才有电流输出，数显表上才有相应显示。

3）V_H，V_σ 测量输入

前面板中部，三位半数显表显示输入值(mV)，用于测量霍尔片的霍尔电压 V_H 及霍尔片长度 L 方向的电压降 V_σ，使用前将两输入端接线柱短路，用调零旋钮调零。

霍尔片工作电流 I_S 输出端与 V_H，V_σ 测量输入端与测试架连接时，与其对应的接线端子一一对应连接(红接线柱与红接线柱相连，黑接线柱与黑接线柱相连)。励磁电流 I_M 输出端连接到测试架线圈时，可以选择接单个线圈与双个线圈。接双个线圈时，将两线圈串联，即一个线圈的黑接线柱与另一线圈的红接线柱相连。另外，两端子接至实验仪的 I_M 端。

4)两个换向开关

可以分别对励磁电流 I_M,工作电流 I_S 进行正反向换向控制。

5)一个转换开关

可以对霍尔片的霍尔电压 V_H 与霍尔片长度 L 方向的电压降 V_σ 测量进行转换控制。

2. 三维圆线圈磁场测试架

本测试架的特点是三维可以调节,如图 22.4 所示。

图 22.4　三维亥姆霍兹线圈磁场实验仪测试架

1)圆线圈

两个圆线圈 1、2 安装于底板 3 上,其中圆线圈 1 固定,圆线圈 2 可以沿底板移动,移动范围为 50 ~ 200 mm。

松开圆线圈 2 底座上的紧固螺钉,就可以用双手均匀地移动圆线圈 2,从而改变两个圆线圈的位置。移到所需的位置后,再拧紧紧固螺钉。

励磁电流通过圆线圈后面的插孔接入,可以做单个和双个线圈的磁场测量实验。

2)霍尔元件探头三维移动装置

滑块 10 可以沿导轨 5 左右移动,用于改变霍尔元件 X 方向的位置。移动时,用力要轻,速度不可过快。如果滑块移动时阻力太大或松动,则应适当调节滑块上的螺钉 9 的松紧程度。左右移动时,应沿导轨 5 的方向用力,不可沿前后方向(Y 向),即导轨 6 的方向用力,以免改变 Y 向位置。必要时,可以锁紧导轨 5 右端的紧定螺钉 13,防止改变 Y 向位置。

轻推滑块 10 沿导轨 6 均匀移动导轨 5,可改变霍尔元件 Y 方向的位置。注意:这时导轨 5 右端的紧定螺钉 13 应处于松开状态。移动时不可左右方向用力,以免改变霍尔元件的 X 向位置。

松开紧固螺钉 12,铜杆 8 可以沿导轨 7 上下移动。移到所需的位置后,再拧紧紧固螺钉 12,用于改变霍尔元件 Z 方向的位置。

装置的 X、Y、Z 向均配有位置标尺,在三维测量磁场时,可以方便地测量空间磁场的三维坐标。

3)霍尔元件

霍尔探头采用砷化镓霍尔元件,灵敏度高,温度漂移小,既可以做霍尔效应实验,又可做磁场分布实验。

霍尔元件 4 安装于铜管 8 的左前端,导线从铜管中引出,连接到测试架后面板上的专用插座。

进行磁场分布实验时,为了读数方便,应该改变铜管 8 的位置。松开紧固螺钉 11,移动铜

管至 R、$2R$ 或 $R/2$ 的位置，对应于圆线圈2在 R、$2R$ 或 $R/2$ 的位置，这样做的优点是移动滑块10时，X 向读数是以线圈中心位置为0点位置，左右坐标位置是对称的。如果不改变铜管8的位置，则应对 X 向位置读数进行修正。

3. 主要技术参数

1）励磁电流 I_M 输出范围

直流0～0.500 A，3位半数字表测量，调节细度：1 mA，负载电阻范围：0～40 Ω。

2）霍尔片工作电流 I_S 输出范围

直流0～5.00 mA，3位半数字表测量，调节细度：10 μA，负载电阻范围：0～1 kΩ。

3）V_H，V_σ 测量输入范围

V_H：直流 ±0～19.99 mV，3位半数字表测量，分辨力10 μV。

V_σ：直流 ±0～1999 mV，3位半数字表测量，分辨力1 mV。

4）圆线圈

线圈等效半径：100 mm，二线圈中心间距：50～200 mm 连续可调；

线圈匝数：500匝（单个），线圈电阻：约14 Ω。

5）霍尔元件

砷化镓霍尔元件，四端引出，灵敏度 >140 mV/（mA · T）

霍尔片的厚度 d 为0.2 mm，宽度 l 为1.5 mm，长度 L 为1.5 mm。

6）三维可移动装置

X 向移动距离 ±200 mm，Y 向移动距离 ±70 mm，Z 向移动距离 ±70 mm。

4. 其他技术参数

①使用环境条件：环境温度：0 ℃～+40 ℃，环境湿度：不大于80%。

②电源：220 V ±10%，50 Hz 交流供电，耗电小于60 W。

5. 注意事项

①仪器使用前应预热10～15 min，并避免周围有强磁场源或磁性物质。

②仪器使用时要正确接线，注意不要扯拉霍尔传感器的引出线，以防损坏。

③仪器可移动的部件较多，一定要细心合理使用，不可用力过大，切不可受外力冲击，以防变形，影响使用。

④使用完毕后应关闭电源，避免强磁场环境下工作和存放。

【实验内容】

开机前先将工作电流 I_S 和励磁电流 I_M 调节到最小，即逆时针方向将电位器调节到最小，以防冲击电流将霍尔传感器损坏。

以下实验内容可以根据课时需要选择进行。

1. 测量单个通电圆线圈轴线上的磁感应强度

测量前将圆线圈2移动到离圆线圈1的距离为 R 即100 mm处，铜管 X 方向位置调至 R 处。Y 向导轨5、Z 向导轨7均置于0，并紧固相应的螺母，这样使霍尔元件位于圆线圈轴线上。

1）测量单个通电圆线圈1中磁感应强度

①用连接线将励磁电流 I_M 输出端连接到圆线圈1，霍尔传感器的信号插头连接到测试架后面板的专用四芯插座，其他连接线一一对应连接好。

②开机，预热10 min。用短接线将数显毫伏表输入端短接，或者调节 I_S、I_M 电流均为零，

再调节面板上的调零电位器旋钮,使毫伏表显示为0.00。

③调节工作电流使 I_S =5.00 mA,调节励磁电流 I_M =0.5 A,然后沿 X 向移动导轨10,测量单个圆线圈1轴线上各点处的霍尔电压 V_H,可以每隔10 mm测量一个数据。

④分别改变工作电流 I_S 或励磁电流 I_M 的方向进行实验,将测量的数据记录在表格22.1中,按公式(22.7)计算各点的霍尔电压,再根据公式(22.5)计算出各点的磁感应强度 B,并绘出 B_1-X 图,即单个圆线圈轴线上 B 的分布图。

⑤将测得的圆线圈轴线(X 向)上各点的磁感应强度与理论公式(22.1)计算的结果相比较。

表22.1 B_1-X　　I_S =5.00 mA　I_M =500 mA

X/mm	V_1/mV	V_2/mV	V_3/mV	V_4/mV	$V_H=\frac{V_1-V_2+V_3-V_4}{4}$/mV	B_1/mT
	I_s、I_M	I_s、$-I_M$	$-I_s$、$-I_M$	$-I_s$、I_M		
…						
-40						
-30						
-20						
-10						
0						V_{H0}
10						
20						
30						
40						
…						

2)测量单个通电圆线圈2中磁感应强度。

用连接线将励磁电流 I_M 输出端连接到圆线圈2,其他连接线一一对应连接好。

按照前面测量圆线圈1相同的方法测量圆线圈2的轴线上各点处的霍尔电压,同样每隔10 mm测量一个数据,将测量的数据记录在表格22.2中。再根据公式(22.5)计算出轴线上 X 向各点的磁感应强度 B,并绘出 B_2-X 图,即圆线圈2轴线上 B 的分布图。

表22.2 B_2-X　　I_S =5.00 mA　I_M =500 mA

X/mm	V_1/mV	V_2/mV	V_3/mV	V_4/mV	$V_H=\frac{V_1-V_2+V_3-V_4}{4}$/mV	B_2/mT
	I_s、I_M	I_s、$-I_M$	$-I_s$、$-I_M$	$-I_s$、I_M		
…						
-40						
-30						
-20						
-10						

续表

X/mm	V_1/mV	V_2/mV	V_3/mV	V_4/mV	$V_H=\frac{V_1-V_2+V_3-V_4}{4}$/mV	B_2/mT
	I_s、I_M	I_s、$-I_M$	$-I_s$、$-I_M$	$-I_s$、I_M		
0						V_{H0}
10						
20						
30						
40						
…						

2. 测量亥姆霍兹线圈轴线上各点的磁感应强度

①将两个圆线圈的距离设为 R，即 100 mm 处，铜管位置调至 R 处。

②Y 向导轨 5、Z 向导轨 7 均置于 0，并紧固相应的螺母，这样使霍尔元件位于亥姆霍兹线圈轴线上。

③用连接线将圆线圈 2 和 1 同向串联，连接到信号源励磁电流 I_M 输出端，其他连接线一一对应连接好。

④用短接线将数显毫伏表输入端短接，或者调节 I_S、I_M 电流均为零，再调节面板上的调零电位器旋钮，使毫伏表显示为 0.00。

⑤调节工作电流使 $I_S=5.00$ mA，调节励磁电流 $I_M=0.5$ A，然后移动 X 向导轨 10 测量亥姆霍兹线圈通电时，轴线上的各点处的霍尔电压，每隔 10 mm 测量一个数据。

⑥分别改变工作电流 I_S 或励磁电流 I_M 的方向进行实验，将测量的数据记录在表格 22.3 中，按公式(22.7)计算各点的霍尔电压，再根据公式(22.6)计算出各点的磁感应强度 B，并绘出 B_R-X 图，即亥姆霍兹线圈轴线上 B 的分布图。

⑦将测得的亥姆霍兹线圈轴线上各点的磁感应强度与理论公式(22.3)计算的结果相比较。

表 22.3　B_R-X　　$I_S=5.00$ mA　$I_M=500$ mA

X/mm	V_1/mV	V_2/mV	V_3/mV	V_4/mV	$V_H=\frac{V_1-V_2+V_3-V_4}{4}$/mV	B_R/mT
	I_s、I_M	I_s、$-I_M$	$-I_s$、$-I_M$	$-I_s$、I_M		
…						
−40						
−30						
−20						
−10						
0						V_{H0}
10						
20						

续表

X/mm	V_1/mV	V_2/mV	V_3/mV	V_4/mV	$V_H=\frac{V_1-V_2+V_3-V_4}{4}$/mV	B_R/mT
	I_s、I_M	I_s、$-I_M$	$-I_s$、$-I_M$	$-I_s$、I_M		
30						
40						
…						

3. 比较和验证磁场叠加的原理

①将表22.1和表22.2的B_1、B_2值数据按X向的坐标位置相加,得到B_1+B_2。

②将B_1、B_2、B_1+B_2及表22.3的B_R数据绘制在同一张$B-X$关系图上。

③比较B_1+B_2和B_R,观察数据是否符合公式$B_1+B_2=B_R$。

4. 测量两个通电圆线圈不同间距时的线圈轴线上各点的磁感应强度

①调整圆线圈2与1的距离为50 mm,铜管位置到"R/2"处。重复以上实验内容(2)的过程,得到$B_{R/2}$数据,并绘制出$B_{R/2}$-X图。

②调整圆线圈2与1的距离为200 mm,铜管位置到"2R"处。重复以上实验内容(2)的过程,得到B_{2R}数据,并绘制出B_{2R}-X图。

③将绘制出B_R-X图、$B_{R/2}$-X图和B_{2R}-X图进行比较,分析和总结通电圆线圈轴线上磁场的分布规律。

5. 测量通电圆线圈轴线外各点的磁感应强度

1)测量亥姆霍兹线圈Y方向上B的分布

①调整圆线圈2与1的距离为100 mm,铜管位置到"R"处。X向导轨10、Z向导轨7均置于0。

②调节工作电流使$I_S=5.00$ mA,调节励磁电流$I_M=0.5$ A,松开紧固螺钉9,双手移动Y向导轨5,测量亥姆霍兹线圈通电时Y向各点处的霍尔电压,可以每隔10 mm测量一个数据。

③查询公式计算出各点的磁感应强度B,并绘出B_R-Y图,即亥姆霍兹线圈Y方向上B的分布图。

2)测量亥姆霍兹线圈Z方向上B的分布

①圆线圈2与1的距离、铜管位置及I_S、I_M不变,X向导轨10、Y向导轨5均置于0。

②松开紧固螺钉12,轻移Z向导轨7,测量亥姆霍兹线圈通电时,Z向各点处的霍尔电压,可以每隔10 mm测量一个数据。

③查询公式计算出各点的磁感应强度B,并绘出B_R-Z图,即亥姆霍兹线圈Z方向上B的分布图。

【思考题】

1. 本实验中,如何能够减小外界磁场的影响?

2. 利用此仪器,如何测量地球磁场的水平磁场强度?写出方案。

实验23　应变片特性及电子秤实验

【实验目的】

1. 了解金属箔式应变片的应变-电阻效应及应变片的应用。
2. 学习非平衡电桥的原理，并比较其灵敏度和非线性度。
3. 用应变片组成电子秤装置进行实验。

【实验仪器】

直流恒压源，九孔板，电子秤传感器模块，万用表，20 g砝码(10个)，差动放大器模块，22 kΩ电位器，350 Ω电阻，1 000 Ω电阻等。

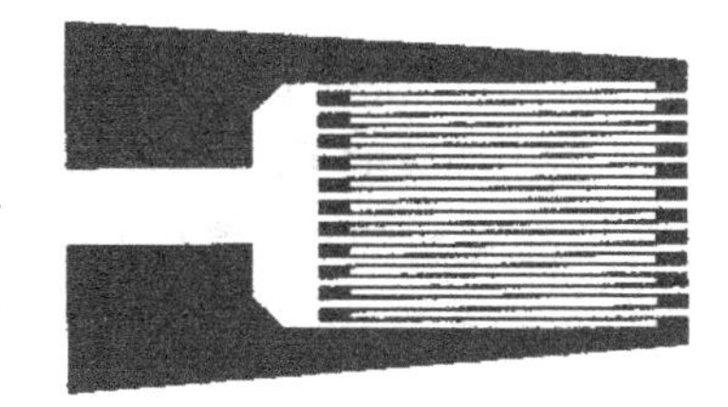
图23.1　箔式应变片

【实验原理】

应变片是利用电阻丝在外力作用下长度发生变化时，其电阻值随之发生变化的特性制成的传感器，即利用了电阻丝的应变-电阻效应。在弹性范围内，电阻的相对变化与应变的比值为

$$K=\frac{\Delta R}{R}/\frac{\Delta l}{l} \tag{23.1}$$

式中，K为称为应变灵敏系数；$\frac{\Delta R}{R}$为电阻丝电阻值的相对变化；$\frac{\Delta l}{l}=\varepsilon$为电阻丝长度的相对变化量，称为应变。$K$的物理意义为单位应变引起的应变片电阻的相对变化。

应变片有金属丝式、金属箔式和薄膜式。金属箔式应变片是通过印刷电路工艺制成的应变敏感元件，其灵敏度较高，横向效应较小，适合于大批量制作，性能稳定，故目前使用较多。通过应变片可以将应变转换为电阻的变化，而应变的大小通常与被测部位受力大小或位移的大小对应，故应变片常常用来测量受力的大小或位移的大小。

应变片的电阻变化量都是非常小的。实际使用中，常将应变片接成电桥形式使用，并且根据需要可以接成单臂电桥、半桥和全桥使用。通过电桥，应变片的电阻变化可以转变成相应的电压变化。此电压信号经放大后，可以直接由电压表显示。

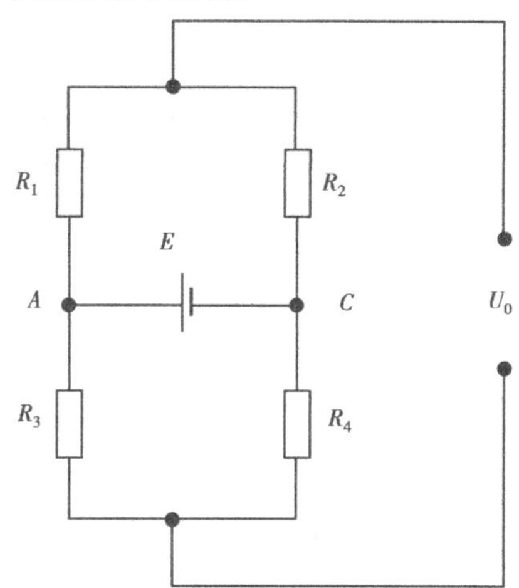

图23.2　电桥电路

电桥电路如图23.2所示，其输出电压U_o为

$$U_o=\frac{R_1R_4-R_2R_3}{(R_1+R_2)(R_3+R_4)}E \tag{23.2}$$

当$R_1R_4=R_2R_3$时，电桥平衡，电桥输出电压$U_o=0$。

设应变片电阻R_1、R_2、R_3、R_4的初始值相等，产生应变后电阻变化量分别为ΔR_1、ΔR_2、ΔR_3、ΔR_4，则在一阶近似情况下，输出电压可以表示为

$$U_o = \frac{E}{4}\left(\frac{\Delta R_1}{R_1} - \frac{\Delta R_2}{R_2} - \frac{\Delta R_3}{R_3} + \frac{\Delta R_4}{R_4}\right) \tag{23.3}$$

由式(23.1)和式(23.3)可得

$$U_o = \frac{E}{4}K(\varepsilon_1 - \varepsilon_2 - \varepsilon_3 + \varepsilon_4) \tag{23.4}$$

单位电阻变化时对应的输出电压大小定义为电桥的灵敏度 S_V,即

$$S_V = \frac{U_o}{\frac{\Delta R}{R}} \tag{23.5}$$

显然,电桥灵敏度 S_V 越大,单位应变的输出电压越大。

按工作臂的不同,可将电桥电路分为 3 种电路形式:单臂电桥-电桥的一个臂接入应变片;半桥-电桥的两个臂接入应变片;全桥-电桥的四个臂接入应变片。不同的电桥电路,工作时的灵敏度是不同的,可以根据需要选择。

①对单臂电桥,例如只有桥臂 R_1 工作,则 $U_o = \frac{EK\varepsilon}{4}, S_V = \frac{U_o R}{\Delta R} = \frac{E}{4}$。

②对半桥,若 R_1 和 R_2 为工作臂,则应为 $\varepsilon_1 = -\varepsilon_2 = \varepsilon, U_o = \frac{EK\varepsilon}{2}$, $S_V = \frac{U_o R}{\Delta R} = \frac{E}{2}$。注意此时 R_1 和 R_2 的电阻或应变的变化符号正好是相反的,否则会互相抵消,造成输出电压减小。

③对半桥,若 R_1 和 R_4 为工作臂,则 $\varepsilon_1 = \varepsilon_4 = \varepsilon, U_o = \frac{EK\varepsilon}{2}, S_V = \frac{U_o R}{\Delta R} = \frac{E}{2}$,此时 R_1 和 R_4 的电阻或应变的变化符号正好是相同的。

④对全桥 $\varepsilon_1 = \varepsilon_4 = -\varepsilon_2 = -\varepsilon_3 = \varepsilon, U_o = EK\varepsilon, S_V = \frac{U_o R}{\Delta R} = E$。

【实验内容】

①实验电路原理如图 23.3 所示。

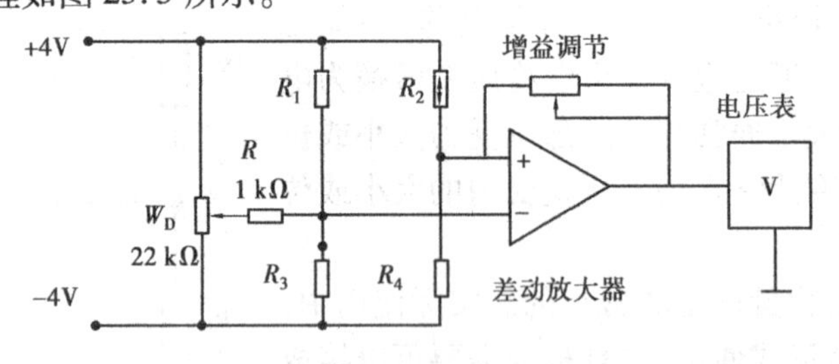

图 23.3 实验电路原理

②将差动放大器、电阻、电位器等模块合理摆放在九孔板上。

③差动放大器的电源接线端 V+与 V-端分别连接至直流恒压源的 +15 V 与 -15 V,不要连错。差动放大器的接地端 GND 与直流恒压源的接地端相连。

④差动放大器调零。用导线将差动放大器的同相输入端(+)、反相输入端(-)与其接地端 GND 短接,并将差动放大器输出端接到万用表直流 20 V 挡,万用表公共端接差动放大器的接地端。打开直流恒压源,将差动放大器的增益旋钮顺时针调到底,此时放大倍数最大,约为 100 倍,再调节调零旋钮使万用表显示值为零,此旋钮在后面的实验中不可再调节。

⑤单臂电桥实验。按图 23.3 接线,R_1、R_3、R_4 为固定电阻(350 Ω),R_2为应变片。电位器

W_D 的作用是调节电桥平衡,使电压表的初始值为零。电阻 R(1 kΩ)为限流电阻。交换电桥电源 ±4V 的两端时,可以改变电压表显示值的正负符号。

⑥接通电源,调节电桥平衡电位器 W_D 使电压表显示为零,然后在秤盘上逐个加上砝码(每个 20 g,共 10 个),记录砝码质量和对应的电压表示值。

⑦半桥实验。连接半桥电路时,注意正确选择应变片接入的桥臂,若选择 R_1、R_2 接入应变片,则 R_1、R_2 应为受力方向相反的两个应变片。若选择 R_1、R_4 接应变片,则 R_1、R_4 应该为两个受力方向一致的应变片。电路接通后,按上述第④、⑤、⑥步的方法进行实验。

⑧全桥实验。连接电路时,应变片 R_1 与 R_4 的受力方向一致,R_2 与 R_3 的受力方向一致,在环状的桥臂上是间隔连接的。电路接通后,按上述第④、⑤、⑥步同样的方法进行实验。

⑨根据三种电桥实验所得结果,在一张坐标纸上作出三条电压-砝码质量的关系曲线,并分别计算三条线的斜率,即系统灵敏度 $S=\dfrac{\Delta U}{\Delta M}$,$\Delta U$ 为电压变化量,ΔM 为相应的质量。

⑩比较三种桥路的系统灵敏度。

⑪电子秤实验。

a. 用全桥电路连接线路。

b. 差动放大器按上面步骤④调零。差动放大器增益调到最大。

c. 秤盘上未加砝码时,调节可调电阻 W_D,使差劲放大器输出电压值为 0 V。

d. 在秤盘上放上 10 个砝码(200 g),电压表直流电压量程选择为 20 V 挡,观察此时电压表指示值是否为 0.200 V。

e. 仔细调节差动放大器增益旋钮,使电压表指示值为 0.200 V,即代表 200 g。然后取下全部砝码,看指示值是否能回到 0 V,若不能回到 0,则再按步骤 c、d、e 调节,直到 0 点和满量程点的指示值与砝码质量一致为止。

f. 取下全部砝码,然后每加 1 个砝码,记录秤盘上砝码总质量 M_i 和电压表示数 V_i,直到 10 个砝码都加上为止。

【思考题】

1. 交换差动放大器的两个输入端时,电压表的显示值会如何变化?

2. 在全桥实验中每加一个砝码,如果发现电压表输出值变化量比单臂电桥还小,请分析可能的原因。

实验 24　多普勒效应综合实验

当波源与接收器之间有相对运动时,接收器接收到的波的频率与波源发出的频率会有所不同,这一现象称为多普勒效应。多普勒效应是为纪念奥地利物理学家及数学家克里斯琴·约翰·多普勒(Christian Johann Doppler)而命名的,他于 1842 年首先提出了这一理论,其主要内容为:物体辐射的波长因为波源和观测者的相对运动而产生变化。

多普勒效应在科学研究、工程技术、交通管理、医疗诊断等各方面都有十分广泛的应用。例如:基于多普勒效应原理的雷达系统已广泛应用于卫星、导弹、飞机、车辆等运动目标速度的监测;在医学上利用超声波的多普勒效应来检查人体内脏的活动情况、血液的流速等。原子、分子和离子由于热运动使其发射和吸收的光谱线变宽,称为多普勒增宽,在天体物理和受控热核聚变实验装置中,光谱线的多普勒增宽已成为分析恒星大气及等离子体物理状态的重要测量和诊断手段。电磁波、光波、声波、超声波等波的多普勒效应原理是一致的。

本实验使用超声波研究多普勒效应,也可将超声探头作为运动传感器,利用多普勒效应研究物体的运动状态。

【实验目的】

1. 测量超声接收器运动速度与接收频率之间的关系,验证多普勒效应,并由 f-V 关系直线的斜率求超声波速度。

2. 利用多普勒效应测量物体运动过程中多个时间点的速度,得出 V-t 关系曲线,可得出物体在运动过程中的速度变化情况,可研究:

①自由落体运动,并由 V-t 关系直线的斜率求重力加速度。

②简谐振动,可测量简谐振动的周期等参数,与理论值比较。

③匀加速直线运动,测量力、质量与加速度之间的关系,验证牛顿第二定律。

④其他变速直线运动。

【实验原理】

1. 多普勒效应

根据多普勒效应,当声源与接收器之间有相对运动时,接收到的声源频率会发生变化。在声源与接收器之间靠近时,声波被压缩,波长变得较短,频率变得较高(称为蓝移 blue shift);在声源与接收器相互离开时,会产生相反的效应,波长变得较长,频率变得较低(称为红移 red shift);波源的速度越高,所产生的效应越大。根据波红(蓝)移的程度,可以计算出波源循着观测方向运动的速度。

接收器接收到的频率 f 为

$$f=\frac{f_0(u+V_1\cos\alpha_1)}{(u-V_2\cos\alpha_2)} \tag{24.1}$$

式中,f_0 为声源的频率,u 为声速,V_1 为接收器运动速度,当接收器向着声源移动时 V_1 为正值,反之为负值。α_1 为声源和接收器的连线与接收器运动方向之间的夹角。V_2 为声源运动速度,当声源向着接收器移动时 V_2 为正值,反之为负值。α_2 为声源与接收器连线与声源运动方向之间的夹角。

若声源保持不动,运动物体上的接收器沿声源与接收器连线方向以速度 V 运动,则式(24.1)中 V_2、α_1、α_2 均为零,可以得到接收器接收到的频率应为

$$f=f_0\left(1+\frac{V}{u}\right) \tag{24.2}$$

当接收器向着声源运动时,V 取正,反之取负。

若 f_0 保持不变,以光电门及计时器测量物体的运动速度 V,并由仪器对接收器接收到的频率 f 自动测量。根据式(24.2),f-V 关系图为一直线,可由实验点直观验证多普勒效应。该直线的斜率应为 $k=f_0/u$,由此可计算出声速:

$$u=\frac{f_0}{k}$$

由式(24.2)可解出物体的运动速度为

$$V=u\left(\frac{f}{f_0}-1\right) \tag{24.3}$$

若已知声速 u 及声源频率 f_0,通过设置使仪器以某种时间间隔对接收器接收到的频率 f 采样计数,由微处理器按式(24.3)计算出接收器运动速度。由显示屏显示 $V\text{-}t$ 关系图,或查阅有关测量数据,即可得出物体在运动过程中的速度变化情况,进而对物体运动状况及规律进行研究。

2. 超声的红外调制与接收

早期实验仪器中,接收器接收的超声信号由导线接入实验仪进行处理。由于超声接收器安装在运动体上,导线的存在对运动状态有一定影响,导线容易折断也给使用带来麻烦。本仪器对接收到的超声信号采用了无线的红外调制-发射-接收方式。即用超声接收器信号对红外波进行调制后发射,固定在运动导轨一端的红外接收端接收红外信号后,再将超声信号解调出来。由于红外发射-接收的过程中信号的传输是光速,远远大于声速,它引起的多普勒效应可忽略不计。采用此技术将实验中运动部分的导线去掉,使得测量更准确,操作更方便。信号的调制、发射、接收、解调,在信号的无线传输过程中是一种常用的技术。

【实验仪器】

多普勒效应综合实验仪由实验仪,超声发射-接收器,红外发射-接收器,导轨,运动小车,支架,光电门,电磁铁,弹簧,滑轮,砝码等组成。实验仪内置微处理器,带有液晶显示屏。图24.1为实验仪的面板图。

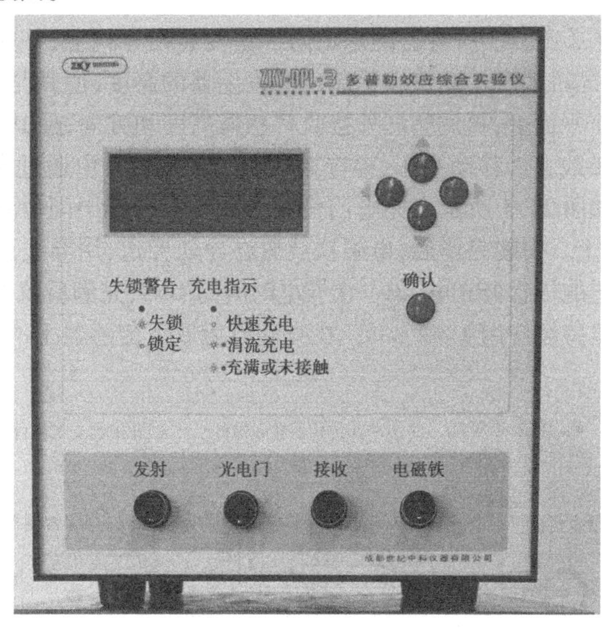

图24.1　实验仪器面板

1. 失锁警告指示灯

亮:表示频率失锁,即接收信号较弱,此时不能进行实验,需调整发射器与接收器相互位置,让该指示灯灭。

灭:表示频率锁定,即接收信号能够满足实验要求,可以进行正常实验。

2. 充电指示灯

灭:表示正快速充电。

亮(绿色):表示正在涓流充电。

亮(黄色):表示已经充满。

亮(红色):表示已经充满或充电针未接触。

实验仪采用菜单式操作,显示屏显示菜单及操作提示,由▲▼◀▶键选择菜单或修改参数,按"确认"键后仪器执行。可在"查询"页面查询到在实验时已保存的实验的数据。操作者只需按提示即可完成操作,可把时间和精力用于物理概念和研究对象,不必花大量时间熟悉仪器的使用。

实验 24.1　用多普勒效应测量声速

让小车以不同速度通过光电门,仪器自动计算小车通过光电门时的平均运动速度并记录与之对应的平均接收频率,再由仪器显示出 $f\text{-}V$ 关系曲线。观察曲线,若测量点呈直线分布,符合式(24.2)描述的规律,即直观验证了多普勒效应。用作图法可以粗略实验装置验证,并且可以从图线上发现测量误差偏大的点并将其剔除出去。在此基础上,采用线性回归法可以准确地计算 $f\text{-}V$ 直线的斜率 k 及相关系数,由 k 计算声速 u 并与声速的理论值比较,计算其百分比误差。

【实验仪器】

1. 实验装置

实验装置如图 24.2 所示。所有需固定的附件均安装在导轨上,并在两侧的安装槽上固定。利用水平仪调节导轨水平。调节水平超声波发生器的高度,使其与超声波接收器(已固定在小车上)在同一个平面上,再调整红外接收传感器高度和方向,使其与红外发射器(已固定在小车上)在同一轴线上。移动小车,检查挡光块是否能够自由通过光电门。挡光块不能与光电门发生摩擦,如图 24.3 所示。光电门位置约在小车行程中间位置。将各组件电缆接入实验仪的对应接口上。安装完毕后,电磁铁放置在导轨旁边,用导线连接电磁铁上和小车上的充电孔,给小车上的传感器充电,第一次充电时间约 10 s,充满后仪器面板充电灯变黄色或红色,一次充满可以持续使用 1 ~2 min。在充满电后取下传感器上的连接线,以免影响小车的运动。

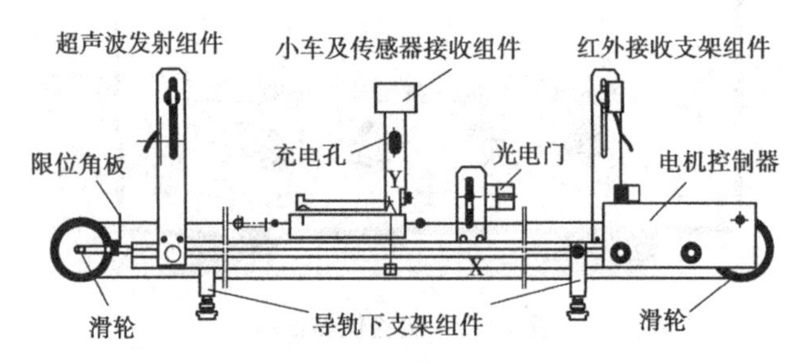

图 24.2　多普勒效应实验装置

2. 注意事项

①安装时要尽量保证红外接收器、小车上的红外发射器和超声接收器、超声发射器三者之间在同一轴线上,以保证信号传输良好。如果没有安装好,仪器面板上失锁警告灯会亮,提醒重新调节安装位置。

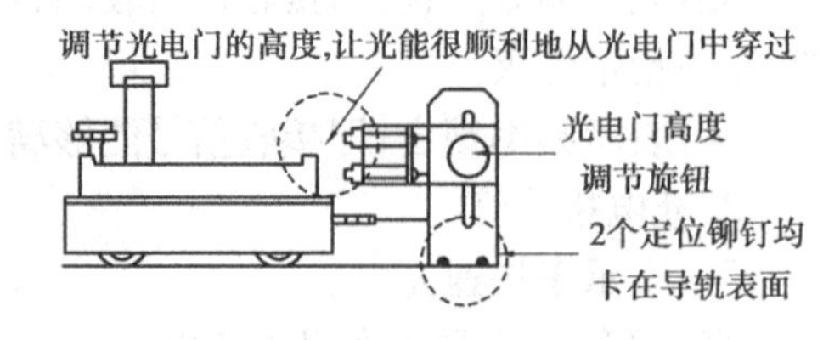

图 24.3　光电门安装及调节

②小车牵引皮带的松紧要调节合适,调节电机控制器外壳上的固定螺母(此螺栓固定在导轨上),可以调节皮带的松紧。皮带松紧不合适会造成小车行程不足。

③小车车轮不要沾上污物,车轮应能自由转动,车轮要准确放入导槽中。在整个行程中,小车要能轻松移动。

④安装时连接电缆要理顺,不可挤压,以免导线折断。

【实验内容】

1. 实验操作

①室温输入:实验仪开机后,首先要求输入室温,因为计算物体运动速度时要代入声速,而声速是温度的函数。室温可以由温度计读出,利用◀　▶键将室温 T 值调到实际值,再按"确认"键。

②频率调谐:第二个界面要求对超声波发生器的驱动频率进行调谐。在超声波发射接收中,需要将发生器与接收器的频率匹配,并将驱动频率调到谐振频率 f_0,这样接收器获得的信号幅度才最强,才能有效地发射与接收超声波。一般 f_0 为 40 kHz 左右。仪器将进行自动检测调谐频率 f_0,约几秒钟后将自动得到调谐频率,将此频率 f_0 记录下来,按"确认"键进入后面的实验。

③小车行程检查:给电机控制器插上 12 V 直流专用电源。小车运动速度有 5 挡,"1 挡"最慢,"5 挡"最快,可以按"速度"键先选择低速的 1 挡。用手推动小车到电机控制器旁,让小车上的磁铁磁住电机控制器外壳,按"开始"键,小车会向前运动一段距离后停下,然后自动后退。小车应该退回到控制器附近,如果不能退回到控制器附近,则小车速度指示灯全部都会闪动,此时需要手动将小车推回控制器旁,再按"开始"键进行试验。调节小车驱动皮带的松紧,直到小车能够自动退回控制器旁为止。各挡都进行试验和调节,小车如果都能自动退回到控制器旁后,则表示将小车行程调节好了,就可以进行下一步的实验操作了。

注意事项:

a. 调谐及实验进行时,须保证超声发射器和接收器之间无任何阻挡物;红外发射头与接收头之间无遮挡物。

b. 实验时运动小车的充电连接线必须取下来。

④在液晶显示屏上,选中"多普勒效应验证实验",并按"确认"键。

⑤利用▶键修改测试总次数(选择范围 5 ~ 10,速度有 5 挡,故一般选 5 次),按▼,选中"开始测试"。

⑥按面板上"确认"键,仪器显示"开始测试",微处理器做好测试准备。按控制器上"速度"键,选择速度"1 挡"(低速挡),再按控制器上"开始"键,电机启动,小车开始移动。仪器自动记录小车通过光电门时的平均运动速度及与之对应的平均接收频率。

⑦每一次测试完成,都有"存入"数据的提示,可根据实际情况选择,按"确认"键后存入数据,并显示测试总次数及已完成的测试次数,同时准备新一次的测试。

⑧每按一次电机控制器上的"速度"按键,可以改变一挡速度,然后再按"开始"键,进行第二次测试,速度有 5 挡可依次选择。

⑨完成设定的测量次数后,仪器自动存储数据,并显示出 f-V 关系图及测量数据。

注意:小车运行中应当平稳,成直线运动,不能有滑动摩擦和曲线运动。

2. 数据记录与处理

观察f-V关系图,若测量点成直线,符合式(24.2)描述的规律,即直观验证了多普勒效应。用▶ 键选中"数据",按▼键翻阅数据并记入表24.1中,用线性回归法计算f-V关系直线的斜率k及相关系数。公式(24.4)为线性回归法计算k值的公式,其中i为测量次数。

$$k=\frac{\overline{V_i}\times\overline{f_i}-\overline{V_i\times f_i}}{\overline{V_i}^2-\overline{V_i^2}} \tag{24.4}$$

相关系数计算可以参考教材的数据处理部分,利用计算器的线性拟合功能可以很方便地计算斜率及相关系数。

由k计算声速$u=f_0/k$,并与声速的理论值比较,声速理论值由$u_0=331(1+t/273)^{\frac{1}{2}}$(m/s)计算,$t$(℃)表示室温。

测量数据的记录是仪器自动进行的,在测量完成后,只需在出现的显示界面上用▶ 键选中"数据",▼键翻阅数据并记入表24.1中,然后按照上述公式计算出相关结果并填入表格。

表24.1　多普勒效应的验证与声速的测量　　$f_0=$　　　Hz

测量数据							直线斜率 k (1/m)	声速测量值 $u=f_0/k$	声速理论值 u_0/(m·s^{-1})	百分误差 $(u-u_0)/u_0$
次数i	1	2	3	4	5	6				
V/(m·s^{-1})										
f_i/Hz										

【思考题】

1. 如何利用多普勒效应测量两个移动物体之间的距离?能否在本实验仪器上进行验证?

2. 本实验仪器还可以进行什么样的实验?请提出建议。

实验24.2　用自由落体运动测量重力加速度

让带有超声接收器的接收组件自由下落,利用多普勒效应测量物体运动过程中多个时间点的速度,得到V-t关系曲线并查询有关测量数据,即可得出物体在运动过程中的速度变化情况,进而计算自由落体加速度。

【实验仪器】

仪器安装如图24.4所示。为保证超声发射器与接收器在一条垂线上,可用细绳拴住接收器,检查从电磁铁位置下垂时是否正对发射器。若不对齐,可调节底座螺钉使其对齐。

充电时,让电磁阀吸住自由落体接收器,并让该接收器上充电部分和电磁阀上的充电针接触良好。

充满电后,将接收器下移脱离充电针,将接收器悬挂在电磁铁上。如果不脱离充电针,则接收器下落的前几个测量点数据会发生异常。

【实验内容】

1. 实验操作

①在液晶显示屏上,用▼键选中"变速运动测量实验",并按"确认"键。

②利用▶键修改测量点总数,通常选10~20个点(选择范围8~150);用▼键选择采样步距,通常选10~30 ms(选择范围10~100 ms),选中"开始测试"。

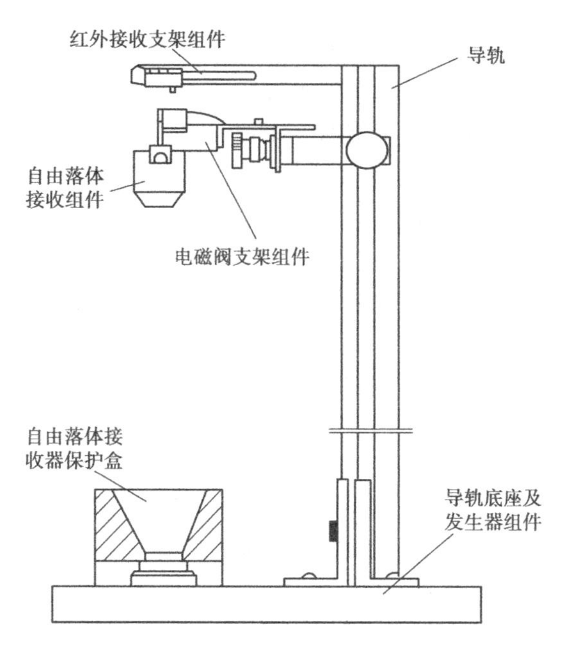

图24.4　测量重力加速度

③按“确认”键后，电磁铁释放，接收器组件自由下落。测量完成后，显示屏上显示 *V-t* 图，用▶键选择“数据”，阅读并记录测量结果。

④在结果显示界面中用▶键选择“返回”，“确认”后重新回到测量设置界面，可按以上程序进行新的测量。

2. 数据记录与处理

将测量数据记入表24.2中，由测量数据求得 *V-t* 直线的斜率即为重力加速度 g。

为减小随机误差，可作多次测量，将测量的平均值作为测量值，并将测量值与理论值比较，求相对误差。

表24.2　自由落体运动的测量

采样次数 i	2	3	4	5	6	7	8	9	g $/(\mathrm{m\cdot s^{-2}})$	平均值 g	理论值 g_0	百分误差 $(g-g_0)/g_0$
$t_i=0.05(i-1)\mathrm{s}$	0.05	0.10	0.15	0.20	0.25	0.30	0.35	0.40				
V_i												
V_i												
V_i												
V_i												

注：$t_i=0.05(i-1)$，t_i 为第 i 次采样与第1次采样的时间间隔差，0.05表示采样步距为50 ms。如果选择的采样步距为20 ms，则 t_i 应表示为 $t_i=0.02(i-1)$。依次类推，根据实际设置的采样步距而定采样时间。

3. 注意事项

①须将“自由落体接收器保护盒”套于发射器上，避免发射器在没有保护套操作时受到冲击而损坏。

②安装时切不可挤压电磁阀上的电缆。

③接收器组件下落时,若其运动方向不是严格的在声源与接收器的连线方向,则 α_1(为声源与接收器连线与接收器运动方向之间的夹角,图24.5是其示意图)在运动过程中增加。此时式(24.2)不再严格成立,由式(24.3)计算的速度误差也随之增加。故在数据处理时,可根据情况对最后2个采样点进行取舍。

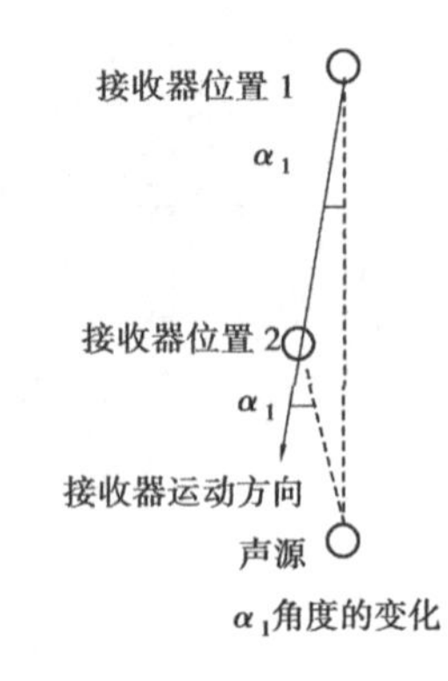

图 24.5 α_1 角度的变化

【思考题】

1. 用不同采样步距进行实验,分析采样步距对测量重力加速度的影响。

2. 从实验数据分析 V-t 直线斜率的非线性,对测量重力加速度造成的相对误差。

实验 24.3 垂直方向的简谐振动

当质量为 m 的物体受到大小与位移成正比,而方向指向平衡位置的力的作用时。若以物体的运动方向为 x 轴,其运动方程为

$$m\frac{d^2x}{dt^2} = -kx \tag{24.5}$$

式中,k 为弹簧的倔强系数,负号表示回复力方向与运动方向相反。由式(24.5)描述的运动称为简谐振动。当初始条件为 $t=0$ 时,$x=-A_0$,$V=\frac{dx}{dt}=0$,则方程(24.5)的解为

$$x = -A_0\cos\omega_0 t \tag{24.6}$$

将式(24.6)对时间求导,可得速度方程:

$$V = \omega_0 A_0 \sin\omega_0 t \tag{24.7}$$

由式(24.6)、(24.7)可见物体做简谐振动时,位移和速度都随时间周期变化。

式中,$\omega_0=(k/m)^{\frac{1}{2}}$,为振动的角频率,$m$ 为自由落体接收组件的质量。

测量时仪器的安装如图24.6,若忽略空气阻力,根据胡克定律,作用力与位移成正比,悬挂在弹簧上的物体应作简谐振动。

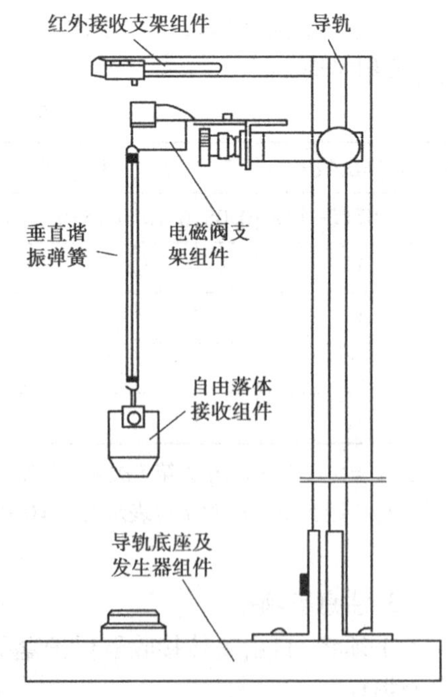

图 24.6 简谐振动实验

【实验仪器】

实验仪器如图24.6所示,将弹簧悬挂于电磁铁上的挂钩孔中,自由落体接收器组件的尾翼悬挂在弹簧上。

【实验内容】

1. 实验操作

接收器组件悬挂上弹簧之后,测量弹簧长度。加挂质量为 M 的砝码,测量加挂砝码后弹簧的伸长量 Δx,记入表24.3中,然后取下砝码。由 M 及 Δx 就可计算 $k=Mg/\Delta x$。

用天平称量自由落体超声接收器组件的质量 m，由 k 和 m 就可计算 $\omega_0=(k/m)^{1/2}$，并与角频率的测量值 ω 比较。

①在液晶显示屏上，用▼键选中“变速运动测量实验”，并按“确认”键。

②利用▶键修改测量点总数为150（选择范围为8～150），用▼键选择采样步距，并修改为100（选择范围50～100 ms），选中“开始测试”。

③将接收器从平衡位置垂直向下拉约20 cm，松手让接收器自由振荡，观察接收器组件开始作垂直方向的简谐振动后，再按“确认”键。实验仪器按设置的参数自动采样，测量完成后，显示屏上出现速度随时间变化关系的曲线。

④在结果显示界面中用▶键选择“返回”，“确认”后重新回到测量设置界面。可按以上程序进行新的测量。

注意：接收器开始自由振荡后，观察接收器如果是沿垂直方向振荡，再按“确认”键，否则重新再做第3步。

2. 数据记录与处理

查阅数据，记录第1次速度达到最大时的采样次数 $N_{1\ max}$ 和第11次速度达到最大时的采样次数 $N_{11\ max}$，就可计算实际测量的运动周期 T 及角频率 ω，并可计算 ω_0 与 ω 的百分误差。数据记录在表24.3中。

表24.3 简谐振动数据记录及处理

m/kg	Δx/m	$k=Mg/\Delta x$ /kg·s^{-2}	$\omega_0=(k/m)^{1/2}$	$N_{1\ max}$	$N_{11\ max}$	$T=0.01(N_{11\ max}-N_{1\ max})$(s)	$\omega=2\pi/T$

【思考题】

1. 分析 ω_0 与 ω 误差的产生原因。

2. 表24.3中，如果 $N_{11\ max}$ 改为 $N_{7\ max}$，则 ω 计算值会发生什么变化？

实验24.4 匀变速直线运动的研究

质量为 m 的接收器组件，与质量为 M 的砝码托及砝码悬挂于滑轮的两端（$m>M$）。系统的受力情况为：接收组件的重力 mg，方向向下。砝码组件通过细绳和滑轮施加给接收组件的力 Mg，方向向上。

摩擦阻力，其大小与接收器组件对细绳的张力成正比，可表示为 $Cm(g-a)$，a 为加速度，C 为摩擦系数，摩擦力方向与运动方向相反。

系统所受合外力为：$mg-Mg-Cm(g-a)$。

运动系统的总质量为 ：$M+m+J/R^2$。

J 为滑轮的转动惯量，R 为滑轮绕线槽半径，J/R^2 相当于将滑轮的转动等效于线性运动时的等效质量。

根据牛顿第二定律，可列出运动方程：

$$mg-Mg-Cm(g-a)=\left(M+m+\frac{J}{R^2}\right)a \tag{24.8}$$

实验时改变砝码组件的质量 M,即改变了系统所受的合外力和质量。对不同的组合测量其运动情况,采样结束后会显示 V-t 曲线,将显示的采样次数及对应速度记入表 24.4 中。由记录的 t ,V 数据求得 V-t 直线的斜率即为此次实验的加速度 a。

式(24.8)可以改写为

$$a=\frac{g[(1-C)m-M]}{[(1-C)m+M+J/R^2]} \tag{24.9}$$

将表 24.4 得出的加速度 a 为纵轴,$[(1-C)m-M]/[(1-C)m+M+J/R^2]$ 为横轴作图。若为线性关系,符合(24.9)式描述的规律,即验证了牛顿第二定律,且直线的斜率应为重力加速度。

实验系统中,摩擦系数 $C=0.07$,滑轮的等效质量 $J/R^2=0.014$ kg。

【实验内容】

1. 实验操作

①仪器安装如图 24.7 所示,让电磁阀吸住接收器组件,测量准备同实验 24.2。

②用天平称量接收器组件的质量 m,砝码托及砝码质量,每次取不同质量的砝码放于砝码托上,记录每次实验对应的 M。

注意:

a. 安装滑轮时,滑轮支杆不能遮住红外接收和自由落体组件之间信号传输。

b. 其余注意事项同实验 24.2。

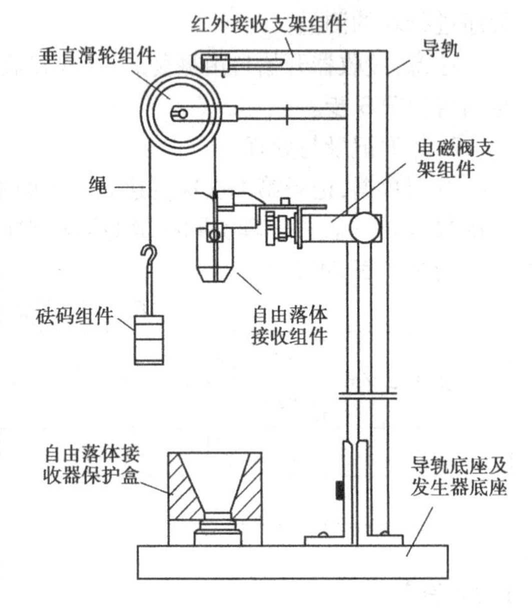

图 24.7 匀变速直线运动

③在液晶显示屏上,用▼键选中“变速运动测量实验”,并按“确认”键。

④利用▶键修改测量点总数为 8(选择范围 8 ~ 150),用▼键选择采样步距,并修改为 100 ms(选择范围 50 ~ 100 ms),选中“开始测试”。

⑤按“确认”键后,磁铁释放,接收器组件拉动砝码作垂直方向的运动。测量完成后,显示屏上出现测量结果。

⑥在结果显示界面中用▶键选择“返回”,“确认”后重新回到测量设置界面。改变砝码质量,按以上程序进行新的测量。

2. 数据记录与处理

采样结束后显示 V-t 直线,用▶键选择“数据”,将显示的采样次数及相应速度记入表 24.4 中,t_i 为采样次数与采样步距的乘积。由记录的 t 、V 数据求得 V-t 直线的斜率,就是此次实验的加速度 a。

注意:当砝码组件质量较小,加速度较大时,可能只有几次采样后接收组件已落到底,此时可将后几次的速度值舍去。

表 24.4　匀变速直线运动的测量　　　$m=\quad(\text{kg})$　$C=0.07$　$J/R^2=0.014(\text{kg})$

采样次数 i	2	3	4	5	6	7	8	9	$a/(\text{m}\cdot\text{s}^{-2})$	M /kg	$[(1-C)m-M]/[(1-C)m+M+J/R^2]$
$t_i=0.1(i\text{-}1)$ (s)	0.1	0.2	0.3	0.4	0.5	0.6	0.7	0.8			
V_i											
V_i											
V_i											
V_i											

注：表中 $t_i=0.1(i\text{-}1)$，t_i 为第 i 次采样与第 1 次采样的时间间隔差，0.1 表示采样步距为 100 ms。

【思考题】

1. 分别用作图法和最小二乘法处理数据，分析两种方法得到的加速度存在差异的原因。
2. 与当地重力加速度比较，分析实验得出的重力加速度误差的原因。

实验 25　碰撞过程的瞬态数字测量

碰撞和冲击是一个很常见的物理现象，例如高速汽车的碰撞，子弹与物体的碰撞等。碰撞中运动物体的动能在极短的时间内被碰撞物体所吸收，冲击力的变化十分迅速，往往对碰撞物体造成很大的破坏。研究碰撞中冲击力的变化在工程设计中具有重要的意义。本实验采用压电传感器、高速 A/D 卡及高速数据采集系统采集碰撞中冲击力的变化曲线，进而实现碰撞过程的瞬态测量。

【实验目的】

1. 学习气垫导轨、光电计时器的原理及使用，瞬时速度的测量。
2. 获得碰撞时冲击力随时间变化过程的图像，加深对动量、碰撞、冲量概念的认识。
3. 学习压电原理、传感器、信号处理等现代传感技术的初级知识。
4. 通过瞬态信号的记录以及它与实际物理量的转换，了解计算机采集数据。
5. 学习 A/D、D/A 转换及数字信号的微机接口和用计算机进行实验数据处理。

【实验原理】

碰撞和冲击通常是一个很短暂的时间过程，质点在碰撞前后的动量变化服从动量定理：

$$mv-mv_0=\int_0^t F(t)\,\mathrm{d}t \tag{25.1}$$

式中，v_0 和 v 分别为碰撞前后质点的速度矢量。$F(t)$ 为冲击力，是时间的函数。传统的碰撞实验装置不能用来进行动量定理的实验和验证，其主要困难是不能进行冲击力变化过程的瞬态测量。本实验采用压电晶体传感器完成力电信号的转换，结合现代的数字测量技术实现冲击力的瞬态测量，从而使问题得以解决。

某些晶体以及经极化处理的多晶铁电体（压电陶瓷），在受到外力发生形变时，在它们的某些表面会产生电荷，这种效应称为压电效应；反过来，当它们在外电场的作用下，又会产生形变，这种效应则被称为逆压电效应。本实验使用的力传感器就是用石英晶体做成的。压电效应的定量讨论应当从压电方程出发,并且要涉及力学量(应力和应变)和电学量(电场强度和电位移矢量)的关联。压电方程通常是一组张量或者矩阵关系,但对一维的压电运动形式比较简单:

$$Q = S_0 F \tag{25.2}$$

式中 Q——压电陶瓷极板上的电荷;

F——作用力,S_0 称为压电常数。

力传感器的原理装置如图25.1所示。压电片的前端是一个测力头,后端通过很重的质量块与基座连接。当测力头受到外力 F 作用时,由于质量块很大并且与基座相连,因此系统加速度可视作0。不难想见,这时晶体两极面将受到压力 F,由式(25.2)知 $Q = S_0F$,S_0 也称为力传感器的灵敏度。由此可以看出,只要知道了压电常数 S_0,就可以通过极板电荷的变化推知作用力的变化。实际上,由于各种误差的存在,传感器的电荷与作用力的关系还需要经过校准(定标)。校准通常是把一个已知的力施加在传感器上,测出相应的电荷输出来对其他定标(绝对校准);或者把相同作用力施加在两个力传感器上,其中一个的输入(作用力)输出(电压值)关系已知,从而可以完成对待测传感器的定标(相对校准)。

力传感器产生的电荷不便于直接测量,通常要经过电荷放大器把它转化为电压输出。电荷放大器的工作原理如图25.2所示,高增益运算放大器的输出端通过电容 C_f 与输入端相连,由于输入阻抗很高,放大器输入端没有分流作用,而极高的放大倍数又使 $V_a \approx 0$,因此传感器的电荷将全部流入电容 C_f。

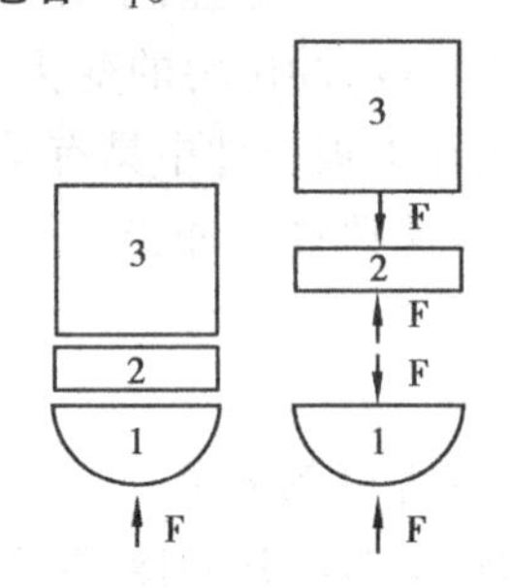

图25.1 力传感器受力分析

1—测力头;2—压电晶体;3—质量块(基座)

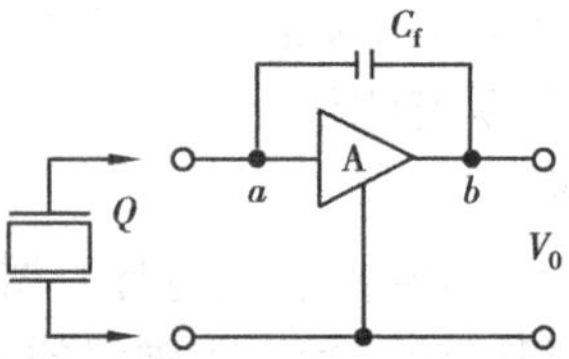

图25.2 电荷放大器

$$V_0 = \frac{Q}{C_f} = GS_0F \tag{25.3}$$

式中,$G = 1/C_f$ 代表了电荷放大器的输出电压与输入电荷的变换关系。利用压电传感器和电荷放大器,我们把力的作用过程转换成了电压的变化过程,即 $V(t) = GS_0F(t)$,转换系数 GS_0 可由力传感器的校准和电荷放大器的反馈电容得出。只要测得电荷放大器输出电压 $V(t)$ 就可以知道碰撞过程中冲击力随时间变化的函数关系 $F(t)$,但这是一个随时间快速变化的瞬态过程,需要用瞬态记录仪或数字存储示波器等来进行测量。

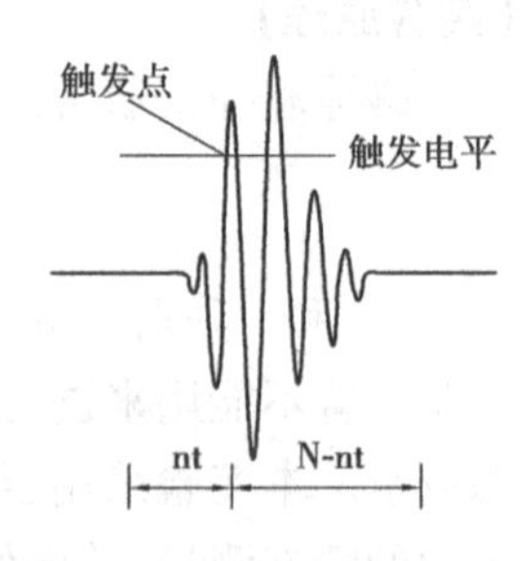

图25.3 瞬态数据的采集

普通示波器只能观察可以重复的连续或脉冲信号,不能观察像碰撞过程那样一类的瞬态波形。利用A/D转换可以把模拟信号变成数字信号,但对瞬态信号还要解决采样从何时开始的问题。因为瞬态信号的出现有突发性,

A/D 转换通常采用信号达到一定大小才启动系统开始采样。但这样一来,由于瞬态信号不可重复,其前沿信息将被丢失。瞬态记录仪在普通 A/D 转换的基础上增加了前触发功能,即预先设定好一个数 *nt*,系统在信号到达前已启动采样,并且不断把采样数据送入存储器。存储器装满 *N* 个数据(采样长度)以后,按照先进先出的原则,“吐故纳新”,一旦触发信号产生,系统将继续进行 *N-nt* 次采样,并送入存储器;采样结束,存储器中保存的 *N* 个信号将由触发前 *nt* 个采样记录和触发后的 *N-nt* 个采样记录组成。只要 *nt* 设置得当,就可以把信号的全过程(包括前沿部分)完整地记录下来,具有这种 A/D 转换功能的装置称为瞬态记录仪。当然,有前也可以有后,通过后触发方式,也可以让采样过程在触发信号到达之后的若干个采样时间才得以进行。

【实验装置】

1. 实验系统组成

实验系统组成如图 25.4 所示。

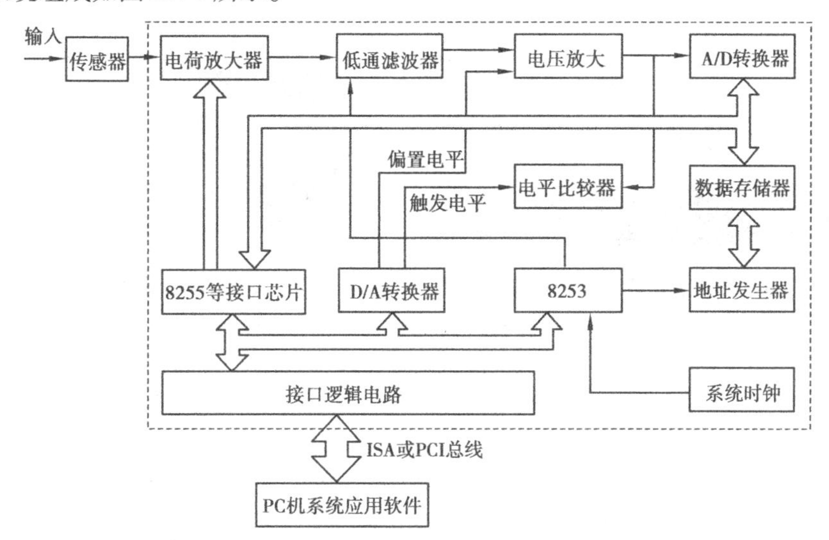

图 25.4　系统框图

注:在改进型产品中,由 D/A 产生的偏置电平和触发电平已由数字电位计所取代。

力传感器采用石英晶体制作,外壳为不锈钢,电荷灵敏度 $S_0 \approx 4\text{p}C/N$,测量范围为 0.4 ~ 5 kN,其输出通过同轴电缆接入电荷放大器。电荷放大器,归一化放大器,低通滤波器、电压放大器以及瞬态采集电路等单元集中在一块高性能的印刷电路板上,其相应的参数选择和功能调节采用了软开关技术,即全部操作可以在计算机的屏幕上通过键盘或鼠标进行。

2. 技术指标

力传感器:量程为 5 kN ,灵敏度约 4 pC/N;电荷放大器:0.01 ~ 10.0 V/Unit;滤波器:0 ~ 20 kHz;电压放大器:0.5 ~ 5.0 倍可调;采样速度:100 Hz ~ 1 MHz 可调;采样长度:1 K ~ 32 K 字节可调;采样分辨率:8 bit;提前与延迟:0 ~ 1 000 点可调;触发电平:(−2.5 ~ +2.5) V 可调;偏置电平:(−2.5 ~ +2.5) V 可调;触发斜率:正负可调;内外触发:内外可选;波形极性:正负可调。

3. 实验装置

①力传感器安装在质量块上,质量块架在气垫导轨上,它与气垫导轨表面接触部分应该垫些黄蜡绸之类的软物质,并且最好安装在靠气垫导轨的端部。

②插件板(电荷放大器和瞬态数字插卡)有两个 Q9 输入插座,右边插座与力传感器连接,作为冲击力信号的输入接口:左边的一个是外触发信号的输入接口(在其他研究项目时经常要用到,本实验用内触发信号即可),插件板已装入微机内。

③为了较准确地测量物体碰撞前后的速度,光电门在安装时要尽量靠近传感器。光电门和传感器安装位置如图 25.5 所示。

④每个传感器都配有多种材质的受(测)力头。另外,也可以在滑块相碰撞的端面粘贴橡胶等不同材质的物体,这样做,可以改变冲击力波形的“胖瘦”。受力头如图 25.6 所示。

⑤实验获得的冲击力波形如图 25.7 所示,它类似一个半正弦波。下面给出一组实测的典型数据。

图 25.5　光电门和力传感器

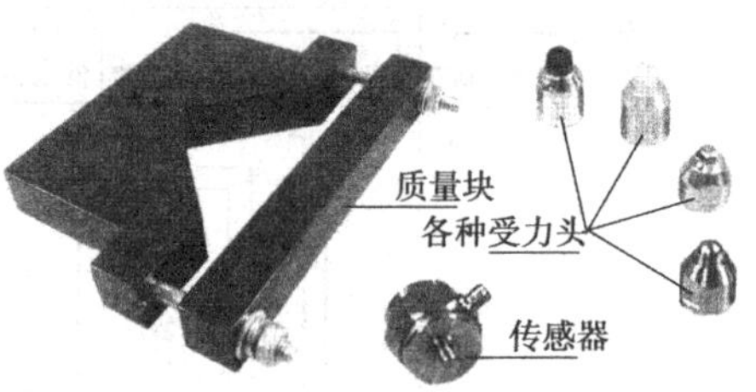

质量块
各种受力头
传感器

图 25.6　不同材料的受力头

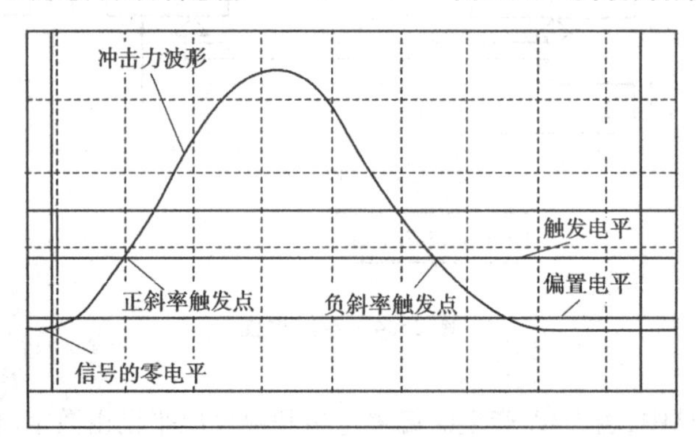

图 25.7　冲击力瞬态波形

动量测量部分:

滑块上挡光杆间距 $\Delta L = 1.000$ cm;滑块质量 $M = 0.2206$ kg;碰撞前滑块通过光电门的挡光时间 $\Delta t_1 = 33.12$ ms。

碰撞后滑块通过光电门挡光时间　$\Delta t_2 = 43.90$ ms

由此可以算出碰撞前后的动量改变量为:

$$\Delta(Mv) = M\Delta L\left(\frac{1}{\Delta t_1} + \frac{1}{\Delta t_2}\right) = 0.116\ 85\ \text{kgm/s} \tag{25.4}$$

冲击测量部分:

传感器灵敏度 $S_0 = 4.00\ \frac{\text{pC}}{\text{N}}$,板卡编号为 0。

电荷放大器灵敏度 $Q=0.1$ N/Unit，电压放大倍数 k = 1.0；

触发电平：1.0 V，偏置电平：-2.0 V

触发方式：内触发、正斜率、零位调整为中点；

采样长度：1 000，提前量：200，采样速率 $\Delta T=20$ μs，上限频率：10 000 Hz。翻转波形 √（选中）。

采集得到的冲击瞬态波形如图 25.7 所示。数值积分计算结果为：

$$\int F(t)\,\mathrm{d}t = \Delta T \frac{1}{kQ}\frac{5}{256} \times 10^{-6} \sum x_i = 0.118\ 91\ \frac{\mathrm{kgm}}{\mathrm{s}} \tag{25.5}$$

式中，"5"来自 A/D 采样的动态范围 ±2.5 V；"256"来自 A/D 的分辨率 8 bit，$256=2^8$；x_i 是冲击波形的采样值减去零电平的差值。

比较动量变化和冲量的计算结果，计算两者的百分差：

$$E = \frac{\left|\Delta(Mv) - \int F(t)\,\mathrm{d}t\right|}{\int F(t)\,\mathrm{d}t} \times 100\% = \left|\frac{0.11891 - 0.11685}{0.11891}\right| \times 100\% = 1.7\% \tag{25.6}$$

4. 软件操作实例

输入操作者信息后，按"确认"键，转换界面：

1）参数设置及数据采集

按 F2 或点击工具条上参数设置图标，进入参数设置界面；按参数设置中的提示，做好准备工作并按下一步键，屏幕出现参数设置第二菜单，仍以前面所举的数据为例，依次操作，各参数设置如下：

传感器灵敏度—— 4.00 pC/N，按每台仪器传感器上标注的实际值输入计算机。

以下的参数都可以使用其默认值：

板卡编号—— 0，本系统永久设为 0 号，板卡编号可以从 0-7，它是为用户做多通道数据采集进行二次开发而保留的。如果使用 PC 扩展平台，当插拔板卡时，只要关掉扩展平台上的电源即可，但在操作时，可以先置板卡号为其他数值，再返回板卡号 0 值，此操作代替了开启计算机时，对板卡的初始化过程。

电荷放大器灵敏度——0.1 N/Unit；

电压放大倍数——1.0 倍。

触发电平——1.0 V；偏置电平—— -2.0 V；

触发方式——内触发，正斜率。

零位调整——活动柄拖为中点；

采样长度——1 000 点；提前量——200；

采样速率——20 μs。

上限频率——10 000 Hz；

翻转波形——不选。

注：翻转波形用于改变输出波形的极性。它可以把负极性的信号通过翻转波形变成正极性信号，以便适应人们的视觉习惯。该功能是否选择决定于传感器电极面的配置和实际波形的极性，本实验不选。

参数设置完毕后，如果立即启动 A/D 转换，即用鼠标左健点击一下确认，系统会自动启动瞬态数据采集界面,可以开始碰撞及采集数据。否则,需要点击工具栏上的 A/D 启动图标或按 F3 来实现下一步操作,出现一个对话框问你选择采样数据保存与否。一般来说,初做实验时,由于参数选择不当,很难一次获得理想的波形,故先选择不保存数据项进行实验,待有了合适的实验数据后,再选择保存数据项,以得到正确结果。

出现"正在采样……"对话框后,可以给滑块一个适当的初速度,让它通过光电门后去碰撞力传感器。如果参数设置与碰撞力的大小相匹配时,就会在屏幕上显示冲击力的波形,如图 25.7 所示。

下一步是在弹出的对话框内填入动量测量的一些参数,即滑块质量、挡光片宽度、碰撞前后的挡光时间,并按确认键;否则按关闭键重新做实验。

注:按确认键后,对话框并不消失,但填入的参数已生效(暗响应效果)。

2)保存实验数据

如果本次碰撞所采集的波形"胖瘦"合适:波形的高低部分整体能接近充满方格框的最上、最下线并且没有失真,波形近似半正弦波,这时就可以把结果保存下来(数据保存在 Data 子目录下)。注意:Data 目录下的 *.csf 文件只能用本软件打开。

3)导出文本文件

保存数据后,应运行菜单中"文件→导出文件"项来导出一个文本文件。此文本文件包括了碰撞的曲线及滑块质量、挡光片宽度及碰撞前后的挡光时间,可以用来准确地进行冲量计算和动量的计算。这时会弹出一个对话框,可以选择保存的路径和指定保存的文件名,导出的文本文件可以用文本编辑器来查看。

文本文件中的数据就是实验时所绘图线的电压数据采样值,开始的一段采样值没有变化称为零电平值,碰撞后采样值开始变化,由小到大,再由大到小,最后采样值没有变化了。中间采样值变化的一段,即为碰撞发生的时间段,这一段采样值中的任意一个值与零电平值的差值,即为公式(25.5)中的一个 x_i 值。该 x_i 值的大小代表了此时碰撞力的大小,按公式(25.5)中的方法可以转换成碰撞力。每一瞬时的碰撞力求出后,与时间元相乘,则得到了冲量元,再数值积分,即得到了碰撞的冲量,这就是公式(25.5)计算冲量的方法。实验中的时间元即是采样周期 ΔT。由于传感器和电路的原因,碰撞结束时的零电平值与碰撞前的零电平值可能不一定相等,计算 $\sum x$ 值时,可以先将碰撞的有效采样值段所有采样值相加,再与采样点数与零电平值的乘积相减,即

$$\sum x_i = \sum x_j - nx_0 \tag{25.7}$$

式中,x_j 为每个点上的采样值,即导出的文本文件中的数据值。n 为碰撞有效采样值段的数据点数,x_0 为碰撞之前的零电平值。

更详细的软件使用说明,请参见软件帮助。

【实验内容】

1. 检查传感器的安装和连接是否正确,打开计算机电源,进入实验软件。

2. 检查气垫导轨、滑块、气泵、气管是否正常。调节气垫导轨水平。

3. 调节光电门位置和滑块上挡光片的位置,使其能测量出碰撞前后的速度,测出滑块和挡光片总质量。

4. 调节数字毫秒计进入遮光计时(S_1 单挡光片计时)功能,并将读数清零。数字毫秒计

的使用方法请参考实验3的知识拓展。

5. 设置软件工作参数，首先是传感器灵敏度(从传感器处读出)，其他工作参数可以选用默认值。参数详细说明可以在帮助文件中查阅。

6. 参数设置第六步中，选中“立即启动 A/D 转换”(鼠标左健点击)，系统会启动采集界面，出现“正在采样……”对话框。此时给滑块一个初速度，让它去碰撞传感器，就会在屏幕上显示冲击力的波形，并出现一个数据对话框。

7. 如果曲线波形不完整，则不保存数据，重新去点击工具栏上的 A/D 启动图标再进行数据采集。

8. 如果碰撞波形理想，则填入数据，并按确认键(对话框并不消失，但填入的参数已生效)再关闭对话框。每个同学自己做一条曲线，并保存数据。

9. 在文件操作中导出文本文件，在页面设置中将页边距上下左右都设为5 mm，用打印机打印出来(先预览一下，可以在一张A4纸打完)。

10. 记录千分尺，电子天平，数字毫秒计的量程、最小量、估读误差、仪器误差。

11. 从打印的数据文件中计算出碰撞过程经历的准确时间、最大冲击力、冲量、碰撞的平均冲击力。

提示：碰撞的准确时间计算与碰撞的周期数和采样周期值有关；最大冲击力 $F_{max} = \frac{5}{256\ kQ}X_{max}$，$X_{max}$ 为最大采样值与零电平值的差值；冲量按公式(25.5)计算，其中 $\sum x_i$ 的计算可以参考式(25.7)计算；碰撞的平均冲击力与冲量和碰撞时间有关。

12. 计算滑块动量的改变量。

13. 计算动量与冲量的相对误差，分析二者误差的原因。

选作实验：

①更换碰撞受力头，设计不同碰撞受力头的实验方案，重新进行碰撞实验。

②比较不同碰撞受力头碰撞时的最大冲击力、碰撞时间及冲量。

③根据数据分析，说明哪一种材料可以减小最大冲击力。

【思考题】

1. 有哪些因素影响滑块的动量变化量的测量精度？

2. 如何提高冲量值的测量精度？

3. 用什么方法可以从计算机采集的文本数据序列中自动提取碰撞发生时间、最大冲力、冲量和平均冲力？

4. 碰撞发生的持续时间约为5 ms，电荷放大器输出电压的变化范围在2.5 V量级。如果要求碰撞过程采样点数不少于500，应当怎样选择瞬态记录装置的采样率和系统倍数(A/D芯片的动态范围为±2.5 V，系统增益由0.5~5可调且按1:2:5的比例设置)？触发方式和提前量如何考虑？

实验26　闪光法测定不良导体的热导率

【实验目的】

1. 测定不良导体的热导率。

2. 了解一种测定材料热物性参数的方法。

3. 了解热物性参数测量中的基本问题。

4. 学习正确使用高压脉冲光源和光路调节技术以及用微机控制实验和采集处理数据。

【实验仪器】

闪光法热导仪[包括高压脉冲氙灯和电源,光学调节系统,待测样品(酚醛胶布板、大理石、瓷砖各一片),PN结温度传感器,放大电路,AD/DA卡,微机,软件等]。

【实验原理】

1. 傅立叶导热定律和热导率

热传导是指发生在固体内部或静止流体内部的热量交换过程,其微观机制是由自由电子或晶格振动波作为载体进行热量交换的过程。宏观上是由于物体内部存在温度梯度,发生从高温区向低温区域传输能量的过程。

1822年Fourier首次在他的著作《热的理论分析》中阐述了导热热流和温度梯度的正比关系,用热流密度的矢量形式表示,则有傅立叶导热定律:

$$q = -\lambda \ \mathrm{grad}T \tag{26.1}$$

式中,q为热流密度矢量,表示在单位等温面上沿温度降低方向单位时间内传递的热量;λ是热导率,是反映物质导热能力的重要物性参数,其物理含义是:每单位时间内,在每单位长度上温度降低1 K时,每单位面积上通过的热量。在1994年实施的国家标准《量和单位》一书中定义热导率(thermal conductivity)为面积热流量除以温度梯度,单位为W/(m·K)。

2. 材料热导率的测量方法

测固体材料热导率的方法大体有两类:一类是稳态法,另一类是非稳态法。由于试样的性质、形状、测试温度范围、加热方式以及测定传递热量的方法各不相同,又有许多不同的具体方法。非稳态法用的是非稳态导热微分方程,测量的是温度随时间的变化关系,得到的是热扩散率,利用材料的已知密度和比热,可以求得热导率。

近年来,由于测量技术的进步,非稳态法因其测量时间短而得到大力发展。采用非稳态法测不良导体热导率在科研和生产中已有应用。

本实验采用闪光法,它是测定热扩散率最常用的一种方法。采用圆形薄试样,其一面有一个脉冲型的热流加热,根据另一面温度随时间的变化关系,可确定热扩散率α,进而由公式$\lambda = \alpha \cdot \rho \cdot c$可以得到热导率$\lambda$,其中$c$和$\rho$分别为材料的比热容和密度。实验原理如图26.1所示。假设有一束能量为Q的脉冲光在$t=0$时刻

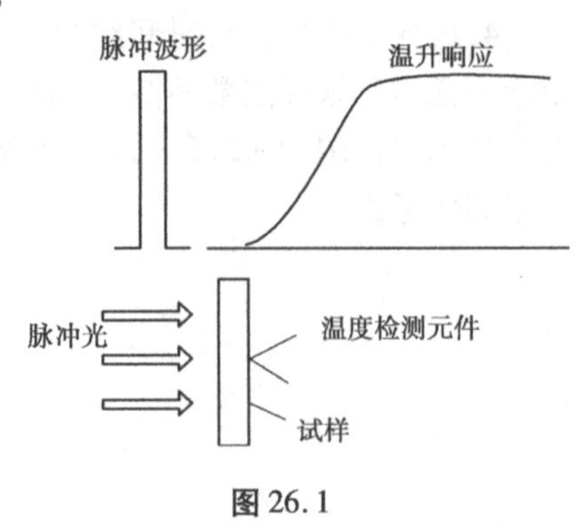

图26.1

照射在试样表面(试样为薄圆片状,脉冲光沿垂直于圆面的轴线方向辐照),且被试样均匀吸收,可以认为在距表面的微小距离 l 内样品温升为

$$\begin{cases} T(x,0)=\dfrac{Q}{\rho\cdot c\cdot l} & (0<x<l) \\ T(x,0)=0 & (l<x<L) \end{cases} \tag{26.2}$$

式中,Q 为单位面积吸收的能量,L 为样品厚度且 $L>>l$。当试样周围热损很小以至可以忽略时,可以认为侧面绝热,可用一维导热微分方程

$$\frac{\partial T(x,t)}{\partial t}=\alpha\frac{\partial^2 T(x,t)}{\partial x^2}(0<x<L) \tag{26.3}$$

来描述其物理过程,其中 α 就是试样材料的热扩散率。由式(26.2),方程(26.3)的解为

$$T(x,t)=\frac{Q}{\rho\cdot c\cdot L}\left[1+2\sum_{n=1}^{\infty}\cos\frac{n\pi x}{L}\cdot\frac{\sin(\frac{n\pi l}{L})}{(\frac{n\pi l}{L})}\exp(-\frac{n^2\pi^2}{L^2}\alpha t)\right] \tag{26.4}$$

在试样背面 $x=L$ 处,温升可表示为

$$T(L,t)=\frac{Q}{\rho\cdot c\cdot L}\left[1+2\sum_{n=1}^{\infty}(-1)^n\exp(-\frac{n^2\pi^2}{L^2}\alpha t)\right] \tag{26.5}$$

当 $t=\infty$ 时,$T(L,t)$ 达到最大,有 $T_M=\dfrac{Q}{\rho\cdot c\cdot L}$。定义 $V(L,t)=\dfrac{T(L,t)}{T_M}$,$\omega=\dfrac{\pi^2\alpha t}{L^2}$,则

$$V=1+2\sum_{n=1}^{\infty}(-1)^n\cdot\exp(-n^2\omega) \tag{26.6}$$

将式(26.6)作图表示,见图26.2。

令 $V=\dfrac{1}{2}$,求得 $\omega=1.38$,将对应的时间记为 $t_{1/2}$,可得热扩散率:

$$\alpha=\frac{1.38L^2}{\pi^2 t_{\frac{1}{2}}} \tag{26.7}$$

进而有热导率:

$$\lambda=\frac{1.38\cdot\rho\cdot c\cdot L^2}{\pi^2 t_{\frac{1}{2}}} \tag{26.8}$$

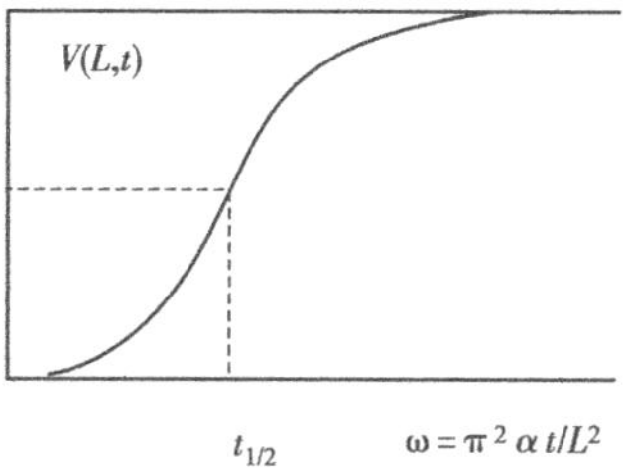

$V(L,t)$

$t_{1/2}$　　$\omega=\pi^2\alpha t/L^2$

图26.2

上述处理过程要满足的条件是:试样面积 >> 厚度,则侧面散热可忽略,可视为一维热流;试样温升小,则向环境的散热可忽略不计;试样材料均匀,各向同性;试样一面受光辐照,在极薄层内吸收并转化为热量;光辐照时间远远小于热量在试样内传播的时间等。

闪光法也可用来测量试样的比热容。具体方法是用一个已知比热容的试样作为参考样品,使它和待测样品的表面都涂有吸收率相同的极薄涂层(一般用胶体石墨),分别进行两次同样的闪光加热,测出两次实验的最大温升及表征激光能量大小的信号,可得待测样品比热容:

$$c_x=c_r\frac{M_r\Delta T_{Mr}Q_x}{Mx\Delta T_{Mx}Q_r} \tag{26.9}$$

式中,c_x,c_r 分别为待测和已知比热容,M 为质量,ΔT_M 是最大温升值,Q_x、Q_r 是表征闪光能量大小的信号,脚标 r 表示已知(参考)样品,x 为待测样品。

本系统用于测定不良导体的热导率,还可以同时测定不良导体的热扩散率和比热容。此方法特点是:试样尺寸可以做得很小(直径约为 1 cm);测量周期短(约十至几十秒);待测温度为相对测量量,故测温仪器不须做绝对定标;测温元件灵敏度高,响应时间短;数据处理方法简便,使用微机采集和处理数据快捷等。

【实验仪器】

本试验装置分为三部分,实验装置如图 26.3 所示。

1. 光学系统

光学系统包含高压脉冲氙灯,氙灯电源,椭球反光镜,样品和样品盒,氙灯及样品的三维调节装置。实验所用的高压脉冲氙灯形状为直管式,如图 26.4 所示。当电极两端加高压 600 ~ 800 V,极间放电,发出耀眼的白光(切勿用肉眼直视)。本实验利用氙灯的瞬间放电对试样进行加热。闪光脉冲宽度约为 0.2 ms,脉冲能量最高达 150 J/次(若电源电压为 1.0 kV,加 300(F 电容时),氙灯寿命达 10^5 次(工作电压高,则氙灯寿命变短)。高压脉冲电源输出电压可调,为 0 ~ 1.0 kV(因实验电压无须太高,故验实室对电源输出电压做了限制,在 0.8 kV 以内)。椭球反光镜由玻璃制成,内表面镀铝薄层,铝层表面是 SiO_2 膜,起保护作用。椭球镜的碗口直径为 77.8 mm,碗底直径 20.0 mm,深度为 52 mm,第一焦点 F_1 位置距碗底 15.0 mm,第二焦点 F_2 距碗口 106.6 mm,椭圆度误差小于 0.5 mm。氙灯三维微调架沿氙灯轴线方向调节范围 0 ~ 30 mm,上下、左右调节范围各为 0 ~ 5 mm。

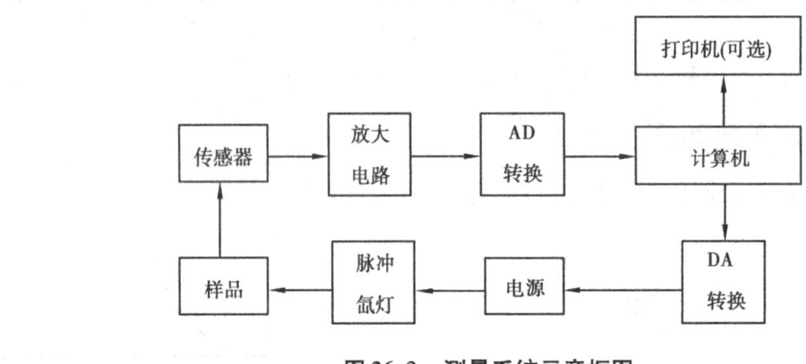

图 26.3 测量系统示意框图

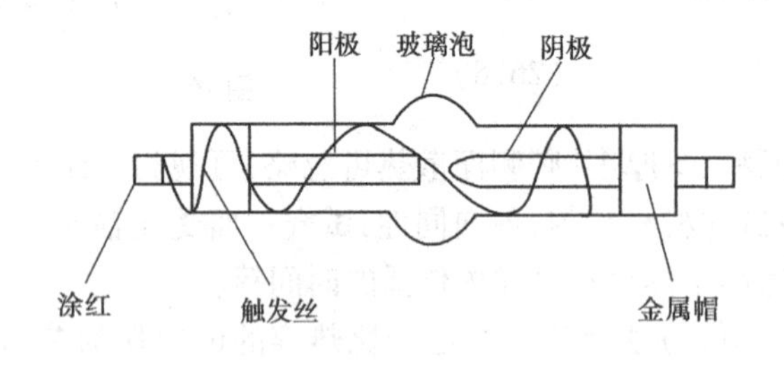

图 26.4 脉冲氙灯示意图

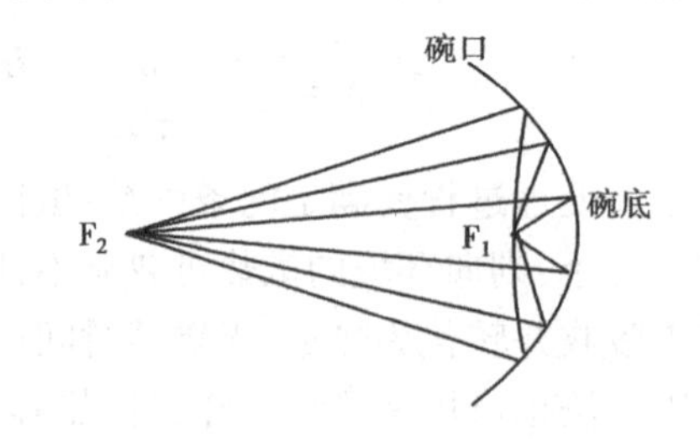

图 26.5 光路图示意图

2. 测温系统

测温系统包括 PN 结温度传感器(BTS 202,粘贴在试样背面),测温电路板(插于微机主机中)、试样等。传感器 2 只,均为 I 级互换水平。灵敏度为 - 2 mV/ ℃,响应时间≤0.1 s。它的作用是将其对温度变化的响应以电压形式输出。为了能被微机识别,需将输出信号放大。两只温度传感器的作用分别是作为测温元件和用于补偿电路中。放大电路中所用放大器为低噪声场效应运算放大器,其信噪比高,放大倍数在 1 ~ 10^2 范围内可调。

试样为酚醛胶布、大理石、瓷砖，形状为薄圆片，尺寸为直径约14 mm，厚度分别为酚醛树脂胶布板(3.08 ±0.02)mm、大理石(3.05 ±0.02)mm、瓷砖(3.07 ±0.02)mm。

3. 数据采集和处理系统

数据采集和处理系统包括微机，多通道高速AD/DA转换卡，软件等。本实验测量样品温度随时间变化的曲线，全过程仅十几秒，时间短，使用微机能快速进行数据采集和处理。

使用AD/DA转换卡，A/D功能是将模拟量（即电压信号，它来自放大电路的输出电压）转换为数字量，使微机能识别，其分辨率为12位数，增益为15倍（已调好），转换时间为10 μs，输入电压幅度可达10 V。此AD/DA转换卡为16路多路转换，用这个卡可以实现多路信号采集（本实验只用了“0”路），还可以做其他实验用，做到一卡多用。D/A转换功能用于输出5 V电压去触发高压脉冲电源，使氙灯极间放电发出闪光。实验中利用D/A转换功能触发光脉冲，同时用A/D转换功能采集由PN结温度传感器接收到的样品背面的温升信号，由微机屏幕显示出温升曲线。软件为自编软件（见[附录]），操作系统是Windows98，用于数据采集和处理的全过程。

【实验内容】

1. 认识和调节测量系统

1）认识测量系统

仔细观察测量系统的每个部分，弄清楚各部分的作用以及使用注意事项后方可进行实验，实验中特别要注意远离高压线。

2）调节光学系统

光学系统的调节校准需要特殊材料和工具，短时间调好是较困难的，故实验室已作了仔细调节，实验时可以不再去调节。以下3点只作为调节的介绍。

①氙灯的三维微调架上有刻线，以便调节光学元件共轴，使氙灯的电极中心位置在距椭球反光镜底口约15 mm，即椭球反光镜的第一焦点处。

②样品已被事先装入样品架内，应调节样品使其在椭球反光镜的第二焦点附近，样品架位置距反光镜碗口距离约为96.6 mm，而样品位置距反光镜碗口106.6 mm（即椭球反光镜的第二焦点处）。实验上由于很难准确调节氙灯发光部位在反光镜的第一焦点上，往往需要进行实验去找到样品实际接收最大光强处。经验为：调样品架位置距反光镜碗口距离约为70 mm左右。用软件中的“模拟聚焦”功能可知，偏离焦点微小距离可造成反光镜会聚光线位置的极大改变。

③高压脉冲电源已由实验室接通氙灯阴、阳极。实验时在微机开启后再开启电源开关，用面板上的多圈电位器将高压调到600 V左右。按下“触发”钮，此时氙灯会打火并闪光。如有可能，可以使用感光纸或热敏纸找到一个被氙灯照射能量最大的位置（通过调节光学系统），将样品置于此位置。若无上述条件，则判断光路调节的好坏就要依据实测样品温升的结果了。

电源及高压线路已由实验室事先连接好，放大电路板及AD/DA卡都已置入微机中。测温二极管与补偿二极管也已用专用线接入放大电路。

2. 测量样品的温升曲线

1）进入程序

开启微机，在桌面上找到“闪光法热导仪”的快捷方式，点击进入程序。

2)设置工作参数

从主菜单中选“文件”,在“文件”菜单中点击“新建”项,则当前主窗口中新开出一个子窗口,包括数据区和图像区。每次采集曲线数据时,就应当新建一个空白文档。

选择主菜单“数据”项中的“选项”,先设置AD/DA卡参数:设置采样极性为双极性,采样量程10 V,其余项都为默认值,请勿改动!(默认值:卡端口310 H,卡分辨位数12,通道总数16,输入通道0)。

设置“采集与报警”,采集时间设为42秒左右,以升温曲线升到最高然后有下降趋势为准。外触发脉冲设为5 V自动触发,采集模式为连续采集,其余可用默认值。

设置“图像设置”,零点延迟可设置为2秒,曲线设置为不同的颜色,以便观察比较,最后点“确定”键。

3)采集温升曲线

打开主菜单中“数据”,点击“开始采集”项,延迟2秒后,高压脉冲电源自动触发氙灯闪光照射样品,则窗口中显示出实时采集的样品“温升-时间”图像,这是由样品背面温度传感器采集的温度变化曲线。

注意测量时两次测量之间应间隔2分钟左右,让样品和温度传感器充分冷却,否则容易超出温度传感器的测量范围。实验时应测量3~4次,选取曲线比较平滑,温度有非常明显的下降趋势的一条,再进行下面的数据处理。

3. 数据读取

①对选择的曲线进行“平滑”,“拟合”,“散热修正”处理,拟合采用5次多项式即可,散热修正通常是对拟合曲线进行处理。观察散热修正后的曲线是否可用,是否仍然有升温的最高点和下降趋势,如果处理后曲线没有升温的最高点,则应另选曲线。

②从散热修正后的曲线数据区中读出样品初始温度 T_0,注意是时间为0的点,即开始闪光的时间点,再读出样品升温的最高温度 T_M,算出中间温度 $(T_M+T_0)/2$,再用中间温度去读取所对应的时间 $t_{1/2}$ 记录下来。

4. 测量样板数据

用电子天平测量矩形样板的质量,用游标尺测量样板长、宽、高尺寸,各测量2次。

5. 计算样板材料的密度 ρ,再计算材料的热导率 λ 值及其不确定度。(注:胶木材料比热容 $c=1.05\times10^3\,\mathrm{J/(kg\cdot K)}$)

6. 更换材料样品(包括传感器一体的黑色圆盒),测量其他材料的热导率 λ。

选作内容:

①对同一样品在不加热的情况下测量“温升-时间”曲线(“本底”曲线),观察由于环境温度的波动、温度传感器本身的热噪声等因素对测量结果的影响,给出评价。

②请你设计用常规方法测定试样的密度和比热容。实验室提供测量装置如天平、游标尺、量热器、温度计等(测定比热容时,应将方块材料破成小碎块)。

③取一参考样品(已知比热容),用比较法测定待测试样的比热容。

注意事项:

①实验室电网地线接地要良好,否则噪声较大。

②高压脉冲电源线及氙灯电极裸露部分闪光时电压上千伏特,千万不要用手触摸,实验时应远离这些地方。

③**未接氙灯时不要按“触发”,否则损坏电源!!!** 使用完毕将电源开关关闭。

④调节光学系统时,动作要轻,要小心,氙灯易碎;椭球镜为玻璃材料,内表面镀铝,表面最外层为 SiO_2 保护层,为保证反光良好,请勿用手或其他材料触摸。

⑤氙灯触发丝一端接阳极,另一端距阴极金属帽1 cm以上,否则极间放电时金属丝与阴极金属帽导通,氙灯不工作。更换待测样品需插拔样品盒时要小心,不要触碰灯管以免损坏氙灯或触电。

⑥样品闪光加热前,先看样品的本底曲线,最好应在0 ℃附近(微机机箱后面版设有电位器可调零点,仪器出厂前已基本调到0 ℃附近,在加温进行连续测量时就不要再调零,以免引起超量程)。

⑦每一次测量后最好等5分钟,待样品温度下降后再进行下一次测量,避免超量程(温升范围最大±1.67 ℃)和温度传感器热噪声的影响。样品温度升高后,热量损失增大,对测量结果造成的影响较大。

⑧温度传感器表面没有封装(为减小传感器本身热容),引线极易折断,实验中若样品脱落,需要重新安装时,注意温度传感器引线根部不被扭折。

⑨实验使用高压脉冲电源,电源线(棕色)尽可能远离测量专用线(黑色),不可交叠,测量线本身也要理顺,否则将给测量带来较大噪声。

⑩不要带电插拔连接到微机上的任何信号电缆。

【思考题】

1. 如何考虑环境温度变化对实验的影响?

2. 氙灯与反光碗及被测样品的位置应当如何安置?

【知识拓展】　实验软件使用说明

软件名称:TC-Ⅱ闪光法热导仪实验系统。

操作系统:Windows98。

可执行文件:FlashAD. exe (图标名称:闪光法热导仪)。

主菜单:文件(Alt + F),编辑(Alt + E),数据(Alt + D),窗口(Alt + W),帮助(Al + H)。

1. 文件

新建(Ctrl + N):在当前主窗口中新开启子窗口,包括数据区和图像区。开始采集数据同时显示图像;横坐标轴表示时间,纵轴表示样品温升;鼠标移到图线上时,光标变成十字状,相应点的坐标在状态栏中显示。

打开(Ctrl + O):弹出一对话框,从中选择数据文件后,新建一子窗口,显示数据和图像。

关闭(Ctrl + C):关闭当前激活的子窗口。

关闭全部(Ctrl + L):将主窗口所有子窗口关闭。

保存(Ctrl + S):将当前子窗口的数据保存在数据文件中,如果不存在已有文件,将弹出对话框,从中指定文件的路径和文件名。

退出(X):退出应用程序,并闭主窗口。

打印(Ctrl + P):将当前子窗口的数据曲线打印输出。

2. 编辑

剪切(Ctrl + X):将当前数据区内选定内容剪切到剪贴板上,该区域消除。

复制(Ctrl + C):将当前数据区内选定内容复制到剪贴板上,该区域保留。

粘贴(Ctrl + V):将剪贴板上内容取代当前数据区内选定内容。

3. 数据

开始采集(F_2):按设置的采集参数进行数据采集,在当前子窗口的数据区和图像区中同时显示结果(见图26.6)。

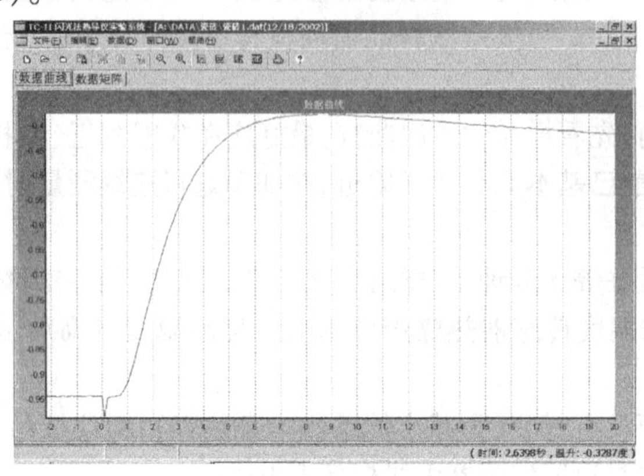

图26.6

结束采集(F_3):结束正在进行的采集工作,不管预定采集时间是否已到,在触发采集过程中按ESC键也可达到同一效果。

放大图像(I):将当前子窗口中的数据图像放大显示,纵坐标与横坐标同时放大。

缩小图像(O):将当前子窗口中的数据图像缩小显示,纵坐标与横坐标同时缩小V。

刷新(R):将当前子窗口中数据图像按相应数据重新绘制显示。

曲线平滑(m):将采集的数据曲线进行平滑。

选项(O):

①AD/DA卡设置:基本项都已设置好,请勿改动!(缺省值:卡端口310 H,采样量程10 V,卡分辨位数12,通道总数16,输入通道0,采样极性双极性)。

②采集与报警:采集频率10 Hz,采集时间约40 s,采集模式为连续模式,平均次数1~100,外触发脉冲5 V(自动触发),警报值下限 - 1.65,警报值上限1.65(见图26.7)。

③图像设置:零点延迟2 s,电压-温度比率为3 V/℃。

数据拟合(D):弹出数据拟合对话框,对采集的数据进行指定次数的多项式拟合。

散热修正(I):采用牛顿冷却定律,对采集的数据进行逐点修正,也可选择对平滑后或拟合后的数据进行修正。

模拟聚焦(S):弹出模拟聚焦对话框,演示灯丝偏离椭球焦点时的聚焦情况。

窗口:

平铺:将各个子窗口在主窗口中平铺显示,彼此大小相等且互不重叠。

重叠:将各个子窗口在主窗口中依次重叠显示,上面的窗口将遮住下面的窗口。

图标:将所有子窗口缩小成图标在主窗口底下排列显示。

特别警告:

①高压电源放电瞬间电压可达上千伏。闪光时,实验人员应远离高压线及其接线柱,避免高压电击伤人。特别要注意头发之类的东西不要接触到高压线及接线柱。

②注意将所有与高压电有关的接线柱(如:高压接线端子,电源线,氙灯等)拧牢固,连接

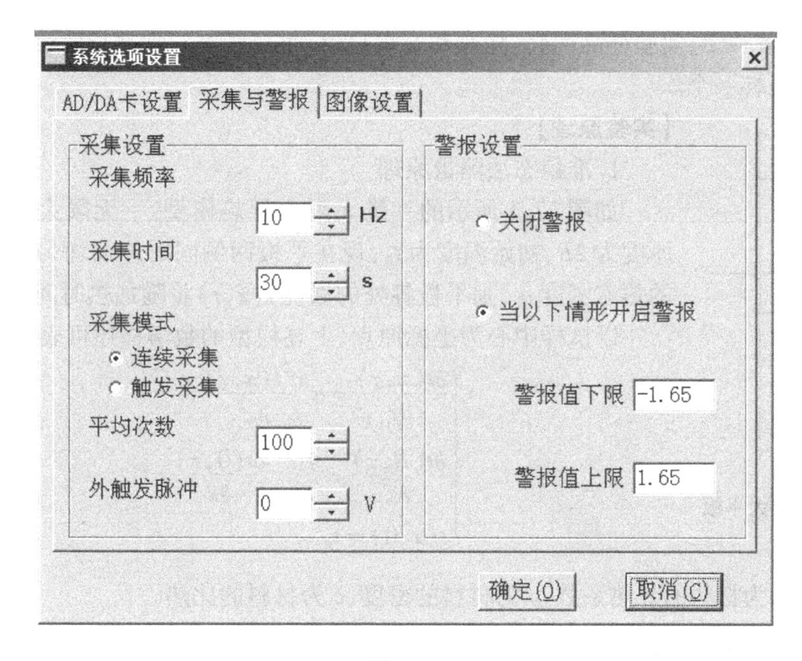

图 26.7

不能松动。注意“正”、“负”极性连接正确。

③使用高压电源时必须接负载(氙灯),否则将会引起电源内部击穿。

实验27　导热系数和比热的测定

热传导是热传递的三种基本方式之一。测量材料的热传导特性,对于工程及产品设计具有重要的实际意义。描述材料热传导特性的重要物理量有导热系数和比热。

材料的导热系数定义为单位温度梯度下每单位时间内由单位面积传递的热量,单位为W/(m·K),即瓦/(米·开),它表征材料导热能力的大小。

比热是单位质量物质的热容量。单位质量的某种物质,在温度升高(或降低)1度时所吸收(或放出)的热量,叫做这种物质的比热,单位为J/(kg·K)。

以往测量导热系数和比热的方法大都用稳态法,使用稳态法要求温度和热流量都必须稳定,但在学生实验中实现这样的条件比较困难,因而导致测量的稳定性和一致性差,误差大。为了克服稳态法测量的误差,本实验使用了一种新的测量方法——准稳态法,使用准稳态法只要求温差恒定和温升速率恒定,而不必通过长时间的加热达到稳态,就可通过简单计算得到导热系数和比热。

【实验目的】

1. 了解准稳态法测量导热系数和比热的原理。
2. 学习热电偶测量温度的原理和使用方法。
3. 用准稳态法测量不良导体的导热系数和比热。

【实验仪器】

1. ZKY-BRDR 型准稳态法比热导热系数测定仪。

2. 实验装置一个,实验样品两套(橡胶和有机玻璃,每套四块),加热板两块,热电偶两只,导线若干,保温杯一个。

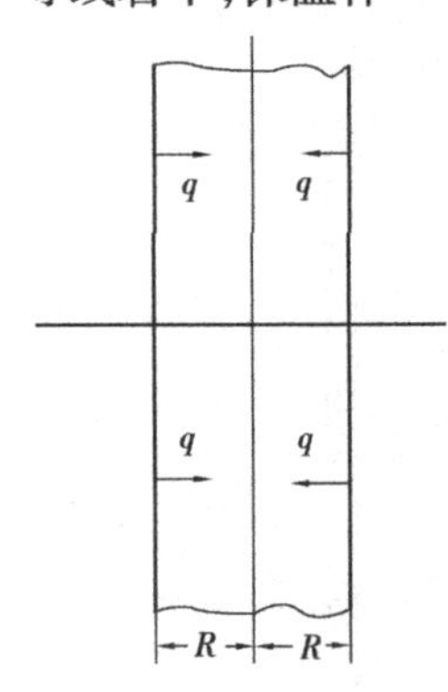

图 27.1　无限大平板

【实验原理】

1. 准稳态法测量原理

如图 27.1 所示的一维无限大导热模型:一无限大不良导体平板厚度为 $2R$,初始温度为 t_0,现在平板两侧同时施加均匀的指向中心面的热流密度 q_c,则平板各处的温度 $t(x,\tau)$ 将随加热时间 τ 而变化。

以试样中心为坐标原点,上述模型的数学描述可表达为

$$\begin{cases}\dfrac{\partial t(x,\tau)}{\partial \tau}=a\dfrac{\partial^2 t(x,\tau)}{\partial x^2}\\ \dfrac{\partial t(R,\tau)}{\partial x}=\dfrac{q_c}{\lambda}\quad \dfrac{\partial t(0,\tau)}{\partial x}=0\\ t(x,0)=t_0\end{cases}$$

式中,$a=\dfrac{\lambda}{\rho c}$,$\lambda$ 为材料的导热系数,ρ 为材料的密度,c 为材料的比热。

可以给出此方程的解为(参见知识拓展)

$$t(x,\tau)=t_0+\frac{q_c}{\lambda}\left\{\frac{a}{R}\tau+\frac{1}{2R}x^2-\frac{R}{6}+\frac{2R}{\pi^2}\sum_{n=1}^{\infty}\left[\frac{(-1)^{n+1}}{n^2}\cos\left(\frac{n\pi}{R}x\right)e^{-\frac{an^2\pi^2}{R^2}\tau}\right]\right\}\tag{27.1}$$

考察 $t(x,\tau)$ 的解析式(27.1)可以看到,随加热时间的增加,样品各处的温度将发生变化,而且我们注意到式中的级数求和项由于指数衰减的原因会随加热时间的增加而逐渐变小,直至所占份额可以忽略不计。

定量分析表明当$\dfrac{a\tau}{R^2}>0.5$ 以后,上述级数求和项可以忽略,这时式(27.1)变成

$$t(x,\tau)=t_0+\frac{q_c}{\lambda}\left[\frac{a\tau}{R}+\frac{x^2}{2R}-\frac{R}{6}\right]\tag{27.2}$$

这时,在试件中心处有 $x=0$,因而有

$$t(0,\tau)=t_0+\frac{q_c}{\lambda}\left[\frac{a\tau}{R}-\frac{R}{6}\right]\tag{27.3}$$

在试件加热面处有 $x=R$,因而有

$$t(R,\tau)=t_0+\frac{q_c}{\lambda}\left[\frac{a\tau}{R}+\frac{R}{3}\right]\tag{27.4}$$

由式(27.3)和式(27.4)可见,当加热时间满足条件$\dfrac{a\tau}{R^2}>0.5$ 时,在试件中心面和加热面处温度和加热时间成线性关系,温升速率同为$\dfrac{aq_c}{\lambda R}$。此值是一个和材料导热性能和实验条件有关的常数,此时加热面和中心面间的温度差为

$$\Delta t=t(R,\tau)-t(0,\tau)=\frac{1}{2}\frac{q_cR}{\lambda}\tag{27.5}$$

由式(27.5)可以看出,此时加热面和中心面间的温度差 Δt 和加热时间 τ 没有直接关系,保持恒定。系统各处的温度和时间是线性关系,温升速率也相同,我们称此种状态为准稳态。

当系统达到准稳态时，由式(27.5)得

$$\lambda = \frac{q_c R}{2\Delta t} \tag{27.6}$$

根据式(27.6)，只要测量出进入准稳态后加热面和中心面间的温度差 Δt，并由实验条件确定相关参量 q_c 和 R，则可以得到待测材料的导热系数 λ。

另外，在进入准稳态后，由比热的定义和能量守恒关系，可以得到下列关系式：

$$q_c = c\rho R \frac{\mathrm{d}t}{\mathrm{d}\tau} \tag{27.7}$$

则比热为

$$c = \frac{q_c}{\rho R \dfrac{\mathrm{d}t}{\mathrm{d}\tau}} \tag{27.8}$$

式中，$\frac{\mathrm{d}t}{\mathrm{d}\tau}$为准稳态条件下试件中心面的温升速率(进入准稳态后各点的温升速率是相同的)。

由以上分析可以得到结论：只要在上述模型中测量出系统进入准稳态后加热面和中心面间的温度差和中心面的温升速率，即可由式(27.6)和式(27.8)得到待测材料的导热系数和比热。

2. 热电偶温度传感器

热电偶结构简单，具有较高的测量准确度，可测温度范围为 -50 ~ 1 600 ℃，在温度测量中应用极为广泛。

由 A、B 两种不同的导体两端相互紧密的连接在一起，组成一个闭合回路，如图 27.2(a)所示。当两接点温度不等($T > T_0$)时，回路中就会产生电动势，从而形成电流，这一现象称为热电效应，回路中产生的电动势称为热电势。

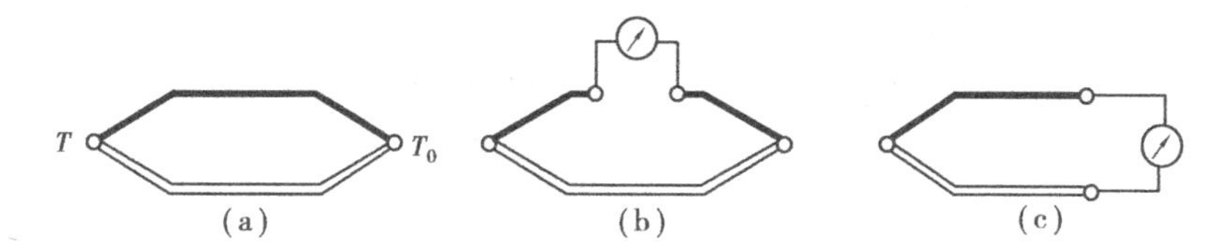

图 27.2　热电偶原理及接线示意图

上述两种不同导体的组合称为热电偶，A、B 两种导体称为热电极。两个接点，一个称为工作端或热端(T)，测量时将它置于被测温度场中；另一个称为自由端或冷端(T_0)，一般要求测量过程中恒定在某一温度。

理论分析和实践证明热电偶有如下基本定律：

热电偶的热电势仅取决于热电偶的材料和两个接点的温度，而与温度沿热电极的分布以及热电极的尺寸与形状无关(热电极的材质要求均匀)。

在 A、B 材料组成的热电偶回路中接入第三导体 C，只要引入的第三导体两端温度相同，则对回路的总热电势没有影响。在实际测温过程中，需要在回路中接入导线和测量仪表，相当于接入第三导体，常采用图 27.2(b)或(c)的接法。

热电偶的输出电压与温度并非线性关系。对于常用的热电偶，其热电势与温度的关系由热电偶特性分度表给出。测量时，若冷端温度为 0 ℃，由测得的电压，通过对应分度表，即可查得所测的温度。若冷端温度不为零度,则通过一定的修正,也可得到温度值。在智能式测量仪表中,将有关参数输入计算程序,则可将测得的热电势直接转换为温度显示。

3. 实验装置

1)设计考虑

仪器设计必须尽可能满足理论模型。

无限大平板的条件是无法满足的,实验中总是要用有限尺寸的试件来代替。根据实验分析,当试件的横向尺寸大于试件厚度的6倍以上时,可以认为传热方向只在试件的厚度方向进行。

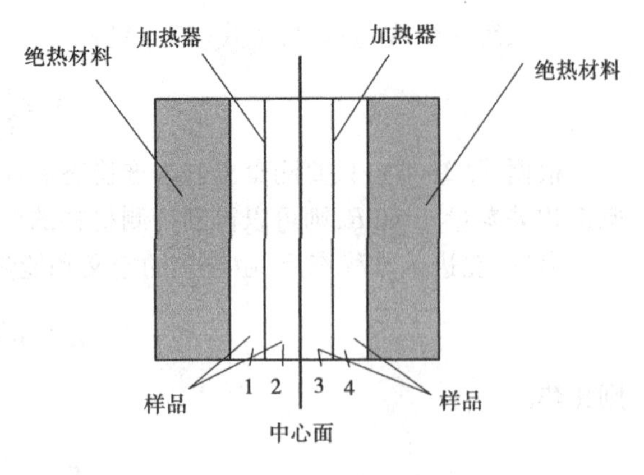

图27.3　被测样件的安装

为了精确地确定加热面的热流密度 q_c,仪器中利用超薄型加热器作为热源,其加热功率在整个加热面上均匀并可精确控制,加热器本身的热容可忽略不计。为了在加热器两侧得到相同的热阻,采用四个样品块的配置,可认为热流密度为功率密度的一半。

为了精确地测量出温度和温差,用两个分别放置在加热面和中心面中心部位的热电偶作为传感器来测量温差和温升速率。

实验仪主要包括主机和实验装置,另有一个保温杯用于保证热电偶的冷端温度在实验中保持一致。

2)主机

主机是控制整个实验操作并读取实验数据装置,主机前后面板如图27.4,图27.5所示。

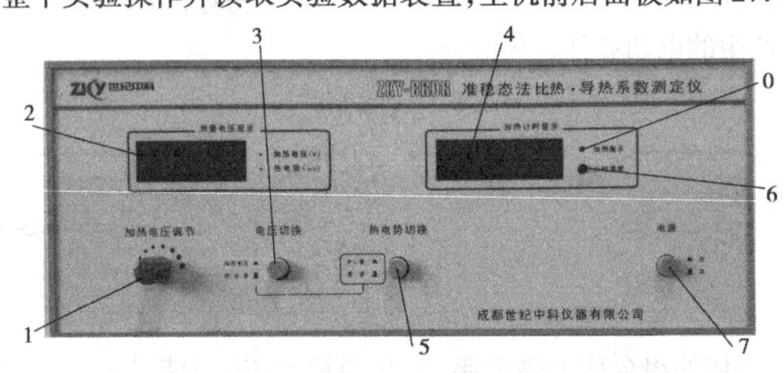

图27.4　主机前面板

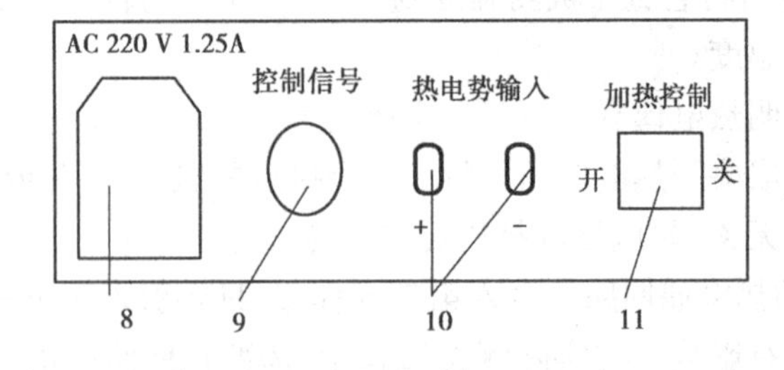

图27.5　主机后面板示意图

0—加热指示灯:指示加热控制开关的状态。亮时表示正在加热,灭时表示加热停止。

1—加热电压调节:调节加热电压的大小(范围:15.00~19.99 V)。

2—测量电压显示：显示两个电压，即“加热电压(V)”和“热电势(mV)”。

3—电压切换：在加热电压和热电势之间切换，同时测量电压显示表显示相应的电压数值。

4—加热计时显示：显示加热的时间，前两位表示分，后两位表示秒，最大显示99:59。

5—热电势切换：在中心面热电势(实际为中心面-室温的温差热电势)和中心面-加热面的温差热电势之间切换，同时测量电压显示表显示相应的热电势数值。

6—清零：当不需要当前计时显示数值而需要重新计时时，可按此键实现清零。

7—电源开关：打开或关闭实验仪器。

8—电源插座：接220 V,1.25 A交流电源。

9—控制信号：为放大盒及加热薄膜提供工作电压。

10—热电势输入：将传感器感应的热电势输入到主机。

11—加热控制：控制加热的开关。

3)实验装置

实验装置是安放实验样品和通过热电偶测温并放大感应信号的平台；实验装置采用了卧式插拔组合结构，直观，稳定，便于操作，易于维护，如图27.6所示。

12—放大盒：将热电偶感应的电压信号放大并将此信号输入到主机。

13—中心面横梁：承载中心面的热电偶。

14—加热面横梁：承载加热面的热电偶。

15—加热薄膜：给样品加热。

16—隔热层：防止加热样品时散热，从而保证实验精度。

17—螺杆旋钮：推动隔热层压紧或松动实验样品和热电偶。

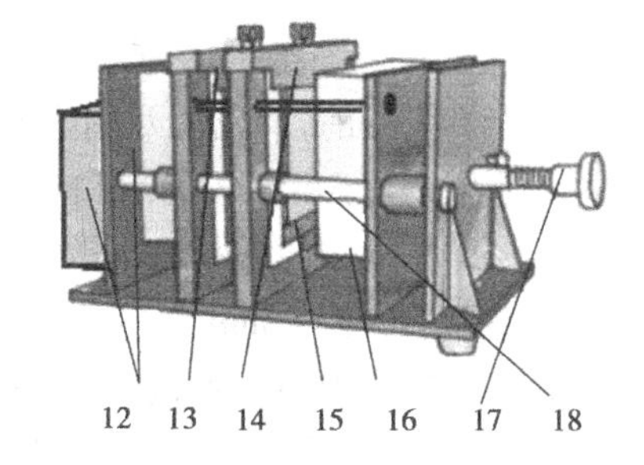

图27.6　实验装置

18—锁定杆：实验时锁定横梁，防止未松动螺杆取出热电偶导致热电偶损坏。

4)接线原理图及接线说明

实验时，将两只热电偶的热端分别置于样品的加热面和中心面，冷端置于保温杯中，接线原理如图27.7所示。

放大盒的两个“中心面热端+”相互短接再与横梁的中心面热端“+”相连(绿—绿—绿)，“中心面冷端+”与保温杯的“中心面冷端+”相连(蓝—蓝)，“加热面热端+”与横梁的加热面热端“+”相连(黄—黄)，“热电势输出-”和“热电势输出+”则与主机后面板的“热电势输入-”和“热电势输出+”相连(红—红，黑—黑)；

横梁的两个“-”端分别与保温杯上相应的“-”端相连(黑—黑)；

后面板上的“控制信号”与放大盒侧面的七芯插座相连。

主机面板上的热电势切换开关相当于图27.7中的切换开关。开关合在上边时，测量的是中心面热电势(中心面与室温的温差热电势)；开关合在下边时，测量的是加热面与中心面的温差热电势。

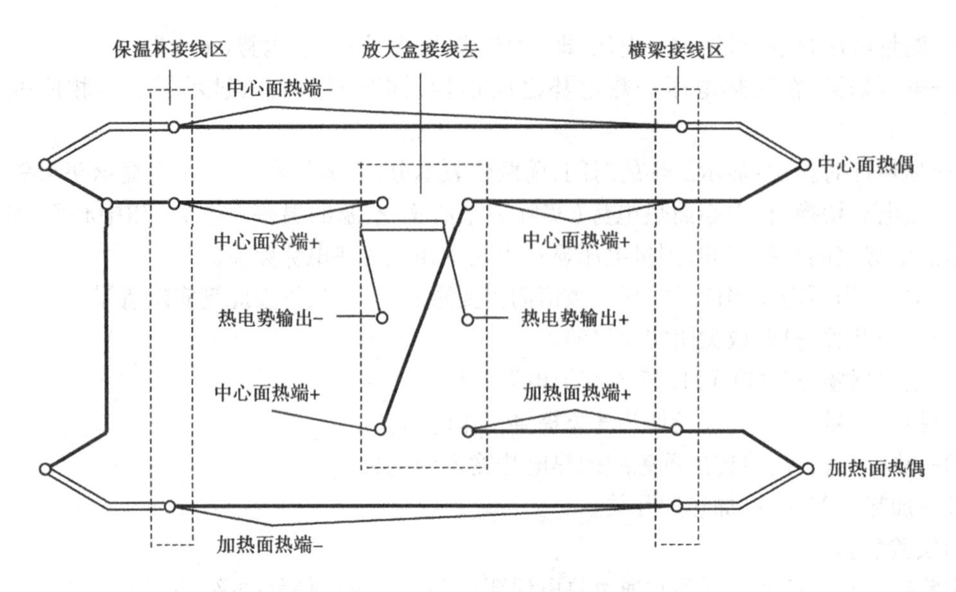

图 27.7　接线方法及测量原理图

【实验内容】

1. 安装样品,连接导线

连接线路前,请先用万用表检查两只热电偶冷端和热端的电阻值大小,一般在 3 ~ 6 Ω 内。如果偏差大于 1 Ω,则可能是热电偶有问题,遇到此情况应请指导教师帮助解决。

将样品盒中的样品取出放进样品架中,注意使用不导热的镊子取放样品,或放入样品架中在室温下保持 5 min 左右,以尽量保证 4 个实验样品初始温度一致。热电偶的测温端应保证置于样品的中心位置,防止由于边缘效应影响测量精度。

注意:两个热电偶之间、中心面与加热面的位置不要放错。根据图 27.3 所示,中心面横梁的热电偶应该放到样品 2 和样品 3 之间,加热面热电偶应该放到样品 3 和样品 4 之间,同时要注意热电偶不要嵌入到加热薄膜里。

然后旋动旋钮以压紧样品。在保温杯中加入自来水,水的容量约在保温杯容量的$\frac{3}{5}$为宜。根据实验要求连接好各部分连线(其中包括主机与样品架放大盒,放大盒与横梁,放大盒与保温杯,横梁与保温杯之间的连线)。

在保温杯中加水时应注意,不能将杯盖倒立放置,否则杯盖上热电偶处残留的水将倒流到内部接线处,导致接线处生锈,从而影响仪器性能,可以使用植物油代替水进行实验,如此可不需反复更换。

2. 设定加热电压

检查各部分接线是否有误,同时检查后面板上的“加热控制”开关是否关上。若已开机,可以根据前面板上加热计时指示灯的亮和不亮来确定,灯亮表示加热控制开关打开,不亮表示加热控制开关关闭,没有关则应立即关上。

开机后,先让仪器预热 10 min 左右再进行实验。在记录实验数据之前,应该先设定所需要的加热电压,步骤为:先将“电压切换”钮按到“加热电压”挡位,再由“加热电压调节”旋钮来调节所需要的电压。(参考加热电压:18 V,19 V)

3. 测定样品的温度差和温升速率

将测量电压显示调到“热电势”的“温差”挡位，如果显示温差绝对值小于0.004 mV，就可以开始加热了，否则应等到显示降到小于0.004 mV再加热。如果实验要求精度不高，显示在0.010左右也可以，但不能太大，以免降低实验的准确性。

保证上述条件后，打开“加热控制”开关并开始记数，记入表27.1中。记数时，建议每隔1分钟分别记录一次中心面热电势和温差热电势，这样便于后面的计算。一次实验时间最好在25 min之内完成，一般在15 min左右为宜。

记录完一次数据需要换样品进行下一次实验时，按下列顺序操作：关闭加热控制开关→关闭电源开关→旋松螺杆及实验样品→取出实验样品→取下热电偶传感器→取出加热薄膜冷却。

表27.1　导热系数及比热测定

时间 τ/min	1	2	3	4	5	6	7	8	9	10	11	12	13	14	15
温差热电势 V_t/mV															
中心面热电势 V/mV															
每分钟温升热电势 $\Delta V = V_{n+1} - V_n$															

注意：在取样品的时候，必须先将中心面横梁热电偶取出，再取出实验样品，最后取出加热面横梁热电偶。严禁以热电偶弯折的方法取出实验样品，这样将会大大减小热电偶的使用寿命。

4. 数据处理

准稳态的判定原则是温差热电势和温升热电势趋于恒定。实验中有机玻璃一般在8～15 min，橡胶一般在5～12 min，进入准稳态。有了准稳态时的温差热电势V_t值和每分钟温升热电势ΔV值，就可以由式(27.6)和式(27.9)计算最后的导热系数和比热容数值。

式(27.6)和式(27.9)中各参量如下：

样品厚度　$R=0.010$ m，有机玻璃密度$\rho=1196$ kg/m^3，橡胶密度$\rho=1374$ kg/m^3

热流密度　$q_c=\dfrac{V^2}{2Fr}$(W/m^2)

式中，V为两并联加热器的加热电压，$F = A\times0.09$ M$\times0.09$ M为边缘修正后的加热面积，A为修正系数，对于有机玻璃和橡胶，$A=0.85$。$r=110\ \Omega$为每个加热器的电阻。

铜—康铜热电偶的热电常数为0.04 mV/K。即温度每差1度，温差热电势为0.04 mV。据此可将温度差和温升速率的电压值换算为温度值：

温度差 $\Delta t=\dfrac{V_t}{0.04}$(K)，　温升速率 $\dfrac{dt}{d\tau}=\dfrac{\Delta V}{60\times0.04}$(k/s)。

式中，V_t(mV)与ΔV(mV)为准稳态时的温差热电势和每分钟温升热电势，见表27.1。

【知识拓展】 热传导方程的求解

在我们的实验条件下,以试样中心为坐标原点,温度 t 随位置 x 和时间 τ 的变化关系 $t(x,\tau)$ 可用如下的热传导方程及边界、初始条件描述:

$$\begin{cases} \dfrac{\partial t(x,\tau)}{\partial \tau} = a\dfrac{\partial^2 t(x,\tau)}{\partial x^2} \\ \dfrac{\partial t(R,\tau)}{\partial x} = \dfrac{q_c}{\lambda} \quad \dfrac{\partial t(0,\tau)}{\partial x} = 0 \\ t(x,0) = t_0 \end{cases} \tag{27.9}$$

式中,$a = \dfrac{\lambda}{\rho c}$,$\lambda$ 为材料的导热系数,ρ 为材料的密度,c 为材料的比热,q_c 为从边界向中间施加的热流密度,t_0 为初始温度。

为求解方程(27.9),应先作变量代换,将式(27.9)的边界条件换为齐次的,同时使新变量的方程尽量简洁,故设

$$t(x,\tau) = u(x,\tau) + \frac{aq_c}{\lambda R}\tau + \frac{q_c}{2\lambda R}x^2 \tag{27.10}$$

将式(27.10)代入式(27.9),得到 $u(x,\tau)$ 满足的方程及边界,初始条件

$$\begin{cases} \dfrac{\partial u(x,\tau)}{\partial \tau} = a\dfrac{\partial^2 u(x,\tau)}{\partial x^2} \\ \dfrac{\partial u(R,\tau)}{\partial x} = 0 \quad \dfrac{\partial u(0,\tau)}{\partial x} = 0 \\ u(x,0) = t_0 - \dfrac{q_c}{2\lambda R}x^2 \end{cases} \tag{27.11}$$

用分离变量法解方程(27.11),设

$$u(x,\tau) = X(x) \times T(\tau) \tag{27.12}$$

代入(27.11)中第 1 个方程后得出变量分离的方程:

$$T'(\tau) + \alpha\beta^2 T(\tau) = 0 \tag{27.13}$$

$$X''(x) + \beta^2 X(x) = 0 \tag{27.14}$$

式(27.13),(27.14)中 β 为待定常数。

方程(27.13)的解为

$$T(\tau) = e^{-\alpha\beta^2\tau} \tag{27.15}$$

方程(27.14)的通解为

$$X(x) = c\cos\beta x + c'\sin\beta x \tag{27.16}$$

为使式(27.12)是方程(27.11)的解,式(27.16)中的 c, c', β 的取值必须使 $X(x)$ 满足方程(27.11)的边界条件,即必须 $c' = 0, \beta = \dfrac{n\pi}{R}$。

由此得到 $u(x,\tau)$ 满足边界条件的 1 组特解

$$u_n(x,\tau) = c_n\cos\frac{n\pi}{R}x \cdot e^{-\frac{an^2\pi^2}{R^2}\tau} \tag{27.17}$$

将所有特解求和,并代入初始条件,得

$$\sum_{n=0}^{\infty} c_n \cos \frac{n\pi}{R}x = t_0 - \frac{q_c}{2\lambda R}x^2 \tag{27.18}$$

为满足初始条件,令 c_n 为 $t_0 - \frac{q_c}{2\lambda R}x^2$ 的傅氏余弦展开式的系数

$$c_0 = \frac{1}{R}\int_0^R \left(t_0 - \frac{q_c}{2\lambda R}x^2\right)\mathrm{d}x = t_0 - \frac{q_c R}{6\lambda} \tag{27.19}$$

$$c_n = \frac{2}{R}\int_0^R \left(t_0 - \frac{q_c}{2\lambda R}x^2\right)\cos \frac{n\pi}{R}x\mathrm{d}x(-1)^{n+1} \frac{2q_c R}{\lambda n^2 \pi^2} \tag{27.20}$$

将 C_0,C_n的值代入式(27.17),并将所有特解求和,得到满足方程(27.11)条件的解为

$$u(x,\tau) = t_0 - \frac{q_c R}{6\lambda} + \frac{2q_c R}{\lambda \pi^2}\sum_{n=1}^{\infty}\left[\frac{(-1)^{n+1}}{n^2}\cos\left(\frac{n\pi}{R}x\right)\cdot \mathrm{e}^{-\frac{an^2\pi^2}{R^2}\tau}\right] \tag{27.21}$$

将式(27.21)代入式(27.10),可得

$$t(x,\tau) = t_0 + \frac{q_c}{\lambda}\left\{\frac{a}{R}\tau + \frac{1}{2R}x^2 - \frac{R}{6} + \frac{2R}{\pi^2}\sum_{n=1}^{\infty}\left[\frac{(-1)^{n+1}}{n^2}\cos\left(\frac{n\pi}{R}x\right)\cdot \mathrm{e}^{-\frac{an^2\pi^2}{R^2}\tau}\right]\right\}$$

上式即为正文中的式(27.1)。

实验28 温度传感器特性的研究

温度是一个重要的热学物理量,它和人们的生活环境密切相关。在工农业生产过程及科学研究中,温度的测量和控制对产生的结果是至关重要的。温度的测量方式传统上是使用水银、酒精等液体温度计,而现在绝大多数的生产过程中,都采用了由固体材料制成的温度传感器所构成的数字式温度测量和控制系统,以达到准确、可靠地测量和控制温度。本实验系列介绍常见的温度传感器及其应用。

温度传感器是利用一些金属、半导体等材料与温度相关的特性制成的,有的将传感器及集成电路做成一体型的 IC 温度传感器。常用温度传感器的类型、测温范围和特点见表28.1。

本实验将通过测量几种常用的温度传感器的特征物理量随温度的变化,来了解这些温度传感器的工作原理。不同的温度传感器使用方法有所不同,温度传感器与适当的测量电路配合后,可以实现不同范围、不同准确度的温度数字式测量。

表28.1 常用温度传感器的类型和特点

类 型	传感器	测温范围/ ℃	特 点
热电阻	铂电阻	-200 ~ 650	精度高、线性好,灵敏度低,价格较贵,测量范围大。
	铜电阻	-50 ~ 150	
	镍电阻	-60 ~ 180	
	半导体热敏电阻	-50 ~ 150	灵敏度高,电阻率大,温度系数大,线性差,一致性差。

续表

类　型	传感器	测温范围/ ℃	特　点
热电偶	铂铑－铂(S)	0～1 300	适用温度范围宽,但灵敏度低,且需要参考温度(如冰点)。用于高温测量、低温测量两大类。
	铂铑－铂铑(B)	0～1 600	
	镍铬－镍硅(K)	0～1 000	
	镍铬－康铜(J)	－20～750	
	铁－康铜 (J)	－40～600	
其他	PN 结温度传感器	－50～150	体积小,灵敏度高,线性好,一致性差。
	IC 温度传感器	－50～150	线性度好,一致性好。

实验 28.1　直流电桥法测量 Pt100 电阻的温度特性

【实验目的】

1. 学习热电阻温度传感器的温度特性。
2. 学习用直流电桥法测量热电阻的温度特性。

【实验仪器】

FB820 型温度传感器温度特性实验仪 1 台,Pt100 温度传感器,电阻箱。

【实验原理】

1. Pt100 铂电阻温度传感器

热电阻温度传感器分为金属热电阻和半导体热敏电阻两大类。用于制造热电阻的材料应具有尽可能大和稳定的电阻温度系数和电阻率,输出最好呈线性,物理化学性能稳定,重复线性好等。目前最常用的热电阻有铂热电阻和铜热电阻。

Pt100 铂电阻是一种利用铂金属导体电阻随温度变化的特性制成的温度传感器。铂的物理性质、化学性质都非常稳定,抗氧化能力强,复制性好,容易批量生产,而且电阻率较高,因此铂电阻大多用于工业检测中的精密测温和作为温度标准。

铂电阻的缺点是价格十分昂贵,并且温度系数偏小,由于其对磁场的敏感性,所以会受电磁场的干扰。按 IEC 标准,铂电阻的测温范围为 －200～650 ℃。每百度电阻比 $W(100)=1.3850$。温度为 0 ℃时,其阻值 $R_0=100\ \Omega$ 的,称为 Pt100 铂电阻。$R_0=10\ \Omega$ 的,称为 Pt10 铂电阻。铂电阻允许的不确定度 A 级为:$\pm(0.15\ ℃+0.002|t|)$。B 级为:$\pm(0.3\ ℃+0.05|t|)$。

铂电阻的电阻值与温度之间的关系要按温度不同分段描述。

当温度 $t=-200\sim0$ ℃时,其关系式为

$$R_t=R_0[1+At+Bt^2+C(t-100)t^3] \tag{28.1}$$

当温度在 $t=0\sim650$ ℃时,关系式为

$$R_t=R_0(1+At+Bt^2) \tag{28.2}$$

上面两式中 R_t,R_0 分别为铂电阻在温度 t ℃、0 ℃时的电阻值。A,B,C 为温度系数,对于常用的工业铂电阻:

$$A=3.90802\times10^{-3}(\ ℃\ )^{-1}$$
$$B=-5.80195\times10^{-7}(\ ℃\ )^{-1}$$
$$C=-4.27350\times10^{-12}(\ ℃\ )^{-1}$$

在0 ℃ ~100 ℃范围内,R_t 的表达式可近似线性为

$$R_t=R_0(1+A_1t) \tag{28.3}$$

式中,A_1 为温度系数,近似为 $3.85\times10^{-3}(\ ℃\ )^{-1}$。对于 Pt100 铂电阻，当温度为0 ℃时,$R_t=R_0=100\ \Omega$。温度为100 ℃时,$R_t=138.5\ \Omega$。

2. 直流电桥法测量热电阻

单臂直流电桥(惠斯登电桥)的电路如图28.1所示,把四个电阻 R_1,R_2,R_3,R_t 连成一个四边形回路 $ABCD$,每条边称作电桥的一个"桥臂"。在四边形的一组对角接点 A,C 之间接入直流电源 E,在另一组对角接点 B,D 之间接入检流计。B,D 两点的对角线形成一条"桥路",它的作用是将桥路两个端点电位进行比较,当 B,D 两点电位相等时,桥路中无电流通过,检流计示值为零,此时称为电桥达到平衡,这时有:$U_{AB}=U_{AD},U_{BC}=U_{DC}$。

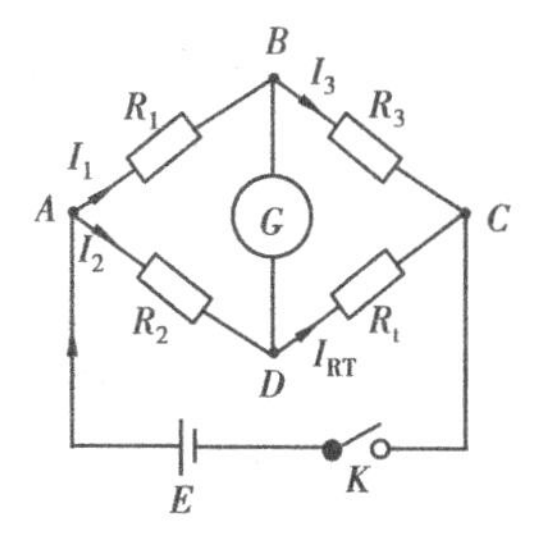

图28.1　单臂电桥

电桥平衡时,检流计的电流 $I_g=0$,流过电阻 R_1,R_3 的电流相等,即 $I_1=I_3$,同理有 $I_2=I_{Rt}$,因此有

$$\frac{R_1}{R_2}=\frac{R_3}{R_t}\quad 可得\quad R_t=\frac{R_2}{R_1}R_3 \tag{28.4}$$

若 $R_1=R_2$,则有 $R_t=R_3$。

通用的直流电桥仪器中,将 R_2/R_1 做成一个多挡的旋钮,以扩大测量范围和方便使用,此旋钮称为比例臂。R_2/R_1 的比例值可以在旋钮处直接读出,本实验仪器中 R_2/R_1 的比例值为1。R_3 值在本实验中是一个电阻箱,通过多盘的十进制旋钮可以调节电阻值的大小。当电桥调节平衡时,R_3 的数值可以被直接读出。

【实验内容】

1. 按图28.2接线。图中 R_3 为可调节的电阻箱。

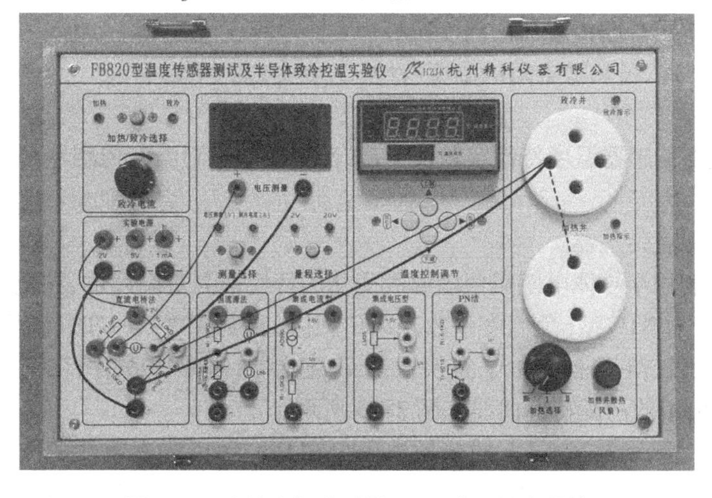

图28.2　直流电桥法测量 Pt100 电阻温度特性

2. 控温传感器 Pt100 铂电阻(A 级)已经安装在制冷井或加热井中,与每个传感器插孔离井中心距离相同,保证其测量温度与待测元件实际温度相同。

3. 在环境温度高于摄氏零度时,先把温度传感器放入制冷井中(图中实线所示),利用半导体制冷把温度降到 0 ℃,并以此温度作为起点进行测量。每隔 10 ℃测量一次,直到需要待测温度高于环境温度时,就把温度传感器转移到加热井中;然后开启加热器,控温系统每隔 10 ℃设置一次,待恒温稳定 2 min 后,再进行测量。如果采用不恒温控制,在加热过程中快速测量,则可以将加热选择开关旋到"Ⅰ"挡,加热电压较"Ⅱ"挡低,加热速度要慢一些,以方便测量。

4. 使用电桥测量电阻时,首先估计热电阻的阻值,然后调整电阻箱 R_3,使检流计 G 电流为零,这时电桥平衡。按式(28.4)可以测得 Pt100 铂电阻的阻值 R_t。仪器中 R_1,R_2 为精度千分之一的精密电阻,R_3 为十进制精密电阻箱,测量数据记入表 28.2。

表 28.2　Pt100 温度特性测试数据

序号	1	2	3	4	5	6	7	8	9	10	11
t/ ℃	0	10.0	20.0	30.0	40.0	50.0	60.0	70.0	80.0	90.0	100.0
R_t/Ω											

将测量数据$\{R_t,t\}$用最小二乘法直线拟合,求出温度系数 A_1,R_0 及相关系数 r,计算测量值 R_0,A_1 与其标准值之间的相对误差。

【思考题】

1. 结合实验所用电桥,说明如何选择电阻 R_1、R_2 的大小才合理?

2. 在不恒温的动态实验中,温度和电阻都是变化的物理量,用哪些方法可以更准确地测量这两个物理量?

实验 28.2　恒电流法测量 NTC 热敏电阻的温度特性

【实验目的】

1. 学习热敏电阻温度传感器的温度特性。

2. 用恒电流法测量热敏电阻的温度特性。

【实验仪器】

FB820 型温度传感器温度特性实验仪 1 台,NTC 热敏电阻温度传感器。

【实验原理】

1. 热敏电阻温度传感器

热敏电阻是利用半导体电阻阻值随温度变化的特性来测量温度的,按电阻值随温度升高而减小或增大,分为 NTC 型(负温度系数)、PTC 型(正温度系数)和 CTC(临界温度)。热敏电阻率大,温度系数大,但其非线性大,置换性差,稳定性差,通常只适用于一般要求不高的温度测量。3 种热敏电阻的温度特性曲线如图 28.3 所示。

本实验中使用型号为 MF53-1 的热敏电阻。它是一种负温度系数的非线性热敏电阻器(NTC),工作温度为 -55 ~ 100 ℃。在一定的温度范围内(小于 450 ℃),NTC 热敏电阻的电阻 R_T 与温度 T 之间有如下关系:

$$R_T = R_0 e^{B\left(\frac{1}{T} - \frac{1}{T_0}\right)} \tag{28.5}$$

式中，R_T 是温度为 T(K)时的电阻值(K为热力学温度单位，开)，R_0 是温度为 T_0(K)时的电阻值。B 是热敏电阻材料的温度系数，是反映材料的电阻值随温度变化的物理量，一般情况下 B 为2 000 ~6 000 K。对一定的热敏电阻而言，B 为常数，对上式两边取对数，则有

$$\ln R_T = B\left(\frac{1}{T} - \frac{1}{T_0}\right) + \ln R_0 \tag{28.6}$$

由上式可见，$\ln R_T$ 与 $\frac{1}{T}$ 成线性关系，在 $\ln R_T$-$\left(\frac{1}{T}\right)$ 直线中，直线的斜率即为温度系数 B。R_0 可以通过式(28.6)来求解。

2. 恒电流法测量热电阻

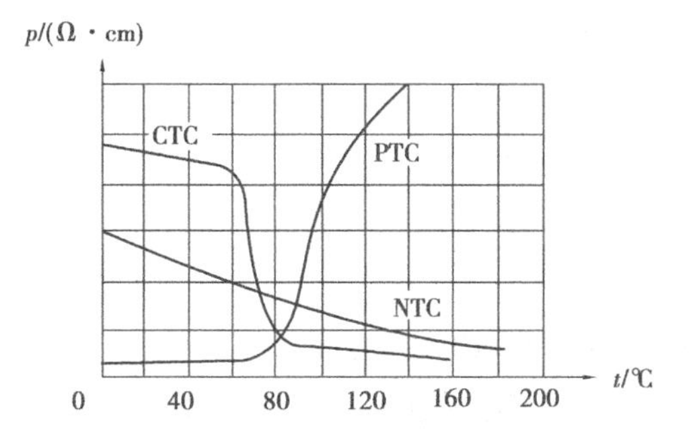

图28.3　热敏电阻特性

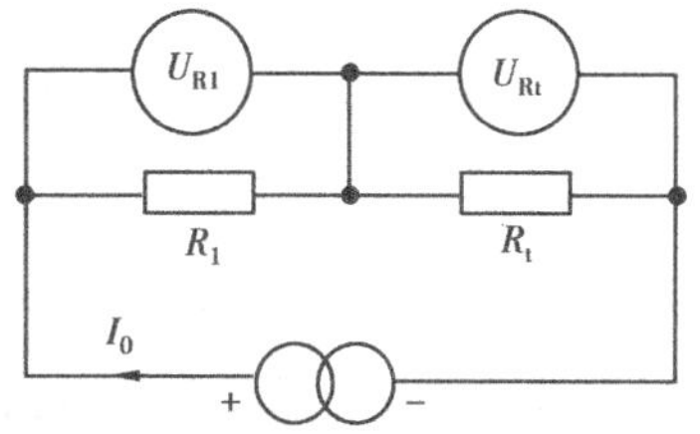

图28.4　恒电流法

恒电流法测量热电阻的电路如图28.4所示。电源采用恒流源，R_1 为已知数值的固定电阻，R_t 为热电阻。U_{R1} 为 R_1 上的电压，U_{Rt} 为 R_t 上的电压，U_{R1} 用于监测电路的电流。当电路电流恒定时，则只要测出热电阻两端电压 U_{Rt}，即可知道被测热电阻的阻值。当电路电流为 I_0，温度为 t 时的热电阻 R_t 为

$$R_t = \frac{U_{Rt}}{I_0} = \frac{R_1 U_{Rt}}{U_{R1}} \tag{28.7}$$

【实验内容】

1. 按图28.5接线。

2. 接通电路后，先用数字万用表测量电压 U_{R1} 是否为1.00 V，即 R_1 上电流 I 是否为1 mA(因 $U_{R1} = IR_1$，$R_1 = 1.000 \times 10^3\ \Omega$)。

3. 当环境温度高于摄氏零度时，先把热敏电阻MF53-1放入制冷井(图中虚线所示)，制冷及加热的操作方法与实验28.1中实验内容的第3步相同，恒温稳定2 min后，测量MF53-1热敏电阻的阻值，数据记入表28.3中。

表28.3　MF53－1热敏电阻温度特性测试数据

序号	1	2	3	4	5	6	7	8	9	10	11
t/℃	0	10.0	20.0	30.0	40.0	50.0	60.0	70.0	80.0	90.0	100.0
U_{Rt}/Ω											
R_t/Ω											

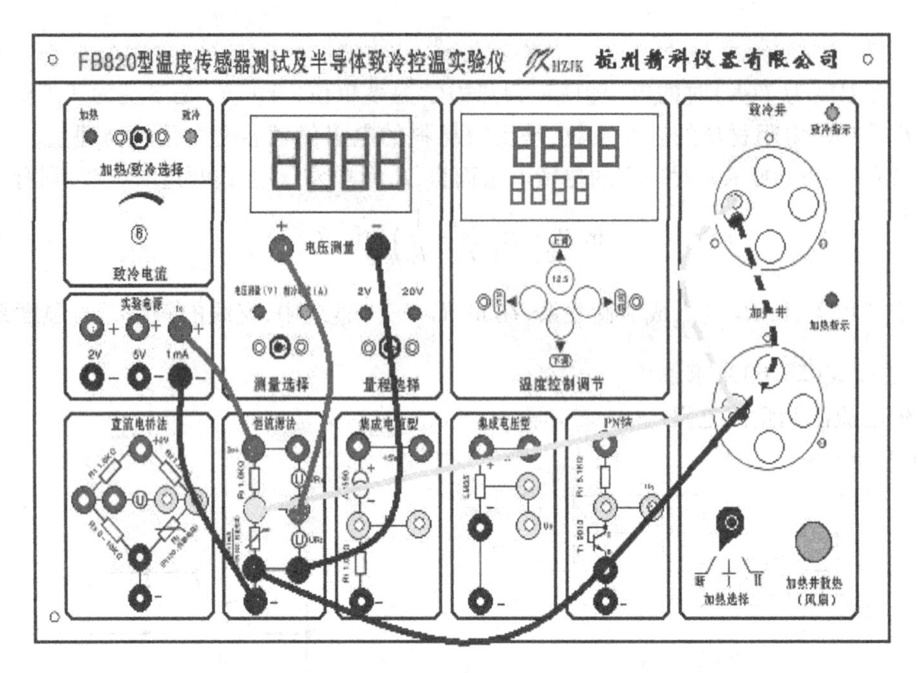

图 28.5　恒电流法测量 MF53-1 热敏电阻温度特性

学生自己选择合适的数据处理方法,求出 MF53-1 型热敏电阻的常数 R_0 和 B(自己查询资料,了解 T_0 应该如何选取),并用实验数据对求出的常数 R_0 和 B 进行验证。

【思考题】

1. 测量 R_0 时,通常温度 T 应该如何选取?

2. 比较 MF53-1 型热敏电阻低温段(0 ~ 50 ℃)与高温段(50 ~ 100 ℃)的温度特性,有什么异同?

实验 28.3　电压型温度传感器 LM35 特性的测量

【实验目的】

1. 学习电压型温度传感器的温度特性。

2. 测量电压型温度传感器 LM35 的温度特性。

【实验仪器】

FB820 型温度传感器温度特性实验仪 1 台,LM35 电压型温度传感器。

【实验原理】

LM35 是一种精密集成电路温度传感器。由于它采用内部补偿,所以输出可以从 0 ℃开始。内部的激光校准保证了其极高的准确度及一致性。在常温下,LM35 不需要额外的校准处理,即可达到 ±1/4 ℃的准确度。其电源供应模式有单电源与正负双电源两种,正负双电源的供电模式可提供负温度的测量。在常温中自热效应很低(温升小于 0.08 ℃),单电源模式在 25 ℃下静止电流约 50 μA,工作电压较宽,可在 4 ~ 20 V 的供电电压范围内正常工作,非常省电,特别适用于在电池供电的场合中。

目前使用较多的有两种型号:LM35DZ 温度测量范围为 0 ~ 100 ℃,LM35CZ 温度测量范围为 -40 ~ 110 ℃,且精度更高。

LM35 温度传感器由于其输出为电压，且线性极好，故只要配上电源，数字式电压表就可以构成一个精密数字测温系统。LM35 输出电压的温度系数为 $K_V = 10.0\ \text{mV/℃}$，利用下面的方法可计算出被测温度 t(℃)。

输出电压为

$$V_o = K_V t = 10.0\ t$$

温度为

$$t = \frac{V_o}{10.0} \tag{28.8}$$

式(28.8)中，输出电压 V_o 的单位为 mV，温度 t 的单位为摄氏度 ℃。LM35 温度传感器的电路符号见图 28.6，V_o 为电压输出端。

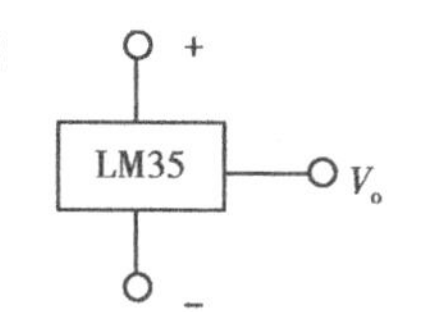

图 28.6　LM35 符号

实验测量时，只要直接测量其输出端电压 V_o，即可知待测量的温度。

【实验内容】

1. 按图 28.7 接线。
2. 温度控制方法与实验 28.1 的实验内容第 3 步相同，待温度恒定后，测试传感器 LM35 的输出电压，数据记入表 28.4。

表 28.4　LM35 温度特性测试数据

序　号	1	2	3	4	5	6	7	8	9	10	11
t/℃	0	10.0	20.0	30.0	40.0	50.0	60.0	70.0	80.0	90.0	100.0
V_o/V											

将得到的数据用最小二乘法进行拟合得电压的温度系数 K_V 及相关系数 r，将实验测量的 K_V 值与其标准值比较，计算相对误差。

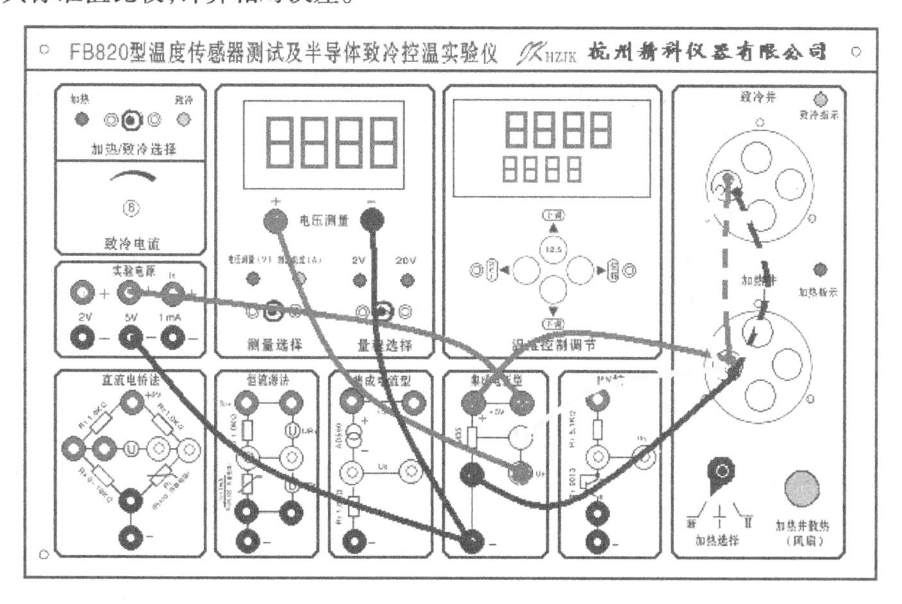

图 28.7　电压型温度传感器 LM35 温度特性测量

【思考题】

1. 测量 LM35 在 0~100 ℃中的工作电流(测量 3~5 点取平均值),问使用 6 V 的层叠干电池给 LM35 供电可以使用多少时间?

2. 在实验测量的数据范围内,计算由于传感器线性误差所造成的最大温度误差。

实验 28.4　电流型温度传感器 AD590 特性的测量

【实验目的】

1. 学习电流型温度传感器 AD590 的温度特性。

2. 测量 AD590 温度传感器的温度特性。

【实验仪器】

FB820 型温度传感器温度特性实验仪 1 台,AD590 电流型温度传感器。

【实验原理】

AD590 是一种电流型集成电路温度传感器,其输出电流大小与热力学温度成正比,它的线性度极好。AD590 温度传感器的温度适用范围为 -55 ~150 ℃,灵敏度为 1 μA/K,它具有准确度高、动态电阻大、响应速度快、线性好、使用方便等特点。AD590 是一个二端器件,电路符号如图 28.8 所示。

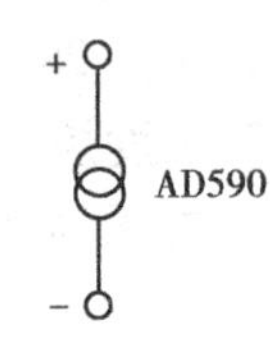

图 28.8　AD590 符号

AD590 等效于一个高阻抗的恒流源,其输出阻抗 >10 MΩ,能大大减小因电源电压变动而产生的测温误差。

AD590 的工作电压为 +4 ~+30 V,测温范围是 -55 ~150 ℃。对应于热力学温度 T,每变化 1 K,输出电流变化 1 μA,其输出电流 I_o(μA)与热力学温度 T(K)严格成正比,其电流灵敏度表达式为

$$\frac{I}{T}=\frac{3\mathrm{k}}{\mathrm{e}R}\ln 8 \tag{28.9}$$

式中,k,e 分别为波尔兹曼常数和电子电量,R 是内部集成化电阻。将 k/e =0.086 2 mV/K,R =538 Ω代入式(28.9)中,得

$$\frac{I}{T}=1.000\ \mu\mathrm{A/K} \tag{28.10}$$

在 T=0 ℃时,其输出电流为 273.15 μA (AD590 有几种级别,一般准确度差异在 ±3 ~5 μA),因此,AD590 的输出电流 I_o 的微安数就代表着被测温度的热力学温度值。AD590 的电流-温度(I-T)特性曲线如图 28.9 所示,其输出电流表达式为:

$$I=AT+B \tag{28.11}$$

式中,A 为灵敏度,B 为 T=0 K 时的输出电流值。

AD590 温度传感器的准确度在整个测温范围内≤ ±0.5 ℃,线性极好。利用 AD590 的上述特性,在最简单的应用中,用一个电源,一个电阻,一个数字式电压表即可组成温度的测量装置,如图 28.10 所示。

由于 AD590 以热力学温度 K 定标,在摄氏温标应用中,应该进行摄氏温标的转换,转换电路的关系式为

$$t=T+273.15 \tag{28.12}$$

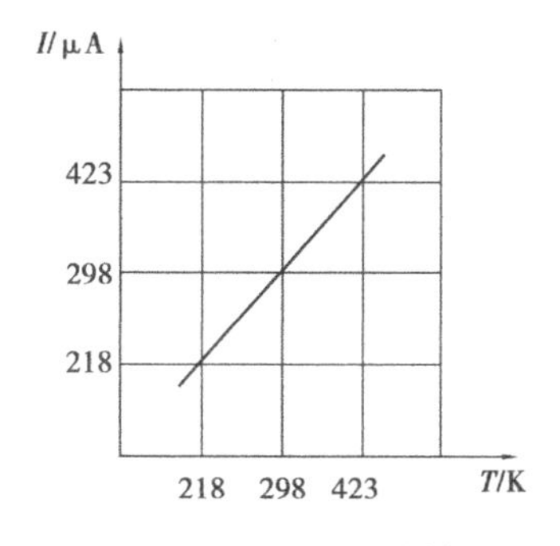

图 28.9　AD590 特性

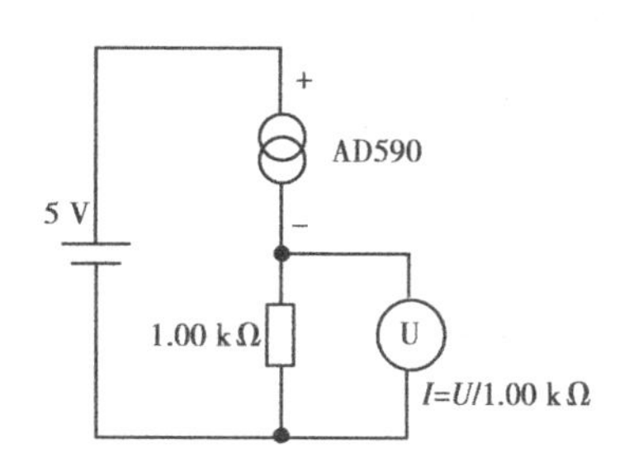

图 28.10　AD590 实验电路

【实验内容】

1. 按图 28.11 接线。

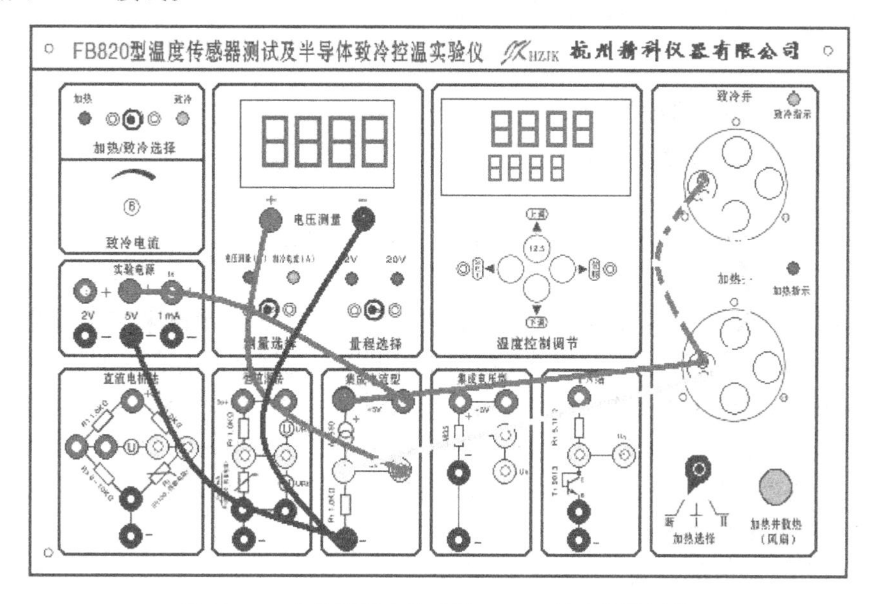

图 28.11　电流型温度传感器 AD590 温度特性测量

2. 首先对 AD590 进行检测，将温度设置为 25 ℃，温度传感器 AD590 插入干井炉孔中，升温至 25 ℃。温度恒定后测试 1.00 kΩ 电阻(精密电阻)上的电压是否为 298.15 mV。

AD590 输出电流定标温度为 25 ℃，输出电流为 298.15 μA。0 ℃时则为 273.15 μA。如果实验环境温度已经高于 25 ℃，则此时要把 AD590 插入制冷井中，通过半导体制冷，使温度恒温为 25 ℃。

3. 在环境温度高于摄氏零度时，先把温度传感器放入制冷井，将制冷井温度设置为 0 ℃。每隔 10 ℃控温系统设置一次，每次待温度稳定 2 min 后，测试 1.00 kΩ 电阻上的电压。当需要温度高于环境温度时，把温度传感器转移到加热干井，操作方法参考实验 28.1 的实验内容中第 3 步。数据记录于表 28.5 中。

I 为从 1.00 kΩ 电阻上测得电压换算的电流：$I = U/R$。用最小二乘法进行直线拟合求出系数 A，B 及相关系数 r。计算测量值 A，B 与标准值的相对误差。

表 28.5　AD590 温度特性测试数据

序　号	1	2	3	4	5	6	7	8	9	10	11
t/ ℃	0	10.0	20.0	30.0	40.0	50.0	60.0	70.0	80.0	90.0	100.0
U/V											
I/μA											

【思考题】

1. 为 AD590 温度传感器设计一个将热力学温度转换为摄氏温度的电路。
2. 利用实验测量的数据,分析 AD590 传感器测量温度的最大线性误差。

实验 28.5　PN 结温度传感器特性的测量

【实验目的】

1. 学习 PN 温度传感器的特性。
2. 测量 PN 结温度传感器的温度特性。

【实验仪器】

FB820 型温度传感器温度特性实验仪 1 台,PN 结温度传感器。

【实验原理】

PN 结温度传感器是利用半导体 PN 结的结电压对温度的依赖性来实现对温度的检测。实验证明,在一定的电流通过情况下,PN 结的正向电压与温度之间有良好的线性关系。通常将硅三极管基极 b 与集电极 c 短路,用基极 b 与发射极 e 之间的 PN 结作为温度传感器测量温度。硅三极管基极和发射极间正向导通电压 V_{be} 一般约为 600 mV(25 ℃),且与温度成反比,线性良好,温度系数约为 −2.3 mV/ ℃,测温精度较高,测温范围可达 −50 ~ 150 ℃。缺点是一致性差,所以互换性差。

通常 PN 结二极管的电流 I 和电压 U 满足:

$$I = I_S(e^{\frac{qU}{kT}} - 1) \tag{28.13}$$

在常温条件下,且 $e^{\frac{qU}{kT}} > 1$ 时,式(28.13)可近似为

$$I = I_S e^{\frac{qU}{kT}} \tag{28.14}$$

在上面两式中,电子电量 $q = 1.602 \times 10^{-19}$ C,玻尔兹曼常数 $k = 1.381 \times 10^{-23}$ J/K,T 为热力学温度,I_S 为反向饱和电流。

当正向电流保持恒定条件下,PN 结的正向电压 U 和温度 t(℃)近似满足下列线性关系:

$$U = Kt = U_{g0} \tag{28.15}$$

上式中,U_{g0} 为半导体材料参数,K 为 PN 结的结电压温度系数。实验电路如图 28.12 所示。

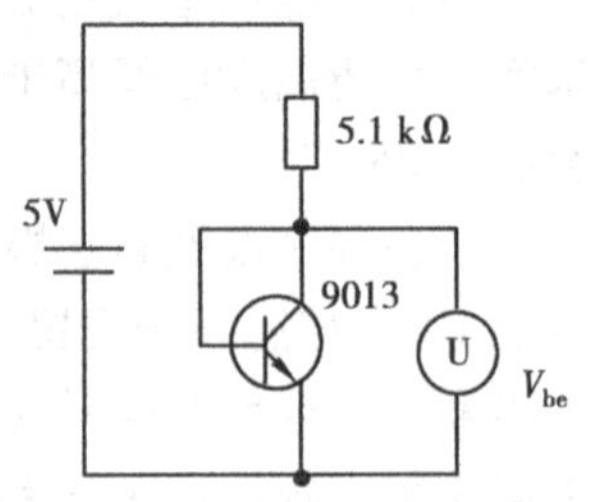

图 28.12　PN 结实验电路

【实验内容】

1. 按图 28.13 接线。
2. 在环境温度高于摄氏零度时,先把温度传感器放入制冷井,将制冷井温度设置为 0 ℃。

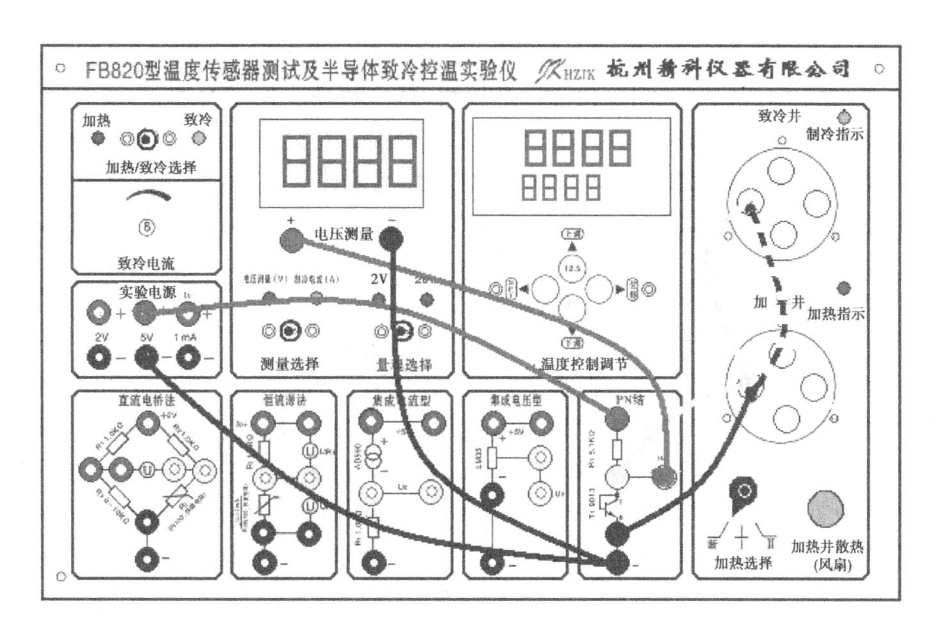

图28.13　PN结温度特性测量

每隔10 ℃控温系统设置一次，每次待温度稳定2 min后，进行PN结正向导通电压U_{be}的测量。

3. 当需要温度高于环境温度时，把温度传感器转移到加热干井，操作方法参考实验28.1的实验内容中第3步。

4. 测量数据记入表28.6。

表28.6　PN结温度特性测试数据

序号	1	2	3	4	5	6	7	8	9	10	11
t/ ℃	0	10.0	20.0	30.0	40.0	50.0	60.0	70.0	80.0	90.0	100.0
U_{be}/V											

用最小二乘法直线拟合，求出温度系数K及相关系数r。根据测量数据计算PN结测量温度的最大非线性误差。

【思考题】

1. 用PN结做温度传感器时，为什么要将三极管的b，c极短路连接？

2. 如果三极管正向电流实验中变大，对PN结的温度测量会产生什么样的影响？

【知识拓展28-1】FB820实验仪面板功能区分布及说明

温控仪温度达到设定值并稳定时所需要的时间较长，一般需要10～15 min。采用每一点都设置恒温温度时，需要花费较长的时间，务必耐心等待。

实验中也可以采用较小的电流加热，在较慢的升温过程中进行动态快速测量。采用电桥测量时，电桥调平衡后立刻读取温度值，再读电阻值。温度和电压要同时读取时，可以两位学生配合同时读取，也可以采用拍照方式将温度与电压在瞬间同时记录下来。测量的温度点间隔大体上均匀即可，不必十分准确地间隔10 ℃，测量点还可以适度增加一些。

本实验传感器种类较多，为提高实验效率，同学们可以合理安排实验步骤。例如：可以同时把4个温度传感器插入制冷井或加热井，把电路分别接通，轮流测量各待测温度传感器输出即可。

仪器面板如图 28.14 所示,从左上角开始,顺时针方向依次为:

①加热功能指示;②加热、制冷功能转换按钮,释放时高位位置为加热,按下后低位置为制冷;③制冷功能指示;④毫伏表作为电压表测量功能指示;⑤电压表、制冷电流表测量功能转换按钮,释放时为电压功能,按下时为制冷器工作电流测量功能;⑥制冷电流测量功能指示;⑦四位半电压、电流数值显示;⑧电压表 2 V 量程指示;⑨电压表量程转换,释放位置为 20 V量程,按下时为 2 V 量程;⑩电压表 20 V 量程指示;⑪控温设定值显示;⑫温度设置功能键;⑬测量温度显示;⑭制冷井制冷工作指示;⑮制冷井;⑯加热井加热工作指示;⑰加热井;⑱加热器降温风扇开关;⑲加热器工作电压选择:电压分别为 0 V,16 V,24 V(I_{max} =2 A),可控制加热速度快慢;⑳PN 结温度传感器专用测试单元;㉑电压型 LM35 温度传感器专用测试单元;㉒集成电流型 AD590 温度传感器专用测试单元,;㉓恒流源法 Pt100,MF53-1 温度传感器测试单元;㉔直流电桥法温度传感器测试单元(需用户自备电阻箱);㉕、㉖外接电阻箱接入端钮;㉗分别为三路电源负极;㉘ 2 V(I_{max} =100 mA)直流电源正极;㉙20 V(I_{max} =100 mA)直流电源正极;㉚1 mA(V_{max} =15 V)恒流源正极;3131 制冷器工作电流调节(I_{max} =3.5 A)。

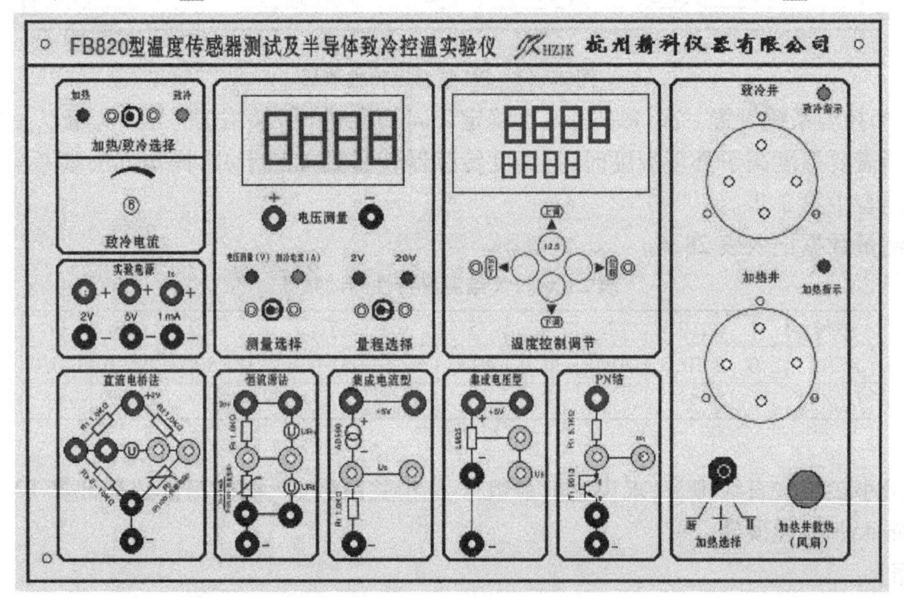

图 28.14 FB820 温度传感器实验仪面板

【知识拓展】 PID 智能温度控制器使用说明

该控制器是一种高性能、可靠性好的智能型调节仪表,广泛使用于机械化工、陶瓷、轻工、冶金、热处理等行业的温度、流量、压力、液位自动控制系统。控制器面板布置如图 28.15 所示。例如需要设置加热温度为 30 ℃,具体操作步骤如下:

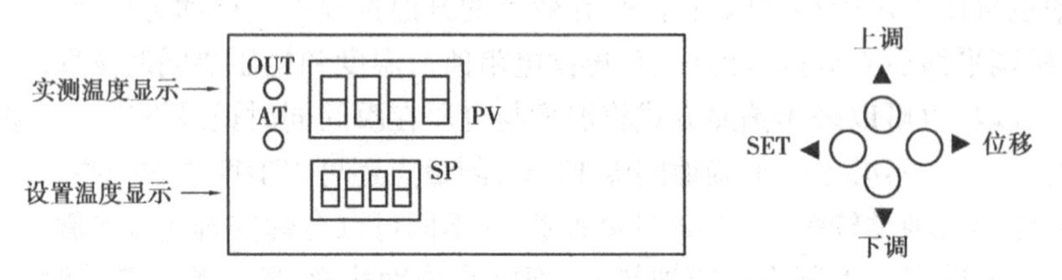

图 28.15 FID 温度控制器面板

①先按设定键 SET(◀)0.5 s,进入温度设置。(注:实验中无需进入第二设定区,若不慎按设定键时间长达 5 s,出现进入第二设定区符号,这时只要停止操作 5 s,仪器将自动恢复温控状态。)

②按位移键(▶),选择需要调整的数,数字闪烁的位数即是可以进行调整的位数。

③按上调键(▲)或下调键(▼)确定这一位数值,按此办法,直到各位数值满足设定温度。

④再按设定键 SET(◀)1 次,设定工作完成。如需要改变温度设置,只要重复以上步骤即可。

PID 温度控制器第二设定区的操作过程可按图 28.17 进行,此部分不要求学生掌握,仅供教师参考。

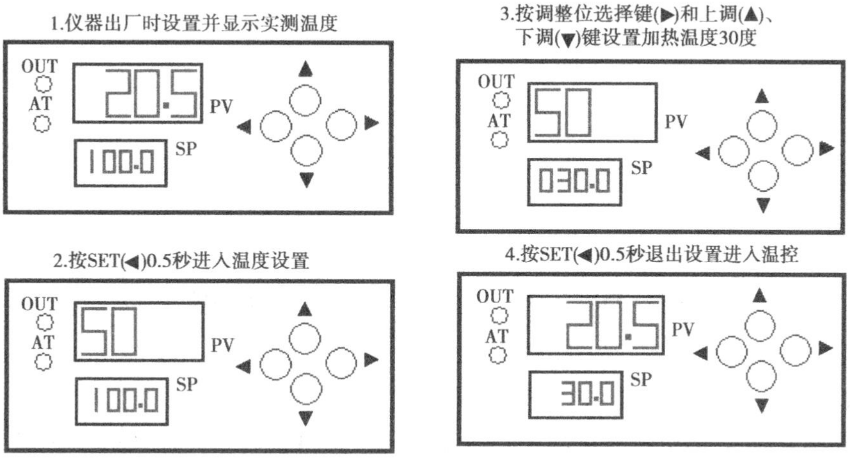

1.仪器出厂时设置并显示实测温度

OUT AT 20.5 PV 100.0 SP

3.按调整位选择键(▶)和上调(▲)、下调(▼)键设置加热温度30度

OUT AT 50 PV 030.0 SP

2.按SET(◀)0.5秒进入温度设置

OUT AT 50 PV 100.0 SP

4.按SET(◀)0.5秒退出设置进入温控

OUT AT 20.5 PV 30.0 SP

图 28.16　FID 温度设置流程

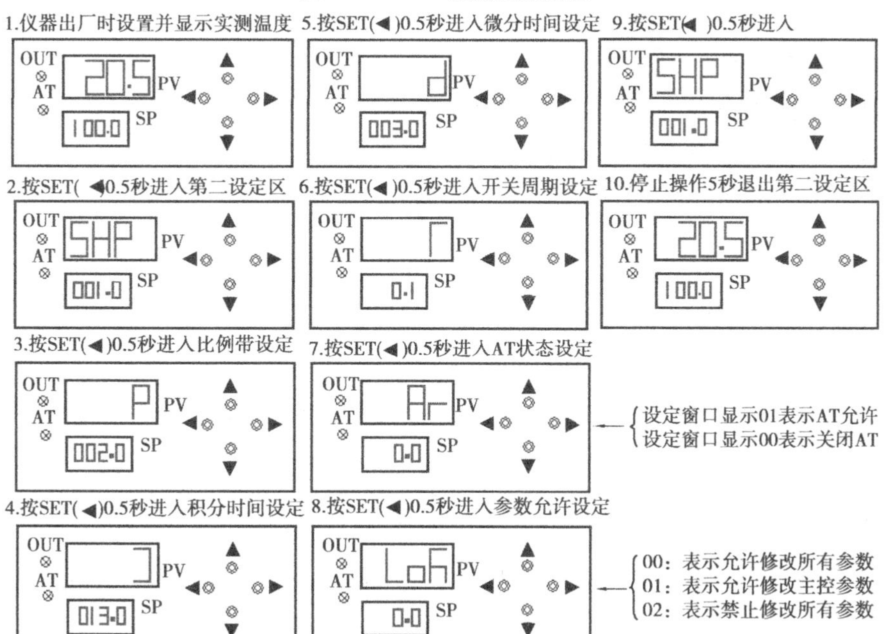

图 28.17　PID 第二设定区设置流程

第3部分 探究性综合性实验

实验B1 瞬时速度和加速度的测定

【实验要求】

将气轨调成倾斜，测量滑块从静止开始自由下滑50.0 cm时的瞬时速度及加速度。

1. 写出实验的原理。
2. 写出实验计算的公式。
3. 测量、记录需要的数据。
4. 选用合适的数据处理方法求出结果。
5. 分析实验不确定度的主要来源，并计算其总不确定度。
6. 选作：①设计两种以上不同的实验方案，进行实验，并比较实验结果。
   ②利用此实验的装置，设计并测量重力加速度。

【实验仪器】

气轨，气泵，滑块，挡光片，光电计时器，光电门等。

实验B2 牛顿第二定律的验证及研究

【实验要求】

利用气轨上的滑块受力运动进行验证。

1. 写出实验的原理。
2. 写出实验计算的公式。

3. 测量、记录需要的数据。

4. 选用合适的数据处理方法求出结果。

5. 分析实验不确定度的主要来源，并计算其总不确定度。

实验分两种情况测量数据：

①滑块质量不变时，改变外力大小，研究其加速度与外力的关系。

②外力不变时，改变滑块质量，研究滑块加速度与其质量的关系。

【实验仪器】

气轨，气泵，光电计时器，挡光片，滑轮，骑码，砝码等。

实验B3　动量守恒定律的验证及研究

【实验要求】

利用气轨上的两个滑块的弹性和完全非弹性碰撞进行验证。

1. 写出实验的原理。

2. 写出实验计算的公式。

3. 测量、记录需要的数据。

4. 选用合适的数据处理方法求出结果。

5. 分析实验不确定度的主要来源，并计算其总不确定度。

实验中改变滑块的质量及初速度，分别对数据计算，根据最佳的实验结果得出结论。

【实验仪器】

气轨，气泵，两个滑块，片状弹簧，挡光片，光电计时器等。

实验B4　机械能守恒定律的验证及研究

【实验要求】

在气轨上组成含动能和势能的系统进行验证。

1. 写出实验的原理。

2. 写出实验计算的公式。

3. 测量、记录需要的数据。

4. 选用合适的数据处理方法求出结果。

5. 分析实验不确定度的主要来源，并计算其总不确定度。

【实验仪器】

气轨，气泵，滑块，光电计时器，砝码，骑码，弹簧等。

实验 B5　阻尼振动的研究

【实验要求】

利用气轨、滑块及弹簧组成振动系统研究。测定计算出阻尼系数、对数缩减、品质因数和弛豫时间。

1. 写出实验的原理。
2. 写出实验计算的公式。
3. 测量、记录需要的数据。
4. 选用合适的数据处理方法求出结果。
5. 分析实验不确定度的主要来源,并计算其总不确定度。

【实验仪器】

气轨,气泵,滑块,弹簧,光电计时器等。

实验 B6　电热当量的测定

【实验要求】

利用量热器、稳压电源组成的焦耳热实验装置,测定电能转化为热能的比例系数——电热当量。要求采取合适的方式进行散热修正。

1. 写出实验的原理。
2. 写出实验计算的公式。
3. 测量、记录需要的数据。
4. 选用合适的数据处理方法求出结果。
5. 分析实验不确定度的主要来源,并计算其总不确定度。

【实验仪器】

量热器,直流稳压电源,温度计等。

实验 B7　梁振动法测定杨氏模量

【实验原理】

测量固体材料的杨氏模量 E,常用拉伸或压弯的静态法。这种方法测量出的是材料的静态杨氏模量,与动态杨氏模量是有区别的。在材料承受交变应力的情况下,动态杨氏模量更为适用。此实验中,要求设计梁在振动的情况下测量杨氏模量。

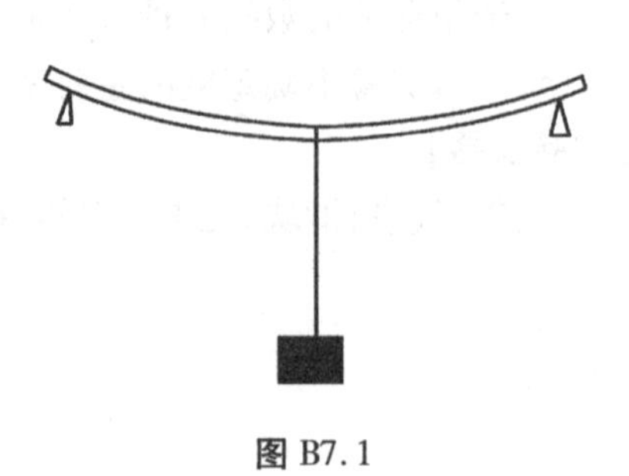

图 B7.1

如图 B7.1 为用刀刃支起的简支梁,梁的截面为矩形,其厚度为 h,宽度为 b,两个支点间距离为 l,梁的中点挂上质量为 m 的砝码,设梁上加砝码后的挠度(即向下的位移)为 y_0,根据材料力学,弹性梁的弯曲可以导出:

$$y_0 = \frac{mgl^3}{4h^3bE} \tag{B7.1}$$

式中,E 为杨氏模量,g 为重力加速度,设

$$K = \frac{4h^3bE}{l^3} \tag{B7.2}$$

则式(B7.1)可写成为

$$mg = Ky_0 \tag{B7.3}$$

即重力与挠度成正比,梁振动的运动方程为

$$m_{总}\frac{d^2y}{dt^2} = mg - K(y + y_0) \tag{B7.4}$$

$m_{总}$ 为振动系统的总有效质量,y 为与梁长度方向垂直方向的坐标位置,而

$$mg - K(y_0 + y) = -Ky$$

则有

$$m_{总}\frac{d^2y}{dt^2} = -Ky$$

$$\frac{d^2y}{dt^2} = -\frac{K}{m_{总}}y \tag{B7.5}$$

此方程为简谐振动方程,其振动圆频率 ω 为

$$\omega^2 = \frac{K}{m_{总}} = \frac{4h^3bE}{m_{总}l^3} \tag{B7.6}$$

圆频率 $\omega = 2\pi v$,v 为振动频率,$m_{总} = m_0 + m$,m_0 为砝码质量 m 以外部分的有效质量,则

$$\frac{1}{v^2} = \frac{\pi^2 l^3}{h^3bE}(m_0 + m) \tag{B7.7}$$

【实验要求】

1. 根据式(B7.7)设计实验测量方案。
2. 设计梁的振动频率的测量方法。
3. 分析梁的阻尼振动对测量结果的影响。

注意支架要稳定,减小对梁振动的干扰。

实验 B8　倾斜槽中球体运动的研究

【实验原理】

在倾斜槽中运动的球,随着槽的倾斜程度或摩擦力的变化会由滚动变为滑动,或又滚又滑的运动。此实验要求将理论分析和实验测量相结合,分析和判断什么条件下球为滚动? 什么条件时开始滑动?

图 B8.1 为实验装置示意图,球从挡板处由静止开始运动,光电门 A、B 和数字毫秒计结合,测量球通过 A、B 之间距离的时间,由此可以计算球质心的加速度 a。

要求学生设计测量倾斜槽倾角 θ 和加速度 a 的测量方法及计算公式。

在下面的假设条件下，分析推导倾斜槽中球质心的加速度表达式：

①假设球是无滑动的滚动运动，其质心加速度 a_1 为

$$a_1 = f(\theta,\varphi) \tag{B8.1}$$

式中，φ 为球心对倾斜槽的垂直方向与球对槽的正压力方向的夹角，如图 B8.1(b)所示。

②假设球是无滚动滑下的，球质心加速度 a_2 的表达式为

$$a_2 = f(\theta,\varphi,\mu) \tag{B8.2}$$

式中，μ 为球与槽间的动摩擦系数。

要设计测量 a_1、a_2 表达式中参量 θ,φ 的方法。

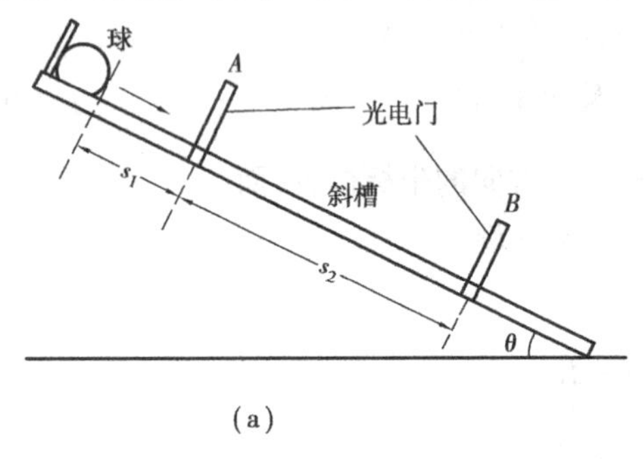

(a)

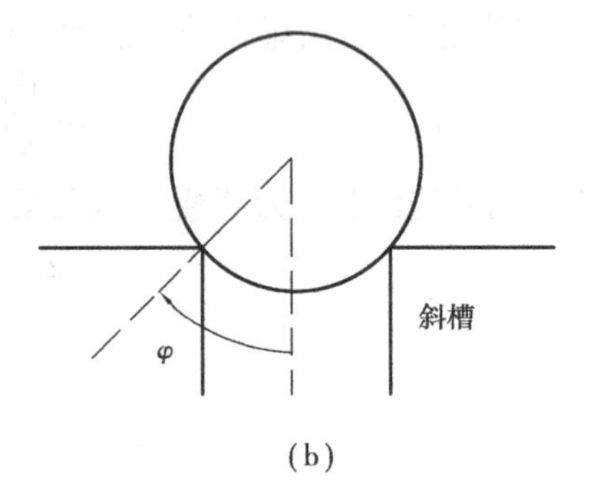

(b)

图 B8.1

【实验要求】

①测量槽在不同倾角 θ(大约从5°到55°)时，槽中球质心的加速度 a。

②测量 a_1、a_2 表达式中各参量的值。

③在同一坐标纸上作 3 条图线，即 a-θ 图线；$a_1 = f(\theta,\varphi)$；$a_2 = f(\theta,\varphi,\mu)$。

对比测量曲线和理论分析的曲线，说明倾斜槽中球运动的变化规律。

实验 B9 毛细管中液体上升速率的研究

液体在毛细管中升起的高度，可以用来测量液体的表面张力系数。液体在毛细管中上升的速率是液体表面张力系数和液体粘滞系数的函数，因此测量液体上升到不同高度 h 的速率 $\mathrm{d}h/\mathrm{d}t$，可以同时得出该液体的表面张力系数 α 和粘滞系数 η。

将半径为 r 的毛细管竖直固定，其下端插入待测液体中，液体在毛细管中开始上升，至某一高度 h 时，驱使液体在管中上升的压差为$\left(\frac{2\alpha}{r} - h\rho g\right)$。$\rho$ 为液体密度，g 为当地重力加速度，根据毛细管液体流量伯努利公式，液体在高度 h 处的上升速率 $\mathrm{d}h/\mathrm{d}t$ 满足以下关系：

$$\pi r^2 \frac{\mathrm{d}h}{\mathrm{d}t} = \pi r^4 \frac{\frac{2\alpha}{r} - h\rho g}{8\eta h} \tag{B9.1}$$

即

$$\frac{\mathrm{d}h}{\mathrm{d}t} = \frac{2\alpha r}{8\eta} \cdot \frac{1}{h} - \frac{r^2 \rho g}{8\eta} \tag{B9.2}$$

为了有可测量的上升速率,毛细管内径 r 要小些,可利用内径 r 约为0.01 cm的废温度计作为毛细管。待测液体的粘滞系数要大一些,可取50%的砂糖水溶液作为被测液体。

此实验要求按上述原理设计测量方法,测量砂糖水溶液的表面张力系数 α 值和粘滞系数 η 值。

实验B10　测量方法与系统误差的研究

B类不确定度是不能用统计的方法进行计算的不确定度分量,它可以由系统误差、仪器误差、估计误差等误差产生,既可以由仪器因素造成也可以由测量的方法造成。B类不确定度直接影响测量结果的精确性,特别是当B类不确定度与A类不确定度相比较大时,它就成为影响测量精确度的主要因素,此时,发现和消除B类不确定度就特别重要。但B类不确定度的处理,在理论上和实验中其方法都比较复杂,需要根据具体情况进行处理,甚至有赖于实验人员的素质、经验和实验技巧。因此,准确分析、计算B类不确定度是一件比较困难的事情。

本实验通过对气垫导轨实验中的几种系统误差的分析和处理的实例,让学生学习发现、分析和处理B类不确定度的方法。

气垫导轨上的实验是力学实验中一种较精密的实验。在气垫导轨实验中,由于气垫对滑块产生的漂浮作用,避免了容易引起测量误差的滑动摩擦力的影响。在时间测量上采用了光电门触发和电子计时器计时的方法,使时间测量可以达到微秒的精度。但是,如果实验方法不当,或者没有对实验过程中不可忽视的系统误差进行修正,则这些系统误差将在实验中反映出来,会对实验结果造成很大的影响,使最终测量结果很不理想。

下面对气垫导轨实验中存在的几种系统误差及其修正方法分别进行讨论。

1.空气阻力引起的系统误差

滑块在导轨上运动时,由于空气层的作用,没有固体之间的滑动摩擦阻力,但与空气是有摩擦的,滑块的迎风面和侧面都要受到空气阻力的作用,从而对滑块的运动产生一定的影响,造成速度的损失。实验证明,当滑块的速度不是很大时,单纯在空气阻力的作用下,其相应的速度损失 Δv 与其运动距离成正比,与滑块的质量成反比,可以表示为

$$\Delta v = -\lambda \frac{s}{m} \tag{B10.1}$$

式中,λ 为滑块的空气阻力系数,与滑块的外表形状有关。

s 为滑块运动所经过的距离, m 为滑块的质量,负号表示速度减小。

λ 值可以通过下面的方法测量,在小角度倾斜的导轨上,在导轨低端安装有弹簧,使滑块可以由弹簧力推动其回复运动,测量其速度的损失,则可以测量出空气阻力系数。注意此处空气阻力系数单位为kg/s或g/s,并非通常流体的粘滞阻力系数。

气垫导轨实验中,空气阻力所引起的速度损失造成的系统误差对测量结果的影响大小与实验具体的参数的选择有关。举例说明如下:

设导轨的空气阻力系数 $\lambda=3.5$ g/s,滑块的质量 $m=250.0$ g,则当滑块运动的距离分别为20.0 cm和120.0 cm时,速度损失分别为

$$s = 20.0 \text{ cm时}, \Delta v = \frac{3.5\times 20.0}{250.0}\text{cm/s} = 0.28 \text{ cm/s}$$

$$s = 120.0\ \text{cm}, \Delta v = \frac{3.5 \times 120.0}{250.0}\text{cm/s} = 1.68\ \text{cm/s}$$

如果实测滑块的速度为 $v = 15.0$ cm/s 时,在以上两个不同距离时速度损失所占的百分比分别为1.9%和11.2%。后者所占比例较大,就必须进行修正。如果改变实验参数,如在实验安排中,如使滑块速度增大为40.0 cm/s,则相应的百分比降为0.7%和2.8%,使空气阻力的影响下降许多。

由此可知,为了避免和减少实验中空气阻力速度损失所引起的系统误差,在不增加其他误差的前提下,适当缩短滑块滑动距离和使用较大的初速度是有利的。

例如,在水平导轨上进行碰撞实验时,应尽可能缩短滑块自碰撞点到测速点之间的距离,并适当选用较大的碰撞速度。反之,如果碰撞点到测速点的距离较大,滑块速度较慢,则应当加以修正。

在倾斜导轨测量重力加速度的实验中,空气阻力所引起的系统误差修正需要考虑更多的因素。如图B10.1所示,滑块的运动方程为

$$ma = mg\sin\theta - \lambda v \qquad \text{(B10.2)}$$

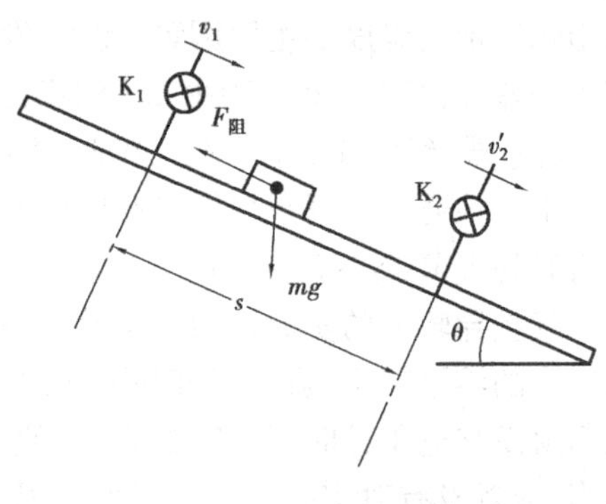

图 B10.1

式中 a 为滑块加速度,θ 为导轨倾斜角,λv 为空气阻力,v 为滑块运动速度。

当存在空气阻力作用时,实验测量滑块经过光电门 K_1 及 K_2 的速度为 v_1 及 v_2。速度从 v_1 到 v_2 的变化因素中,同时有因空气阻力造成的速度损失及滑块从 K_1 加速运动到 K_2 时,速度变化的影响。从 K_1 运动到 K_2 时经过的时间为 t_{12},在有空气阻力的情况下,滑块从 K_1 到 K_2 的时间要比无空气阻力时长,对式(B10.2)作变换并积分:

$$\int_{v_1}^{v_2} dv = \int_0^{t_{12}} g\sin\theta\, dt - \int_0^s \lambda \frac{ds}{m} \qquad \text{(B10.3)}$$

$$v_2 - v_1 = g\sin\theta t_{12} - \lambda \frac{s}{m} \qquad \text{(B10.4)}$$

$$\frac{v_2 - v_1}{t_{12}} = g\sin\theta - \frac{\lambda}{m}\bar{v} \qquad \text{(B10.5)}$$

式中,$\frac{v_2 - v_1}{t_{12}}$ 为有空气阻力时测得的加速度,用 a_1 表示。$g\sin\theta$ 为没有空气阻力时理论加速度值(即重力加速度沿斜面方向的分加速度)用 a_2 表示。最后一项的量纲为加速度的量纲,可看作空气阻力所引起的附加加速度,用 a_3 表示,则有

$$a_1 = a_2 - a_3 \qquad \text{(B10.6)}$$

式(B10.5)中,$\bar{v}$ 为滑块从 K_1 到 K_2 的平均速度,$\bar{v} = s/t_{12}$。

由上面的分析可知,考虑到空气阻力的影响后,在倾斜导轨测量重力加速度的实验中,实际测量得到的加速度偏小,加速度的准确值应该为

$$a_2 = a_1 + a_3 = a_1 + \frac{\lambda\bar{v}}{m} \qquad \text{(B10.7)}$$

2. 用平均速度代替瞬时速度所引起的系统误差分析

如果不考虑空气阻力的影响，测量滑块沿斜面下滑的加速度，可以使用下式

$$a = \frac{v_B - v_A}{t_{AB}} \tag{B10.8}$$

式中，v_B、v_A 均是瞬时速度，而 t_{AB} 则是相应于该两瞬时的时间间隔。但在气垫导轨实验中，瞬时速度是无法直接测量得到的，v_A 和 v_B 均是某段时间间隔内的平均速度，因而代入公式（B10.8）计算加速度时，就存在系统误差。

以图 B10.2 来说明，设以滑块开始运动作为计时起点，则 t_A 和 t_B 分别表示滑块上中间开槽（或 U 形槽）的挡光片的前沿到达光电门的时间，而 Δt_A 和 Δt_B 分别表示宽度为 Δs 的挡光片经光电门 A 和 B 时挡光的时间。

由公式 $v_A = \dfrac{\Delta s}{\Delta t_A}$ 及 $v_B = \dfrac{\Delta s}{\Delta t_B}$ 所计算的速度是滑块在 t_A 到 $t_A + \Delta t_A$ 及 t_B 到 $t_B + \Delta t_B$ 时间内的平均速度，不能看作 A 点和 B 点的瞬时速度。如果将滑块的下滑运动视为匀加速运动，则 v_A 和 v_B 应分别是 $t_A + \dfrac{\Delta t_A}{2}$ 及 $t_B + \dfrac{\Delta t_B}{2}$ 时刻的瞬时速度，而该两瞬时相应的时间间隔为

$$\left(t_B + \frac{\Delta t_B}{2}\right) - \left(t_A + \frac{\Delta t_A}{2}\right) = t_{AB} - \frac{\Delta t_A}{2} + \frac{\Delta t_B}{2}$$

因而式（B10.8）应修正为

$$a = \frac{\Delta s}{t_{AB} - \dfrac{\Delta t_A}{2} + \dfrac{\Delta t_B}{2}}\left(\frac{1}{\Delta t_B} - \frac{1}{\Delta t_A}\right) \tag{B10.9}$$

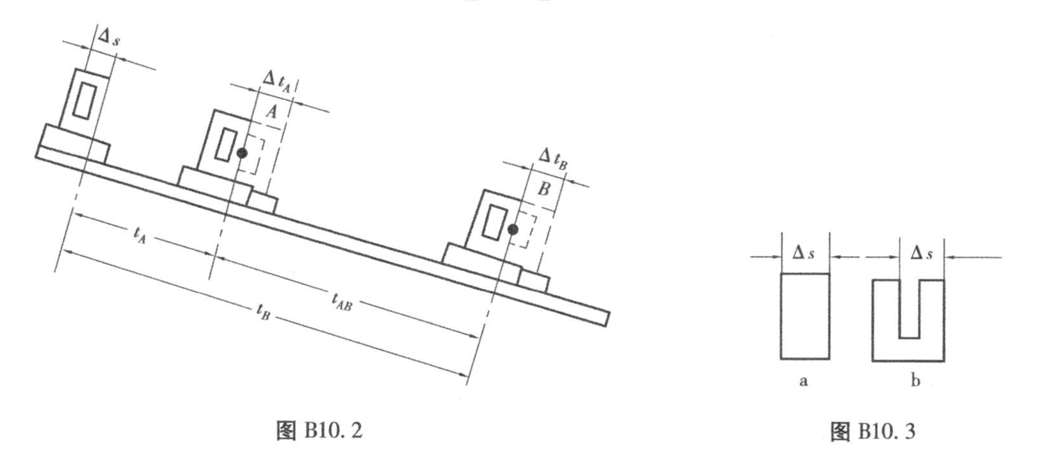

图 B10.2　　　　图 B10.3

3. 单条形挡光片引入计时中的系统误差

单条形挡光片与 U 形挡光片都可以用于测量通过其宽度 Δs 的时间，只要将计时器设置于不同的功能上即可。学生可以自己设计实验方案，去比较两种挡光片的测量值，比较它们哪一种的测量误差更小。

【实验内容】

1. 实验中将气轨调成水平，是气轨实验的基本操作。由于气轨本身常有一定的弯曲，要将整个气轨调成水平常常是不可能的，实际的调水平是指将气轨上的某两点调到同一水平线上，一般是将两个光电门所在处调水平。

调水平可以用静态法和动态法。前者是观察滑块在气轨上是否可以在任何位置基本停止不动,后者是从观测滑块通过光电门的时间去判断,动态法调水平是较好的方法。

2. 在调平的导轨上测量空气的阻力系数 λ,自己设计实验方案。

3. 用倾斜导轨测量重力加速度时,实验之初如果导轨未调水平将会引入系统误差,设计一个可以防止此项系统误差的测量方案。

4. 在倾斜导轨上测量滑块的加速度 a 和导轨的倾角 θ,按前述 a 进行修正后求 g 及不确定度 u_g,与当地重力加速度公认值进行比较,评价此实验结果。

5. 条形挡光片引入计时中的系统误差的分析

气轨实验中使用的挡光片,如图 B10.3 有条形的和 U 字形的两种。取 Δs 较小的(约 1 cm)两种挡光片,在倾斜气轨上测量在同一条件下某一点的速度,会发现二挡光片的测量值有明显差异。可用游标卡尺慢慢推动滑块,观察测量二挡光片从开始计时到终止计时的移动距离的差异,进行分析。

实验 B11 旋转液体特性的研究

日常生活中,经常可以看到转动的水会形成漩涡,而漩涡面会随着水的旋转速度不同而呈现不同的深度,那么旋转的液体为什么会出现这种情况呢?牛顿曾做过这么一个实验:当水桶中的水旋转时,水会沿着桶壁上升,这就是著名的牛顿水桶实验。现代力学理论及实验已经证明了旋转液体所形成的面为一抛物面。利用旋转液体的这一特性,可以测量重力加速度,研究液面凹面镜成像与转速的关系,同时可以测量液体的粘滞系数。旋转液体镜头已经在望远镜中得到了应用,代替了难于制造的高精度玻璃镜头。

【实验目的】

1. 利用旋转液体测量重力加速度。
2. 研究旋转液面所形成的凹面镜焦距与旋转速度的关系。
3. 测量液体的粘滞系数。

【实验仪器】

DH4609 旋转液体综合实验仪,游标卡尺,温度计等。

【实验原理】

1. 旋转液体面形状的推导

如图 B11.1 所示,选取旋转液体上的任一微液体 P,以旋转圆柱形容器为参考系,这是一非惯性的转动参考系。液体 P 相对于参考系是静止的,其受力如图 B11.1 所示,其中 F_i 为沿径向向外的惯性离心力,mg 为重力,N 为液体 P 受到周围液体对它的合力,其方向垂直于液体表面。在 x-y 坐标系下对微液体 $P(x,y)$,有

$$N\cos\theta - mg = 0$$

$$N\cdot\sin\theta - F_i = 0$$

$$F_i = m\cdot\omega^2\cdot x$$

$$\tan\theta = \frac{\mathrm{d}y}{\mathrm{d}x} = \frac{\omega^2\cdot x}{g}$$

故有

$$y = \frac{\omega^2}{2g}x^2 + y_0 \tag{B11.1}$$

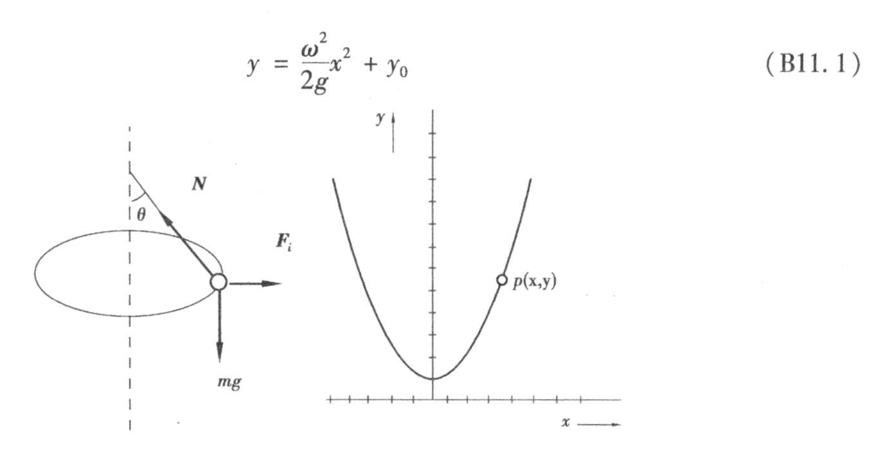

图 B11.1　液体受力分析

其中，ω 为旋转角速度，y_0 为 $x=0$ 处的 y 值。由式(B11.1)可知此旋转液面为一以绕 y 轴旋转的抛物面。

2. 利用旋转液体测量重力加速度

实验仪器中，一个盛有液体，半径为 R 的圆柱形容器绕该圆柱体的对称轴以角速度 ω 匀速稳定转动时，液体的表面形成抛物面，如图 B11.2 所示。设液体未旋转时液面高度为 h，液体的体积为

$$V = \pi R^2 h \tag{B11.2}$$

因液体旋转前后体积保持不变，旋转时液体体积可表示为

$$V = \int_0^R y(2\pi x)\mathrm{d}x = 2\pi\int_0^R \left(\frac{\omega^2 x^2}{2g} + y_0\right)x\mathrm{d}x \tag{B11.3}$$

由式(B11.2)、(B11.3)得

$$y_0 = h - \frac{\omega^2 R^2}{4g} \tag{B11.4}$$

联立式(B11.1)、(B11.4)可得，当 $x = x_0 = R/\sqrt{2}$ 时，$y(x_0) = h$，即液面在 $x_0 = R/\sqrt{2}$ 处的高度是定值。

方法一：用旋转液体最高液面与最低液面的高度差测量重力加速度 g。

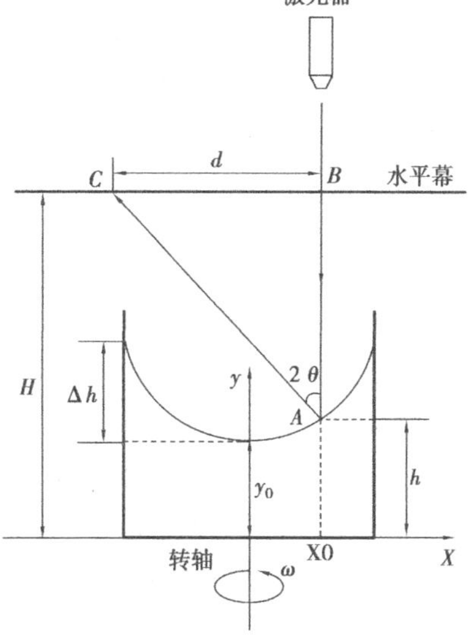

图 B11.2　旋转液体实验

如图 B11.2 所示，设旋转液面最高与最低处的高度差为 Δh，点$(R, y_0+\Delta h)$在(B11.1)式的抛物线上，则有

$$y_0 + \Delta h = \frac{\omega^2 R^2}{2g} + y_0$$

得 $$g = \frac{\omega^2 R^2}{2\Delta h}$$ 又因为 $\omega = \dfrac{2\pi n}{60}$

则

$$g = \frac{\pi^2 D^2 n^2}{7\,200\Delta h} \tag{B11.5}$$

D 为圆筒内直径(参考值 102 mm),n 为旋转速度(转/分)。

方法二:斜率法测重力加速度。

如图 B11.2 所示,激光束平行于转轴入射,经过 BC 透明水平屏幕,打在液面 A 点上($x_0=R/\sqrt{2}$),反射光点为 C,A 处切线与 x 方向的夹角为 θ,则 $\angle BAC=2\theta$。测出透明屏幕至圆桶底部的距离 H,液面静止时高度 h,以及两光点 BC 间距离 d,则 $\tan 2\theta=\dfrac{d}{H-h}$,可以求出 θ 值。因为 $\tan\theta=\dfrac{\mathrm{d}y}{\mathrm{d}x}=\dfrac{\omega^2 x}{g}$,在 $x_0=R/\sqrt{2}$ 处有 $\tan\theta=\dfrac{\omega^2 R}{\sqrt{2}g}$,又因为 $\omega=\dfrac{2\pi n}{60}$,则 $\tan\theta=\left(\dfrac{2\pi n}{60}\right)^2\dfrac{R}{\sqrt{2}g}=\dfrac{4\pi^2 Rn^2}{3\,600\sqrt{2}g}=\dfrac{2\pi^2 Dn^2}{3\,600\sqrt{2}g}$

所以有

$$g=\frac{2\pi^2 Dn^2}{3\,600\sqrt{2}\tan\theta}\tag{B11.6}$$

由此式可知 $\tan\theta$ 与 n^2 为线性关系,$\tan\theta$-n^2 曲线的斜率为 $k=\dfrac{2\pi^2 D}{3\,600\sqrt{2}g}$,故可以求出重力加速度

$$g=\frac{2\pi^2 D}{3\,600\sqrt{2}k}$$

3. 验证抛物面焦距与转速的关系

旋转液体表面形成的抛物面可看作一个凹面镜,符合光学成像系统的规律。若光线平行于曲面对称轴入射,反射光将全部会聚于抛物面的焦点。根据抛物线方程(B11.1),则抛物面的焦距 $f=\dfrac{g}{2\omega^2}$。由此可知,转速不同抛物面的焦距不同。

4. 测量液体粘滞系数

如图 B11.3 所示,在旋转的液体中,沿中心放入拉丝悬挂的圆柱形物体,圆柱高度为 L,圆柱半径为 R_1,外圆桶内部半径为 R_2。外圆筒以恒定的角速度 ω_0 旋转,在转速较小的情况下,流体会很规则地一层层地转动,形成稳定的层流状态。在稳定状态时,圆柱形物体静止,其角速度为零。

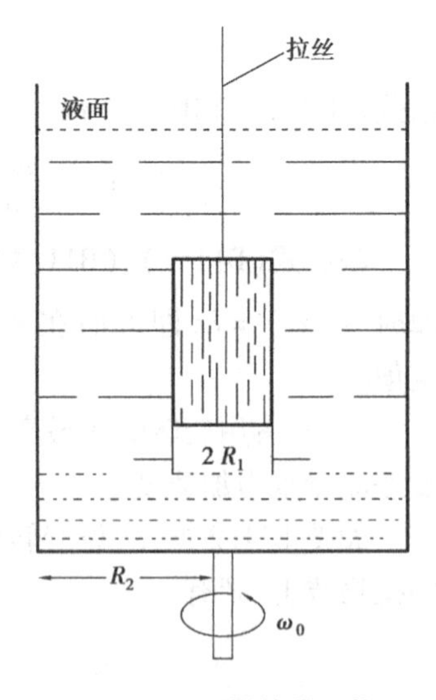

图 B11.3　测量粘滞系数

①设外圆桶稳定旋转时,圆柱形物体所承受的阻力矩为 M,则

M = 圆柱侧面所受液体的阻力矩 M_1 + 圆柱底面所受液体摩擦力矩 M_2(推导略)

且有

$$M_1=4\pi\eta L\omega_0\frac{R_1^2R_2^2}{R_1^2-R_2^2}\tag{B11.7}$$

$$M_2=\frac{\pi\eta R_2^4\omega_0}{2\Delta z}\tag{B11.8}$$

上面公式中,η 为液体粘滞系数,Δz 为圆柱体底面到圆桶内部底面的距离。

圆柱形物体所承受的液体阻力矩 M 则为

$$M = M_1 + M_2 = 4\pi\eta L\omega_0 \frac{R_1^2 R_2^2}{R_1^2 - R_2^2} + \frac{\pi\eta R_2^4\omega_0}{2\Delta z} \tag{B11.9}$$

②拉丝扭转力矩 M_3。

悬挂圆柱形物体的拉丝为钢丝,其切变模量为 G,拉丝半径为 R,拉丝长度为 L_1,扭转力矩为

$$M_3 = \frac{\pi G R^4}{2L_1}\theta \tag{B11.10}$$

式中 θ 为拉丝的扭转角度,该式表示扭转力矩 M_3 与扭转角度 θ 成正比。

在液体旋转系统稳定时,液体产生的阻力矩与悬挂拉丝所产生的扭转力矩平衡,使得圆柱形物体达到静止,所以有

$$M = M_3$$

从式(B11.9)、(B11.10)可以解出粘滞系数为

$$\eta = \frac{GR^4}{2L_1\omega_0}\theta\left[\frac{2\Delta z(R_1^2 - R_2^2)}{8L\Delta z R_1^2 R_2^2 + (R_1^2 - R_2^2)R_2^4}\right] \tag{B11.11}$$

旋转液体实验仪如图 B11.4 所示。

【实验内容】

1. 仪器调整

1)水平调整

将圆形水平仪放在圆形载物台中心,调整仪器底部水平调节脚,使得水平仪上的气泡在中心位置。

2)激光器位置调整

调节激光器的高度,使激光器的光斑在水平屏幕上为一较小较亮的圆点,用自准直法调整激光束平行于转轴入射,经过透明水平屏幕,对准桶底处的 $x_0 = R/\sqrt{2}$ 记号(圆形载物台刻线处),R 为圆桶内径。

以下实验内容可以根据课时及要求选做。

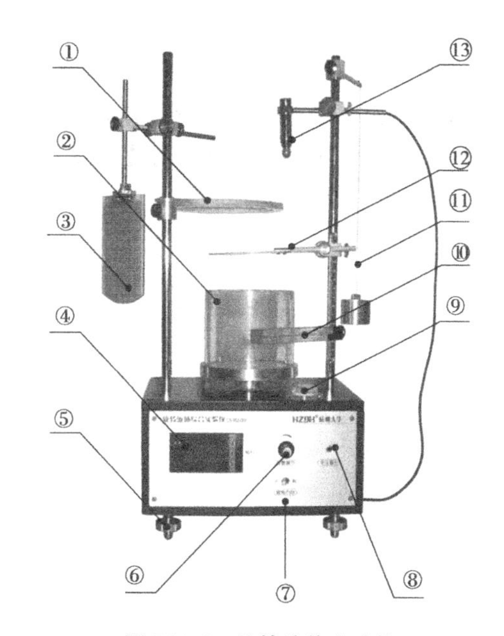

图 B11.4　旋转液体实验仪

1—水平屏幕;2—溶液桶;3—垂直屏幕;4—转速表;5—水平调节脚;6—速度调节旋钮;7—方向切换开关;8—激光器电源接口;9—水平仪;10—水平标尺;11—拉丝悬挂圆柱体;12—水平量角器;13—激光器

2. 测量重力加速度

方法 1:用旋转液体液面最高与最低处的高度差测量重力加速度 g。

改变圆桶转速 n(转/分)($\omega = 2\pi n/60$),从 90 转/分到 140 转/分,每隔 10 转/分测量 1 次。通过水平标尺测量液面最高与最低处的高度差,计算重力加速度 g,取平均值为测量值,再与当地重力加速度理论值比较。

方法 2:斜率法测重力加速度 g。

将水平屏幕置于圆桶上方,用自准直法调整激光束平行于转轴入射,经过水平屏幕,对准

桶底处的 $x_0=R/\sqrt{2}$记号,测出水平屏幕至圆筒底部的距离 H,测出液面静止时高度 h。

注意:屏幕高度值 H 为刻度尺示值加上 5 mm,其中5 mm为刻度尺零位与圆筒底部的距离。

改变圆桶转速 n(r/min)($\omega=2\pi n/60$),从 50 r/min 到 100 r/min,每隔 10 r/min 测量 1 次。在透明水平屏幕上读出入射光与反射光点 BC 间距离 d,则 $\tan 2\theta=d/(H-h)$,求出 $\tan 2\theta$ 值。分别计算重力加速度,再取平均值为测量值,最后将测量值与理论值比较。

3. 验证抛物面焦距与转速的关系

将垂直屏幕通过转轴位置放入实验容器中央,用水平标尺测出垂直屏幕底端和静止液面间的距离 Δh,转动液体。再将激光束平行于转轴入射至液面,反射后聚焦在屏幕上,可改变入射位置观察聚焦情况。改变圆桶转速 n(r/min)($\omega=2\pi n/60$),从60 r/min到 115 r/min,每隔 5 r/min 测量 1 次。记录焦点在垂直屏幕上的位置 x,则对应的焦点距离为 $x+\Delta h$。在同一张图上作出测量值和理论值的焦距与转速 f-n 的关系曲线,计算最大和最小相对误差。

4. 研究旋转液体表面成像规律

如图 B11.5 示,给激光器装上有箭头图像的光阑帽盖,使其光束可在屏幕上形成箭头图像。光束平行于转轴在略微偏离转轴处射向旋转液体,经液面反射后,在水平屏幕上也留下了箭头的像。

固定转速,上下移动屏幕的位置,观察像箭头的方向及大小变化。实验发现,屏幕在较低处时,入射光和反射光留下的箭头方向相同。随着屏幕逐渐上移,反射光留下的箭头越来越小直至成一光点,随后箭头反向且逐渐变大。如果固定屏幕,改变转速,也将会观察到类似的现象。请解释图像变化的原因。

图 B11.5　旋转液体表面成像

图 B11.6　液体粘滞系数的测量

5. 测量液体粘滞系数

如图 B11.6 所示,装好实验装置,将拉丝悬挂的圆柱体垂直置于液体中心,圆柱体完全浸没于液体中。激光器对准圆柱体上端面的刻度线记号,用水平指针测量金属圆柱体到溶液桶底面的距离 Δz。拉丝套入水平放置的量角器中心圆孔并与量角器圆心对准,读出量角器上的角度值,打开仪器电源低速旋转液体,待稳定后再次将激光对准圆柱体上端面上的标记,读出量角器上的角度值,计算偏转角 θ,记录此时的转速。每个转速测量角度 3 次。用相关工具测量其他物理量,填入下表。其中,金属拉丝切变模量 $G=81$ GPa,拉丝半径 $R=0.121\ 3$ mm,圆柱高度$L=3.0$ cm。

次　数	1			2			3		
转速 $n/(\mathrm{r\cdot min^{-1}})$	40			50			60		
偏转角 $\theta(°)$									
圆筒外径 R_2									
张丝长度 L_1									
圆柱半径 R_1									

注意:实验时转速的选择与液体粘滞系数大小有关,上面选择的转速(40 ~ 60 r/min)是按实验液体为水考虑的。当粘滞系数较大时,转速也可以选择更大一些。

【思考题】

1. 设计一个指定焦距的水银抛物面的凹面镜。
2. 能否设计一个液体表面的凸透镜?

实验 $B12$　碰撞打靶的实验与研究

碰撞是自然界中普遍存在的现象,宏观物体碰撞和微观粒子碰撞都是物理学中重要的研究课题。本实验通过两个物体的碰撞,即碰撞前的单摆运动以及碰撞后的平抛运动,应用已学到的力学知识去解决打靶的实际问题,加深学生对动能势能转化、能量守恒、球碰撞时能量损失及物体碰撞三种情况的理解和认识,理论与实验结合密切,有利于学生提高分析问题、解决问题的能力。

【实验目的】

1. 测量两小球碰撞时的能量损失。
2. 根据靶心位置设计主击球位置。
3. 实验检验理论设计与实验情况是否相符。
4. 分析理论与实验误差的原因,提出设计的修正方法。
5. 检测打中靶心的成功率。

【实验仪器】

如图 B12.1 所示,碰撞打靶实验仪主要由以下部分组成:

①底盘:由底板和四周的裙边组成,盛放所有部件,接受被击球。

②势能柱:由一圆柱、滑块、电磁铁、接线柱等组成。

圆柱上有刻度,用来测量主击球高度。滑块可沿着圆柱上下滑动,改变主击球的势能大小。电磁铁用来吸住主击球,断电时小球落下。

③拉线柱 1:方块上有两个可转动的小圆柱,小圆柱上有出线嘴,通过出线嘴引出细线吊住一主击球(势能球)。

④拉线柱 2:结构与拉线柱 1 相同。

⑤测距尺:用来测量被击球被击出的距离。

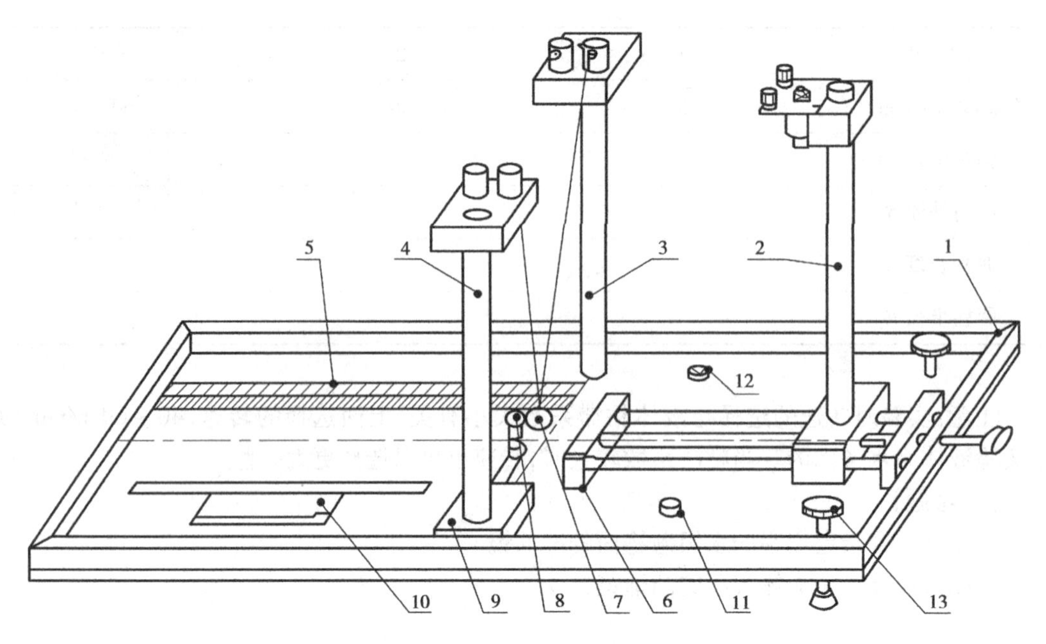

图 B12.1 **碰撞打靶实验仪**

1—底盘;2—势能柱;3—拉线柱 1;4—拉线柱 2;5—测距尺;6—平移架;
7—主击球;8—被击球;9—升降架;10—压纸架;11—开关按钮;12—电源插座

⑥平移架:用来移动势能柱。

⑦主击球:用来撞击被击球,当主击球从电磁铁铁芯落下时,正好撞击在升降架上或吊在空中的被击球。

⑧被击球:放在升降架上或吊在空中。被击球被主击球撞击后能飞出若干距离或飞升若干高度。

⑨升降架:用来升降支架上小球。升降架升降是通过升降圆柱上的方形滑块来完成的,滑块上有高度尺,通过高度尺和圆柱上的标尺可准确测出主击球的高度。

⑩压纸架:用来压紧纪录纸和复写纸的。当被击球落在记录纸上时,会留下印记,通过印记可测出小球飞出的距离。

【实验原理】

该实验涉及动力学中的动量、动能、势能、动势能转化、机械能守恒、动量守恒,碰撞及碰撞时能量损失,恢复系数及碰撞类型(弹性碰撞、完全弹性碰撞、非弹性碰撞),平抛运动等。这些知识由学生自己复习,这些知识在碰撞打靶实验中都能应用,碰撞打靶实验可以形象生动地使学生理解上述知识,提高学生运用理论解决实际问题的能力。

实验中由于球体材质不同、硬度不同,动势能转化效率就不同。通过测量球-球碰撞时的能量损失,可以计算球-球碰撞能量转化效率。

主击球的势能为 m_1gh,其中 h 是主击球和被击球之间的高度差,m_1 是主击球的质量,g 为重力加速度。被击球被碰撞后所具有的动能为 $m_2v^2/2$,v 是碰撞后被击球水平飞出时的速度,m_2 为被击球的质量。

设被击球碰撞后平抛飞出的水平距离为 s,只要知道被击球飞行时间 t,则 $v=s/t$ 可求。设被击球从支点到落点的高度为 y,由自由落体公式 $y=gt^2/2$,可求出被击球的飞行时间 t。由此碰撞后被击球的速度 v 可以求出，则势能转化成动能的效率可求，球-球碰撞能量损失可求。

两物体碰撞后的分离速度与碰撞前的接近速度成正比，这个比值叫做恢复系数。如果碰撞为弹性碰撞，则恢复系数为1，满足机械能守恒。如果为非弹性碰撞，则恢复系数小于1，不满足机械能守恒，一部分能量转变为内能，但是动量守恒是始终满足的。完全非弹性碰撞时恢复系数为0，两个物体粘贴在一起，没有分离速度。碰撞的恢复系数可以表示为

$$k = \frac{v_2 - v_1}{v_{10} - v_{20}} \tag{B12.1}$$

式中 v_{10}、v_{20} 分别为主击球和被击球碰撞前沿中心线运动速度，v_1、v_2 分别为主击球和被击球碰撞后沿中心线运动的速度，可以自己设计方案测量恢复系数。

【实验内容】

利用碰撞打靶实验仪可完成两种球-球对心正碰撞实验，一种是将被击球放在升降架上，用吊在空中的主击球撞击；另一种是将被击球也吊在空中，自由下垂，用吊在空中的主击球撞击。

1. 主击球对心地正碰撞被击球

①调整升降架的高度，使被击球处于设定的高度（通过滑块上的标尺和圆柱上的标尺可确定升降架的高度），将被击球放在升降架上。

②通过拉线调整主击球的高度，使主击球和被击球处于同一个高度和同一中心线上。

③根据设定的势能差（即两球高度差）来确定势能柱上滑块的高度。

④给电磁铁线圈通电，将主击球吸在电磁铁的铁芯上，移动平移架，使拉线松紧合适。

⑤关闭电源，主击球自动下落并碰撞被击球。

⑥测量被击球被击出的距离。

2. 用吊在空中的主击球对心地撞击吊在空中的被击球

该实验方法是将两个球都吊在空中，利用主击球撞击吊在空中的被击球。利用这种方法

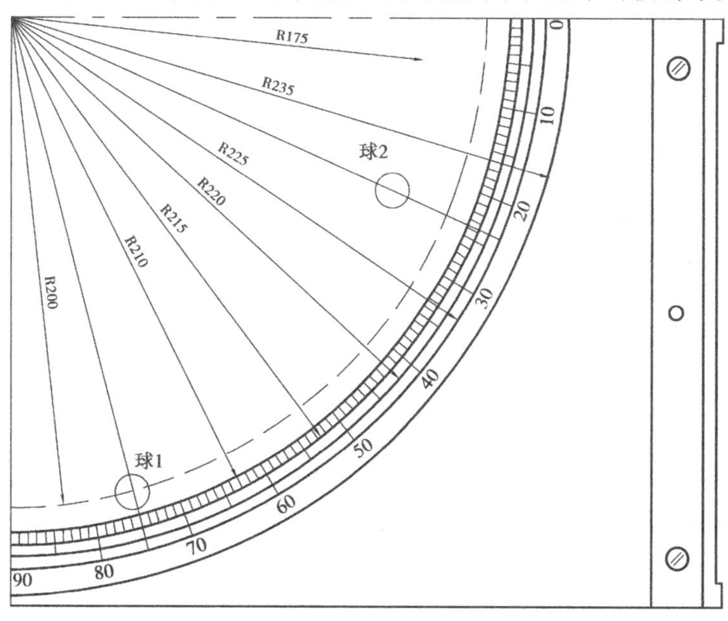

图 B12.2　弧度尺

可以将主击球的势能转化成动能,再与被击球相撞,将动能传给被击球。被击球获得动能后向上摆起,当摆到最高点后下落。利用被击球的下摆针和弧度尺,如图 B12.2 所示,记录被击球摆起的最大角度,再换算成摆起的高度。这种方法直观,可以较准确地计算出球碰撞时的能量损失。

利用不同硬度的球进行碰撞实验,可以观察不同硬度球-球碰撞时能量损失的差别。

选择上述一种方法,重复 5 次实验,计算小球碰撞时的能量损失,并分析能量损失的原因。

3. 选做实验

①用直径、质量不同的几种球作被撞球,重复上述实验,定量分析被撞球质量变化对平抛距离的影响。

②用直径、质量不同的几种球作主击球,重复上述实验,定量分析主击球质量变化对被撞球平抛距离的影响。

【思考题】

1. 如果不放被撞球,撞击球在摆动回来时能否达到原来的高度?这说明了什么?

2. 设计实验方案,测量空气阻力对平抛运动的影响。

实验 *B*13　用迈克尔逊干涉仪测量线膨胀系数

【实验目的】

1. 学习迈克尔逊干涉仪的基本原理。

2. 采用干涉法测量材料的线膨胀系数。

【实验仪器】

①迈克尔逊干涉仪,He-Ne 激光器(功率约 1 mW,波长 632.8 nm)。

②温控仪:室温为 -60 ℃,测温最小分辨率为 0.1 ℃;

③试件品种:硬铝 $\alpha = 23.6 \times 10^{-6}$/℃(20 ~ 300 ℃),黄铜(H62) $\alpha = 20.8 \times 10^{-6}$/℃(25 ~ 300 ℃),钢 $\alpha = (11.0 \sim 12.0) \times 10^{-6}$/℃(20 ~ 300 ℃)。

④试件尺寸:$L = 150$ mm ,$\phi = 18$ mm;

⑤仪器误差:<3%。

【实验原理】

1. 固体的线膨胀系数

当固体受热温度升高时,由于原子的热运动加剧会发生固体的膨胀。膨胀分为体积膨胀和线膨胀,其膨胀的程度是不相同的,沿长度方向的膨胀称为线膨胀。原长为 L_0(可以定为温度 $t_0 = 0$ ℃时的长度)的固体,在温度为 t(单位℃)时,长度伸长量 ΔL,它与温度的增加量 Δt($\Delta t = t - t_0$)在一定温度范围内近似成正比,与原长 L_0 也成正比,即

$$\Delta L = \alpha \times L_0 \times \Delta t \tag{B13.1}$$

此时的总长为

$$L_t = L_0 + \Delta L = L_0(1 + \alpha \times \Delta t) \tag{B13.2}$$

式中，α 称为固体的线膨胀系数，它是固体材料的热学性质之一。在温度变化不大时，α 是一个常数，可由式(B13.1)和(B13.2)计算得

$$\alpha = \frac{L_t - L_0}{L_0 t} = \frac{\Delta L}{L_0} \times \frac{1}{t} \tag{B13.3}$$

由上式可见，α 的物理意义是：当温度每升高1 ℃时，物体的伸长量 ΔL 与它在0 ℃时的长度 L_0 之比。α 是一个很小的量。当温度变化较大时，α 可用 t 的多项式来描述：

$$\alpha = A + Bt + Ct^2 + \cdots$$

式中，A，B，C 为常数。

在实际的测量当中，通常测得的是固体材料在室温 t_1 下的长度 L_1 及其在温度 t_1 与 t_2 之间的伸长量，这样得到的线膨胀系数是平均线膨胀系数 α：

$$\alpha \approx \frac{L_2 - L_1}{L_1(t_2 - t_1)} = \frac{\Delta L_{21}}{L_1(t_2 - t_1)} \tag{B13.4}$$

式中，L_1 和 L_2 分别为物体在 t_1 和 t_2 下的长度，$\Delta L_{21} = L_2 - L_1$ 是长度为 L_1 的物体在温度从 t_1 升至 t_2 时的伸长量。在实验中，需要直接测量的物理量是 ΔL_{21}，L_1，t_1 和 t_2。

2. 干涉法测量线膨胀系数

采用迈克尔逊干涉法测量试件的线膨胀系数原理如图B13.1所示。根据迈克尔逊干涉原理可知，长度为 L_1 的待测试件被温控炉加热，当温度从 t_1 上升至 t_2 时，试件因线膨胀推动迈克尔逊干涉仪动镜(反射镜3)的位移量与干涉条纹变化的级数 N 成正比，即

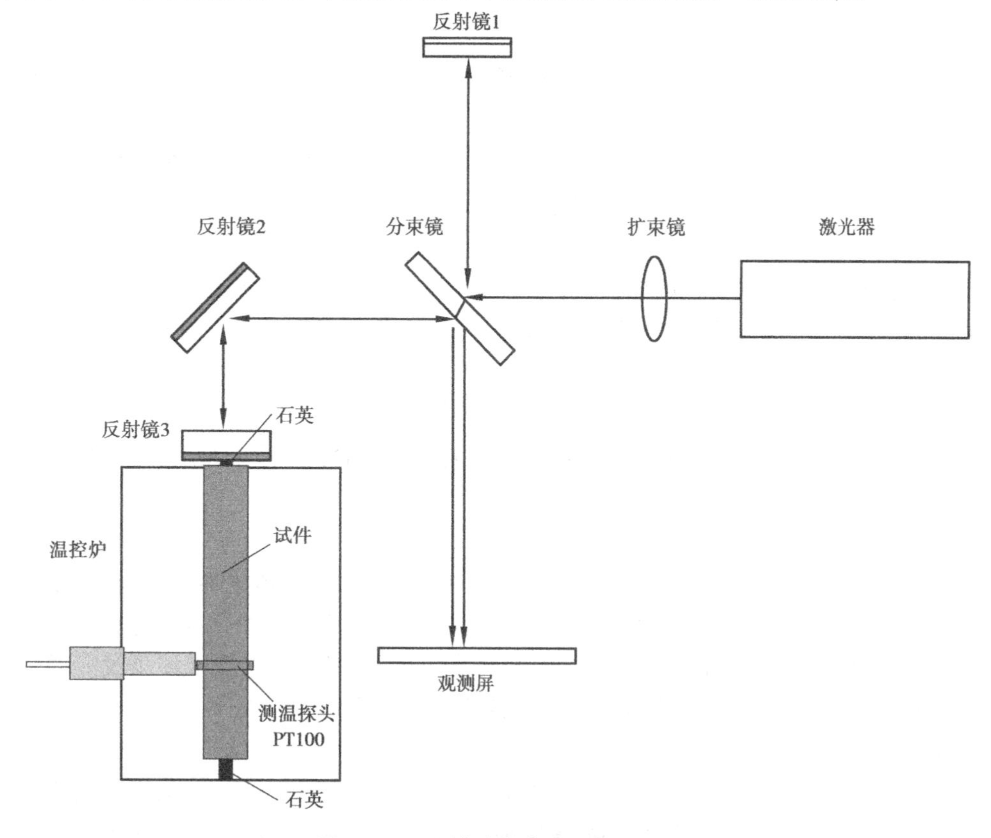

图B13.1 干涉法线膨胀系数原理图

$$\Delta L = N\frac{\lambda}{2} \tag{B13.5}$$

式中,λ 为激光的光波波长。将式(B13.5)带入式(B13.4),得

$$\alpha = \frac{N\lambda}{2L_1(t_2 - t_1)} \tag{B13.6}$$

实验仪器如图 B13.2 所示,主要部件有:温控器,温度传感器,加热装置,迈克尔逊干涉仪、激光器,样品,电源控制开关等。仪器面板如图 B13.3 所示。

图 B13.2　热膨胀实验仪

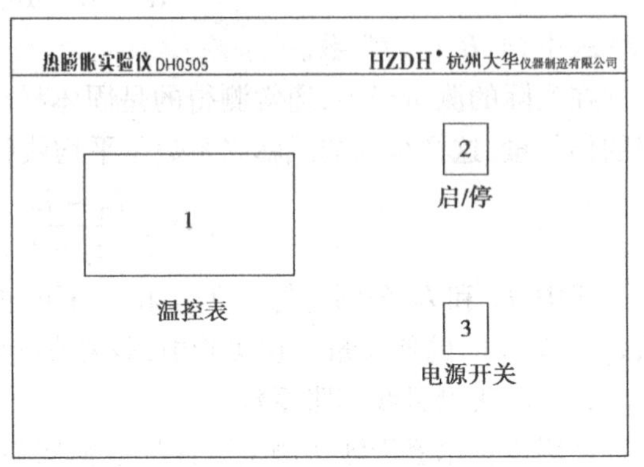

图 B13.3　仪器面板

【实验内容】

1. 待测试件的放置

将待测试件从试件盒中取出(可用 M4 螺钉旋入试件一端的螺纹孔内,将试件提拉出来)。用游标卡尺测量并记录试件长度 L_1。

移开反射镜 2,手提 M4 螺钉把试件轻轻放入电热炉。**注意轻轻放入,禁止将样品直接掉进加热炉,以免砸碎试件底端的隔热石英玻璃垫。**

旋转试件确保试件的测温孔与炉侧面的测温探头圆孔对准,通过加热炉侧面圆孔插入 Pt100 温度传感器。然后拧下 M4 螺钉,将带螺纹的反射镜 3 与试件轻轻连接起来,**注意不可拧得过紧,以免中间的隔热石英玻璃环被拧碎。**当需要更换试件时,需先拧下反射镜 3,用辅助的 M4 螺钉取出试件。

检查测温探头是否准确插入试件测温孔内,将传感器插座与仪器后面板上的 Pt100 插座对应相连。加热炉控制电源与仪器后面板上的加热炉电源输出相连。最后,重新放置好反射镜 2。

2. 光路调节

接通电源,点亮激光器。先移开激光器出光口的扩束镜,调节激光器出射光,仔细调节反射镜 1、反射镜 2 背后的三颗调节螺钉,使毛玻璃屏上两组光点中两个最强点重合。然后将带有磁性的扩束镜放置在激光器出光口上,仔细调节,使毛玻璃屏上出现干涉条纹。通过微调反射镜 1 和反射镜 2,可将干涉环调节到毛玻璃屏中便于观察的位置。

3. 实验测试

实验时可以按试件一定的伸长量(例如 50 或 100 个干涉环变化),测出试件温度的变化量,也可以采用按升高一定的温度(例如 5 ℃或 10 ℃),测量试件伸长量的方法测量数据。因为伸长量与温度呈线性关系,所以也可以采用等差温度(或干涉环数)测量数据,用逐差法来

处理测得的数据,计算试件的线膨胀系数。

测量前,需要先设定温控器所需达到的温度值,可以把设定值设置到比室温高15~25 ℃左右,然后按下"启/停"开始给试件加热。

观察干涉图样随温度升高而变化的形态,考虑好如何计量干涉环的变化数量,可以选择观察屏上某条线为观察点,干涉环过去一环数一个数。如果从0开始数数,则最后的数N即为干涉环变化的级数。

注意:观测到干涉环开始稳定变化后,才开始记录温度并同时开始对变化的环数进行计数,待达到预定数(温度或环数)时,记录第2组温度和环数的数据。温度与环数应当同时读取。

温度控制器是调差控制器,达到恒温控制点时,继电器会有接通和断开的动作,干涉环会时而涌出时而缩进,不便于计数,所以实验需避开恒温控制点进行实验,通常在低于恒温温度2 ℃以下实验即可。

样品测试完毕后,可以直接按"启/停"键,停止加热,并将温控器的设定温度值调节到室温以下,对加热炉进行冷却。

若室温低于试件的测量温度范围时,可加热至所需温度后再开始实验。

测量不同试件的数据,填入表B13.1。实验完毕后,将温控表设定温度设置在室温以下,关闭电源。

表B13.1　测试数据表

试件	长度 L_1/mm	温度/℃								干涉环数 N
		t_1	t_2	t_3	t_4	t_5	t_6	t_7	t_8	
硬铝										
黄铜										
钢										

计算测量样品的线膨胀系数,将实验值与标准值比较,计算相对误差。

4. 注意事项

①反射镜3(动镜)上粘结有隔热石英玻璃管,不能承受较大的扭力和拉力,旋转反射镜3时必须轻轻旋转。

②加热炉中,试件底部有隔热石英玻璃垫,不能承受冲击,务必轻拿轻放试件,切不可将试件掉入加热炉中。

③取出样品时,注意样品温度较高,不要被烫伤。

④眼睛不可直视激光束。

⑤反射镜和分束镜均为易碎器件,注意安全。

⑥保证实验环境地面的安静、无振动。

[知识拓展] **智能双数显温度调节仪使用说明**

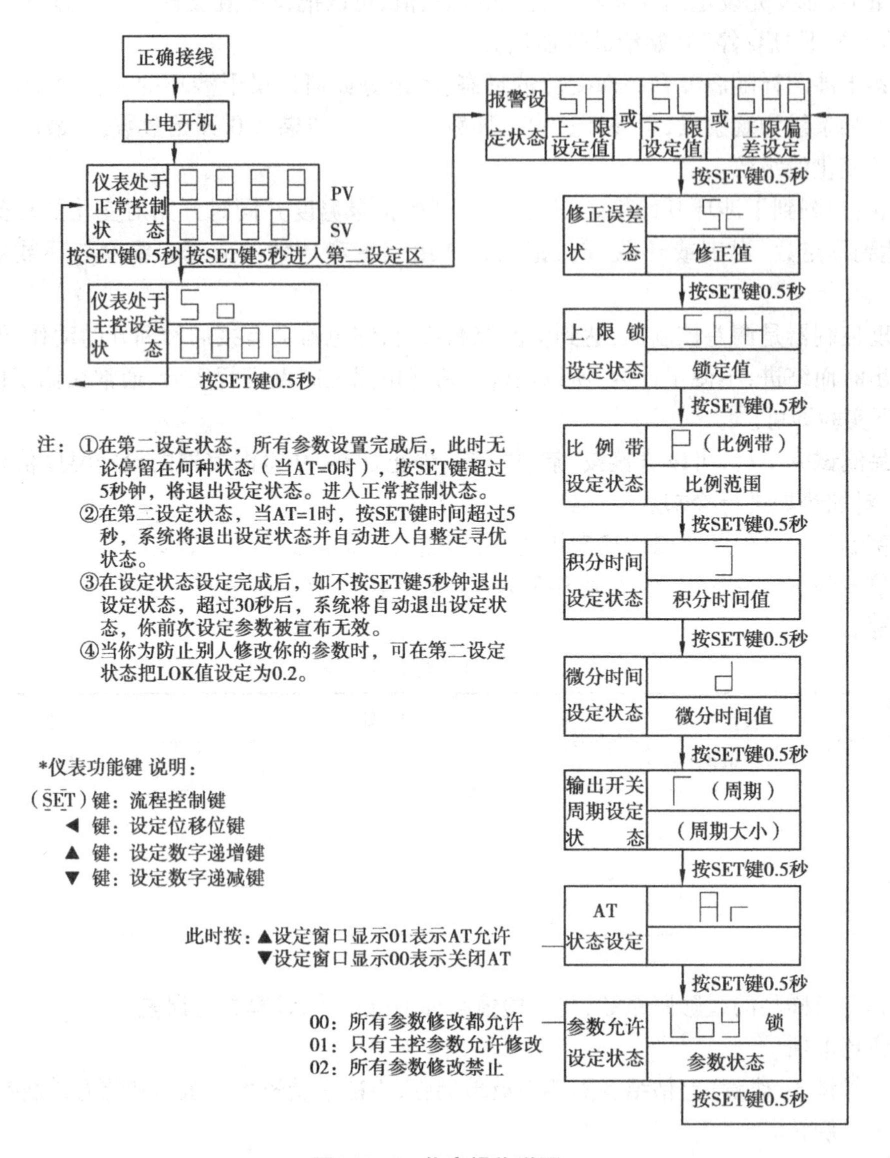

图 B13.4 仪表操作说明

实验 B14 压电陶瓷电致伸缩特性的研究

迈克尔逊干涉仪是一种最常用的分振幅双光束干涉测量装置,这种测量装置曾开创了现代精密测量技术,使人类测量技术跨上了一个新的台阶。利用压电陶瓷的电致伸缩特性,发明了扫描隧道显微镜,又将人类的长度测量技术推进到了纳米时代,实现了实时的三维纳米尺寸的测量。

【实验目的】

1. 学习迈克尔逊干涉仪的原理及使用方法。

2. 观察研究压电陶瓷的电致伸缩现象,测定其电致伸缩系数。

【实验仪器】

He-Ne 激光器,YJ-MDZ-II 电致伸缩系数实验仪。

【实验原理】

1. 压电效应

1880 年,居里兄弟(J. Curie 和 P. Curie)在研究热电现象和晶体对称性的时候,发现在石英单晶切片的电轴方向施加机械应力时,可以观测到在垂直于电轴的两个表面上出现大小相等、符号相反的电荷。1881 年,居里兄弟又发现了前者的逆效应,即在上述晶体相对表面施加外加电场时,在该晶体垂直于电场的方向上产生应变和应力。通常把上述的现象称为压电效应,前者称为正压电效应,后者则称为逆压电效应。

具有压电效应的材料称为压电材料,现已发现具有压电特性的多种材料,其中有单晶、多晶及某些非晶固体。压电材料为纳米研究的重要材料,由压电材料制成的扫描隧道显微镜被称为纳米时代的眼睛和手。利用它,人类看到了纳米级别的原子,也可以实现原子的迁移。

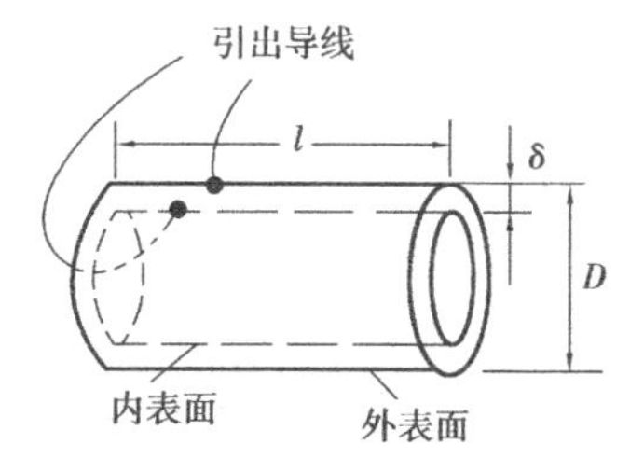

图 B14.1　压电陶瓷管

实验仪器选用的是一种圆管形的压电陶瓷,其外形结构如图 B14.1 所示。它由锆钛酸铅[$Pb(Zr、Ti)O_3$]制成,圆管的内外表面镀银作为电极,接上引出导线,就可对其施加电压。实验表明,当在它的外表面加上正电压,内表面接地时,圆管伸长;反之,外表面加负电压时,它就缩短。

设用 E 表示圆管加上电压后,在内外表面间形成的径向电场的电场强度。用 ε 表示圆管轴向的应变,α 表示压电陶瓷在准线性区域内的电致伸缩系数,于是有

$$\varepsilon = \alpha E \tag{B14.1}$$

若压电陶瓷的长度为 l,加在压电陶瓷内外表面的电压为 V。加电压后,长度的增量为 Δl,圆管的壁厚为 δ,则按式(B14.1),有

$$\varepsilon = \frac{\Delta l}{l} = \alpha E = \alpha \times \frac{V}{\delta} \tag{B14.2}$$

所以

$$\alpha = \frac{\Delta l \delta}{l V} \tag{B14.3}$$

式中,δ、l 可以用游标尺测量,电压 V 可由数字电压表读出。由于长度 l 的变化量 Δl 很小,无法用常规的方法准确测量,所以采用干涉测量的方法,由改装的迈克尔逊干涉仪进行测量。

2. 仪器介绍

YJ-MDZ-II 电致伸缩系数实验仪的结构如图 B14.2 所示。

台面 1 固定在底座上,底座上下面有 4 个调节螺钉,用来调节台面的水平。底座支撑应放在减震胶垫上。台面上装有半导体激光器、分光板 G_1、补偿板 G_2、反光镜 M_1、反光镜 M_2、毛玻璃屏、千分尺、10:1杠杆放大装置,激光器的出口安装有磁性底座的扩束镜。另有激光电源、电压调节器。千分尺可使反光镜 M_1 移动,每一格为 0.001 mm,压电陶瓷管可以驱动反射

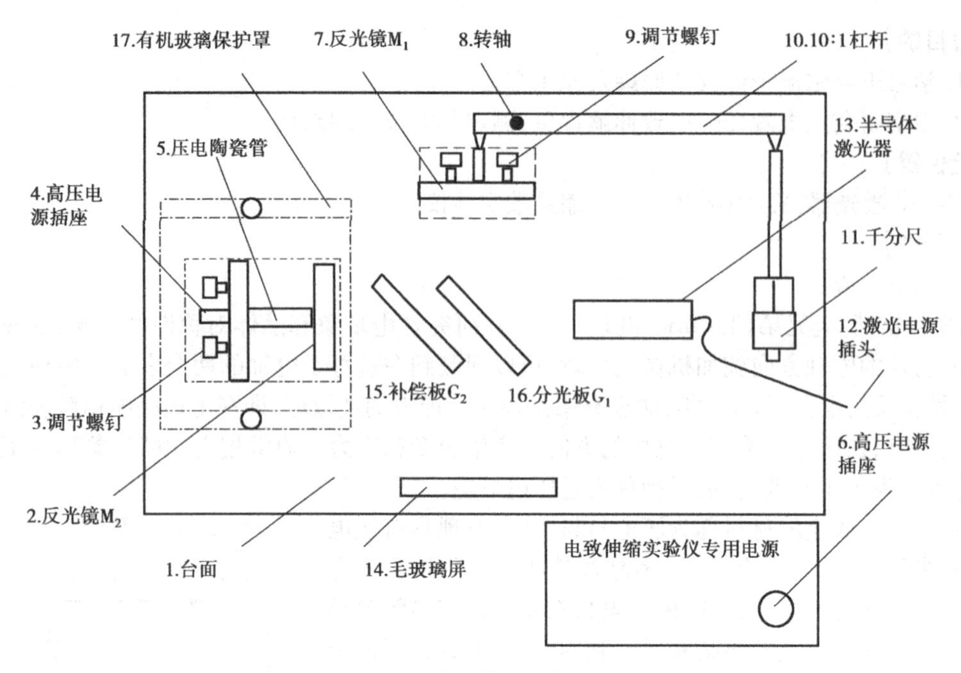

图 B14.2 电致伸缩系数实验仪

镜 M_2 移动。M_1、M_2 二镜的背面各有两个螺钉,可调节镜面的倾斜度。

迈克尔逊干涉仪的原理光路如图 B14.3 所示。

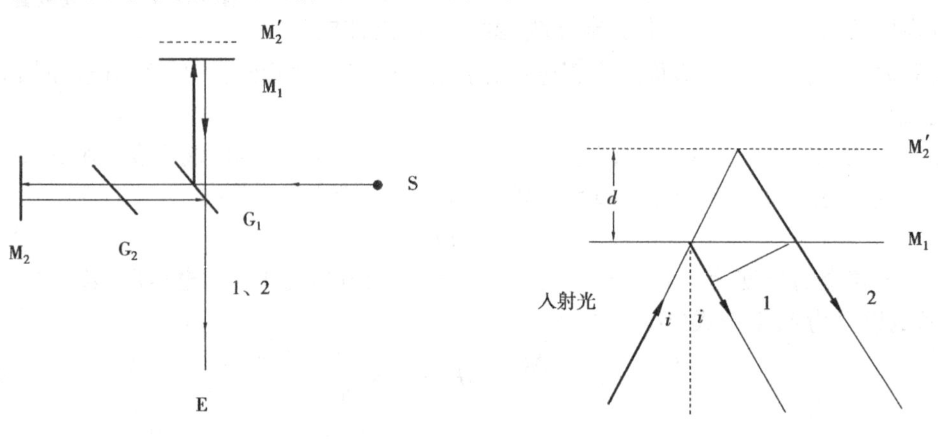

图 B14.3 迈克尔逊干涉仪的光路 **图 B14.4 等倾干涉**

从光源 S 发出的一束光经分光板 G_1 的半反半透膜分成两束光强近似相等的光束 1 和 2,由于 G_1 与反射镜 M_1 和 M_2 均成45°角,所以反射光 1 近似于垂直地入射到 M_1 后经反射沿原路返回,然后透过 G_1 而到达毛玻璃屏 E。透射光 2 在透射过补偿板 G_2 后也近似于垂直地入射到 M_2 上,经反射也沿原路返回,在分光板后表面反射后到达 E 处,与光束 1 相遇而产生干涉。由于 G_2 的补偿作用,使得两束光在玻璃中走的光程相等,因此计算两束光的光程差时,只需考虑两束光在空气中的几何路程的差别。

从毛玻璃屏 E 处向分光板 G_1 看去,除直接看到 M_1 外还可以看到 M_2 被分光板反射的象,在 E 处看来好像是 M_1 和 M_2' 反射来的,因此干涉仪所产生的干涉条纹和由平面 M_1 与 M'_2 之间的空气薄膜所产生的干涉条纹是完全一样的。这里 M'_2 仅是 M_2 的像,M_1 与 M'_2 之间所夹的空气层形状可以任意调节，例如可以使 M_1 与 M_2' 平行（夹层为空气平板）、不平行（夹层为空气劈尖）、相交（夹层为对顶劈尖）甚至完全重合，这为讨论干涉现象提供了极大的方便。

迈克尔逊干涉仪把两束相干光相互分离得很远，这样就可以在任一条光路里放进被研究的东西，通过干涉图像的变化可以研究物质的某些物理特性，如气体折射率等，也可以测透明薄板的厚度。

3. 干涉现象与微距离测量

1）等倾干涉

调节 M_1 与 M_2 垂直，则 M_1 与 M_2' 平行。设 M_1 与 M_2' 相距为 d，如图 B14.4 所示。当入射光以 i 角入射，经 M_1、M_2'反射后成为互相平行的两束光 1 和 2，它们的光程差为

$$\Delta L = 2d\cos i \tag{B14.4}$$

上式表明，当 M_1 与 M_2' 间的距离 d 一定时，所有倾角相同的光束具有相同的光程差，它们将在无限远处形成干涉条纹。若用透镜会聚光束，则干涉条纹将形成在透镜的焦平面上，这种干涉条纹为等倾干涉条纹。当光源 S 为点光源时，等倾干涉条纹的形状为明暗相间的同心圆，其中第 k 级亮条纹形成的条件为

$$2d\cos i = k\lambda \quad (k = 1,2,3,\cdots) \tag{B14.5}$$

式中，λ 是入射的单色光波长。

2）干涉现象与微距测量

由式（B14.5）分析，若 d 一定，则 i 角（范围为 0 ~ 90°）越小，$\cos i$ 越大，光程差 ΔL 也越大，干涉条纹级次 k 也越高，但 i 越小，形成的干涉圆环直径越小，同心圆的圆心是平行于透镜主光轴的光线的会聚。对应的入射角 $i=0$，此时两相干光束光程差最大，对应的干涉条纹的级次 k 值最高，从圆心向外干涉圆环的级次逐渐降低。

再讨论 d 变化时干涉圆环的变化情况，移动 M_1位置使 M_1 和 M_2' 之间的距离减小。当 d 变小时，对于 k 级干涉条纹来讲，为保持式（B14.5）成立，则 $\cos i$ 必须增大，i 必须减小，则干涉圆环的直径同步减小，同时条纹变粗、变稀。当 i 小到接近 0 时，干涉圆环直径趋近于 0，从而逐渐"缩"进圆心处。反之，当 d 增大时，会看到干涉圆环自中心处不断"冒"出并向外扩张，条纹变细、变密。

"冒"出或"缩"进一个干涉圆环，相应的光程差改变了一个波长，也就是 M_1 和 M'_2 之间的距离变化了半个波长。若观察到视场中有 n 个干涉条纹的变化（"冒"出或"缩"进），则 M_1 和 M_2' 之间的距离变化了 Δd，显然有

$$\Delta d = \Delta l = \frac{n\lambda}{2} \tag{B14.6}$$

由式（B14.6）可知，若入射光的波长 λ 已知，且数出干涉环"缩"或"冒"的个数 n，就能算出动镜移动的距离，这就是在迈克尔逊干涉仪上精确测量长度的原理，这里以光波长为尺度来测量长度的变化。反之，若能测移动距离，数出干涉环变化数，就能测定光的波长。在实际观察干涉条纹时，不一定要数出干涉环"缩"或"冒"的个数，只需要观察干涉环通过某一条线（或某点）的个数即可。

3）电致伸缩系数的测量

将式（B14.6）代入式（B14.3），可求得电致伸缩系数为

$$\alpha = \frac{n\lambda\delta}{(2lV)} \tag{B14.7}$$

实验中可以由数组(n_i,V_i)进行线性回归处理求出电致伸缩系数。

这里需要指出的是,胀出或缩进的条纹数 n 并不随电压 V 进行完全的线性变化,仅是在某一电压范围内具有准线性的特性,而且对应于电压的增加与减小,压电陶瓷的伸缩特性可能并不完全相同。图 B14.5 表示出了 n 和电压变化的关系。

【实验内容】

1. 压电陶瓷实验仪的调节

①照图 B14.2 所示,安装好实验仪及电源,连接压电陶瓷电压输入与实验仪专用电源电源输出电缆线。

②先取下激光器出光口的扩束镜(靠磁性磁附在激光器铁座上),再打开电源开关点亮半导体激光器,使光束照射到分光板上 G_1 及平面镜 M_1、M_2 上。

③调节千分尺,移动动镜 M_1,并移动动镜 M_2,使 M_1 到分光板 G_1 的距离 M_1G_1 与动镜 M_2 距 G_1 的距离 M_2G_1 接近相等。

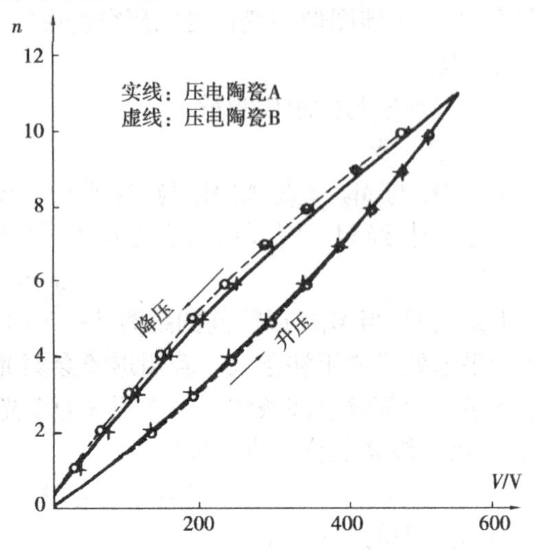

图 B14.5 准线性特性

④调节激光束大致垂直于 M_2,在观察屏上可看到两排激光光点,每排都有几个光点,其中中心处最大最亮的光点为0级光点。仔细调节 M_1 和 M_2 的两个微调螺钉,使两排光点中两个0级的主光点在观察屏上完全重合,这时 M_1 与 M_2 相互垂直,M_1 与 M_2' 相互平行,再安放好扩束镜至激光器的出口端,在观察屏上应出现圆形干涉条纹,此时光路系统调整完毕。

2. 观察等倾干涉条纹

①观察屏上出现的圆形条纹。

②旋动千分尺,观察干涉环的“冒”、“缩”现象及特点。注意:千分尺反向旋转时,由于其螺纹之间的间隙,造成干涉环的“冒”、“缩”现象有变化滞后的现象,会造成测量中的“回程误差”。

3. 测量激光的波长

①旋动千分尺,观察干涉环有“冒”或“缩”现象时,记下千分尺上 M_1 镜的初始位置。

②按每通过观察屏上某一条线(或某一点)50 条干涉条纹(或按每“冒”出或“缩”进 50 个干涉环),记一次 M_1 镜的位置 x_i。沿相同方向转动千分尺手轮,连续记录 M_1 的位置 x_i 值 7 次(共记录 6 个 50 环)。注意:在此过程中,千分尺手轮的转向绝对不能改变。

用逐差法处理数据 x_i,求出干涉环变化 $n=50$ 次时 M_1 移动的距离 ΔL,注意杠杆比例为 1∶10,故千分尺移动 ΔL,反光镜 M_1 沿垂直方向移动距离为 $\Delta d=\Delta L/10$,再由公式(B14.6)计算激光的波长,并计算其不确定度,完整表达测量结果。

4. 测定压电陶瓷的电致伸缩系数

①打开专用电源开关,调节电源输出,观测压电陶瓷的电致伸缩效应。

②将压电陶瓷的电压由 0 V 慢慢增加到约 500 V,再逐步降低到 0 V,同时记录每当中心涨出(或缩进)$n=10$ 环的电压值 V。根据实验数据,作出 n-V 曲线,根据公式(B14.7)用线性回归法求准线性区域的电致伸缩系数。

式(B14.7)中δ,l不易测量,故提供参考值:压电陶瓷管壁厚$\delta=(1.2\pm0.01)\times10^{-3}$m;压电陶瓷管长度$l=(4.00\pm0.05)\times10^{-2}$m,激光波长$\lambda=650$ nm。

测量中,注意压电陶瓷的电致伸缩现象有迟滞现象,要缓慢地增加电压,等到干涉条纹稳定后再读数。

电压增加与减小时,压电陶瓷的伸缩特性略有差异,可以在电压逐渐减小时,再测量一次。

5. 观察等厚干涉现象(选做内容)

仔细移动动镜M_2,使M_1到分光板的距离M_1G_1,与动镜M_2距G_1的距离M_2G_1相等,观察屏上会出现直线干涉条纹或弧形干涉条纹。

6. 注意事项

①压电陶瓷管是易损贵重元件,不允许用手直接摸触,也不允许用手触摸固定在其上的反射镜M_2。

②各镜面必须保持清洁,不允许用手或物体擦拭。

③千分尺手轮有较大的反向空程,实验中应始终向同一方向旋转。

【思考题】

1. 如何测量千分尺的反向空行程(即回程误差)?

2. 比较压电陶瓷增加电压和减小电压时的伸缩特性,找出其区别。

3. 查询资料,了解压电陶瓷的电压-应变效应的机理。

实验 *B15*　万有引力常数的测量

扭秤法测量引力常量,是一个经典的物理实验。英国物理学家卡文迪许(H. Cavendish 1731—1810)在1798年首先使用扭秤测量了引力常量,他测得的引力常量为6.754×10^{-11} Nm/kg^2,并由此推算出地球的质量为5.977×10^{24} kg,即将近60万亿亿吨。卡文迪许是第一个"称量"地球的人,他使用的扭秤法开创了弱力测量的先河,在他之后89年间竟无人超过他的测量精度,时至今日,扭秤法仍是研究万有引力的得力工具。现在公认的引力常量为$6.672\ 59\times10^{-11}$ Nm/kg^2,与卡文迪许的测量值相比,误差仅百分之一多。引力常量的精确测量,意义是非常重大的,在研究天体运动、天体质量、天体密度及体积等方面都有重要的应用。

【实验目的】

1. 学习在扭秤摆动中求平衡位置的方法。

2. 学习如何通过卡文迪许扭秤法测量万有引力常数。

【实验仪器】

扭秤,激光器,卷尺,秒表,1号坐标纸(或白纸)。

【实验原理】

根据牛顿万有引力定律,间距为r,质量为m_1和m_2的两球之间的万有引力F方向沿着两球中心连线,大小为

$$F = G\frac{m_1 m_2}{r^2} \tag{B15.1}$$

其中,G为万有引力常数。

卡文迪许扭秤原理如图B15.1所示。卡文迪许扭秤是一个非常灵敏的、高精度的仪器。为保护仪器和防止外界的干扰影响,被悬挂在一根金属丝上的扭秤装在镶有玻璃板的铝框盒内,固定在底座上。

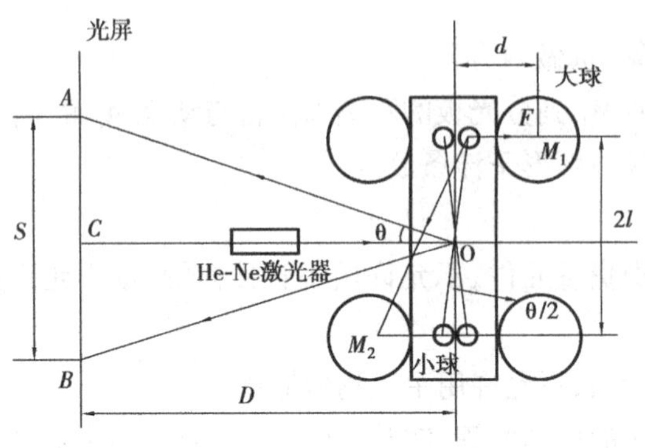

图B15.1 卡文迪许扭秤法原理图

实验时,把两个大球贴近装有扭秤的盒子。扭秤两端的小球受到大球的万有引力作用而移近大球,使悬挂扭秤的悬丝扭转。激光器发射的激光被固定在扭秤上的小镜子反射到远处的光屏上,通过测量光屏上扭秤平衡时光点的位置可以得到对应的扭转角度,从而计算出万有引力常数G。

假设开始时扭秤扭转角度$\theta_0=0$,把大球移动贴近盒子放置,大小球之间的万有引力为F,小球受到力偶矩$N=2Fl$而扭转,l是小球中心到扭秤中心的距离。悬挂扭秤的金属丝因扭转产生与力偶矩N相平衡的反向转矩$N'=K\theta/2$,其中K是金属悬丝的扭转常数,表示扭转悬丝单位角度的力矩。扭秤最终平衡在扭角θ的位置:

万有引力F为

$$F = G\frac{Mm}{d^2} \tag{B15.2}$$

式中,M是大球的质量,m是小球的质量,d是大球小球的中心的连线距离。

万有引力的力偶矩与金属丝反向转矩平衡为

$$2Fl = \frac{K\theta}{2} \tag{B15.3}$$

由式(B15.2),式(B15.3)可得:

$$K\theta = 4\frac{GMm}{d^2}l \tag{B15.4}$$

通过转动惯量I和测量扭秤扭转周期T就可以得到金属丝的扭转常数K:

$$K = 4\pi^2\frac{I}{T^2} \tag{B15.5}$$

假设小球相对大球是足够轻,那么转动惯量为

$$I = 2ml^2 \tag{B15.6}$$

因此扭转角为

$$\theta = \frac{GMT^2}{2\pi^2 d^2 l} \tag{B15.7}$$

当大球转动到相反的对称位置后，新平衡位置是 θ，因此平衡时的总扭转角为

$$2\theta = \frac{GMT^2}{\pi^2 d^2 l} \tag{B15.8}$$

通过反射光点在光屏上的位移 S 可以得到悬丝扭转角度。由于万有引力作用很弱，使得扭秤平衡时扭转角很小，此时可以认为

$$2\theta = \frac{S}{D} \tag{B15.9}$$

式中，D 是光屏到扭秤的距离，因此万有引力常数为

$$G = \frac{\pi^2 d^2 lS}{MT^2 D} \tag{B15.10}$$

万有引力常数 G 计算公式的修正：由卡文迪许扭秤法原理图可知，小球受到大球 M 作用力 F 影响的同时也受到斜后方另一个大球 M 的作用力 f 影响。f 力沿大小球连线的方向，考虑 f 作用时，可以推导出 G 值应修正为：

$$G = (1-\beta)^{-1}\frac{\pi^2 d^2 lS}{MT^2 D} \tag{B15.11}$$

其中

$$\beta = \frac{d^3}{(d^2+4l^2)^{3/2}} \tag{B15.12}$$

【实验步骤】

1. 实验仪器介绍

扭秤的结构如图 B15.2 所示。扭秤安装在镶有玻璃板的铝框内，固定在底座上，操作的部分都在框外。图 B15.2 中 1 为上螺杆的锁紧螺母；2 是扭丝转角调整螺母，用于调节扭秤平衡中心位置；3 是调节扭丝上下微动的调节螺母；4 是使上螺杆固定的锁紧螺钉；5 是上螺杆；6 是扭丝；7 是减缓扭丝摆动的阻尼板；8 是下螺杆；9 是反光镜；10 是小铅球；11 是可以抬起小铅球让扭丝松弛的锁紧旋钮；12 是底板；13 是水平调节脚。

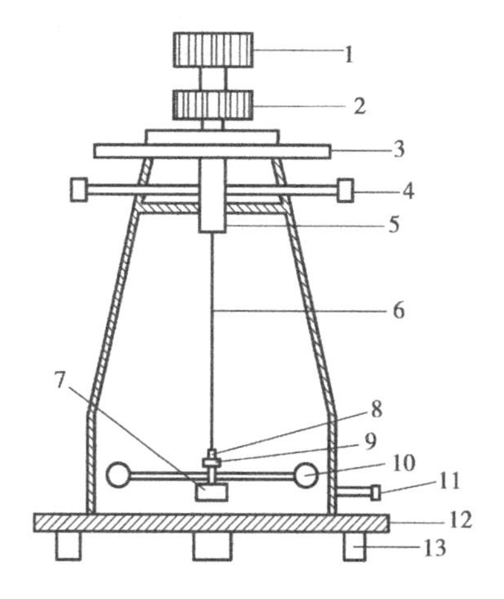

图 B15.2 扭秤结构

2. 实验步骤

1）调节扭秤平衡位置

将扭秤置于防震平台上，激光器和坐标纸按图 B15.1 布置。距离 D 用卷尺测量，设置在 4 米以上。两个小球间距为 $2l$，大球贴近玻璃板时其中心到对应小球中心之间的距离为 d。轻轻顺时针转动锁紧旋钮 11，使扭丝处在自由悬挂状态，调节水平脚 13，使下螺杆处于无约束状态。

当扭秤小铅球不受大铅球作用而静止时，扭丝无扭转，扭秤小球连线应被调节到与铝盒厚度平行的位置，扭秤上小镜子反射的光点停在坐标纸上 C 点（如图 B15.3 所示），该点称为平衡点。C 点的位置可以通过松开 1 和 4，旋转 2 来调节，调节好后再旋紧 1 和 4。

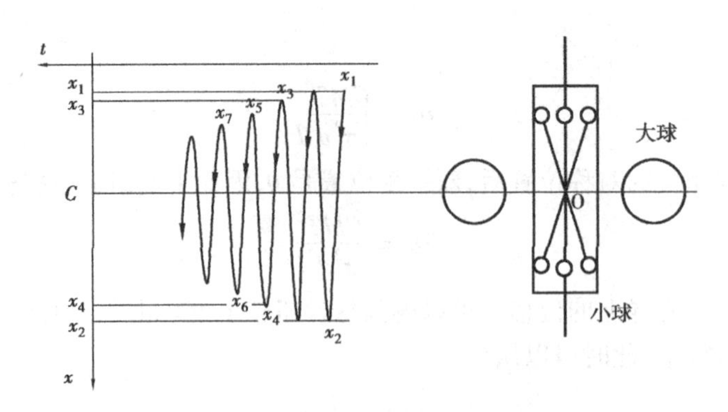

图 B15.3 测量扭秤的平衡点和周期

2)测量扭秤不受引力时的平衡点

如图 B15.3 所示,将两大铅球连线放置与两小铅球连线垂直,松开锁紧旋钮 11 使得扭秤下落,并且作最大振幅的扭转振动(撞击到铝盒的玻璃板)。记录此时光点在光屏(坐标纸)上两端最远点的位置 x_1,x_2,则平衡位置点的坐标 x_c 可以求得为

$$x_c = \frac{1}{2}(x_1 + x_2) \tag{B15.13}$$

将此 x_c 值与步骤 1)中的 C 点值比较,两值之差越小,则测量结果越准确。可以通过步骤 1)中的方法调节,直到 C 点与 x_c 值重合。

3. 扭秤衰减振动的平衡位置的测量与计算

扭秤的摆幅是逐渐衰减的。开始振动时,小铅球能够接触到盒子两边的玻璃板,后来摆幅越来越小,最后停在平衡位置,但静止下来需要 2 小时以上的时间。这在实验教学中是不行的。扭秤的两个平衡位置 A 与 B 可以通过下面的平均法来求解。

①如图 B15.1 所示,先逆时针转动大铅球接触到玻璃板(图 B15.1 中黑线大球的位置),扭秤在引力作用下开始扭转摆动,等待扭秤小球摆动到最大幅度,且不和两边玻璃内面撞击时,记录下光点摆动曲线上连续 3 个周期光点运动的 6 个最远点坐标(如图 B15.3 中 x_3,x_4,x_5,x_6,x_7,x_8),则光点静止位置 A 可以按照下面方法计算得到:

$$A_1 = \frac{\frac{x_3 + x_5}{2} + x_4}{2}, A_2 = \frac{\frac{x_4 + x_6}{2} + x_5}{2}, A_3 = \frac{\frac{x_5 + x_7}{2} + x_6}{2}, A_4 = \frac{\frac{x_6 + x_8}{2} + x_7}{2} \tag{B15.14}$$

$$A = \frac{1}{4}(A_1 + A_2 + A_3 + A_4) \tag{B15.15}$$

②转动大球到反向对称位置(图 B15.1 中虚线大球的位置),同样等待扭秤摆动到最大幅度时且小球不和两边玻璃壁碰撞后,记录光点连续摆动 3 个周期中光点两端 6 个最远点坐标:b_1,b_2,b_3,b_4,b_5,b_6,按①中方法可以计算得光点静止的位置 B:

$$B = \frac{1}{4}(B_1 + B_2 + B_3 + B_4) \tag{B15.16}$$

③再将大球转回到图 B15.1 中黑线大球的初始位置,等待扭秤摆动到最大幅度且小球不和两边玻璃壁碰撞时,记录光点连续摆动 3 个周期中光屏两端 6 个最远点坐标:a_1,a_2,a_3,a_4,a_5,a_6。按同样方法再求得光点静止位置 A'。

4. 引力作用下光点的位移 S

按下面计算方法得到 S 值：

$$S_1 = |A - B|, S_2 = |B - A'|, S = \frac{S_1 + S_2}{2} \tag{B15.17}$$

5. 测扭秤的固有振动周期 T

在上面实验①、②、③中，选择一次实验，等待扭秤振动到最大幅度且小球不和两边玻璃壁碰撞时。当光点摆动经过平衡点 C 位置时，用秒表记录光点连续摆动4个周期所用总时间 $4T$，计算出 T 则为扭秤的固有振动周期 T。

6. 计算万有引力常数 G

将各项测量值和已知值代入公式(B15.12)和(B15.11)，即可计算出万有引力常数 G，与公认值比较，计算其百分误差。

注意事项

1. 大铅球与玻璃板要轻轻接触，避免撞坏玻璃板。

2. 记录光点的极限位置要准确，是在光点刚改变移动方向的时候。

3. 实验内容3)中的①、②、③要连续完成。这3步实验中，不允许再旋转锁紧旋钮11，将扭秤抬起来。

4. 实验中避免振动、电磁干扰，实验环境应保持恒温，避免风吹。

【思考题】

1. 如何减小实验装置周围的物体对实验的影响？

2. 设计一个测量万有引力的方案。

3. 分析影响测量结果的主要因素。

实验 B16　热学设计性实验

热学实验仪分为主机、半导体制冷器、传感器电路模块三部分，通过专用电缆及导线连接。半导体制冷器的核心是一块紫铜恒温体，由半导体制冷片进行制冷和加热。半导体片一边紧贴着紫铜恒温体，另一边固定着散热器和冷却风扇。紫铜恒温体的中央有一个直径6 mm的恒温腔，其中可放置温度传感器。半导体制冷片的工作电源可由制冷片恒温电缆座(5芯)或制冷片外接电源座(红、黑插座)提供，注意绝不可同时供电，只需要单一电源供电。紫铜恒温体上装有测温传感器及风扇，通过测温电缆座与主机相连。

图 B16.1　热学实验仪

实验仪如图B16.1所示，操作面板上有一个数字微安表、一个数字电压表、一个数字温度表和一个数字多功能表。

数字微安表显示的是0～1 000 μA恒流源的输出电流,其大小可由“恒流调节”旋钮连续调节,由“恒流输出”端输出给负载。

数字电压表显示的是0～12 V恒压源的输出电压,其大小可由“恒压调节”旋钮连续调节,由“恒压输出”端通过电源线提供给半导体制冷器上外接电源插座(红、黑插座),可以为半导体制冷片提供工作电源。“FUSE”是直流电压输出的保险(3 A),在电源输出短路或过载(3 A)时切断输出并亮起指示灯,排除故障后按短路保护钮即可恢复输出。

数字温度表显示的是紫铜恒温体的温度,测量范围是:－50～125 ℃。测量信号由“测温电缆”座通过专用电缆线与半导体制冷器上测温及风扇电缆座相连。

数字多功能表可测量电压(V)、电流(A)、功率(W)、时间(S)和电功(J),由“显示”、“功能”、“启动”和“复位”键来控制。测量电压由数字多功能表“多用表输入”端接入,数字多功能表“多用表输出”端接入负载。

数字多功能表各键功能介绍如下:

“显示”键:反复按压“显示”键,显示状态可依次显示电压(V)、电流(A)、功率(W)、时间(S)、电功(J)。

“功能”键:反复按压“功能”键,电功记录状态可依次为每1分(60.0 s)自动记录一次、每2分(120.0 s)自动记录一次、每5分(300.0 s)自动记录一次和手动记录四个状态。

“启动”键:按压“启动”键,数字多功能表开始记录电功和时间,如果选择的是自动记录状态,等时间达到了所选时间(如“1”分钟、“2”分钟或“5”分钟)时,数字多功能表发出“哔”声并显示所记录的电功,再次按压“启动”键,数字多功能表停止记录电功和时间。

“复位”键:按压“复位”键,多功能表的计时和电功记录归零。

“恒温电缆”座通过专用电缆线与半导体制冷器上恒温电源座相连,与“制冷加热开关”、“加热制冷”功能选择开关,“制冷温度粗选”、“制冷温度细选”、“加热温度粗选”、“加热温度细选”4个旋钮组成实验仪的恒温控制系统。“加热制冷”功能选择开关通过改变半导体制冷片的电流方向来实现半导体制冷或加热功能。在制冷状态时调节“制冷温度粗选”、“制冷温度细选”可选择制冷恒温温度。在加热状态时调节“加热温度粗选”、“加热温度细选”可选择加热恒温温度。

本实验系列与基本实验中的内容有所重复,但要求及内容深度是不同的,考虑到有可能在基本实验阶段没有做过类似实验的情况,故本实验系列内容仍然按独立完整的方式编写,学习时也可以参考基本实验中的内容。

实验 *B*16.1　用 *PN* 结测量温度的研究

半导体材料的PN结温度传感器具有灵敏度高、线性较好、热响应快、体积小、易集成化等优点,所以其应用日益广泛,但其工作温度一般为－50～150 ℃,测温范围的局限性较大,有待于进一步改进。

【实验目的】

1. 学习PN结正向压降随温度变化的关系。
2. 测量PN结正向压降随温度变化曲线,确定PN结的灵敏度。
3. 设计制作PN结传感器的温度计。

【实验仪器】

YJ-SB-1热学设计性实验仪,PN结温度传感器,导线等。

【实验原理】

理想的 PN 结的正向电流 I_F 和正向压降 V_F 存在如下近关系式：

$$I_F = I_S \exp\left(\frac{qV_F}{kT}\right) \tag{B16.1}$$

其中，q 为电子电荷，k 为玻尔兹曼常数，T 为绝对温度。I_S 为反向饱和电流，它是一个和 PN 结材料的禁带宽度以及温度有关的系数，实验表明：

$$I_s = CT^R \exp\left(-\frac{qV_0}{kT}\right) \tag{B16.2}$$

其中，C 是与半导体 PN 结面积、掺质浓度等有关的常数，R 也是常数。V_0 为绝对零度时 PN 结材料的带底和价带顶的电势差。

将式(B16.2)代入式(B16.1)，两边取对数可得：

$$V_F = V_0 - \frac{kT}{q}\ln\left(\frac{C}{I_F}\right) - \frac{kT}{q}\ln T^R = V_1 + Vn_1 \tag{B16.3}$$

其中 $V_1 = V_0 - \left(\frac{k}{q}\ln\frac{C}{I_F}\right)T \qquad Vn_1 = -\frac{kT}{q}\ln T^R$

方程(B16.3)就是 PN 结正向压降作为电流和温度函数的表达式，它是 PN 结温度传感器的基本方程。若令 I_F = 常数，则正向压降只随温度而变化，但是方程(B16.3)中还包含非线性顶 V_{n1}。下面来分析一下 V_{n1} 项所引起的线性误差。

设温度由 T_1 变为 T 时，正向电压由 V_{F1} 变为 V_F，由式(B16.3)可推得

$$V_F = V_0 - (V_0 - V_{F1})\frac{T}{T_1} - \frac{kT}{q}\ln\left(\frac{T}{T_1}\right)^R \tag{B16.4}$$

按理想的线性温度响应，V_F 应取如下形式：

$$V_{理想} = V_{F1} + \frac{\partial V_{F1}}{\partial T}(T - T_1) \tag{B16.5}$$

式中，$\frac{\partial V_{F1}}{\partial T}$ 为 T_1 温度时直线的斜率，且与 T 温度时的 $\frac{\partial V_F}{\partial T}$ 值相等，由式(B16.3)可得

$$\frac{\partial V_{F1}}{\partial T} = -\frac{V_0 - V_{F1}}{T_1} - \frac{k}{q}R \tag{B16.6}$$

所以

$$\begin{aligned} V_{理想} &= V_{F1} + \left(-\frac{V_0 - V_{F1}}{T_1} - \frac{k}{q}r\right)(T - T_1) \\ &= V_0 - (V_0 - V_{F1})\frac{T}{T_1} - \frac{k}{q}(T - T_1)R \end{aligned} \tag{B16.7}$$

由理想线性温度响应式(B16.7)和实际响应式(B16.4)相比较，可得实际响应对线性的理论偏差为

$$\Delta = V_{理想} - V_F = -\frac{k}{q}(T - T_1)R + \frac{kT}{q}\ln\left(\frac{T}{T_1}\right)^R \tag{B16.8}$$

设 $T_1 = 300°$ K，$T = 310°$ K，取 $r = 3.4$，由式(B16.8)可得 $\Delta = 0.048$ mV，而相应的 V_F 的改变量约 20 mV，相比之下误差甚小。不过当温度变化范围增大时，V_F 温度响应的非线性误差将有所递增，这主要由 R 因子所致。

综上所述，在恒流供电条件下，PN 结的 V_F 对 T 的依赖关系取决于线性项 V_1，即正向压降

几乎随温度升高而线性下降,这就是PN结测温的理论依据。必须指出,上述结论仅适用于杂质全部电离,本征激发可以忽略的温度区间(对于通常的硅二极管来说,温度范围 -50~150 ℃)。如果温度低于或高于上述范围时,由于杂质电离因子减小或本征载流子迅速增加,V_F-T 关系将产生新的非线性。这一现象说明 V_F-T 的特性还随PN结的材料而异,对于宽带材料(如GaAs,Eg为1.43 eV)的PN结,其高温端的线性区较宽。对于材料杂质电离能小(如InSb)的PN结,则低温端的线性范围较宽。对于给定的PN结,即使在杂质导电和非本征激发温度范围内,其线性度亦随温度的高低而有所不同,这是非线性项 V_{n1} 引起的,由 V_{n1} 对 T 的二阶导数 $\frac{d^2V}{dT^2}=\frac{1}{T}$ 可知,$\frac{dV_{n1}}{dT}$ 的变化与 T 成反比,所以,V_F-T 的线性度在高温端优于低温端,这是PN结温度传感器的普遍规律。此外,由式(B16.3)可知,减小正向电流 I_F,可以改善线性度,根据这个原因以及为了减小自身电热效应,实验中控制正向电流 I_F 在50 μA以内,但并不能从根本上解决问题,目前有效的方法大致有两种:

1. 利用对管的两个be结(将三极管的基极与集电极短路与发射极组成一个PN结),分别在不同电流 I_{F1}、I_{F2} 下工作,由此获得集电极与发射极两者电压之差与温度成线性函数关系,即

$$Vce = V_{F1} - V_{F2} = \left(\frac{k}{q}\ln\frac{I_{F1}}{I_{F2}}\right)T \tag{B16.9}$$

由于晶体管的参数有一定的离散性,实际值与理论值仍存在差距,但与单个PN结相比其线性度与精度均有所提高,这种电路结构与恒流、放大等电路集成一体,便构成集成电路温度传感器。

2. 采用电流函数发生器来消除非线性误差。由式(B16.3)可知,非线性误差来自 T^R 项,利用函数发生器使 I_F 比例于 T^R,则 V_F-T 的线性误差理论值为0。实验结果表明与理论值比较一致,精度可达0.01 ℃。

【实验内容】

1. 用恒电流源法测量PN结温度传感器的特性

①安装好实验仪器,将装有PN结的传感器插入恒温腔中。

②用专用电缆将半导体制冷器与主机相连,PN结与恒流源输出相连,并用导线将PN结两端连接到数字多功能表的输入端。

③将恒流源电流调节为50 μA,然后将制冷加热开关打开。

④恒温调节:

若选择制冷功能就将"加热制冷"功能开关选择为制冷状态,此时开关上的指示灯发亮,再将"制冷温度粗选"和"制冷温度细选"旋钮逆时针旋转到底,调节到强制冷状态。观察紫铜恒温体的温度(数字温度表)的变化,当数字温度表上的温度即将达到所需温度 T_1 时,顺时针调节"制冷温度粗选"和"制冷温度细选"旋钮使指示灯变为闪烁状态(即恒温状态),然后仔细调节"制冷温度细选"旋钮,使温度恒定在所需温度 T_1。

待恒温腔内的温度稳定在所需温度后,记下温度 T_1 和对应的PN结正向压降 V_1。保持温度不变,再将PN结恒流选择为100 μA,记下对应的PN结正向压降 V_1'。

⑤每隔10.0 ℃重新设置所需温度,并测量出温度 T_i 和对应的正向压降 V_i 值和 V_i',直到 $i=12$ 为止。

⑥数据记录如表 B16.1 所示，描绘两条 $\Delta V\text{-}T$ 曲线（自己分析为什么绘 $\Delta V\text{-}T$ 曲线而不是 $V_F\text{-}T$ 曲线？）。分析恒流电流大小对测量结果的影响，分析温度高低段时 PN 结的特性是否不同？

⑦求出 $\Delta V\text{-}T$ 曲线斜率，即 PN 结正向压降随温度变化的灵敏度 $S=\partial V_F/\partial T$（mV/℃）。

表 B16.1　数据记录表

I_F		1	2	3	…	12
50 μA	T_i/℃	0.0	10.0	20.0		110.0
	V_F/mV					
	ΔV/mV					
100 μA	T'_i/℃	0.0	10.0	20.0		110.0
	V'_F/mV					
	$\Delta V'$/mV					

⑧估算被测 PN 结的禁带宽度，根据式（B16.6），略去非线性项，可得 $V_{g(0)}=V_{F1}-ST_1$，则禁带宽度 $E_{g(0)}=qV_{g(0)}$。

2. 设计制作 PN 结温度传感器的数字式温度计

①根据上面实验结果设计 PN 结温度传感器的工作参数。

②采用数字万用表为显示器，设计并制作一个电路模块，处理 PN 结传感器到数字万用表之间的电路信号，完成一个摄氏温度计的设计和制作。

实验 *B*16.2　热敏电阻温度计的研究

【实验目的】

1. 测量热敏电阻阻值与温度的关系。

2. 设计制作热敏电阻温度计。

【实验仪器】

YJ-SB-1 热学设计性实验仪，热敏电阻，电桥实验模块等。

【实验原理】

热敏电阻是其电阻值随温度显著变化的一种热敏元件。热敏电阻按其电阻随温度变化的典型特性可分为 3 类，即负温度系数（NTC）热敏电阻，正温度系数（PTC）热敏电阻和临界温度电阻器（CTR）。PTC 和 CTR 型热敏电阻在某些温度范围内，其电阻值会产生急剧变化，适用于某些狭窄温度范围内一些特殊应用，而 NTC 热敏电阻可用于较宽温度范围的测量。热敏电阻的电阻-温度特性曲线如图 B16.2 所示。

NTC 半导体热敏电阻是由一些金属氧化物，如钴、锰、镍、铜等过渡金属的氧化物，采用不同比例的配方，经高温烧结而成。然后采用不同的封装形式制成珠状、片状、杆状、垫圈状等各种形状，与金属导热电阻比较，NTC 半导体热敏电阻具有以下特点：

①有很大的负电阻温度系数，因此其温度测量的灵敏度也比较高。

②体积小，目前最小的珠状热敏电阻的尺寸为 ϕ0.2 mm，故热容量很小可作为点温度或表面温度以及快速变化温度的测量值。

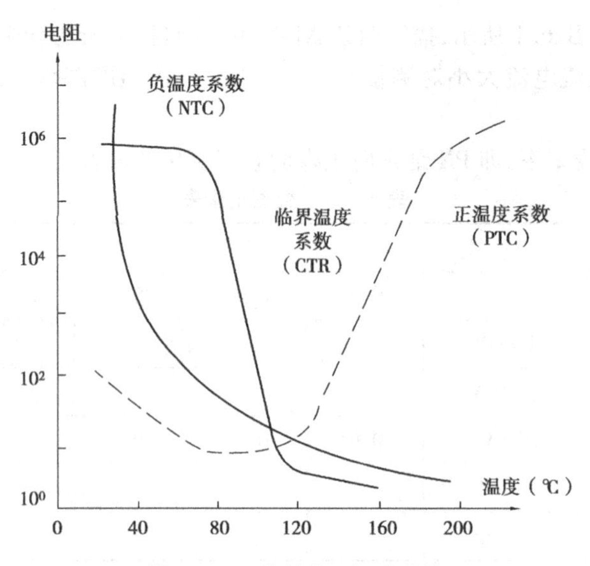

图 B16.2 热敏电阻温度曲线

③具有很大的电阻值($10^2 \sim 10^5\ \Omega$),因此可以忽略线路上导线电阻和接触电阻等的影响,特别适用于远距离的温度测量和控制。

④制造工艺比较简单,价格便宜。

⑤半导体热敏电阻的缺点是温度测量范围较窄。

NTC 半导体热敏电阻具有负电阻温度系数,其电阻值随温度升高而减小,电阻与温度的关系可以用下面的经验公式表示为

$$R_T = A\exp(B/T) \tag{B16.10}$$

式中,R_T 为在温度为 T 时的电阻值,T 为绝对温度(以 K 为单位),A 和 B 分别具有电阻量纲和温度量纲,是与热敏电阻的材料和结构有关的常数。当温度为 T_0 时,电阻值则为 R_0,即

$$R_0 = A\exp(B/T_0) \tag{B16.11}$$

比较式(B16.10)和式(B16.11),可得

$$R_T = R_0\exp[B(1/T - 1/T_0)] \tag{B16.12}$$

从式(B16.12)可以看出,只要知道常数 B 和在温度为 T_0 时的电阻值 R_0,就可以利用式(B16.12)计算在任意温度 T 时的 R_T 值。常数 B 可以通过实验来确定。将式(B16.12)两边取对数,则有

$$\ln R_T = \ln R_0 + B(1/T - 1/T_0) \tag{B16.13}$$

从式(B16.13)可以看出,$\ln R_T$ 与 $1/T$ 成线性关系,直线的斜率就是常数 B。热敏电阻的材料常数 B 一般在 2000 ~6000 K 范围内。

热敏电阻的温度系数 α_T 定义为

$$\alpha_T = \frac{1}{R_T}\frac{dR_T}{dT} = -\frac{B}{T^2} \tag{B16.14}$$

由式(B16.14)可以看出,α_T 随温度降低而迅速增大。α_T 决定热敏电阻在全部工作范围内的温度灵敏度。热敏电阻的测温灵敏度比金属热电阻的高很多。例如,B 值为 4 000 K,当 $T=293.15$ K(20 ℃)时,热敏电阻的 $\alpha_T=4.7\%/℃$,约为铂电阻的 12 倍。

PTC热敏电阻(正温度系数热敏电阻)是一种具温度敏感性的半导体电阻。一旦超过一定的温度(居里温度)时,它的电阻值随着温度的升高几乎是呈阶跃式的增高。PTC以$BaTiO_3$、$SrTiO_3$、$PbTiO_3$为主要成分烧结而成,其中掺入微量的Nb、Ta、Bi、Sb、Y、La等氧化物进行原子价控制而使之半导化,同时还添加增大其正电阻温度系数的Mn、Fe、Cu、Cr的氧化物,采用陶瓷工艺成形、高温烧结而使钛酸铂等固溶体半导体化,从而得到正特性的热敏电阻材料。PTC热敏电阻本体温度的变化可以由流过PTC热敏电阻的电流来获得,也可以由外界输入热量或者这二者的叠加来获得。

$BaTiO_3$半导体的PTC效应起因于晶粒间界,对于导电电子来说,晶粒间界面相当于一个势垒。温度低时,由于钛酸钡内电场的作用,导致电子极容易越过势垒,则电阻值较小。当温度升高到居里点温度附近时,内电场受到破坏,它不能帮助导电电子越过势垒,这相当于势垒升高,电阻值突然增大,产生PTC效应。钛酸钡半导体的PTC效应的物理模型有海望表面势垒模型、丹尼尔斯等人的钡缺位模型和叠加势垒模型,它们分别从不同方面对PTC效应作出了合理解释。

PTC热敏电阻于1950年出现,随后1954年出现了以钛酸钡为主要材料的PTC热敏电阻。PTC热敏电阻在工业上可用作温度的测量与控制,也用于汽车某些部位的温度检测与调节,还大量用于民用设备,如控制开水器的水温、空调器与冷库的温度等。

PTC热敏电阻除用作加热元件外,同时还能起到"开关"的作用,兼有敏感元件、加热器和开关三种功能,称为"热敏开关"。电流通过元件后引起温度升高,即发热体的温度上升,当超过居里点温度后,电阻增加,从而限制电流增加,于是电流的下降导致元件温度降低,电阻值的减小又使电路电流增加,元件温度升高,周而复始,因此具有使温度保持在特定范围的功能,又起到开关作用。利用这种阻温特性做成加热源,作为加热元件应用的有暖风器、电烙铁、烘衣柜、空调、驱蚊器等,还可对电器起到过热保护作用。

【实验内容】

1. 测量半导体热敏电阻的温度特性

①自己选择方法测量NTC热敏电阻的温度特性,例如电桥法、恒流法等。

②安装好主机、制冷器,将半导体热敏电阻插入恒温腔中。用专用电缆将半导体制冷器与主机相连,打开主机电源开关,选择适当的功能(制冷或加热)。

③将热敏电阻连接到选择的电路中,然后将制冷加热开关打开,恒温设置方法参见实验B16.1的实验内容。

待恒温腔内的温度稳定在所需温度T_1(0.0 ℃)后,记下对应的NTC(或PTC)半导体热敏电阻的阻值R_1。

④每隔10.0 ℃重新选择所需温度T_i,测量出其对应的阻值R_i,直到$i=12$(120 ℃)为止。

⑤选择合适的数据处理方法,对实验数据进行处理,求出热敏电阻的特性系数A和B。

2. 设计制作NTC热敏电阻温度传感器的数字式温度计

①根据上面实验结果确定NTC热敏电阻温度传感器的工作参数。

②采用指针或数字式电压表为显示器,设计并制作一个电路模块,处理热敏电阻传感器到显示器之间的电路信号,完成一个摄氏温度计的设计和制作。

实验 $B16.3$　金属电阻温度计的研究

【实验目的】

1. 了解和测量金属电阻与温度的关系。

2. 了解金属电阻温度系数的测定原理及方法。

3. 设计制作金属电阻温度计。

【实验仪器】

YJ-SB-1 热学设计性实验仪,Pt100 温度传感器,Cu50 温度传感器,电桥模块等。

【实验原理】

1. 电阻温度系数

各种导体的电阻随着温度的升高而增大,在通常温度下,电阻与温度之间存在着线性关系,可表示为

$$R = R_0(1 + \alpha t) \tag{B16.15}$$

式中,R 是温度为 t ℃时的电阻,R_0 为 0 ℃时的电阻,α 称为材料的电阻温度系数。

严格说,α 和温度有关,但在 0 ~ 100 ℃范围内,α 的变化很小,可以看作不变。

2. 铂电阻

导体的电阻值随温度变化而变化,通过测量其电阻值可推算出被测环境的温度,利用此原理构成的传感器就是热电阻温度传感器。能够用于制作热电阻的金属材料必须具备以下特性:

①电阻温度系数要尽可能大和稳定,电阻值与温度之间应具有良好的线性关系。

②电阻率高,热容量小,反应速度快。

③材料的复现性和工艺性好,价格低。

④在测量范围内,物理和化学性质稳定。

目前,在工业应用最广的材料是铂和铜。

铂电阻与温度之间的关系,在 0 ~ 630.74 ℃范围内可表示为

$$R_T = R_0(1 + AT + BT^2) \tag{B16.16}$$

在 −200 ~ 0 ℃的温度范围内,为

$$R_T = R_0[1 + AT + BT^2 + C(T - 100)T^3] \tag{B16.17}$$

式中,R_0 和 R_T 分别为在 0 ℃和温度 T 时铂电阻的电阻值;A、B、C 为温度系数,由实验确定,$A = 3.908\ 02 \times 10^{-3}$ ℃$^{-1}$,$B = -5.801\ 95 \times 10^{-7}$ ℃$^{-2}$,$C = -4.273\ 50 \times 10^{-12}$ ℃$^{-4}$。要确定电阻 R_T 与温度 T 的关系,首先要确定 R_0 的数值。目前统一设计的工业用标准铂电阻 R_0 值有 100 Ω 和 500 Ω 两种,并将电阻值 R_T 与温度 T 的相应关系列成表格,称为铂电阻的分度表,分度号分别用 Pt100 和 Pt500 表示。

铂电阻的准确度较高,国际温标 ITS-90 中还规定,将具有特殊构造的铂电阻作为 13.503 3 K ~ 961.78 ℃标准温度计使用,铂电阻广泛用于 −200 ~ 850 ℃范围内的温度测量,工业中通常在 600 ℃以下。

在实验中,由于 B、C 数量级较小通常情况下可以不计。

【实验内容】

1. 测量金属电阻的温度特性

①自己选择方案,测量金属电阻的温度特性。

②安装实验仪器,将装有金属电阻 Pt100(或 CU50)插入恒温腔中。用专用电缆将半导体制冷器与主机相连,打开主机电源开关,选择适当的功能(制冷或加热)。

③将金属电阻 Pt100(或 CU50)与电路相连,然后将制冷加热开关打开,恒温设置方法参见实验 B16.1 的实验内容。

待恒温腔内的温度稳定在所需温度 T_1(0.0 ℃)后,记下对应的金属电阻 Pt100(或 CU50)的阻值 R_1。

④每隔 10.0 ℃重新选择所需温度 T_i,测量出其对应的阻值 R_i,直到 $i=12$ 为止。

⑤根据上述实验数据,绘出 R-t 曲线。计算 Pt100(或 CU50)的电阻温度系数。

2. 设计制作金属电阻温度传感器的数字式温度计

①根据上面实验结果设计金属电阻温度传感器的工作参数。

②采用数字万用表为显示器,设计并制作一个电路模块,处理金属电阻传感器到数字万用表之间的电路信号,完成一个摄氏温度计的设计和制作。

实验 *B*16.4　用非平衡电桥测量温度的研究

直流电桥是一种应用很广泛的电阻测量仪器,按电桥的测量方式可分为平衡电桥和非平衡电桥。对于连续变化的物理量,只能采用非平衡电桥测量。非平衡电桥的基本原理是通过桥式电路来测量电阻,根据电桥输出的不平衡电压,再进行运算处理,从而得到引起电阻变化的其他物理量,如温度、压力、形变等。

【实验目的】

1. 学习用非平衡电桥测量电阻的基本原理和方法。

2. 用非平衡电桥测量温度。

【实验仪器】

YJ-SB-1 热学设计性实验仪,金属电阻温度传感器,数字万用表,非平衡直流电桥实验模块。

【实验原理】

1. 非平衡电桥原理

非平衡电桥原理如图 B16.3 所示:B、D 之间为一负载电阻 R_g,只要测量电桥输出电压 U_g 及 R_g 上电流 I_g,即可得到 R_x 值。

根据电阻值的搭配,非平衡电桥分为:

①等臂电桥:当 $R_1=R_2=R_3=R_4$ 时。

②输出对称电桥:当 $R_1=R_4=R,R_2=R_3=R'$,且 $R\neq R'$时。

③电源对称电桥:当 $R_1=R_2=R,R_3=R_4=R'$,且 $R\neq R'$时。

当负载电阻 $R_g\to\infty$,即电桥输出处于开路状态时,$I_g=0$,仅有电压 U_0 输出。若 B、D 之间接数字电压表或高阻抗放大器时可以视为如此。

根据分压原理,ABC 电路的电压降为 U_S,通过 R_1、R_4 两臂电流为:

$$I_1=I_4=\frac{U_S}{R_1+R_4} \tag{B16.18}$$

则 R_4 上的电压降为

$$U_{BC} = \frac{R_4}{R_1 + R_4} U_S \tag{B16.19}$$

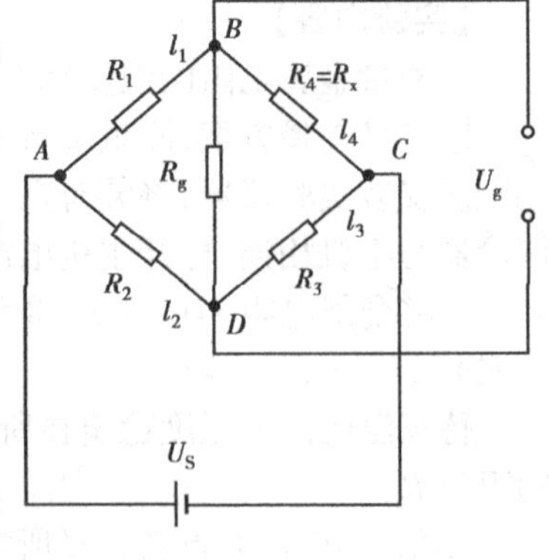

图 B16.3 非平衡电桥

同理 R_3 上的电压降为

$$U_{DC} = \frac{R_3}{R_2 + R_3} U_S \tag{B16.20}$$

输出电压 U_o 为 U_{BC} 与 U_{DC} 之差为

$$U_o = U_{BC} - U_{DC} = \frac{R_2 R_4 - R_1 R_3}{(R_1 + R_4)(R_2 + R_3)} U_S \tag{B16.21}$$

当满足条件

$$R_1 R_3 = R_2 R_4 \tag{B16.22}$$

则电桥输出 $U_o = 0$,即电桥处于平衡状态,式(B16.22)就称为电桥平衡条件。

若 R_1、R_2、R_3 为固定值,R_4 为温度传感器,则当温度从 $t \to t + \Delta t$ 时,$R_4 \to R_4 + \Delta R_4$,电桥不平衡而产生的电压输出为

$$U_o(t) = \frac{R_2 R_4 + R_2 \Delta R_4 - R_1 R_3}{(R_1 + R_4)(R_2 + R_3) + \Delta R_4 (R_2 + R_3)} U_S \tag{B16.23}$$

初始温度 t_0 时,如果电桥预调平衡,即有 $R_1 R_3 = R_2 R_4$,则式(B16.23)变为

$$U_o(t) = \frac{R_2 \Delta R_4}{(R_1 + R_4)(R_2 + R_3) + \Delta R_4 (R_2 + R_3)} U_S \tag{B16.24}$$

若电阻值的变化量很小,即 $\Delta R << R_i (i = 1,2,3,4)$,则式(B16.24)分母中含有 ΔR 之项可以略去,则式(B16.24)变为

$$U_o(t) = \frac{R_2 \Delta R}{(R_1 + R_4)(R_2 + R_3)} U_S \tag{B16.25}$$

由此可得三种电桥的输出为:

①等臂电桥:$R_1 = R_2 = R_3 = R_4 = R$,则有

$$U_o(t) = \frac{U_S}{4} \frac{\Delta R}{R} \tag{B16.26}$$

②输出对称电桥:$R_1 = R_4 = R, R_2 = R_3 = R'$,则有

$$U_o(t) = \frac{U_S}{4} \frac{\Delta R}{R} \tag{B16.27}$$

③电源对称电桥:$R_1 = R_2 = R, R_3 = R_4 = R'$,则有

$$U_o(t) = \frac{R^2 U_S}{(R + R')^2} \frac{\Delta R}{R} \tag{B16.28}$$

显然,三种电桥的输出电压均与 $\Delta R/R$ 成线性比例关系,特别要强调的是上面公式中的 R 和 R' 均为预调不平衡后的电阻值。如果测得输出电压,通过上述公式可以计算 ΔR,从而可求得 $R(\mathrm{t}) = R + \Delta R$。

由式(B16.26)至式(B16.28)可知,在 R、ΔR 相同的情况下,等臂电桥、输出对称电桥的输出电压比电源对称电桥的输出电压高,即灵敏度更高一些,但电源对称电桥可以通选择 R、R' 来扩大测量范围,R、R' 差距愈大,测量范围也愈大。

按照电阻值的变化量很小,即 $\Delta R << R_i$ 的要求,测量温度时,用在非平衡电桥中的电阻

常用铂电阻或铜电阻。铂电阻的特性可以参见实验 B16.3。

2. 不平衡电桥模块

电桥实验模块如图 B16.4 所示，A、C 为电桥的电源输入端，B、D 为电桥的电压输出端，电路为输出对称电桥，用数字表可直接测量电桥的输出电压。

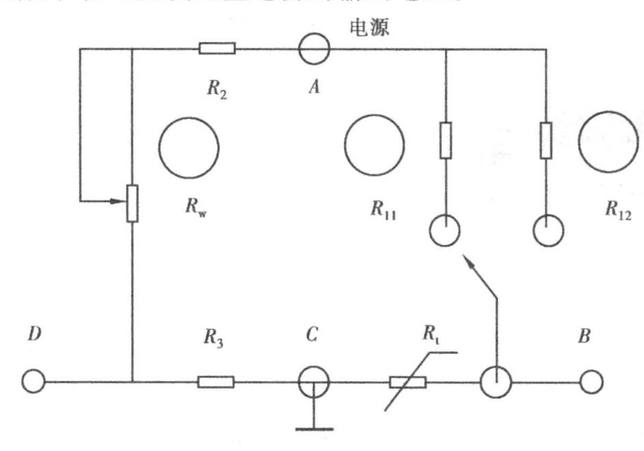

图 B16.4　非平衡电桥模块

【实验内容】

1. 用非平衡电桥测量 Pt100 铂电阻的温度特性

①选择铂电阻传感器，将其插入半导体恒温腔中。

②将传感器引线接入实验模板 R_t 之间，调节 R_{11} 使之为 100.0 Ω，然后用导线连接 R_t 与 R_{12}，接入 5 V 的工作电压，用数字万用表测量 V_{BD} 输出端电压，调节 R_w 使电桥平衡，$V_{BD}=0$。

③用专用电缆将半导体制冷装置与主机相连，打开主机电源开关，选择适当的功能（制冷或加热）。

④打开制冷加热开关，恒温设置方法参见实验 B16.1 的实验内容 4。

待恒温腔内的温度稳定在所需温度 T_1（0.0 ℃）后，调节实验模板的 R_w 使电桥平衡，$V_{BD}=0$。

⑤每隔 10.0 ℃重新选择所需温度 T_i，测出各温度时电桥的输出电压 U_i，直到 $i=12$ 为止。

⑥根据上述实验数据，绘出 V-t 曲线。根据此曲线，分析如何用该电桥测量温度。

2. 设计制作用非平衡电桥的温度计

选择 Pt100 电阻或 Cu50 电阻为温度传感器，设计制作一个含非平衡电桥电路模块，与指针式或数字式电压表组成一个温度测量仪器。

实验 *B*16.5　热电偶温度计的研究

【实验目的】

1. 学习温差电现象的原理。

2. 学习热电偶测温的基本原理和方法。

3. 设计制作热电偶温度计。

【实验仪器】

YJ-SB-1 热学设计性实验仪，热电偶温度传感器，数字万用表，保温杯。

【实验原理】

1. 温差电效应和热电偶

温差电偶是利用温差电效应制作的测温元件,在温度测量与控制中有广泛的应用。

如图 B16.5 所示,用 A、B 两种不同的金属构成一闭合回路,并使两接点处于不同温度,则电路中将产生温差电动势,且有温差电流流过,这种现象称为温差电效应。

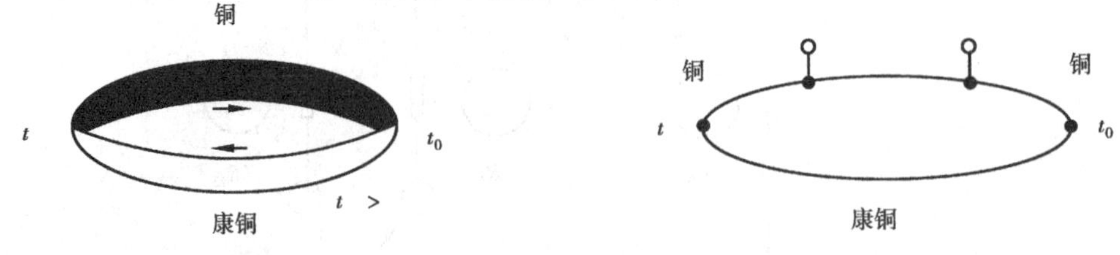

图 B16.5　温差电效应　　**图 B16.6　热电偶**

如图 B16.6 所示,两种不同金属串接在一起,其两端可以和仪器相连进行测温的元件称为热电偶。热电偶的温差电动势与两接头温度之间的关系比较复杂,但是在较小温差范围内可以近似认为温差电动势 E_t 与温度差 $t-t_0$ 成正比,即

$$E_t = c(t - t_0) \tag{B16.29}$$

式中,t 为热端的温度,t_0 为冷端的温度,c 称为温差系数,其大小取决于组成温差热电偶材料的性质。

实验表明:

$$c = (k/\mathrm{e})\ln(n_{0A}/n_{0B}) \tag{B16.30}$$

式中,k 为玻耳兹曼常量,e 为电子电量,n_{0A} 和 n_{0B} 为两种金属单位体积内的自由电子数目。

如图 B16.7 所示,热电偶与测量仪器有两种连接方式。

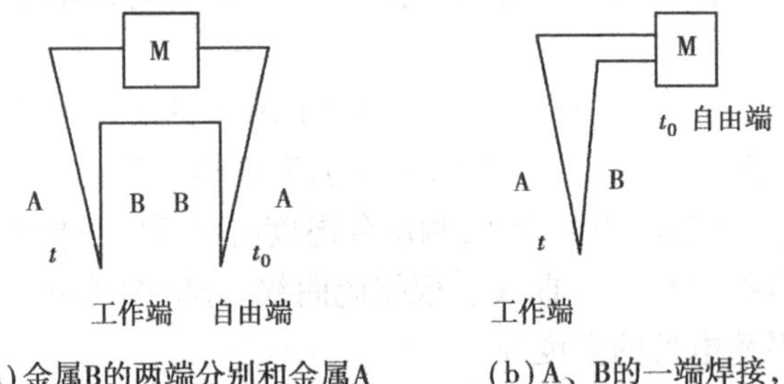

(a)金属B的两端分别和金属A焊接,测量仪器M插入A线中间　　(b)A、B的一端焊接,另一端和测量仪器连接

图 B16.7　热电偶的连接

在使用热电偶时,总要将热电偶接入电势差计或数字电压表,这样除了构成热电偶的两种金属外,必将有第三种金属接入热电偶电路中。理论上可以证明,在 A、B 两种金属之间插入任何一种金属 C,只要维持它和 A、B 的连接点在同一个温度,这个闭合电路中的温差电动势总是和只由 A、B 两种金属组成的热电偶中的温差电动势相同。

热电偶的测温范围可以从 4.2 K(−268.95 ℃)的深低温直至 2 800 ℃的高温,但是注意,不同的热电偶所能测量的温度范围各不相同。

2. 热电偶的定标

热电偶定标的方法有两种。

1)比较法

即用被校热电偶与一标准的热电偶去测同一温度,测得一组数据,其中被校热电偶测得的热电势即由标准热电偶所测的热电势所校准。在被校热电偶的使用范围内改变不同的温度，进行逐点校准，就可得到被校热电偶的一条校准曲线。

2）固定点法

这是利用几种合适的纯物质在一定气压下（一般是标准大气压），将这些纯物质的沸点和熔点温度作为已知温度，测出热电偶在这些温度下的对应的电动势，从而得到热电势-温度关系曲线，这就是所求的校准曲线。

本实验采用固定点法对热电偶进行定标。

定标时把冷端（自由端）浸入冰水共存的保温杯中，热端（工作端）插入恒温加热器中，恒温加热器可恒温为50～120 ℃。用数字多用表测定出对应点的温差电动势。以电动势E为纵轴，以热端温度t（0 ℃，10.0 ℃，…，90.0 ℃，100.0 ℃）为横轴。标出以上各点，连成直线，即为热电偶的定标曲线。有了定标曲线，就可以利用该热电偶测温度了。

测温时，将冷端保持在原来的温度（$t_0=0$ ℃），将热端插入待测物中，测出此时的温差电动势，再由E-t曲线查出待测温度。

【实验内容】

1. 测量热电偶的温差电动势

①安装实验装置，连接好电缆线，将热电偶热端置于恒温腔中，冷端置于保温杯的冰水混合物中。打开电源开关，连接数字万用表测量热电偶的温差电动势。

②打开主机电源开关，选择适当的功能（制冷或加热）。然后将制冷加热开关打开，同时打开风扇开关。恒温设置方法参见实验B16.1的实验内容，设置温度值t_1（如0 ℃），测量温差电动势。

③热电偶定标：继续设置恒温的温度为10 ℃，20 ℃，…，90 ℃，100 ℃，测量不同温度下的温差电动势，作出热电偶的E-t定标曲线。

2. 设计热电偶温度计

用热电偶作温度传感器，数字式电压表作显示器，设计制作一个热电偶测量温度的电路模块，将热电偶的温差电动势转换为摄氏温度数值显示出来。

实验 *B*16.6　用集成温度传感器测量温度的研究

【实验目的】

1. 学习集成温度传感器的基本原理和温度特性的测量方法。
2. 测量AD590温度传感器的电流-温度关系曲线。
3. 测量LM35温度传感器的电压-温度关系曲线图。

【实验仪器】

YJ-SB-1热学设计性实验仪，AD590集成温度传感器，LM35集成温度传感器，数字万用表。

【实验原理】

1. AD590集成温度传感器

AD590是将作为传感器的晶体管及其外围电路集成在同一芯片上的集成化温度传感器，具有以下特点：①良好的线性关系；②不需要参考点；③抗干扰能力强；④互换性好，使用简单方便。因此，这类传感器已广泛用于温度的测量和控制。

集成温度传感器按输出量不同可分为电压型和电流型两大类。电压型传感器的特点是直接输出电压,且输出阻抗低,易于控制电路接口。电流型传感器准确度更高,其中的典型代表是 AD590,使用非常方便,抗干扰能力很强。

AD590 集成温度传感器工作电压范围宽(5~30 V)、使用温度范围大(−55~150 ℃)、电流输出线性极好,在使用温度范围内,非线性误差可小于 ±0.5 ℃用激光微调技术可以使其定标精度高达 ±0.5 ℃。

AD590 实验模板如图 B16.8 所示,AD590 灵敏度为 1 μA/K。实验模板中与 AD590 串联的取样电阻 $R_1=10\ \text{k}\Omega$,那么电压取样灵敏度为 10 mV/K。

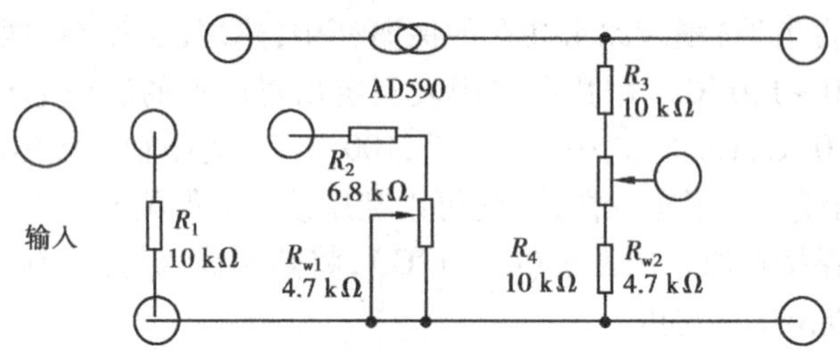

图 B16.8 AD590 实验模块

2. LM35 集成温度传感器

LM35 是一种精密电压型摄氏集成温度传感器,其主要特点是:

①输出电压与摄氏温度成正比。

②精度高,并且不需要做任何校准。

③可以在较低的工作电压下工作,工作电压极宽(4~30 V)。

④耗电极少,一般小于 60 μA,所以造成的自热温度小于 0.1 ℃。

⑤输出电阻低,在负载电流为 1 mA 时仅为 0.1 Ω。

⑥LM35 的应用。

a. 基本使用电路。如图 B16.9(a)所示,在单电源供电时,其测量的最低温度理论上是 0 ℃,而实际上只能测量到 4 ℃左右。要测量全量程的温度,通常要对基本使用电路进行适当的改进。

b. 应用电路一。如图 B16.9(b)所示,通过在输出端对地接一个电阻,在 GND 引脚对地之间串接两个二极管,这样 LM35 温度传感器就能在全量程范围内进行温度测量。

c. 应用电路二。如图 B16.9(c)所示,在双电源供电时,在输出端和负电源之间接一个电阻,其阻值按 $R=V_{cc}/50\ \mu\text{A}$ 计算,就可以使 LM35 温度传感器在全量程的范围进行温度测量。

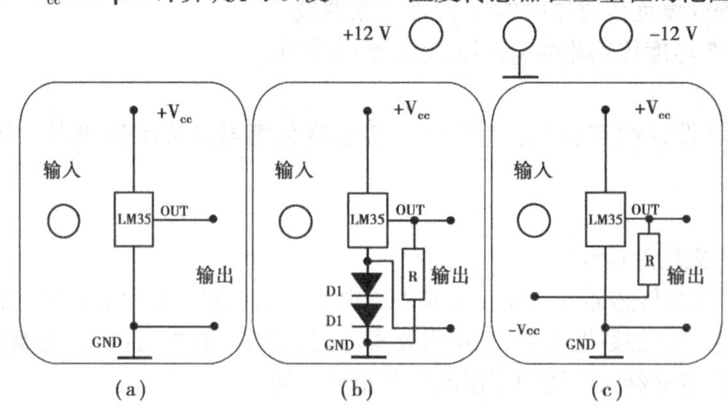

图 B16.9 LM35 实验模块

【实验内容】

1. 测量集成温度传感器的温度特性

1) AD590 温度传感器

①将 AD590 温度传感器插入恒温腔中，传感器电缆接入实验模板的输入端口，连接 AD590 和 R_1，用数字万用表 20 V 或 2 V 挡测出室温时 R_1 两端的电压。

②打开主机电源开关，选择适当的功能（制冷或加热），然后设置实验温度，恒温设置方法参见实验 B16.1 的实验内容。

待恒温腔内的温度稳定在所需温度（0.0 ℃）后，用数字万用表测量出所选择温度时 R_1 两端的电压。

③重复以上步骤，选择恒温温度为 10 ℃，20 ℃，…，90 ℃，100 ℃，测出 AD590 传感器在上述温度点时取样电阻 R_1 两端的电压。

④根据上述实验数据，绘出 V-t、I-t 关系图，求 AD590 温度传感器的电流灵敏度，与其标准值比较，计算百分误差。

2) LM35 温度传感器

①将 LM35 温度传感器插入恒温腔中，传感器电缆按图 B16.9(a) 接入实验模板的输入端口，用数字万用表 20 V 挡测出室温时输出两端的电压。

②打开主机电源开关，选择适当的功能（制冷或加热），然后设置实验温度，恒温设置方法参见实验 B16.1 的实验内容。

待恒温腔内的温度稳定在所需温度（0.0 ℃）后，然后用数字万用表测量出输出端的电压。

③重复以上步骤，选择恒温加热器的温度为 10 ℃，20 ℃，…，90 ℃，100 ℃，测出输出端的电压。

④根据上述实验数据，绘出 V-t 图，求 LM35 温度传感器的电压-温度系数，求其非线性造成的最大误差。

⑤换成实验模块的图 B16.9(b)、(c) 连接，重复上述内容。

2. 设计集成温度传感器温度计

使用 AD590 或 LM35 作温度传感器，设计制作数字温度计的电路模块，直接显示摄氏温度的数值。

实验 *B*16.7　半导体热电特性的研究

【实验目的】

1. 学习半导体制冷电堆的工作原理。

2. 学习半导体材料的帕尔贴效应和塞贝克效应。

3. 测量半导体材料制冷电堆的制冷制热特性。

【实验仪器】

YJ-SB-1 热学设计性实验仪，半导体制冷模块。

【实验原理】

半导体制冷与传统的压缩气体制冷方法不同的是它没有制冷剂，无复杂的运动机械部件和管路，外形尺寸小、质量轻、无机械运动摩擦、无噪声、可精确控制、可方便调节温度。不存在制冷剂泄露的污染,维护简单,使用方便,在许多领域尤其是在医疗领域中有广泛应用。

1. 半导体材料的制冷原理

半导体制冷又称热电制冷或温差电制冷,主要是利用热电效应中的帕耳帖效应达到制冷目的。1834 年,法国人珀尔帖发现了珀尔帖效应(PELTIER EFFECT)。帕耳帖效应是指在两种不同材料构成的回路上加上直流电压时,相交的结点上会出现吸热或放热的现象。在由具有最佳热电转换特性的半导体热电材料组成的 PN 结两端,加上一定的直流电压,利用半导体热电材料的特性就可以实现制冷或制热功能。

图 B16.10 为半导体热电单元制冷原理图,电流的极性如图中所示。电子从电源负极出发,经金属片 B_1→结点 4→P 型半导体→结点 3→金属片 A→结点 2→N 型半导体→结点 1→金属片 B_2→回到电源的正极。

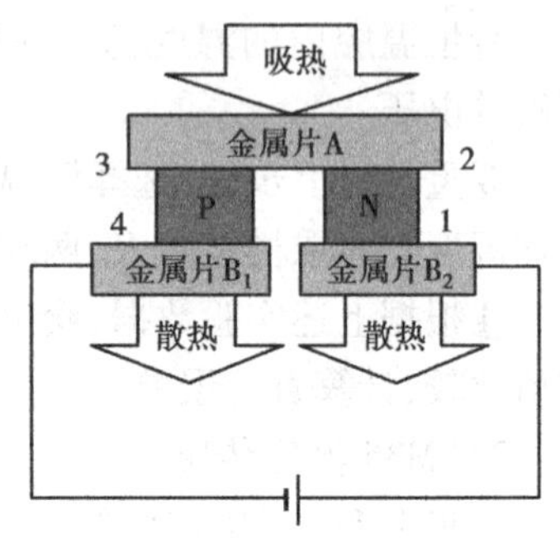

图 B16.10　半导体制冷

由于 P 型半导体的多数载流子为空穴,其空穴电流方向与电子相反,而空穴在金属中所具有能量低于在 P 型半导体中所具有的能量。因此,空穴在电场的作用下由金属片 A 通过结点 3 到达 P 型半导体时,必须增加一部分能量,但是空穴自身无法增加能量,只有从金属片 A 处吸收能量并且把这部分热能转变成空穴的势能,因而使金属片 A 处的温度降低。

当空穴沿 P 型半导体经结点 4 流向金属片 B_1 时,由于 P 型半导体中空穴能量大于金属 B_1 中空穴的能量,因而空穴要释放出多余的势能,并且将其转变为热能释放出来,则使金属片 B_1 处温度升高。

图中右半部分是由 N 型半导体与金属片 A、金属片 B_2 相连。N 型半导体的多数载流子为电子,而电子在金属中的势能低于在 N 型半导体中所具有的势能。在电场的作用下,电子从金属片 A 通过结点 2 到达 N 型半导体时必然要增加势能,而这部分势能只能从金属片 A 处取得,结果金属片 A 处的温度必然会降低。当电子从 N 型半导体经结点 1 流向金属片 B_2 时,因电子由势能高处流向势能低处,因此在金属 B_2 处释放能量,使之转变为热能释放出来,从而使金属片 B_1 处温度升高。

综上分析 ,金属片 A 处的温度在此电流状态下温度会降低而成为冷端,因而低温的金属片 A 便从周围介质吸收热量而使周围介质得到冷却。金属片 B_1 和 B_2 处由于载流子的释放能量而使之温度升高,成为热端,在制冷过程中热端所产生的热量必须排走。

吸热和放热的大小是通过电流的大小以及半导体材料 N、P 的元件对数来决定。一般制冷片内部是由上百对电偶联成的热电堆,以达到增强制冷(制热)的效果,本实验所使用的半导体制冷片每片上集成了 126 对电偶串联成的热电堆。

如果把直流电流反向,半导体制冷堆的冷端、热端就会互换。

2. 半导体热电材料的温差电效应

早在 1823 年德国的物理学家 Thomas Seebeck 就在实验中发现, 在具有温度梯度的样品两端会出现电压降, 这一效应成为制造热电偶测量温度和将热能直接转换为电能的理论基础, 称为 Seebeck(塞贝克)效应。随着半导体材料的深入研究和广泛应用,热电性能良好的半导体材料和半金属材料使热电效应的效率大大提高,从而使热电效应发电渐步入实用阶段,目前在国防、工业、农业、医疗和日常生活等领域热电效应均有一定应用。

【实验内容】

1. 放置好实验仪器,连接半导体制冷装置之前,先打开主机电源开关,检查直流电压源输出电压值,将其设置为最小值,然后关掉主机电源开关。

2. 用测温电缆将主机与半导体制冷装置相连。用电源导线将主机直流稳压源与半导体制冷装置直流电源插座相连。

3. 打开主机电源开关和直流稳压源开关,记录初始温度和直流电压值。

4. 缓慢调节直流稳压电源,使直流电压输出为2.5 V,半导体制冷片处于制热状态时,紫铜恒温体的温度将逐步升高。

5. 保持直流电压不变,每隔2 min,记录1次温度值,记录10组20 min内紫铜恒温体的温度变化,注意最高温度不能超过100 ℃。

6. 将直流电压调到5 V,重复上述步骤④、⑤的实验,同样注意最高温度不能超过100 ℃。

7. 将直流电压调到最小,关掉直流电源和主机电源开关。然后交换半导体制冷装置上的两根电源线,使其制冷制热功能交换。

8. 重复上述实验步骤③到⑤,在制冷状态下进行实验,记录制冷的实验数据。

9. 以时间为横轴,温度为纵轴,将制热与制冷的2组数据分别画成制热和制冷曲线图,计算两种电压值下的升温速度和降温速度,比较两种电压时升温和降温速度的关系。

实验 B17　空气热机实验

热机是将热能转换为机械能的机器。历史上对热机循环过程及热机效率的研究,曾为热力学第二定律的确立起了奠基性的作用。斯特林于1816年发明的空气热机,以空气作为工作介质,是最古老的热机之一。虽然现在已发展了内燃机、燃气轮机等新型热机,但空气热机结构简单,便于帮助理解热机原理与卡诺循环等热力学中的重要内容,是很好的热学实验教学仪器。

空气热机的结构及工作原理可用图B17.1说明。热机主机由高温区,低温区,工作活塞及汽缸,位移活塞及汽缸,飞轮,连杆,热源等部分组成。

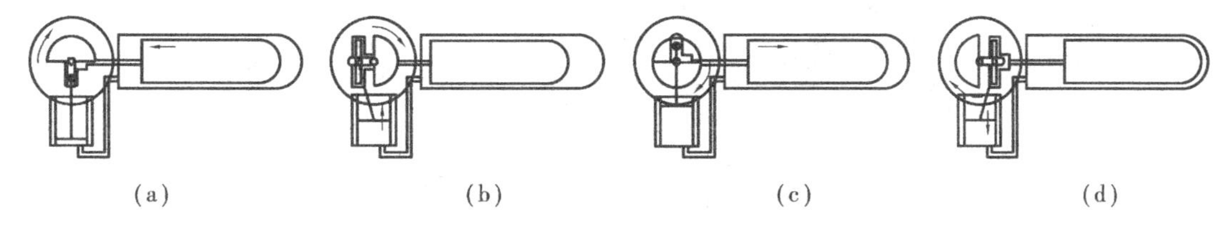

图 B17.1　空气热机工作原理

热机中部为飞轮与连杆机构,工作活塞与位移活塞通过连杆与飞轮连接。飞轮的下方为工作活塞与工作汽缸,飞轮的右方为位移活塞与位移汽缸,工作汽缸与位移汽缸之间用通气管连接。位移汽缸的右边是高温区,可用电热方式或酒精灯加热,位移汽缸左边有散热片,构成低温区。

工作活塞使汽缸内气体封闭,并在气体的推动下对外做功。位移活塞是非封闭的占位活塞,其作用是在循环过程中使气体在高温区与低温区间不断交换,气体可通过位移活塞与位移汽缸间的间隙流动。工作活塞与位移活塞的运动是不同步的,当某一活塞处于位置极值时,它本身的速度最小,而另一个活塞的速度最大。

当工作活塞处于最底端时,位移活塞迅速左移,使汽缸内气体向高温区流动,如图 B17.1(a)所示;进入高温区的气体温度升高,使汽缸内压强增大并推动工作活塞向上运动,如图 B17.1(b)所示,在此过程中热能转换为飞轮转动的机械能;工作活塞在最顶端时,位移活塞迅速右移,使汽缸内气体向低温区流动,如图 B17.1(c)所示;进入低温区的气体温度降低,使汽缸内压强减小,同时工作活塞在飞轮惯性力的作用下向下运动,完成循环,如图 B17.1(d)所示。在一次循环过程中气体对外所做净功等于 P-V 图所围的面积。

根据卡诺定理,对于循环过程可逆的理想热机,热功转换效率为

$$\eta = A/Q_1 = (Q_1 - Q_2)/Q_1 = (T_1 - T_2)/T_1 = \Delta T/ T_1$$

式中,A 为每一循环中热机做的功,Q_1 为热机每一循环从热源吸收的热量,Q_2 为热机每一循环向冷源放出的热量,T_1 为热源的绝对温度,T_2 为冷源的绝对温度。

实际的热机都不可能是理想热机,由热力学第二定律可以证明,循环过程不可逆的实际热机,其效率不可能高于理想热机,此时热机效率为

$$\eta \leqq \frac{\Delta T}{T_1}$$

卡诺定理指出了提高热机效率的途径:应当使实际的不可逆机尽量接近可逆机,应尽量提高冷热源的温度差。

热机每一循环从热源吸收的热量 Q_1 正比于 $\Delta T/n$,n 为热机转速,η 正比于 $nA/\Delta T$。n,A,T_1 及 ΔT 均可测量。测量不同冷热端温度时的 $nA/\Delta T$,观察它与 $\Delta T/ T_1$ 的关系,可验证卡诺定理。

当热机带负载时,热机向负载输出的功率可由力矩计测量计算而得,且热机实际输出功率的大小随负载的变化而变化。在这种情况下,可测量计算出不同负载大小时的热机实际效率。

电加热型热机实验仪如图 B17.2 所示。

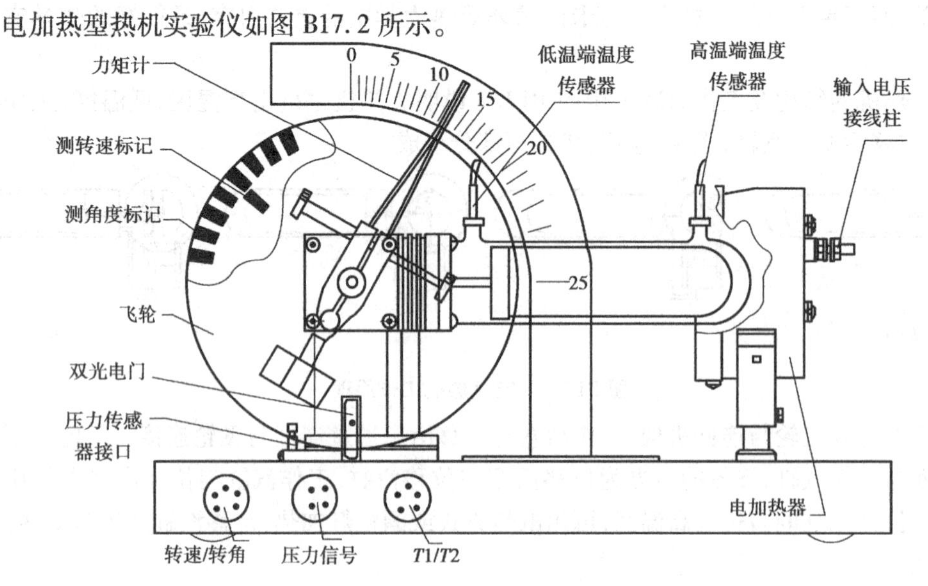

图 B17.2　电加热型热机

飞轮下部装有双光电门,上边一个用以定位工作活塞的最低位置,下边一个用以测量飞轮转动角度。热机测试仪以光电门信号为采样触发信号。

汽缸的体积随工作活塞的位移而变化,而工作活塞的位移与飞轮的位置有对应关系。在飞轮边缘均匀排列45个挡光片,采用光电门信号上下沿均触发方式,飞轮每转4度给出一个触发信号,由光电门信号可确定飞轮位置,进而计算汽缸体积。

压力传感器通过管道在工作汽缸底部与汽缸连通,以测量汽缸内的压力。在高温和低温区都装有温度传感器,测量高低温区的温度。底座上的三个插座分别输出转速/转角信号、压力信号和高低端温度信号,使用专门的线和实验测试仪相连,传送实时的测量信号。电加热器上的输入电压接线柱分别使用黄、黑两种线连接到电加热器电源的电压输出正负极上。

热机实验仪采集光电门信号、压力信号和温度信号,经微处理器处理后,在仪器显示窗口显示热机转速和高低温区的温度。在仪器前面板上提供压力和体积的模拟信号,供连接示波器显示 P-V 图。所有信号均可经仪器前面板上的串行接口连接到计算机。

加热器电源为加热电阻提供能量,输出电压从24 ~36 V连续可调,可以根据实验的实际需要调节加热电压。

力矩计悬挂在飞轮轴上,调节螺钉可调节力矩计与轮轴之间的摩擦力,由力矩计可读出摩擦力矩 M,并进而算出摩擦力和热机克服摩擦力所做的功。经简单推导可得热机输出功率 $P=2\pi nM$,式中 n 为热机每秒的转速,即输出功率为单位时间内的角位移与力矩的乘积。

加热器电源前面板如图B17.3所示。

电流输出指示灯:当显示表显示电流输出时,该指示灯亮。

电压输出指示灯:当显示表显示电压输出时,该指示灯亮。

电流电压输出显示表:可以按切换方式显示加热器的电流或电压。

电压输出旋钮:根据加热需要调节电源的输出电压,调节范围为“24 ~36 V”,共分为11挡。

电压输出“ - ”接线柱:加热器的加热电压的负端接口。

电压输出“ + ”接线柱:加热器的加热电压的正端接口。

电流电压切换按键:按下显示表显示电流,弹出显示表显示电压。

加热器电源后面板有电源输入插座和转速限制接口:当热机转速超过15 n/s后,主机会输出信号将电加热器电源输出电压断开,停止加热。

微机型空气热机实验仪可以通过串口和计算机通信,并配有热机软件,可以通过该软件在计算机上显示并读取 P-V 图面积等参数和观测热机波形。

实验仪前面板如图B17.4所示。

T_1 指示灯:该灯亮表示当前的显示数值为热源端绝对温度。

ΔT 指示灯:该灯亮表示当前显示数值为热源端和冷源端绝对温度差。

转速显示:显示热机的实时转速,单位为“转/每秒(n/s)”。

$T_1/\Delta T$ 显示:可以根据需要显示热源端绝对温度或冷热两端绝对温度差,单位“开尔文(K)”。

T_2 显示:显示冷源端的绝对温度值,单位“开尔文(K)”。

$T_1/\Delta T$ 显示切换按键:按键通常为弹出状态,表示显示的数值为热源端绝对温度 T_1,同时 T_1 指示灯亮。当按键按下后显示为冷热端绝对温度差 ΔT,同时 ΔT 指示灯亮。

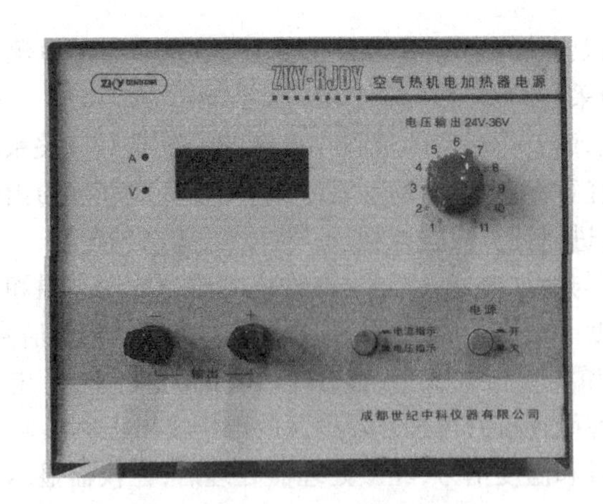

图 B17.3　加热器电源

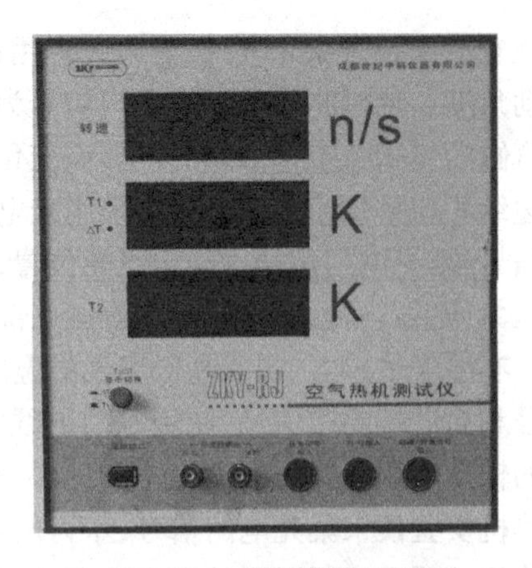

图 B17.4　热机仪器面板

通信接口:使用 1394 线热机通信器相连,再用 USB 线将通信器和计算机 USB 接口相连。如此可以通过热机软件观测热机运转参数和热机波形。

示波器压力接口:通过 Q9 线和示波器 Y 通道连接,可以观测压力信号波形。

示波器体积接口:通过 Q9 线和示波器 X 通道连接,可以观测体积信号波形。

压力信号输入口:用四芯连接线和热机相应的接口相连,输入压力信号。

T_1/T_2 输入口:用六芯连接线和热机相应的接口相连,输入 T_1/T_2 温度信号。

转速/转角信号输入口:用五芯连接线和热机相应的接口相连,输入转速/转角信号。

测试仪后面板有转速限制接口:当热机转速超过 15 n/s,会伴随发出间断蜂鸣声,热机测试仪会自动将电加热器电源输出断开,停止加热。

将各部分仪器安装摆放好后,根据实验仪上的标志使用配套的连接线将各部分仪器装置连接起来。其连接方法为:

用适当的连接线将测试仪的"压力信号输入""T_1/T_2 输入"和"转速/转角信号输入"三个接口与热机底座上对应的三个接口连接起来。

用一根 Q9 线将主机测试仪的压力信号和双踪示波器的 Y 通道连接,再用另一根 Q9 线将主机测试仪的体积信号和双踪示波器的 X 通道连接。

用 1394 线将主机测试仪的通信接口和热机通信器相连,再用 USB 线和计算机 USB 接口连接;热机测试仪配有计算机软件,将热机与计算机相连,可在计算机上显示压力与体积的实时波形,显示 P-V 图,并显示温度、转速、P-V 图面积等参数。

用两芯的连接线将主机测试仪后面板上的"转速限制接口"和电加热器电源后面板上的"转速限制接口"连接起来。

用鱼叉线将电加热器电源的输出接线柱和电加热器的"输入电压接线柱"连接起来,黑色线对黑色接线柱,黄色线对红色接线柱,而在电加热器上的两个接线柱不需要区分颜色,可以任意连接。

用手顺时针拨动飞轮,结合图 B17.1 仔细观察热机循环过程中工作活塞与位移活塞的运动情况,理解空气热机的工作原理。

根据测试仪面板上的标志和仪器介绍中的说明,将各部分仪器连接起来。

打开计算机电源,进入热机实验软件,开始实验。

取下力矩计,将加热电压加到第 11 挡(36 V 左右)。等待 6 ~ 10 min,加热电阻丝已发红后，用手顺时针拨动飞轮，热机即可运转（若运转不起来，可看看热机测试仪显示的温度，冷热端温度差在100 ℃以上时易于启动）。

减小加热电压至第1挡（24 V左右），观察压力和容积信号，以及压力和容积信号之间的相位关系等，并把 P-V 图调节到最适合观察的位置。等待约10 min，温度和转速平衡后，记录当前加热电压，并从热机测试仪（或计算机）上读取温度和转速，从计算机上读取 P-V 图面积，记入表B17.1中。

逐步加大加热功率，等待约10 min。温度和转速平衡后，重复测量4次以上，将数据记入表B17.1。

以 $\Delta T/T_1$ 为横坐标，$nA/\Delta T$ 为纵坐标，在坐标纸上作 $nA/\Delta T$ 与 $\Delta T/T_1$ 的关系图，验证卡诺定理。

表B17.1　测量不同冷热端温度时的热功转换值

加热电压 V	热端温度 T_1	温度差 ΔT	$\Delta T/T_1$	A（P-V 图面积）	热机转速 n	$nA/\Delta T$

在最大加热功率下，用手轻触飞轮让热机停止运转，然后将力矩计装在飞轮轴上，拨动飞轮，让热机继续运转。调节力矩计的摩擦力（不要停机），待输出力矩、转速、温度稳定后，读取并记录各项参数于表B17.2中。

保持输入功率不变，逐步增大输出力矩，重复测量5次以上。

以 n 为横坐标，P_o 为纵坐标，在坐标纸上作 P_o 与 n 的关系图，表示同一输入功率下，输出偶合不同时输出功率或效率随偶合的变化关系。

表B17.2　测量热机输出功率随负载及转速的变化关系　输入功率 $P_i=VI$

热端温度 T_1	温度差 ΔT	输出力矩 M	热机转速 n	输出功率 $P_o=2\pi nM$	输出效率 $\eta_{o/i}=P_o/P_i$

表B17.1，表B17.2中的热端温度 T_1、温差 ΔT、转速 n、加热电压 V、加热电流 I、输出力矩 M 可以直接从计算机上读出来；P-V 图面积 A 可以从计算机软件直接读出，其单位为焦耳；其他的数值可以根据前面的读数计算得到。

注意事项:

①加热端在工作时温度很高,而且在停止加热后 1 h 内仍然会有很高温度,请小心操作,否则会被烫伤。

②热机在没有运转状态下,严禁长时间、大功率加热,若热机运转过程中因各种原因停止转动,必须用手拨动飞轮帮助其重新运转或立即关闭电源,否则会损坏仪器。

③热机汽缸等部位为玻璃制造,容易损坏,请谨慎操作。

④记录测量数据前须保证已基本达到热平衡,避免出现较大误差。等待热机稳定读数的时间一般在 10 min 左右。

⑤在读力矩的时候,力矩计可能会摇摆。这时可以用手轻托力矩计底部,缓慢放手后可以稳定力矩计。如还有轻微摇摆,读取中间值。

⑥飞轮在运转时,应谨慎操作,避免被飞轮边沿割伤。

实验 *B*18　计算机模拟物理过程

物理实验可以再现一定条件下的物理过程,使我们对物理过程有多次进行观察、测量的机会,可以对物理过程进行更深入的认识,但是有的实验很复杂,有的实验条件如高温、高压、高速等,难于在实验室内实现,都使物理实验受到限制。高速计算机出现之后,人们就开始了用计算机模拟物理过程,就可在计算机上做实验,探索物理规律和现象,这种模拟已在流体动力学、核物理、光学设计、化学反应等多方面取得重要成果。计算物理学已发展成为内容广泛的一门重要学科。

【实验目的】

要求在微机上自己编程序,模拟简单的物理过程,用以初步认识微机模拟物理过程的方法。

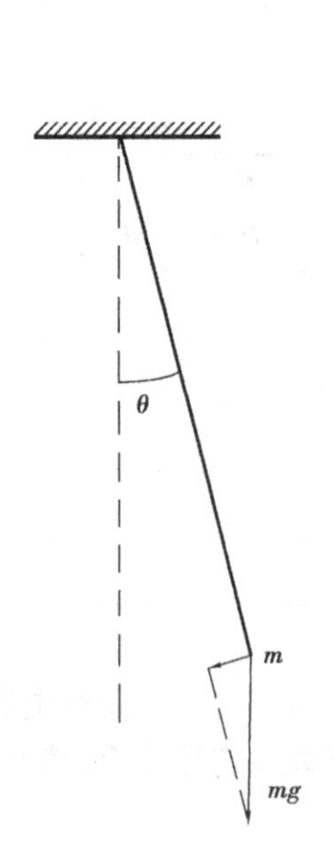

图 B18.1

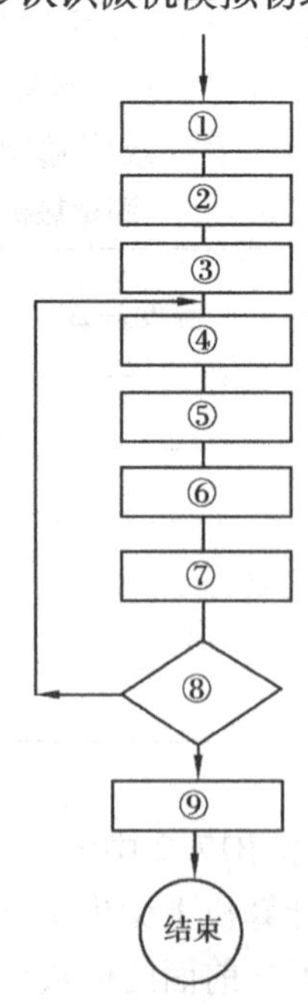

图 B18.2

以下进行的模拟，仅给出编程的思路和流程示意图，具体程序由学生用自己熟悉的计算机语言去编写。

【模拟实验1】单摆的振动

此实验研究单摆的振动周期 T 与幅角 θ 的关系，根据质点运动学模拟，将单摆从速度为零时的初始幅角 θ，到幅角为零的路程等分为 n 段，计算出单摆通过各段的时间并累加为 t，此 t 为周期 T 的1/4。图B18.2为流程示意图。

各步的内容如下：

①输入当地重力加速度 g、摆长 l、初始幅角 θ（弧度）及分段数 n 的值。

②求出每一段对应的角位移 $\Delta\theta=\theta/n$ 及线位移 $\Delta s=l\cdot\Delta\theta$。

③取第1段摆的初速度 $v_1=0$。

④各段内摆的平均线加速度 a 近似计算为

$$a=g\cdot\sin\left(\theta-\frac{\Delta\theta}{2}\right)$$

式中 θ 为各段起点的摆角。

⑤求出某一段内摆的末速度 v_2 为

$$v_2=\sqrt{2a\cdot\Delta s+v_1^2}$$

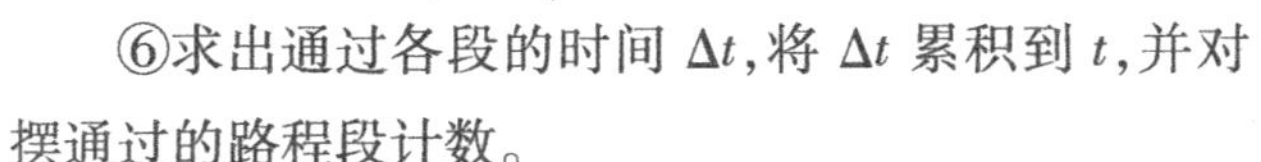

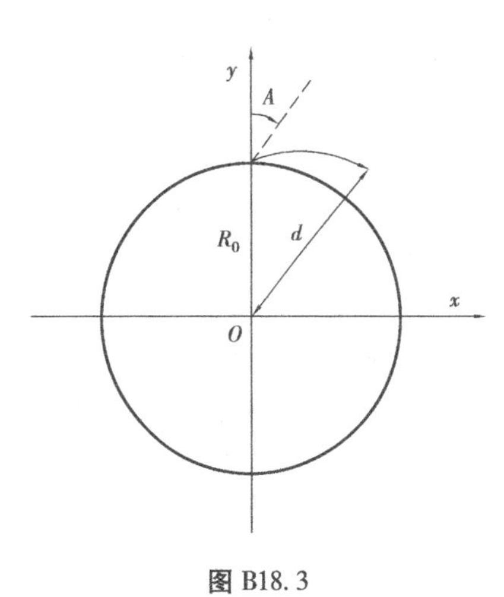

图B18.3

⑥求出通过各段的时间 Δt，将 Δt 累积到 t，并对摆通过的路程段计数。

⑦给出下一段摆的初速度 v_1（即上一段的末速度 v_2）和下一段开始的摆角（等于上一段开始时的摆角 θ 减去 $\Delta\theta$）。

⑧如果摆通过的路程段数小于 n，就返回“4”步计算下一段的时间。

⑨求出周期 T 并输出。

⑩结束。

按数学解析的方法可得单摆周期：

$$T=2\pi\sqrt{\frac{l}{g}}\left[1+\frac{1}{2^2}\sin^2\frac{\theta}{2}+\frac{(1\times3)^2}{(2\times4)^2}\sin^4\frac{\theta}{2}+\frac{(1\times3\times5)^2}{(2\times4\times6)^2}\sin^6\frac{\theta}{2}+\cdots\right]$$

把由实验求出的 T 值与用数学解析的方法求出的 T 值进行比较，分析其差异的可能起因。

【模拟实验2】地球上远程抛射体的运动轨迹

根据质点运动学去模拟，将抛射体的运动分成许多的小段去计算，每一段的时间均为 Δt，在一小段路程内运动的加速度近似取为定值。

设已知任一路程段起点的地心坐标为 (x,y) 及其速度分量 v_x、v_y，由此推算经过 Δt 时间后的坐标 (x',y') 及速度分量 v_x'、v_y'。

由地心坐标 (x,y) 可知其地心距离 d 为

$$d=\sqrt{x^2+y^2}$$

在该处的重力加速度的 x、y 轴方向的分量 g_x、g_y 为

$$g_x = g_0 \frac{r_0^2 \cdot x}{d^3} \qquad\qquad g_y = g_0 \frac{r_0^2 \cdot y}{d^3}$$

式中,g_0 为地球表面的重力加速度,r_0 为地球半径,在 Δt 时间内其速度增量 Δv_x、Δv_y 为

$$\Delta v_x = g_x \cdot \Delta t \qquad\qquad \Delta v_y = g_y \cdot \Delta t$$

在此 Δt 时间内的平均速度 $\bar{v}_x$,$\bar{v}_y$ 为

$$\bar{v}_x = v_x + \Delta v_x/2 \qquad\qquad \bar{v}_y = v_y + \Delta v_y/2$$

经过 Δt 时间,x,y 的增量 Δx、Δy 为

$$\Delta x = \bar{v}_x \cdot \Delta t \qquad\qquad \Delta y = \bar{v}_y \cdot \Delta t$$

经过 Δt 时间后的位置(x',y')为

$$x' = x + \Delta x \qquad\qquad y' = y + \Delta y$$

速度分量 v'_x、v'_y 为

$$v'_x = v_x + \Delta v_x \qquad\qquad v'_y = v_y + \Delta y_x$$

以此(x'、y')和 v'_x、v'_y 为基础重复上述计算,又可求出下一个 Δt 时间后的位置及速度分量,如此逐步计算可得一系列的(x、y)点值,将各(x、y)点连接,即为抛射体的运动轨迹。

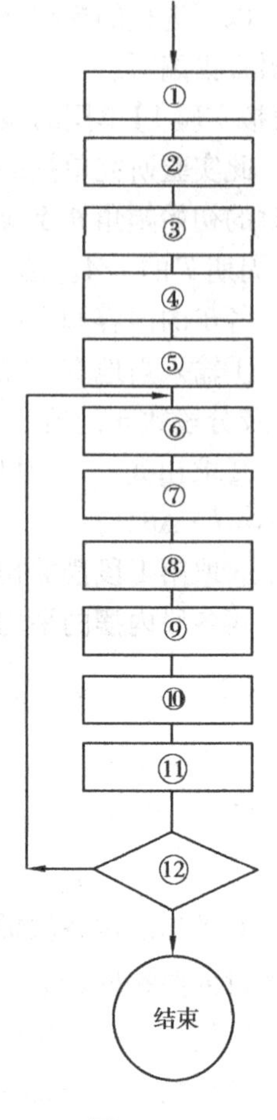

图 B18.4

图 B18.4 为程序的流程示意图。

①输入当地重力加速度 $g_0 = -9.8(\mathrm{m/s^2})$,地球平均半径 $R_0 = 6.37 \times 10^6$ m,时间段长 $\Delta t = 0.1$ s,指定运行总时间 t_0。

输入抛射体的发射速度 v(m/s)及倾角 A(弧度)。

②抛射点地心坐标取为 $x = 0$,$y = R_0$,速度分量 v_x、v_y 为

$$v_x = v \cdot \sin A \qquad\qquad v_y = v \cdot \cos A$$

③在屏上绘地球,球心位置可取屏上下方某点坐标(300,100),地球半径可取 100 个屏上像素单元。

④求比例系数 C。要在屏上显示地球及抛射体的运动轨迹就要有一比例系数,在步骤③中绘地球时,半径取 100 个像素单元,即比例系数 $C = 100/R_0$。

⑤在屏上抛射点处显示一亮点,此亮点的屏上坐标当为($300, 100 - Y \times C/2.25$)。

因为对相等的长度值,在计算机屏幕上 y 方向的显示长度是 x 方向显示长度的 2.25 倍,所以屏上绘图时,对 y 值要除以 2.25。

⑥求地心距离 d。

⑦求重力加速度分量 g_x、g_y。

⑧求速度增量及平均速度。

⑨求位置增量及 Δt 末的位置,求累计运行时间 t_0。

⑩在屏上绘出此 Δt 的位移。

⑪求下一时段开始时的速度分量。

⑫当 $d > R_0$ 同时 $t < t_0$ 时,就返回步骤⑥中计算下一时段的运动。

附 录

附录1 贝塞尔公式的推导

按标准误差的定义去求标准误差时，需要知道测量值的误差 ε 或真值 a，但实际上二者均是不可知的数。从一组等精度测量值能知道它的最近真值，即算术平均值，以及各测量值和算术平均值之差，即偏差。现在我们讨论如何由偏差去估计标准误差。

设一组等精度测量值为 $x_1, x_2, \cdots, x_n$，其平均值为 $\bar{x}$，而真值为 a，其误差 ε 和偏差 v 分别为

$$\left.\begin{aligned}\varepsilon_1 &= x_1 - a\\ \varepsilon_2 &= x_2 - a\\ &\vdots\\ \varepsilon_n &= x_n - a\end{aligned}\right\},\quad \left.\begin{aligned}v_1 &= x_1 - \bar{x}\\ v_2 &= x_2 - \bar{x}\\ &\vdots\\ v_n &= x_n - \bar{x}\end{aligned}\right\}$$

分别求误差及偏差的总和，得

$$\sum \varepsilon_i = \sum x_i - na$$

$$\sum v_i = \sum x_i - n\bar{x} = 0$$

由第二式得出 $\sum x_i = \overline{nx}$，代入第一式得

$$\bar{x} = \frac{\sum \varepsilon_i}{n} + a$$

将此式代入偏差 $v_i = x_i - \bar{x}$ 各式中，得

$$v_1 = (x_1 - a) - \frac{\sum \varepsilon_i}{n} = \varepsilon_1 - \frac{\sum \varepsilon_i}{n}$$

$$v_2 = (x_2 - a) - \frac{\sum \varepsilon_i}{n} = \varepsilon_2 - \frac{\sum \varepsilon_i}{n}$$

$$\vdots$$

$$v_n = (x_n - a) - \frac{\sum \varepsilon_i}{n} = \varepsilon_n - \frac{\sum \varepsilon_i}{n}$$

将上列各式两侧分别求平方和,得

$$\sum v_i^2 = \sum \varepsilon_i^2 - 2\frac{(\sum \varepsilon_i)^2}{n} + n\left(\frac{\sum \varepsilon_i}{n}\right)^2$$

即

$$\sum v_i^2 = \sum \varepsilon_i^2 - \frac{(\sum \varepsilon_i)^2}{n}$$

将上式右侧第二项展开,可得

$$\sum v_i^2 = \sum \varepsilon_i^2 - \frac{\sum \varepsilon_i^2}{n} - \frac{2\sum\limits^{i<j} \varepsilon_i \varepsilon_i}{n}$$

由于误差有正有负,当 $n \to \infty$ 时上式右侧第三项趋于零,所以得

$$\sum v_i^2 = \sum \varepsilon_i^2 - \frac{\sum \varepsilon_i^2}{n}$$

即

$$\sum v_i^2 = \frac{n-1}{n}\sum \varepsilon_i^2$$

所以

$$\frac{\sum v_i^2}{n-1} = \frac{\sum \varepsilon_i^2}{n} = \sigma^2$$

用偏差计算测量列的标准误差的公式为

$$\sigma = \sqrt{\frac{\sum v_i^2}{n-1}}$$

此式称为贝塞尔公式。

在上述讨论中,利用了 $n \to \infty$ 时,$\frac{2\sum \varepsilon_i \varepsilon_i}{n} \to 0$ 的条件,一般认为 $n > 30$ 时,可以认为上述结论近似成立。

附录2 算术平均值的标准误差公式推导

假设对某物理量测得 mn 个值(m 和 n 都很大),按 n 个一组截成 m 段为:$x_{11}, x_{12}, \cdots, x_{1n}$;$x_{21}, x_{22}, \cdots, x_{2n}$;$x_{m1}, x_{m2}, \cdots, x_{mn}$。各段的平均值为

$$\bar{x}_i = (x_{i1} + x_{i2} + \cdots + x_{in})/n, i = 1,2,\cdots,m$$

若平均值的真值为 a,由标准误差定义可得

$$\sigma_x^2 = \frac{\sum (\bar{x}_i - a)^2}{m}$$

$$= \frac{\sum [(x_{i1} - a) + \cdots + (x_{in} - a)]^2}{n^2 m}$$

$$= \frac{\sum [\varepsilon_{i1} + \cdots + \varepsilon_{in}]^2}{n^2 m}$$

$$= \frac{\sum [\varepsilon_{i1}^2 + \cdots + \varepsilon_{in}^2]}{n^2 m} + \frac{2 \sum^{s<j} \varepsilon_{is}\varepsilon_{ij}}{n^2 m}$$

上式右侧第二项乘积有正有负，在 $n \to \infty$ 时其值趋于零，则有

$$\sigma_x^2 = \frac{\sigma_1^2 + \sigma_2^2 + \cdots + \sigma_m^2}{nm}$$

对于同一条件下的测量值，应当具有相等的标准误差，即 $\sigma_1^2 = \sigma_2^2 = \cdots = \sigma_m^2 = \sigma^2$，则

$$\sigma_x^2 = \frac{\sigma^2}{n}$$

即用偏差计算平均值的标准误差的公式为

$$\sigma_x = \frac{\sigma}{\sqrt{n}} = \sqrt{\frac{\sum \nu_i^2}{n(n-1)}}$$

此式表明平均值的标准误差 σ_x 为测量列的标准误差 σ 的$\sqrt{n}$分之一。

附录3 t(ρ)分布修正因子

当测量次数较少时，例如 $k \leqslant 20$，按误差理论，误差分布遵从另一种分布——t 分布。由 t 分布可提供一个 t 函数的修正因子，又称 t 因子，用这个因子乘以平均值的标准误差，仍能保证在这个区间内有一定的置信概率，即在下式所表示的范围内，测量值具有相应的置信概率 ρ。

$$\overline{N} \pm \sigma_N \cdot t(\rho)$$

修正因子 $t(\rho)$ 随测量次数减小而增大，并与置信概率有关，其关系如下表所列：

ρ \ k	2	3	4	5	6	7	8	9	10	15	20	∞
0.683	1.84	1.31	1.20	1.14	1.11	1.09	1.08	1.07	1.06	1.04	1.03	1.000
0.90	6.31	2.92	2.35	2.13	2.02	1.94	1.90	1.86	1.83	1.76	1.73	1.65
0.950	12.71	4.30	3.18	2.78	2.57	2.45	2.37	2.31	2.26	2.15	2.09	1.96
0.997	235.8	19.21	9.21	6.62	5.51	4.90	4.53	4.28	4.09	3.64	3.45	3.00

附录4 重要物理事件年表

公元前5世纪,德谟克利特(Democritus,公元前460?)提出万物由不可分不可变的物质组成。

公元前400年,墨翟(公元前478?)《墨经》中记载杠杆、平衡、重心、斜面、小孔成像、固体传声、共鸣现象。

公元前4世纪,亚里士多德(Aristotle,前384—322)提出宇宙间所有物质由水、火、土、气四元素组成,支配西方自然哲学近2000年。

公元前3世纪,欧几里得(Euclid,前330?—前260?)叙述光的直线传播和反射定律。

公元前3世纪,阿基米德(Archimedes,前287?—前212)发明阿基米德螺旋,滑轮原理和浮力定律。

公元前3世纪,《韩非子》记载磁石指南。《吕氏春秋》记有慈石召铁。

公元前2世纪,刘安(前179—前122)《淮南子》,记载用冰作透镜,涂水银的平面镜,人造磁铁和磁极斥力。

公元前1世纪,《汉书》记载尖端放电,避雷知识。

27—97年,王充著《论衡》,记载有力、热、声、磁学方面的知识,记载了金属凹面镜向日取火,玳瑁经摩擦吸引轻小物体。

62—150年,希龙(Heron)创制蒸汽旋转器,最早利用蒸汽动力。

117—132年,张衡制成水运浑天仪,世界上最早的机械计时器;制成地动仪,世界上第一台地震仪器。

2世纪,托勒密(C. P. Tolemaeus,100?—170?)测量光的折射。

5世纪,祖冲之(429—500),精确推算π值,以天文学精确编制《大明历》。

11世纪,沈括(1031—1095)《梦溪笔谈》,记载人工磁化,地磁的磁偏角,四种指南针:水浮法、指甲旋定法、碗唇旋定法和缕悬法。记述了乐律、古琴制作、古代扁形乐钟发声、声共振,记录了针孔成像、凹面镜成像,研究了焦点、透光镜。

13世纪,赵友钦(1279—1368)《革象新书》,记载了针孔成像,讨论了小孔、光源、像、物距、像距因素之间的关系,研究了照度和光源距离间的关系。

15世纪,达.芬奇(L. da Vinci,1452—1519)设计了大量机械,发明温度计和风力计。

1543年,哥白尼《天体运行论》出版,提出太阳中心说,动摇宗教神学宇宙观。

1581年,诺曼(R. Norman)《新奇的吸引力》中描述了地磁的磁倾角。

1583年,伽利略(Galileo Galilei,1564—1642)发现摆的等时性。

1584年,朱载《律吕精义》,用等比级数平均划分音律,阐明了十二平均律。

1586年,斯梯芬(S. Stevin,1542—1620)《静力学原理》,引入力的分解和合成的平行四边形法则。

1589—1592年,伽利略区分了速度和加速度,确认落体的速度与质量无关,推翻重物先落地流传千年的错误,发现抛物体运动规律。

1590 年,詹森用凸透镜和凹透镜发明了显微镜。

1600 年,吉尔伯特(W. Gilbert,1548—1603)《磁石》,论述了地球是个大磁石,提出摩擦吸引轻物体不是由于磁力。

1605 年,弗·培根(F. Bacon,1561—1626)《学术的进展》,提倡实验哲学,强调以实验为基础的归纳法。

1609 年,伽利略初次测光速,未获成功。

1609 年,开普勒(J. Kepler,1571—1630)《新天文学》,提出开普勒第一、第二定律。

1619 年,开普勒《宇宙谐和论》,提出开普勒第三定律。

1620 年,斯涅耳(W. Snell,1580—1626),归纳出光的反射和折射定律。

1632 年,伽利略《关于托勒密和哥白尼两大世界体系的对话》,支持地动学说,阐明了运动的相对性原理。

1636 年,麦森(M. Mersenne,1588—1648)测量声的振动频率,发现谐音,求出空气中的声速。

1638 年,伽利略的《两门新科学的对话》,讨论了材料抗断裂、惯性原理、自由落体运动、斜面上物体的运动、抛射体的运动,给出了匀速运动和匀加速运动定义。

1643 年,托里拆利(E. Torricelli,1608—1647)和维维安尼(V. Viviani,1622—1703)提出气压概念,做了托里拆利实验,发明了水银气压计。

1653 年,帕斯卡(B. Pascal,1623—1662)发现静止流体中压力传递原理-帕斯卡原理。

1654 年,盖里克(O. V. Guericke,1602—1686)发明抽气泵获得真空,做了马德堡半球实验。

1658 年,费马(P. Fermat,1601—1665)提出光线在媒质中循最短光程传播的规律(费马原理)。

1660 年,格里马尔迪(F. M. Grimaldi,1618—1663)发现光的衍射,提出光的波动说。

1662 年,波意耳(R. Boyle,1627—1691)发现波意耳定律。

1666 年,牛顿(I. Newton,1642—1727)用三棱镜作色散实验。

1669 年,巴塞林那斯(E. Bartholinus)发现光经过方解石有双折射的现象。

1675 年,牛顿作牛顿环实验,这是光的干涉现象,但牛顿仍用光的微粒说解释。

1676 年,罗迈(O. Roemer,1644—1710)根据木星卫星被木星掩食的观测,推算出光在真空中的传播速度。

1678 年,胡克(R. Hooke,1635—1703)阐述了在弹性极限内表示力和形变之间的线性关系的定律-胡克定律。

1687 年,牛顿在《自然哲学的数学原理》中阐述了牛顿运动定律和万有引力定律。

1690 年,惠更斯(C. Huygens,1629—1695)《光论》,提出光的波动说,导出了光的直线传播和光的反射、折射定律,解释了双折射现象。

1714 年,华伦海特(D. G. Fahrenheit,1686—1736)发明水银温度计,定出第一个经验温标-华标。

1717 年,J. 伯努利(J. Bernoulli,1667—1748)提出虚位移原理。

1738 年,D. 伯努利(Daniel Bernoulli,1700—1782)《流体动力学》,提出流体定常流动的伯努利方程。

1742 年,摄尔修斯(A. Celsius,1701—1744)提出摄氏温标。

1743 年,达朗伯(J. R. d'Alembert,1717—1783)《动力学原理》中阐述了达朗伯原理。

1744 年,莫泊丢(P. L. M. Maupertuis,1698—1759)提出最小作用量原理。

1745 年,克莱斯特(E. G. V. Kleist,1700—1748)发明储存电的方法,次年马森布洛克(P. V. Musschenbroek,1692—1761)发明莱顿瓶。

1747 年,富兰克林(Benjamin Franklin,1706—1790)提出正电和负电的概念。

1748 年,利希曼发现静电感应现象。

1750 年,米切尔(J. Michell,1724—1793)提出磁力的平方反比定律。

1752 年,富兰克林作风筝实验,引天电到地面。

1755 年,欧拉(L. Euler,1707—1783)建立流体力学的基本方程(欧拉方程)。

1760 年,布莱克(J. Brack,1728—1799)发明量热器,将温度和热量分为两个概念。

1761 年,布莱克提出潜热概念,奠定了量热学基础。

1767 年,普列斯特利(J. Priestley,1733—1804)根据富兰克林导体内不存在静电荷的实验,推得静电力的平方反比定律。

1768 年,瓦特在汽缸外增加冷凝器,制成单动式近代蒸汽机,提高了热效率。

1772 年,爱斯尔建立了晶体的面角守恒定律。

1775 年,伏打(A. Volta,1745—1827)发明起电盘。

1775 年,法国科学院宣布不再审理永动机的设计方案。

1780 年,伽伐尼(A. Galvani,1737—1798)发现蛙腿肌肉收缩现象,认为是动物电所致。

1785 年,库仑(C. A. Coulomb,1736—1806)发明扭秤,得到静电力的平方反比定律。

1787 年,查理(J. A. C. Charles,1746—1823)发现气体压强随温度变化的规律。

1788 年,拉格朗日(J. L. Lagrange,1736—1813)《分析力学》出版。

1792 年,伏打研究伽伐尼现象,认为是两种金属接触所致。

1798 年,卡文迪许(H. Cavendish,1731—1810)用扭秤测定万有引力常数 G。

1799 年,戴维(H. Davy,1778—1829)做真空中摩擦实验,证明热是物体微粒的振动所致。

1800 年,伏打发明电堆。赫谢尔(W. Herschel,1788—1822)从太阳光谱的辐射发现红外线。

1801 年,里特尔(J. W. Ritter,1776—1810)从太阳光谱的化学作用,发现紫外线。

1801 年,托马斯. 杨(T. Young,1773—1829)做光的干涉实验,用干涉法测光波波长,提出光波干涉原理。

1802 年,沃拉斯顿(W. H. Wollaston,1766—1828)发现太阳光谱中有暗线。

1803 年,道尔顿提出物质的原子理论。

1807 年,托马斯. 杨定义了弹性模量,又称为杨氏模量。

1808 年,马吕斯(E. J. Malus,1775—1812)发现光的偏振现象。

1811 年,布儒斯特(D. Brewster,1781—1868)发现偏振光的布儒斯特定律。

1815 年,夫琅和费(J. V. Fraunhofer,1787—1826)用分光镜研究太阳光谱中的暗线,后称为夫琅和费线,并测出了它们的波长。

1815 年,菲涅耳(A. J. Fresnel,1788—1827)以杨氏干涉原理补充惠更斯原理,形成惠更斯-菲涅耳原理,解释了光的直线传播和光的衍射问题。

1819 年，杜隆（P. 1. Dulong，1785—1838）与珀替（A. T. Petit，1791—1820）发现克原子固体比热常数，称杜隆-珀替定律。

1820 年，奥斯特（H. C. Oersted，1771—1851）发现导线通电产生磁效应。毕奥（J. B. Biot，1774—1862）和沙伐（F. Savart，1791—1841）归纳电流元的磁场定律。安培（A. M. Ampère，1775—1836）发现电流之间的相互作用力，提出安培作用力定律。

1821 年，塞贝克（T. J. Seebeck，1770—1831）发现温差电效应（塞贝克效应）。菲涅耳发表光的横波理论。夫琅和费发明光栅。傅里叶（J. B. J. Fourier，1768—1830）《热的分析理论》详细研究了热在媒质中的传播。

1824 年，S. 卡诺（S. Carnot，1796—1832）提出卡诺循环。

1826 年，欧姆（G. S. Ohm，1789—1854）确立欧姆定律。

1827 年，布朗（R. Brown，1773—1858）发现液体中的细微颗粒作杂乱无章运动，是分子运动论的有力证据。

1830 年，诺比利（L. Nobili，1784—1835）发明温差电堆。

1831 年，法拉第（M. Faraday，1791—1867）发现电磁感应现象。

1833 年，法拉第提出电解定律。

1834 年，楞次（H. F. E. Lenz，1804—1865）建立楞次定律。珀耳帖（J. C. A. Peltier，1785—1845）发现电流制冷的效应。克拉珀龙（B. P. E. Clapeyron，1799—1864）导出克拉珀龙方程。哈密顿（W. R. Hamilton，1805—1865）提出正则方程和用变分法表示的哈密顿原理。

1835 年，亨利（J. Henry，1797—1878）发现自感，1842 年发现电振荡放电。

1840 年，焦耳（J. P. Joule，1818—1889）发现电流热效应的热量与电流的平方、电阻及时间成正比，称焦耳-楞次定律（楞次也独立发现这定律）。

1841 年，高斯（C. F. Gauss，1777—1855）阐明几何光学理论。

1842 年，多普勒（J. C. Doppler，1803—1853）发现多普勒效应。迈尔（R. Mayer，1814—1878）提出能量守恒与转化的思想。勒诺尔（H. V. Regnault，1810—1878）测定实际气体的性质，发现与波义耳定律及盖。吕萨克定律有偏离。

1843 年，法拉第实验证明电荷守恒定律。

1845 年，法拉第发现强磁场使光的偏振面旋转，称法拉第效应。

1846 年，瓦特斯顿（J. J. Waterston，1811—1883）根据分子运动论假说，导出理想气体状态方程，并提出能量均分定理。

1849 年，斐索（A. H. Fizeau，1819—1896）在地面上测光速。

1851 年，傅科（J. L. Foucault，1819—1868）做傅科摆实验，证明地球自转。

1852 年，焦耳与 W. 汤姆生（W. Thomson，1824 —1907）发现气体焦耳-汤姆生效应。

1853 年，维德曼（G. H. Wiedemann，1826—1899）和夫兰兹（R. Franz）发现一定温度下，许多金属的热导率和电导率的比值都是一个常数（维德曼-夫兰兹定律）。

1855 年，傅科发现涡电流（傅科电流）。

1857 年，韦伯（W. E. Weber，1804—1891）与柯尔劳胥（R. H. A. Kohlrausch，1809—1858）测定电荷的静电单位和电磁单位之比，发现该值接近于真空中的光速。

1858 年，克劳修斯（R. J. E. Claüsius，1822—1888）引进气体分子的自由程概念。普吕克尔（J. Plücker，1801—1868）在放电管中发现阴极射线。

1859 年,麦克斯韦(J. C. Maxwell,1831—1879)提出气体分子的速度分布律。基尔霍夫(G. R. Kirchhoff,1824—1887)开创光谱分析,通过光谱分析发现铯、铷元素。发现发射光谱和吸收光谱之间的联系,建立了辐射定律。

1864 年,麦克斯韦提出电磁场的基本方程组（麦克斯韦方程组),推断电磁波的存在,预测光是一种电磁波。

1866 年,昆特（A. Kundt,1839—1894)做昆特管实验,测量气体或固体中的声速。

1868 年,玻尔兹曼(L. Boltzmann,1844—1906)推广麦克斯韦的分子速度分布律,建立了平衡态气体分子的能量分布律-玻尔兹曼分布律。

1869,安德纽斯(T. Andrews,1813—1885)发现气-液相变的临界点。希托夫(J. W. Hittorf,1824 —1914)用磁场使阴极射线偏转。

1871 年,瓦尔莱(C. F. Varley,1828—1883)发现阴极射线带负电。

1872 年,玻尔兹曼提出输运方程(玻尔兹曼输运方程)、H 定理和熵的统计诠释。

1873 年,范德瓦耳斯(J. D. Van der Waals,1837—1923)提出实际气体状态方程。

1875 年,克尔(J. Kerr,1824—1907)发现强电场下,各向同性的透明介质会变为各向异性,使光产生双折射现象,称克尔电光效应。

1876 年,哥尔茨坦(E. Goldstein,1850—1930)研究阴极射线,发现极坠射线。

1876—1878 年,吉布斯(J. W. Gibbs,1839—1903)提出化学势概念、相平衡定律,建立了粒子数可变系统的热力学基本方程。

1877 年,瑞利(J. W. S. Rayleigh,1842—1919)《声学原理》,为近代声学奠定了基础。

1879 年,克鲁克斯(W. Crookes,1832—1919)研究阴极射线。斯忒藩(J. Stefan,1835—1893)建立黑体的面辐射强度与绝对温度关系的经验公式,测得太阳表面温度约为 6 000 ℃。

1884 年玻尔兹曼从理论上证明上述公式,后称为斯忒藩-玻尔兹曼定律。霍尔(E. H. Hall,1855—1938)发现电流通过金属,在磁场作用下产生横向电动势的霍尔效应。

1880 年,居里兄弟(P. Curie,1859—1906;J. Curie,1855—1941)发现晶体的压电效应。

1881 年,迈克耳孙(A. A. Michelson,1852—1931)首次做以太漂移实验,发明迈克耳孙干涉仪。

1885 年,迈克耳孙与莫雷(E. W. Morley,1838—1923)改进斐索流水中光速的测量。巴耳末（J. J. Balmer,1825—1898)发表已发现的氢原子可见光波段中 4 根谱线的波长公式。

1887 年,迈克耳孙与莫雷再次做以太漂移实验。赫兹(H. Hertz,1857—1894)作电磁波实验,证实麦克斯韦的电磁场理论,发现光电效应。

1890 年,厄沃(B. R. Eotvos)实验证明惯性质量与引力质量相等。里德伯(R. J. R. Rydberg,1854—1919)发表碱金属和氢原子光谱线通用的波长公式。

1893 年,维恩(W. Wien,1864—1928)导出黑体辐射强度分布与温度关系的位移定律。勒纳德（P. Lenard,1862—1947)研究阴极射线时,测得阴极射线进入空气射程。

1895 年,洛仑兹(H. A. Lorentz,1853—1928)发表电磁场对运动电荷作用力的公式,后称该力为洛伦兹力。P. 居里发现居里点和居里定律。伦琴(W. K. Rontgen,1845—1923)发现 X 射线。

1896 年,维恩发表短波范围的黑体辐射能量分布公式。贝克勒尔(A. H. Becquerel,1852—1908)发现放射性。塞曼(P. Zeeman,1865—1943)发现磁场使光谱线分裂,称塞曼效应。洛仑兹创立经典电子论。

1897 年，J. J. 汤姆生（J. J. Thomson，1856—1940）从阴极射线证实电子存在，测出荷质比与塞曼效应所得数量级相同，确证电子存在。

1898 年，卢瑟福（E. Rutherford，1871—1937）揭示铀辐射，把软的成分称为 α 射线，硬的成分称为 β 射线。居里夫妇（P. Curie 与 M. S. Curie，1867—1934）发现放射性元素镭和钋。

1899 年，列别捷夫（A. A. Лебедев，1866—1911）实验证实光压的存在。卢梅尔（O. Lummer，1860—1925）与鲁本斯（H. Rubens，1865—1922）做空腔辐射实验，测得辐射量分布曲线。

1900 年，瑞利发表长波范围的黑体辐射公式。普朗克（M. Planck，1858—1947）提出整个波长范围的黑体辐射公式，用能量量子化假设导出了这个公式。维拉尔德（P. Villard，1860—1934）发现 v 射线。

1901 年，考夫曼（W. Kaufmann，1871—1947）从镭辐射测 β 射线在电场和磁场中的偏转，发现电子质量随速度变化。理查森（O. W. Richardson，1879—1959）发现灼热金属表面的电子发射规律。

1902 年，勒纳德得到光电效应的基本规律：电子的最大速度与光强无关，为爱因斯坦的光量子假说提供实验基础。吉布斯《统计力学的基本原理》创立统计力学理论。

1903 年，卢瑟福和索迪（F. Soddy，1877—1956）发表元素的嬗变理论。

1905 年，爱因斯坦（A. Einstein，1879—1955）发表布朗运动论文，发表光量子假说，解释了光电效应现象。

1905 年，朗之万（P. Langevin，1872—1946）发表顺磁性的经典理论。爱因斯坦发表《关于运动媒质的电动力学》，首次提出狭义相对论基本原理，发现质能之间的相当性。

1906 年，爱因斯坦发表关于固体热容的量子理论。

1907 年，外斯（P. E. Weiss，1865—1940）发表铁磁性的分子场理论，提出磁畴假设。

1908 年，昂纳斯（H. Kammerlingh-Onnes，1853—1926）液化了氦。佩兰（J. B. Perrin，1870—1942）证实布朗运动方程，求得阿佛伽德罗常数。

1908—1910 年，布雪勒（A. H. Bucherer，1863—1927）等人，精确测量出电子质量随速度的变化，证实洛仑兹-爱因斯坦的质量变化公式。

1908 年，盖革（H. Geiger，1882—1945）发明计数管。卢瑟福等人从 α 粒子测定电子电荷 e 值。

1906—1917 年，密立根（R. A. Millikan，1868—1953）测单个电子电荷值，前后历经 11 年，实验方法做过三次改革，做了上千次实验。

1909 年，盖革与马斯登（E. Marsden）在卢瑟福的指导下，实验发现 α 粒子碰撞金属箔产生大角度散射，1911 年卢瑟福提出有核原子模型理论，这一理论 1913 年为盖革和马斯登的实验所证实。

1911 年，昂纳斯发现汞、铅、锡等金属在低温下的超导电性。

1911 年，威尔逊（C. T. R. Wilson，1869—1959）发明威尔逊云室，为核物理的研究提供了重要手段。

1911 年，赫斯（V. F. Hess，1883 —1964）发现宇宙射线。

1912 年，劳厄（M. V. Laue，1879—1960）提出方案，弗里德里希（W. Friedrich），尼平（P. Knipping，1883—1935）进行 X 射线衍射实验，证实 X 射线的波动性。能斯特（W. Nernst，

1864—1941)提出绝对零度不能达到定律(即热力学第三定律)。

1913 年,斯塔克(J. Stark,1874—1957)发现原子光谱在电场作用下的分裂现象(斯塔克效应)。玻尔 (N. Bohr,1885—1962)发表氢原子结构理论,解释了氢原子光谱。布拉格父子(W. H. Bragg,1862—1942;W. L. Bragg,1890—1971)研究 X 射线衍射,用 X 射线晶体分光仪,测定 X 射线衍射角,根据布拉格公式算出晶格常数。

1914 年,莫塞莱(H. G. J. Moseley,1887—1915)发现原子序数与元素辐射特征线之间的关系,奠定了 X 射线光谱学的基础。弗朗克(J. Franck,1882—1964)与 G. 赫兹(G. Hertz,1887—1957)测汞的激发电位。查德威克(J. Chadwick,1891—1974)发现 β 能谱。西格班(K. M. G. Siegbahn,1886—1978)研究 X 射线光谱学。

1915 年,在爱因斯坦倡议下,德哈斯(W. J. de Haas,1878—1960)首次测量回转磁效应。爱因斯坦建立广义相对论。

1916 年,密立根用实验证实了爱因斯坦光电方程。爱因斯坦根据量子跃迁概念推出普朗克辐射公式,同时提出受激辐射理论,为激光的理论基础。德拜(P. J. S. Debye,1884—1966)提出 X 射线粉末衍射法。

1919 年,爱丁顿(A. S. Eddington,1882—1944)等人在日食观测中证实爱因斯坦关于引力使光线弯曲的预言。阿斯顿(F. W. Aston,1877—1945)发明质谱仪,为同位素的研究提供重要手段。卢瑟福首次实现人工核反应。巴克豪森(H. G. Barkhausen)发现磁畴。

1921 年,瓦拉塞克发现铁电性。

1922 年,斯特恩(O. Stern,1888—1969)与盖拉赫(W. Gerlach,1889—1979)使银原子束穿过非均匀磁场,观测到分立的磁矩,证实空间量子化理论。

1923 年,康普顿(A. H. Compton,1892—1962)用光子和电子相互碰撞解释 X 射线散射中波长变长的结果,称康普顿效应。

1924 年,德布罗意(L. de Broglie,1892—1987)提出微观粒子具有波粒二象性的假设。

1924 年,玻色(S. Bose,1894—1974)发表光子服从统计规律,经爱因斯坦补充建立了玻色-爱因斯坦统计。

1925 年,泡利(W. Pauli,1900—1976)发表不相容原理。海森伯(W. K. Heisenberg,1901—1976)创立矩阵力学。乌伦贝克(G. E. Uhlenbeck,1900-)和高斯密特(S. A. Goudsmit,1902—1979)提出电子自旋假设。

1926 年,薛定谔(E. Schrodinger,1887—1961)发表波动力学,证明矩阵力学和波动力学的等价性。费米 (E. Fermi,1901—1954)与狄拉克(P. A. M. Dirac,1902—1984)独立提出费米-狄拉克统计。玻恩 (M. Born,1882—1970)发表波函数的统计诠释。海森伯发表不确定原理。

1927 年,玻尔提出量子力学的互补原理。戴维森(C. J. Davisson,1881—1958)与革末(L. H. Germer,1896—1971)用低速电子进行电子散射实验,证实了电子衍射。同年,G. P. 汤姆生(G. P. Thomson,1892—1970)用高速电子获电子衍射花样。

1928 年,拉曼(C. V. Raman,1888—1970)等人发现散射光的频率变化,即拉曼效应。狄拉克发表相对论电子波动方程,把电子的相对论性运动和自旋、磁矩联系了起来。

1928—1930 年,布洛赫(F. Bloch,1905—1983)等人为固体的能带理论奠定了基础。

1930—1931 年,狄拉克提出正电子的空穴理论和磁单极子理论。

1931 年,A. H. 威尔逊(A. H. Wilson)提出金属和绝缘体相区别的能带模型,预言介于两者之间存在半导体。劳伦斯(E. O. Lawrence,1901—1958)等人建成第一台回旋加速器。

1932 年,考克拉夫特(J. D. Cockcroft,1897—1967)与沃尔顿(E. T. Walton)发明高电压倍加器,加速质子,实现人工核蜕变。尤里(H. C. Urey,1893—1981)将天然液态氢蒸发浓缩后,发现氢的同位素-氘的存在。

查德威克发现中子。卢瑟福于 1920 年设想原子核中有中性粒子,质量大体与质子相等。1930 年,玻特(W. Bothe,1891—1957)等人在 α 射线轰击铍的实验中,发现穿透力极强的射线,误认为 v 射线。1931 年,约里奥(F. Joliot,190 0—1958)与伊伦·居里 (1·Curie,1897—1956)让这种穿透力极强的射线,通过石蜡,打出高速质子。查德威克接着实验,用威尔逊云室拍照,证实这一射线是卢瑟福预言的中子。

安德森(C. D. Anderson,1905—)从宇宙线中发现正电子,证实狄拉克的预言。诺尔(M. Knoll)和鲁斯卡(E. Ruska)发明透射电子显微镜。海森伯、伊万年科(д. д. иваненко)独立发表原子核由质子和中子组成的假说。

1933 年,泡利在索尔威会议上论证中微子假说,提出 β 衰变。盖奥克(W. F. Giauque)完成顺磁体的绝热去磁降温实验,获得千分之几的低温。迈斯纳(W. Mcissner,1882—1974)和奥克森菲尔德(R. Ochsenfeld)发现超导体具有完全抗磁性。费米发表 β 衰变的中微子理论。图夫(M. A. Tuve)建立第一台静电加速器。布拉开特 (P. M. S. Blackett,1897—1974)从云室照片中发现正负电子对。

1934 年,切仑柯夫(П. А. Черенков)发现液体在 β 射线照射下发光,称切仑柯夫辐射。约里奥 -居里夫妇发现人工放射性。

1935 年,汤川秀树预言介子的存在。F. 伦敦和 H. 伦敦发表超导现象的宏观电动力学理论。N. 玻尔提出原子核反应的液滴核模型。

1938 年,哈恩 (O. Hahn,1879—1968)与斯特拉斯曼(F. Strassmann)发现铀裂变。卡皮查(П. Л. kапича,1894-)实验证实氦的超流动性。F. 伦敦提出解释超流动性的统计理论。

1939 年,迈特纳(L. Meitner,1878—1968)和弗利胥(O. Jrisch)根据液滴核模型指出,哈恩-斯特拉斯曼的实验结果是一种原子核的裂变。奥本海默(J. R. Oppenheimer,1904—1967)根据广义相对论预言黑洞的存在。拉比(I. I. Rabi,1898—1987)等人用分子束磁共振法测核磁矩。

1940 年,开尔斯特 (D. W. Kerst) 建造第一台电子感应加速器。

1940—1941 年,朗道(Л. Д. Ландау,1908—1968)提出氦Ⅱ超流性的量子理论。

1941 年,布里奇曼(P. W. Bridgeman,1882—1961)发明能产生 10 万巴高压的装置。

1942 年,费米主持建成世界上第一座裂变反应堆。

1944—1945 年,韦克斯勒 (B. И. Векслер,1907—1966)和麦克米伦(E. M. McMillan,1907—)各自提出自动稳相原理,为高能加速器的发展开辟了道路。

1946 年,阿尔瓦雷兹(L. W. Alvarez,1911—) 制成第一台质子直线加速器。珀塞尔(E. M. Purcell)用共振吸收法测核磁矩,布洛赫(F. Bloch,1905—1983)用核感应法测核磁矩,使核磁矩和磁场的测量精度大大提高。

1947 年,库什(P. Kusch)精确测量电子磁矩,发现实验结果与理论预计有微小偏差。兰姆(W. E. Lamb,Jr.)与雷瑟福(R. C. Retherford)用微波方法精确测出氢原子能级的差值,发现狄拉克的量子理论仍与实际有不符之处,为量子电动力学的发展提供了实验依据。鲍威尔

(C. F. Powell, 1903—1969)用核乳胶方法在宇宙线中发现 π 介子。罗彻斯特和巴特勒(C. Butler, 1922—)在宇宙线中发现奇异粒子。H. P. 卡尔曼和 J. W. 科尔特曼发明闪烁计数器。普里高金(I. Prigogine, 1917—)提出最小熵产生原理。

1948 年,奈耳(L. E. F. Neel, 1904—)建立亚铁磁性的分子场理论。张文裕发现 μ 子系弱作用粒子,并发现了 μ-子原子。肖克利(W. Shockley),巴丁(J. Bardeen)与布拉顿(W. H. Brattain)发明晶体三极管。

伽柏(D. Gabor, 1900—1979)提出现代全息照相术前身的波阵面再现原理。朝永振一郎、施温格(J. Schwinger)费因曼(R. P. Feynman, 1918—1988)分别发表相对论协变的重正化量子电动力学理论,形成消除发散困难的重正化方法。

1949 年,迈耶(M. G. Mayer)和简森(J. H. D. Jensen)分别提出核壳层模型理论。

1952 年,格拉塞(D. A. Glaser)发明气泡室,比威尔逊云室更灵敏。A. 玻尔和莫特尔逊(B. B. Mottelson)提出原子核结构的集体模型。

1954 年,杨振宁和密耳斯(R. L. Mills)发表非阿贝耳规范场理论。汤斯(C. H. Townes)等人制成受激辐射的微波放大器-脉塞。

1955 年,张伯伦(O. Chamberlain)与西格雷(E. G. Segrè, 1905—)等人发现反质子。

1956 年,李政道、杨振宁提出弱相互作用中宇称不守恒。吴健雄等人实验验证了弱相互作用中宇称不守恒的理论。

1957 年,巴丁、施里弗和库珀发表超导微观理论(即 BCS 理论)。

1958 年,穆斯堡尔(R. L. Mossbauer)实现 v 射线的无反冲共振吸收(穆斯堡尔效应)。

1959 年,王淦昌、王祝翔、丁大利等发现反西格马负超子。

1960 年,梅曼(T. H. Maiman)制成红宝石激光器,实现了肖格(A. L. Schawlow)和汤斯 1958 年的预言。

1962 年,约瑟夫森(B. D. Josephson)发现约瑟夫效应。

1964 年,盖耳曼(M. Gell-Mann)提出强子结构的夸克模型。

1964 年,克洛宁(J. W. Cronin)实验证实在弱相互作用中 CP 联合变换守恒被破坏。

1967—1968 年,温伯格(S. Weinberg)、萨拉姆(A. Salam)分别提出电弱统一理论标准模型。

1969 年,普里高金首次明确提出耗散结构理论。

1973 年,哈塞尔特(F. J. Hasert)等发现弱中性流,支持了电弱统一理论。丁肇中(1936—)与里希特(B. Richter, 1931—)分别发现 J/ψ 粒子。

1980 年,克利青(V. Klitzing, 1943—)发现量子霍尔效应。

1983 年,鲁比亚(C. Rubbia, 1934—)和范德梅尔(S. V. d. Meer, 1925—)等人在欧洲核子研究中心发现中间玻色子 W ± 和 Z0 粒子。

1984 年,普林斯顿大学、劳伦斯利弗莫尔实验室获得比常规 X 射线强 100 倍的 X 射线激光。商用机器公司产生了世界上最短的光脉冲,只有 12×10^{-15}秒。

1985 年,中国科学院用原子法激光分离铀同位素实验成功。

1986 年,欧洲六国兴建的增殖反应堆核电站正式投产。

1986—1987 年,柏诺兹、谬勒发现新的超导体,临界温度为 35 K。朱经武等人获得临界温度 98 K 的超导材料,赵忠贤等人获得液氮温区超导体,临界温度 100 K 以上。

1988年,美国斯图尔特天文台发现170亿光年远的星系,使人类认识的星体时间前推数10亿年。北京正负电子对撞机首次对撞成功。

1989年,美国斯坦福与欧洲正负电子对撞机实验组实验推论:构成物质的亚原子粒子只有3类。西欧、北欧14国研究人员把氘加热到1.5亿摄氏度,创造热核聚变研究的新纪录。日本研制出全部约瑟夫森超导器件的世界上第一台约瑟夫森电子计算机,运算速度每秒达10亿次,功耗6.2毫瓦,为常规计算机功耗的千分之一。

1990年,黄庭珏等研制成世界上第一台光信息数字处理机,交换速度每秒1亿次。中国清华大学建成世界上第一座压力壳式低温核供热堆。

附录5 历届诺贝尔物理学奖简介

年 份	获奖者	国 籍	获奖原因
1901	W. C. 伦琴	德国	发现伦琴射线(X射线)
1902	H. A. 洛伦兹	荷兰	塞曼效应的发现和研究
	P. 塞曼	荷兰	
1903	H. A. 贝克勒尔	法国	发现天然铀元素的放射性
	P. 居里	法国	研究放射性物质,发现放射性元素钋与镭,发现钍的放射性
	M. S. 居里	法国	
1904	L. 瑞利	英国	在气体密度的研究中发现氩
1905	P. 勒纳德	德国	阴极射线的研究
1906	J. J 汤姆孙	英国	通过气体电传导性的研究,测出电子的电荷与质量的比值
1907	A. A 迈克耳孙	美国	创造精密的光学仪器和进行光谱学度量学研究,精确测出光速
1908	G. 里普曼	法国	发明应用干涉现象的天然彩色摄影技术
1909	G. 马可尼	意大利	发明无线电极及其对发展无线电通信的贡献
	C. F. 布劳恩	德国	
1910	J. D. 范德瓦耳斯	荷兰	对气体和液体状态方程的研究
1911	W. 维恩	德国	热辐射定律的导出和研究
1912	N. G. 达伦	瑞典	发明点燃航标灯和浮标灯的瓦斯自动调节器
1913	H. K. 昂尼斯	荷兰	在低温下研究物质的性质并制成液态
1914	M. V. 劳厄	德国	发现伦琴射线通过晶体时的衍射,决定了X射线的波长,证明晶体的原子点阵结构
1915	W. H. 布拉格	英国	用伦琴射线分析晶体结构
	W. L. 布拉格	英国	

续表

年　份	获奖者	国　籍	获奖原因
1917	C. G. 巴克拉	英国	发现标识元素的次级伦琴辐射
1918	M. V. 普朗克	德国	研究辐射量子理论,发现基本量子,提出能量量子化假设,解释了电磁辐射的经验定律
1919	J. 斯塔克	德国	发现阴极射线中的多普勒效应和原子光谱线在电场中的分裂
1920	C. E. 吉洛姆	法国	发现镍钢合金的反常性及在精密仪器中的应用
1921	A. 爱因斯坦	德国	对现物理方面的贡献,特别是阐明光电效应的定律
1922	N. 玻尔	丹麦	研究原子结构和原子辐射,提出他的原子结构模型
1923	R. A. 密立根	美国	研究元电荷和光电效应,通过油滴实验证明电荷有最小单位
1924	K. M. G. 西格班	瑞典	伦琴射线光谱学方面的发现和研究
1915	J. 弗兰克	德国	发现电子撞击原子时出现的规律性
	G. L. 赫兹	德国	
1926	J. B. 佩林	法国	研究物质分裂结构,并发现沉积作用的平衡
1927	A. H. 康普顿	美国	发现康普顿效应
	C. T. R. 威尔孙	英国	发明用云雾室观察带电粒子,使带电粒子的轨迹变为可见
1928	O. W. 里查孙	英国	热离子现象的研究,并发现里查孙定律
1929	L. V. 德布罗意	法国	电子波动性的理论研究
1930	C. V. 拉曼	印度	研究光的散射并发现拉曼效应
1932	W. 海森堡	德国	创立量子力学,并导致氢的同素异形的发现
1933	E. 薛定谔	奥地利	量子力学的广泛发展
	P. A. M. 狄立克	英国	量子力学的广泛发展,并预言正电子的存在
1935	J. 查德威克	英国	发现中子
1936	V. F 赫斯	奥地利	发现宇宙射线
	C. D. 安德孙	美国	发现正电子
1937	J. P. 汤姆孙	英国	通过实验发现受电子照射的晶体中的干涉现象
	C. J. 戴维孙	美国	通过实验发现晶体对电子的衍射作用
1938	E. 费米	意大利	发现新放射性元素和慢中子引起的核反应
1939	F. O. 劳伦斯	美国	研制回旋加速器以及利用它所取得的成果,特别是有关人工放射性元素的研究

续表

年 份	获奖者	国 籍	获奖原因
1943	O. 斯特恩	美国	测定质子磁矩
1944	I. I. 拉比	美国	用共振方法测量原子核的磁性
1945	W. 泡利	奥地利	发现泡利不相容原理
1946	P. W. 布里奇曼	美国	研制高压装置并创立了高压物理
1947	E. V. 阿普顿	英国	发现电离层中反射无线电波的阿普顿层
1948	P. M. S. 布莱克特	英国	改进威尔孙云雾室及在核物理和宇宙线方面的发现
1949	汤川秀树	日本	用数学方法预见介子的存在
1950	C. F. 鲍威尔	英国	研究核过程的摄影法并发现介子
1951	J. D. 科克罗夫特	英国	首先利用人工所加速的粒子开展原子核
	E. T. S. 瓦尔顿	爱尔兰	蜕变的研究
1952	E. M. 珀塞尔	美国	核磁精密测量新方法的发展及有关的发现
	F. 布洛赫	美国	
1953	F. 塞尔尼克	荷兰	论证相衬法,特别是研制相差显微镜
1954	M. 玻恩	德国	对量子力学的基础研究,特别是量子力学中波函数的统计解释
	W. W. G. 玻特	德国	符合法的提出及分析宇宙辐射
1955	P. 库什	美国	精密测定电子磁矩
	W. E. 拉姆	美国	发现氢光谱的精细结构
1956	W. 肖克莱	美国	研究半导体并发明晶体管
	W. H. 布拉顿	美国	
	J. 巴丁	美国	
1957	李政道	美国	否定弱相互作用下宇称守恒定律,使基本粒子研究获重大发现
	杨振宁	美国	
1958	P. A. 切连柯夫	苏联	发现并解释切连柯夫效应(高速带电粒子在透明物质中传递时放出蓝光的现象)
	I. M. 弗兰克	苏联	
	I. Y. 塔姆	苏联	
1959	E. 萨克雷	美国	发现反质子
	O. 张伯伦	美国	
1960	D. A. 格拉塞尔	美国	发明气泡室
1961	R. 霍夫斯塔特	美国	由高能电子散射研究原子核的结构
	R. L. 穆斯堡	德国	研究 γ 射线的无反冲共振吸收和发现穆斯堡效应

续表

年　份	获奖者	国　籍	获奖原因
1962	L. D. 朗道	苏联	研究凝聚态物质的理论,特别是液氦的研究
1963	E. P. 维格纳	美国	原子核和基本粒子理论的研究,特别是发现和应用对称性基本原理方面的贡献
	M. G. 迈耶	美国	发现原子核结构壳层模型理论,成功地解释原子核的长周期和其他幻数性质的问题
	J. H. D. 詹森	德国	
1964	C. H. 汤斯	美国	在量子电子学领域中的基础研究导致了根据微波激射器和激光器的原理构成振荡器和放大器
	N. G. 巴索夫	苏联	用于产生激光光束的振荡器和放大器的研究工作
	A. M. 普洛霍罗夫	苏联	在量子电子学中的研究工作导致微波激射器和激光器的制作
1965	R. P. 费曼	美国	量子电动力学的研究,包括对基本粒子物理学的意义深远的结果
	J. S. 施温格	美国	
	朝永振一郎	日本	
1966	A. 卡斯特莱	法国	发现并发展光学方法以研究原子的能级的贡献
1967	H. A. 贝特	美国	恒星能量的产生方面的理论
1968	L. W. 阿尔瓦雷斯	美国	对基本粒子物理学的决定性的贡献,特别是通过发展氢气泡室和数据分析技术而发现许多共振态
1969	M. 盖尔曼	美国	关于基本粒子的分类和相互作用的发现,提出“夸克”粒子理论
1970	H. O. G. 阿尔文	瑞典	磁流体力学的基础研究和发现并在等离子体物理中找到广泛应用
	L. E. F. 尼尔	法国	反铁磁性和铁氧体磁性的基本研究和发现,这在固体物理中具有重要的应用
1971	D. 加波	英国	全息摄影术的发明及发展
1972	J. 巴丁	美国	提出所谓 BCS 理论的超导性理论
	L. N. 库珀	美国	
	J. R. 斯莱弗	美国	
1973	B. D. 约瑟夫森	英国	固体中隧道现象的发现,从理论上预言了超导电流能够通过隧道阻挡层(即约瑟夫森效应)
	江崎岭于奈	日本	从实验上发现半导体中的隧道效应
	I. 迦埃弗	美国	从实验上发现超导体中的隧道效应
1974	M. 赖尔	英国	研究射电天文学,尤其是孔径综合技术方面的创造与发展
	A. 赫威期	英国	射电天文学方面先驱性研究,在发现脉冲星方面起决定性角色

续表

年　份	获奖者	国　籍	获奖原因
1975	A. N. 玻尔	丹麦	发现原子核中集体运动与粒子运动之间的联系,并在此基础上发展了原子核结构理论
	B. R. 莫特尔孙	丹麦	原子核内部结构的研究工作
	L. J. 雷恩瓦特	美国	
1976	B. 里克特	美国	分别独立地发现了新粒子 J/Ψ,其质量约为质子质量的 3 倍,寿命比共振态的寿命长上万倍
	丁肇中	美国	
1977	P. W. 安德孙	美国	对晶态与非晶态固体的电子结构作了基本的理论研究,提出"固态"物理理论
	J. H. 范弗莱克	美国	对磁性与不规则系统的电子结构作了基本研究
	N. F. 莫特	英国	
1978	A. A. 彭齐亚斯	美国	3K 宇宙微波背景的发现
	R. W. 威尔孙	美国	
	P. L. 卡皮查	苏联	建成液化氦的新装置,证实氦亚超流低温物理学
1979	S. L. 格拉肖	美国	建立弱电统一理论,特别是预言弱电流的存在
	S. 温伯格	美国	
	A. L. 萨拉姆	巴基斯坦	
1980	J. W. 克罗宁	美国	CP 不对称性的发现
	V. L. 菲奇	美国	
1981	N. 布洛姆伯根	美国	激光光谱学与非线性光学的研究
	A. L. 肖洛	美国	
	K. M. 瑟巴	瑞典	高分辨电子能谱的研究
1982	K. 威尔孙	美国	关于相变的临界现象
1983	S. 钱德拉塞卡尔	美国	恒星结构和演化方面的理论研究
	W. 福勒	美国	宇宙间化学元素形成方面的核反应的理论研究和实验
1984	C. 鲁比亚	意大利	由于他们的努力导致了中间玻色子的发现
	S. 范德梅尔	荷兰	
1985	K. V. 克利青	德国	量子霍尔效应
1986	E. 鲁斯卡	德国	电子物理领域基础研究工作,设计出世界上第一架电子显微镜
	G. 宾尼	瑞士	设计出扫描式隧道效应显微镜
	H. 罗雷尔	瑞士	

续表

年　份	获奖者	国　籍	获奖原因
1987	J. G. 柏诺兹	美国	发现新的超导材料
	K. A. 穆勒	美国	
1988	L. M. 莱德曼	美国	从事中微子波束工作及通过发现μ介子中微子从而对轻粒子对称结构进行论证
	M. 施瓦茨	美国	
	J. 斯坦伯格	英国	
1989	N. F. 拉姆齐	美国	发明原子铯钟及提出氢微波激射技术
	W. 保罗	德国	创造捕集原子的方法,能极其精确地研究一个电子或离子
	H. G. 德梅尔特	美国	
1990	J. 杰罗姆	美国	发现夸克存在的第一个实验证明
	H. 肯德尔	美国	
	R. 泰勒	加拿大	
1991	P. G. 德燃纳	法国	液晶基础研究
1992	J. 夏帕克	法国	对粒子探测器特别是多丝正比室的发明和发展
1993	J. 泰勒	美国	发现一对脉冲星,质量为两个太阳的质量,而直径仅10~30 km,故引力场极强,为引力波的存在提供了间接证据
	L. 赫尔斯	美国	
1994	C. 沙尔	美国	发展中子散射技术
	B. 布罗克豪斯	加拿大	
1995	M. L. 珀尔	美国	珀尔及其合作者发现了τ轻子
	F. 雷恩斯	美国	首次成功地观察到电子反中微子,在轻子研究方面的先驱性工作,为建立轻子-夸克层次上的物质结构作出重大贡献
1996	戴维. 李	美国	发现氦-3中的超流动性
	奥谢罗夫	美国	
	R. C. 里查森	美国	
1997	朱棣文	美国	激光冷却和陷俘原子
	K. 塔诺季	法国	
	菲利浦斯	美国	
1998	劳克林	美国	分数量子霍尔效应的发现
	斯特默	美国	
	崔琦	美国	
1999	H. 霍夫特	荷兰	阐明了物理中电镀弱交互作用的定量结构
	M. 韦尔特曼	荷兰	

续表

<table>
<tr><th>年 份</th><th>获奖者</th><th>国 籍</th><th>获奖原因</th></tr>
<tr><td rowspan="3">2000</td><td>若尔斯・阿尔费罗夫</td><td>俄罗斯</td><td rowspan="3">发展了应用于蜂窝电话的半导体技术,特别是发明的快速晶体管、激光二极管具有开拓性,奠定资讯技术的基础,分享诺贝尔物理奖一半。发明集成电路、高速电脑芯片中所作的贡献而获得另一半奖金。</td></tr>
<tr><td>H 克雷默</td><td>美国</td></tr>
<tr><td>基尔比</td><td>美国</td></tr>
<tr><td rowspan="3">2001</td><td>克特勒</td><td>美国</td><td rowspan="3">在“碱性原子稀薄气体的玻色-爱因斯坦凝聚态”以及“凝聚态物质性质早期基础性研究”方面取得成就。</td></tr>
<tr><td>康奈尔</td><td>美国</td></tr>
<tr><td>维曼</td><td>美国</td></tr>
<tr><td rowspan="3">2002</td><td>里卡尔多・贾科尼</td><td>美国</td><td rowspan="3">在“探测宇宙中微子”方面取得的成就,这一成就导致了中微子天文学的诞生</td></tr>
<tr><td>雷蒙德・戴维斯</td><td>美国</td></tr>
<tr><td>小柴昌俊</td><td>日本</td></tr>
<tr><td rowspan="3">2003</td><td>阿列克谢・阿布里科索夫</td><td>俄、美</td><td rowspan="3">在超导体和超流体理论上作出的开创性贡献</td></tr>
<tr><td>维塔利・金茨堡</td><td>俄罗斯</td></tr>
<tr><td>安东尼・莱格特</td><td>英、美</td></tr>
<tr><td rowspan="3">2004</td><td>戴维・格罗斯</td><td rowspan="3">美国</td><td rowspan="3">发现了强相互作用理论中的“渐近自由”现象</td></tr>
<tr><td>戴维・波利策</td></tr>
<tr><td>弗兰克・维尔切克</td></tr>
<tr><td rowspan="3">2005</td><td>罗伊・格劳伯</td><td>美国</td><td>对光学相干的量子理论的贡献</td></tr>
<tr><td>约翰・霍尔</td><td>美国</td><td rowspan="2">对基于激光的精密光谱学发展作出的贡献</td></tr>
<tr><td>特奥多尔・亨施</td><td>德国</td></tr>
<tr><td rowspan="2">2006</td><td>约翰・麦泽尔</td><td rowspan="2">美国</td><td rowspan="2">表彰发现了黑体结构以及宇宙背景辐射的微波各向异性</td></tr>
<tr><td>乔治・斯穆特</td></tr>
<tr><td rowspan="2">2007</td><td>阿尔贝・费尔</td><td>法国</td><td rowspan="2">发现了“巨磁电阻”效应</td></tr>
<tr><td>彼得・格林贝格尔</td><td>德国</td></tr>
<tr><td rowspan="2">2008</td><td>南部阳一郎</td><td>美国</td><td>发现次原子物理的对称性自发破缺机制</td></tr>
<tr><td>小林诚、利川敏英</td><td>日本</td><td>发现对称性破缺的来源</td></tr>
<tr><td rowspan="3">2009</td><td>高锟</td><td>英国</td><td>在光学通信领域光在光纤中传输方面所取得的开创性成就</td></tr>
<tr><td>韦拉德-博伊尔</td><td rowspan="2">美国</td><td rowspan="2">发明了一种成像半导体电路,即 CCD(电荷耦合器件)传感器</td></tr>
<tr><td>乔治-史密斯</td></tr>
<tr><td rowspan="2">2010</td><td>安德列-盖姆</td><td>荷兰</td><td rowspan="2">在二维材料石墨烯研究中开创性实验</td></tr>
<tr><td>康斯坦丁-诺沃舍洛夫</td><td>俄罗斯和英国国籍</td></tr>
</table>

附　表

附表1　国际单位制(SI)简介

A. 基本单位、辅助单位和导出单位

量的名称	单位名称	英　文	单位符号	其他表示
一、基本单位				
长度	米	meter	m	
质量	千克(公斤)	kilogram	kg	
时间	秒	second	s	
电流	安[培]	Ampere	A	
热力学温度	开[尔文]	Kelvin	K	
物质的量	摩[尔]	mole	mol	
发光强度	坎[德拉]	candela	cd	
二、辅助单位				
平面角	弧度	radian	rad	
立体角	球面度	steradian	sr	
三、具有专门名称的导出单位				
频率	赫[兹]	Herlz	Hz	s^{-1}
力;重力	牛[顿]	Newton	N	$kg \cdot m/s^2$
压力,压强,应力	帕[斯卡]	Pascal	Pa	N/m^2
能量;功;热	焦[耳]	Joule	J	$N \cdot m$
功率;辐射通量	瓦[特]	Watt	W	J/s

续表

量的名称	单位名称	英 文	单位符号	其他表示
电荷量	库[仑]	Coulomb	C	A · s
电位;电压;电动势	伏[特]	Volt	V	W/A
电容	法[拉]	Farad	F	C/V
电阻	欧[姆]	Ohm	Ω	V/A
电导	西[门子]	Siemens	S	A/V
磁通量	韦[伯]	Weber	Wb	V · s
磁通量密度,磁感应强度	特[斯拉]	Tesla	T	Wb/m^2
电感	亨[利]	Henry	H	Wb/A
摄氏温度	摄氏度	degree Celcius	℃	
光通量	流[明]	lumen	lm	cd · sr
光照度	勒[克斯]	lux	lx	lm/m^2
放射性活度	贝可[勒尔]	Becquerel	Bq	s^{-1}
吸收剂量	戈[瑞]	Gray	Gy	J/kg
剂量当量	希[沃特]	Sievert	Sv	J/kg

注:(　　)内的字为前者的同义语。[　　]内的字,是在不致混淆的情况下,可以省略的字。

B. 构成十进制倍数和分数单位的词头

因 数	词头名称	英 文	符 号	因 数	词头名称	英 文	符 号
10^1	十	deca	da	10^{-1}	分	deci	d
10^2	百	hecto	h	10^{-2}	厘	centi	c
10^3	千	kilo	k	10^{-3}	毫	milli	m
10^6	兆	mega	M	10^{-6}	微	micro	μ
10^9	吉[咖]	giga	G	10^{-9}	纳[诺]	nano	n
10^{12}	太[拉]	tera	T	10^{-12}	皮[可]	pico	p
10^{15}	拍[它]	peta	P	10^{-15}	飞[母托]	femto	f
10^{18}	艾[可萨]	exa	E	10^{-18}	阿[托]	atto	a

C. 国家选定的非国际单位制单位

量的名称	单位名称	单位符号	换算关系和说明
时间	分	min	1 min = 60 s
	[小]时	h	1 h = 60 min = 3 600 s
	日[天]	d	1 d = 24 h = 86 400 s
[平面]角	[角]秒	(″)	1″ = (π/648 000) rad (π 为圆周率)
	[角]分	(′)	1° = 60″ = (π/10 800) rad
	度	(°)	1° = 60′ = (π/180) rad
旋转速度	转每分	r/min	1 r/min = (1/60) s^{-1}
长度	海里	n/mile	1 n/mile = 1 852 m(只用于航程)
速度	节	kn	1 kn = 1 n/mile/h = (1 852/3 600) m/s (只用于航行)
质量	吨	t	1 t = 10^3 kg
	原子质量单位	u	1 u ≈ 1.660 538 73 × 10^{-27} kg
体积、容积	升	L, (1)	1 L = 1 dm^3 = 10^{-3} m^3
能	电子伏	eV	1 eV ≈ 1.602 176 462 × 10^{-19} J
级差	分贝	dB	
线密度	特[克斯]	tex	1tex = 10^{-6} kg/m
面积	公顷	hm^2	1hm^2 = 10^4 m^2

附表 2　计量单位的换算

物理量	非法定单位	法定单位	换算单位
长度	埃 (Å)	纳米(nm)	0.1
长度	光年(1.y)	拍米(Pm)	9.460 53
力	千克力(kgf)	牛(N)	9.806 65
压力	巴 (bar)	兆帕(MPa)	0.1
压力	毫米汞柱(mmHg)	帕(Pa)	133.322
压力	标准大气压(atm)	千帕(kPa)	101.325
压力	厘米水柱(cmH_2O)	帕(Pa)	98.063 8
压力	工程大气压(at)	千帕(kPa)	98.066 5

续表

物理量	非法定单位	法定单位	换算单位
(动力) 粘度	泊(P)	帕·秒(Pa·S)	0.1
热量	卡(cal)	焦(J)	4.186 8
磁通量	麦克斯韦(MX)	纳韦(nWb)	10
磁通密度	高斯(GS)	毫特(mT)	0.1
磁场强度	奥斯特(Oe)	安培每米(A/m)	79.577 47
发光强度	国际烛光(bi)	坎(cd)	1.02
照射量	伦琴(R)	毫库每千克(mC/kg)	0.258
吸收剂量	拉德(rad)	毫戈(mGy)	10
剂量当量	雷姆(rem)	毫希(mSv)	10
放射性活度	居里(ci)	吉贝可(GBq)	37

附表3 海平面上不同纬度处的重力加速度

纬度 φ/(°)	$g/(m \cdot s^{-1})$	纬度 φ/(°)	$g/(m \cdot s^{-1})$
0	9.780 49	50	9.810 79
5	9.780 88	55	9.815 15
10	9.780 24	60	9.819 24
15	9.783 94	65	9.822 94
20	9.786 52	70	9.826 14
25	9.789 69	75	9.828 73
30	9.793 38	80	9.830 65
35	9.797 46	85	9.831 82
40	9.801 80	90	9.832 21
45	9.806 29		

注:计算公式 $g=9.780\ 49\ (1+0.005\ 288\sin^2\phi-0.000\ 006\sin^2 2\phi)$,

附表4 标准大气压下不同温度水的密度

温度 t/℃	密度 ρ/(kg·m^{-3})	温度 t/℃	密度 ρ/(kg·m^{-3})	温度 t/℃	密度 ρ/(kg·m^{-3})
0	999.841	17	998.774	34	994.371
1	999.900	18	998.595	35	994.031
2	999.941	19	998.405	36	993.68
3	999.965	20	998.203	37	993.33
4	999.973	21	997.992	38	992.96
5	999.965	22	997.770	39	992.59
6	999.941	23	997.538	40	992.21
7	999.902	24	997.296	41	991.83
8	999.849	25	997.044	42	991.44
9	999.781	26	996.783	50	988.04
10	999.700	27	996.512	60	993.21
11	999.605	28	996.232	70	997.78
12	999.498	29	995.944	80	991.80
13	999.377	30	995.646	90	965.31
14	999.244	31	995.340	100	958.35
15	999.099	32	995.025		最大密度
16	998.943	33	994.702	3.98	1 000.00

附表5 在20 ℃时与空气接触的液体的表面张力系数

液 体	α(10^{-3}N·m^{-1})	液 体	α(10^{-3}N·m^{-1})
航空汽油(在10 ℃时)	21	甘油	63
石油	30	水银	513
煤油	24	甲醇(20 ℃)	22.6
松节油	28.8	(0 ℃)	24.5
水	72.75	乙醇(20 ℃)	22.0
肥皂溶液	40	(60 ℃)	18.4
弗利昂-12	9.0	(0 ℃)	24.1
蓖麻油	36.4		

附表6　不同温度下与空气接触的水的表面张力系数

温度/℃	$\alpha/(10^{-3}N\cdot m^{-1})$	温度/℃	$\alpha/(10^{-3}N\cdot m^{-1})$	温度/℃	$\alpha/(10^{-3}N\cdot m^{-1})$
0	75.62	16	73.34	30	71.15
5	74.90	17	73.20	40	69.55
6	74.76	18	73.15	50	67.90
8	74.48	19	72.89	60	66.17
10	74.20	20	72.75	70	64.41
11	74.07	21	72.60	80	62.60
12	73.92	22	72.44	90	60.74
13	73.78	23	72.28	100	58.84
14	73.64	24	72.12		
15	73.48	25	71.96		

附表7　液体的粘滞系数

液　体	温度/℃	$\eta/(10^{-6}Pa\cdot s)$	液　体	温度/℃	$\eta/(10^{-6}Pa\cdot s)$
汽油	0	1 788	甘油	-20	134×10^6
	18	530		0	121×10^6
甲醇	0	717		20	$1\,499\times10^3$
	20	584		100	12 945
乙醇	-20	2 780	蜂蜜	20	650×10^4
	0	1 780		80	100×10^3
	20	1 190	鱼肝油	20	45 600
乙　醚	0	296		80	4 600
	20	243	水银	-20	1 855
变压器油	20	19 800		0	1 685
蓖麻油	10	242×10^4		20	1 554
	20	986×10^3		100	1 224
	30	451×10^3	葵花子油	20	50 000
	40	231×10^3			

附表8　物质的密度

物　质	密度/($\times 10^3$ kgm $^{-3}$)	物　质	密度/($\times 10^3$ kgm $^{-3}$)
铝(20 ℃)	2.70	软木	0.22 ~ 0.26
铁	7.86	乙醇	0.788 93
铜	8.94	甘油	1.262
黄铜	8.5 ~ 8.7	汽油	0.66 ~ 0.75
康铜	8.88	柴油	0.85 ~ 0.90
镍	8.85	沥青	1.04 ~ 1.40
银	10.49	水银	13.546 0
金	19.27	水银(0 ℃)	13.595 1
铅	11.34	冰(0 ℃)	0.917
锡	7.29	水(20 ℃)	0.998 23
锌	7.12	变压器油	0.84 ~ 0.89
钢	7.60 ~ 7.90	松节油	0.87
不锈钢	7.91	蓖麻油	0.96 ~ 0.97
殷钢	8.00	牛乳	1.03 ~ 1.04
玻璃	2.4 ~ 2.6	海水	1.1 ~ 1.05
硅	1.2 ~ 2.2	气体(0 ℃,1 大气压)	
砂	1.4 ~ 1.7	空　气	1.293
大理石	1.52 ~ 2.86	H_2	0.089 9
瓷器	2.0 ~ 2.6	O_2	1.429 0
橡胶	0.91 ~ 0.96	N_2	1.250 5
石蜡	0.87 ~ 0.94	CO_2	1.977
蜂蜡	0.96	NH_3	0.771 0
松木	0.52		

附表9 固体的线胀系数

物 质	温度/℃	$\alpha/(10^{-6}\cdot℃^{-1})$	物 质	温度/℃	$\alpha/(10^{-6}\cdot℃^{-1})$
金	20	14.2	碳素钢	20~100	约11
银	20	19.0	不锈钢	20~100	16.0
铜	20	16.7	镍铬合金	100	13.0
铁	20	11.8	石英玻璃	20~100	0.4
锡	20	21	玻璃	0~300	8~10
铅	20	28.7	陶瓷		3~6
铝	20	23.0	大理石	25~100	5~16
镍	20	12.8	花岗岩	20	8.3
黄铜	20	18~19	混凝土	-13~21	6.8~12.7
殷钢	-250~100	-1.5~2.0	木材		3~5
锰铜	20~100	18.1	(平行纤维)		
磷青铜	—	17	木材		35~60
镍钢(Ni10)	—	13	(垂直纤维)		
镍钢(Ni43)	—	7.9	电木板		21~33
石蜡	16~38	130.3	橡胶	16.7~25.3	77
聚乙烯		180	硬橡胶		50~80
冰	0	52.7	冰	-50	45.6
			冰	-100	33.9

附表10　液体的体胀系数

(1个大气压下)

物　质	温度/℃	$\beta/(10^{-3}\cdot ℃^{-1})$	物　质	温度/℃	$\beta/(10^{-3}\cdot ℃^{-1})$
丙酮	20	1.43	水	20	0.207
乙醚	20	1.66	水银	20	0.182
甲醇	20	1.19	甘油	20	0.505
乙醇	20	1.12	苯	20	1.23

附表11　物质的比热容

元　素	温度/℃	比热容 $(\times 10^2 J\cdot kg^{-1}\cdot ℃^{-1})$	元　素	温度/℃	比热容 $(\times 10^2 J\cdot kg^{-1}\cdot ℃^{-1})$
Al	25	9.04	水	25	41.73
Ag	25	2.37	乙醇	25	24.19
Au	25	1.28	变压器油	0~100	18.8
C(石墨)	25	7.07	黄铜	0	3.70
Cu	25	3.850	康铜	18	4.09
Fe	25	4.48	石棉	0~100	7.95
Ni	25	4.39	玻璃	20	5.9~9.2
Pb	25	1.28	云母	20	4.2
Pt	25	1.363	橡胶	15~100	11.3~20
Si	25	7.125	石蜡	0~20	29.1
Sn(白)	25	2.22	木材	20	约12.5
Zn	25	3.89	陶瓷	20~200	7.1~8.8

附表12 气体导热系数

(单位:$Wm^{-1}K^{-1}$)

物 质	温度/℃	导热系数	物 质	温度/℃	导热系数
氢	0	0.17	水蒸气	100	0.02 5
二氧化碳	0	0.015	氮	0	0.02 4
空气	0	0.024	乙烯	0	0.017
空气	100	0.031	氧	0	0.024
甲烷	0	0.029	乙烷	0	0.018

附表13 液体导热系数

单位:($Wm^{-1}K^{-1}$)

物 质	温度/℃	导热系数	物 质	温度/℃	导热系数
醋酸 50%	20	0.35	甘油 60%	20	0.24
丙酮	30	0.17	甘油 40%	20	0.38
苯胺	0~20	0.17	水	30	0.62
苯	30	0.16	水银	28	0.14
氯化钙盐水 30%	30	0.55	硫酸	30	8.36
乙醇 80%	20	0.24	硫酸	30	0.36

附表14 固体导热系数

单位:($Wm^{-1}K^{-1}$)

物 质	温度/℃	导热系数	物 质	温度/℃	导热系数
铝	300	230	保温砖	0~100	0.12~0.21
镉	18	94	建筑砖	20	0.69
铜	100	377	绒毛毯	0~100	0.047
熟铁	18	61	棉毛	30	0.050

续表

物　质	温度/℃	导热系数	物　质	温度/℃	导热系数
铸铁	53	48	玻璃	30	1.09
铅	100	33	云母	50	0.43
镍	100	57	硬橡皮	0	0.15
银	100	412	锯屑	20	0.052
钢(1%C)	18	45	软木	30	0.043
船舶用金属	30	113	玻璃毛	—	0.041
青铜		189	85%氧化镁	—	0.070
不锈钢	20	16	TDD(岩棉)保温一体板	70	0.040
石墨	0	151	TDD(XPS板)保温一体板	25	0.028
石棉板	50	0.17	TDD(真空绝热)保温一体板	25	0.006
石棉	0~100	0.15	TDD真空绝热保温板	25	0.006
混凝土	0~100	1.28	ABS	—	0.25
耐火砖		1.04			

附表15　固体材料的弹性模量

固　体	杨氏模量,E 10^{10}N/m^2	切变模量,G 10^{10}N/m^2	泊松比,σ
铝	7.03	2.4~2.5	0.355
铍	2.10	14.7	0.05
黄铜(Cu70, Zn30)	10.5	3.8	0.374
铜	12.9	4.6	0.37
硬铝	7.14	2.67	0.335
金	8.1	2.85	0.42
电解铁	21.1	8.2	0.29
铅	1.6	0.54	0.43
镁	4.24	1.62	0.306
镍	21.4	8.0	0.336

续表

固 体	杨氏模量,E 10^{10} N/m^2	切变模量,G 10^{10} N/m^2	泊松比,σ
白金	16.8	6.4	0.303
银	7.5	2.7	0.38
合金钢	19.0~22.0	8.0~8.8	0.29
灰铸铁	15.2	6.0	0.27
低碳钢	20.1~21.6	7.8~8.4	0.28~0.30
不锈钢	19.7	7.57	0.30
磷青铜	12.0	4.36	0.38
康铜	16.2	6.1	0.33
锡	5.4	2.08	0.34
钨	36.2	13.4	0.35
锌	10.5	4.2	0.25
熔解石英	7.3	3.12	0.17
硼硅酸玻璃	6.2	2.5	0.24
重硅钾铅玻璃	5.3	2.18	0.224
轻氯铜银铅	4.6	1.81	0.274
丙烯树脂	0.39	0.143	0.4
尼龙	0.35	0.122	0.4
聚乙烯	0.077	0.026	0.458
聚苯乙烯	0.36	0.133	0.353

附表16　蓖麻油粘滞系数与温度的关系

温度 t/℃	η/(Pa·s)	温度 t/℃	η/(Pa·s)
0	53.0	23	0.73
10	2.42	24	0.67
11	2.20	25	0.62
12	2.00	26	0.57
13	1.83	27	0.53
14	1.67	28	0.52

续表

温度 t/℃	η/(Pa·s)	温度 t/℃	η/(Pa·s)
15	1.51	29	0.48
16	1.37	30	0.45
17	1.25	31	0.42
18	1.15	32	0.39
19	1.04	33	0.36
20	0.95	34	0.34
21	0.87	35	0.31
22	0.79	40	0.23

附表17　不同温度时纯水的粘滞系数

($\times 10^{-3}$Pa·s)

温　度	0/℃	10/℃	20/℃	30/℃	40/℃
0	1.792 1	1.307 7	1.005 0	0.800 7	0.656 0
1	1.731 3	1.271 3	0.981 0	0.784 0	0.643 9
2	1.672 8	1.236 3	0.957 9	0.767 9	0.632 1
3	1.619 1	1.202 8	0.935 8	0.752 3	0.620 7
4	1.567 4	1.170 9	0.914 2	0.737 1	0.609 7
5	1.518 8	1.140 4	0.893 7	0.722 5	0.598 8
6	1.472 8	1.111 1	0.873 7	0.708 5	0.588 3
7	1.428 4	1.082 8	0.854 5	0.694 7	0.578 2
8	1.386 0	1.055 9	0.836 0	0.681 4	0.568 3
9	1.346 2	1.029 9	0.818 0	0.668 5	0.558 8

附表 18 常用物理常量(2006 年国际推荐值)

名 称	符 号	数值和单位
万有引力常量	G	$6.674\ 28\times10^{-11}\ m^3\cdot kg^{-1}\cdot s^{-2}$
标准重力加速度	g	$9.806\ 65\ m\cdot s^{-2}$
水在 0 ℃时的密度	$\rho(H_2O)$	$999.973\ kg\cdot m^{-3}$
汞在 0 ℃时的密度	$\rho(Hg)$	$13\ 595.04\ kg\cdot m^{-3}$
水的比热	$c(H_2O)$	$4\ 184\ J\cdot kg^{-1}\cdot K^{-1}$
冰的溶解热	$\lambda(H_2O)$	$333\ 464.8\ J\cdot kg^{-1}$
水在 100 ℃时的汽化热	$L(H_2O)$	$2\ 255\ 176\ J\cdot kg^{-1}$
标准状况下的温度	T_0	273.15 K
标准状况下的压强	P_0	1atm ; $1.013\ 25\times10^5$ Pa
标况下理想气体的摩尔体积	V_m	$22.413\ 996\ \times10^{-3}\cdot m^3\cdot mol^{-1}$
阿伏伽德罗常数	N_A	$6.022\ 141\ 79\times10^{23}\ mol^{-1}$
摩尔气体常量	R	$8.314\ 472\ J\cdot mol^{-1}\cdot K^{-1}$
玻耳兹曼常量	k	$1.380\ 650\ 4\times10^{-23}\ J\cdot K^{-1}$
真空中的光速	c	$2.997\ 924\ 58\times10^8\ m\cdot s^{-1}$
普朗克常量	h	$6.626\ 069\ 3\times10^{-34}\ J\cdot s$
静止电子质量	m_e	$9.109\ 382\ 15\times10^{-31}$ kg
原子质量常数	mu	$1.660\ 538\ 782\times10^{-27}$ kg
静止质子质量	m_p	$1.672\ 621\ 637\times10^{-27}$ kg
静止中子质量	m_n	$1.674\ 927\ 211\times10^{-27}$ kg
电子荷质比	$-e/m_e$	$-1.758\ 820\ 150\times10^{11}\ C\cdot kg^{-1}$
斯特藩-玻耳兹曼常量	σ	$5.670\ 400\times10^{-8}\ W\cdot m^{-2}\cdot K^{-4}$
基本电荷电量	e	$1.602\ 176\ 487\times10^{-19}$ C
真空电容率	ε_0	$8.854\ 187\ 817\times10^{-12}\ F\cdot m^{-1}$
真空磁导率	μ_0	$1.256\ 637\ 061\ 4\times10^{-6}\ H\cdot m^{-1}$
法拉第常数	F	$9.648\ 533\ 99\times10^4\ C\cdot mol^{-1}$

附表 19 不同材料中的声速

物 质	声 速/$(m\cdot s^{-1})$	物 质	声 速$(m\cdot s^{-1})$
铝	500	空气	331.46
铜	3 750	二氧化碳	258.0

续表

物　质	声 速/(m · s^{-1})	物　质	声 速(m · s^{-1})
电解铁	5 120	氯	205.3
水	1 482.9	氢	1 269.5
汞	1 451.0	水蒸气(100 ℃)	404.8
甘油	1 923	氧	317.2
乙醇	1 168	氨	415
四氯化碳	935	甲烷	432

参考文献

[1] 张世箕. 测量误差及数据处理[M]. 北京:科学出版社,1979.
[2] 孟尔熹,曹尔第. 实验误差与数据处理[M]. 上海:上海科学技术出版社,1988.
[3] 杨述武. 普通物理实验(力学、热学部分)[M]. 北京:高等教育出版社,1993.
[4] 马葭生,宦强. 大学物理实验[M]. 上海:华东师范大学出版社,1998.
[5] 丁慎训,张孔时. 物理实验教程(普通物理实验部分)[M]. 北京:清华大学出版社,1992.
[6] 曾贻伟,龚德纯,王书颖,江顺义. 普通物理实验教程[M]. 北京:北京师范大学出版社,1989.
[7] 刘启华,陈勇. 大学物理实验[M]. 北京:国防工业出版社,1995.
[8] 姜长来,欧阳武,戴剑峰. 大学物理实验[M]. 北京:机械工业出版社,1995.
[9] 李水泉,陈飞明,石发旺. 大学物理实验[M]. 北京:机械工业出版社,2000.
[10] 李正平,王广泰,李冬梅. 新编大学物理实验[M]. 北京:中国石化出版社,1998.
[11] 赵国南,杨定产,董淑香. 大学物理实验[M]. 北京:北京邮电大学出版社,1996.
[12] 杨述武,等. 普通物理实验(综合及设计部分)[M]. 北京:高等教育出版社,2000.
[13] 王银峰,等. 大学物理实验[M]. 北京:机械工业出版社,2005.
[14] 杭州大华仪器制造有限公司产品说明书.
[15] 杭州精科仪器有限公司产品说明书.
[16] 株洲远景新技术研究所产品说明书.
[17] 上海复旦天欣科教仪器有限公司产品说明书.
[18] 成都世纪中科仪器有限公司产品说明书.